向为创建中国卫星导航事业

并使之立于世界最前列而做出卓越贡献的北斗功臣们

致以深深的敬意!

"十三五"国家重点出版物
出版规划项目

卫星导航工程技术丛书

主　编　杨元喜
副主编　蔚保国

卫星导航系统星间链路测量与通信原理

Principles of Navigation Satellite System Inter-Satellite
Link Measurement and Communication

陈建云　周永彬　杨俊　著

国防工业出版社

·北京·

内 容 简 介

本书系统全面地介绍了以导航星间链路系统为代表的大型星座星间链路测量通信原理。全书共分为9章，内容包括导航星间链路的基本概念与系统需求、体系架构、测量原理与抗干扰设计、接入与时隙规划技术、网络传输与路由技术、标校与测试评估、测量与通信应用技术等，全面展示了近年来我国在卫星导航系统星间链路精密测量与通信技术方面的理论研究成果。

本书可作为从事卫星导航系统设计、星间链路星地设备研制、基于星间链路的测量与通信业务开发等领域的科技工作者的工具书和参考资料，对通信、遥感等领域卫星系统星间建链组网的设计与研究也具有一定参考借鉴价值，也可作为高等院校相关专业教师和研究生的参考书。

图书在版编目(CIP)数据

卫星导航系统星间链路测量与通信原理／陈建云，周永彬，杨俊著． — 北京：国防工业出版社，2021.3
（卫星导航工程技术丛书）
ISBN 978-7-118-12294-7

Ⅰ.①卫… Ⅱ.①陈… ②周… ③杨… Ⅲ.①卫星导航-全球定位系统-卫星通信系统 Ⅳ.①P228.4 ②V474.2

中国版本图书馆 CIP 数据核字(2021)第 015123 号

审图号 GS(2020)1008 号

※

国防工业出版社出版发行
（北京市海淀区紫竹院南路23号　邮政编码100048）
天津嘉恒印务有限公司印刷
新华书店经售

*

开本 710×1000　1/16　插页 12　印张 27½　字数 530 千字
2021年3月第1版第1次印刷　印数 1—2000 册　定价 168.00 元

（本书如有印装错误，我社负责调换）

国防书店：(010)88540777　　书店传真：(010)88540776
发行业务：(010)88540717　　发行传真：(010)88540762

孙家栋院士为本套丛书致辞

探索中国北斗自主创新之路
凝练卫星导航工程技术之果

当今世界,卫星导航系统覆盖全球,应用服务广泛渗透,科技影响如日中天。

我国卫星导航事业从北斗一号工程开始到北斗三号工程,已经走过了二十六个春秋。在长达四分之一世纪的艰辛发展历程中,北斗卫星导航系统从无到有,从小到大,从弱到强,从区域到全球,从单一星座到高中轨混合星座,从 RDSS 到 RNSS,从定位授时到位置报告,从差分增强到精密单点定位,从星地站间组网到星间链路组网,不断演进和升级,形成了包括卫星导航及其增强系统的研究规划、研制生产、测试运行及产业化应用的综合体系,培养造就了一支高水平、高素质的专业人才队伍,为我国卫星导航事业的蓬勃发展奠定了坚实基础。

如今北斗已开启全球时代,打造"天上好用,地上用好"的自主卫星导航系统任务已初步实现,我国卫星导航事业也已跻身于国际先进水平,领域专家们认为有必要对以往的工作进行回顾和总结,将积累的工程技术、管理成果进行系统的梳理、凝练和提高,以利再战,同时也有必要充分利用前期积累的成果指导工程研制、系统应用和人才培养,因此决定撰写一套卫星导航工程技术丛书,为国家导航事业,也为参与者留下宝贵的知识财富和经验积淀。

在各位北斗专家及国防工业出版社的共同努力下,历经八年时间,这套导航丛书终于得以顺利出版。这是一件十分可喜可贺的大事!丛书展示了从北斗二号到北斗三号的历史性跨越,体系完整,理论与工程实践相结合，突出北斗卫星导航自主创新精神，注意与国际先进技术融合与接轨，展现了"中国的北斗，世界的北斗，一流的北斗"之大气！每一本书都是作者亲身工作成果的凝练和升华，相信能够为相关领域的发展和人才培养做出贡献。

"只要你管这件事，就要认认真真负责到底。"这是中国航天界的习惯，也是本套丛书作者的特点。我与丛书作者多有相识与共事，深知他们在北斗卫星导航科研和工程实践中取得了巨大成就，并积累了丰富经验。现在他们又在百忙之中牺牲休息时间来著书立说，继续弘扬"自主创新、开放融合、万众一心、追求卓越"的北斗精神，力争在学术出版界再现北斗的光辉形象，为北斗事业的后续发展鼎力相助，为导航技术的代代相传添砖加瓦。为他们喝彩！更由衷地感谢他们的巨大付出！由这些科研骨干潜心写成的著作，内蓄十足的含金量！我相信这套丛书一定具有鲜明的中国北斗特色，一定经得起时间的考验。

我一辈子都在航天战线工作，虽然已年逾九旬，但仍愿为北斗卫星导航事业的发展而思考和实践。人才培养是我国科技发展第一要事，令人欣慰的是，这套丛书非常及时地全面总结了中国北斗卫星导航的工程经验、理论方法、技术成果，可谓承前启后，必将有助于我国卫星导航系统的推广应用以及人才培养。我推荐从事这方面工作的科研人员以及在校师生都能读好这套丛书，它一定能给你启发和帮助，有助于你的进步与成长，从而为我国全球北斗卫星导航事业又好又快发展做出更多更大的贡献。

2020 年 8 月

祝贺卫星导航工程技术丛书

周到出版

杨元喜

于2019年第十届中国卫星导航年会期间题词。

期待《卫星导航工程技术丛书》助力中国北斗系统发展

周承钰

于2019年第十届中国卫星导航年会期间题词。

卫星导航工程技术丛书
编审委员会

主　　　任	杨元喜				
副　主　任	杨长风	冉承其	蔚保国		
院士学术顾问	魏子卿	刘经南	张明高	戚发轫	
	许其凤	沈荣骏	范本尧	周成虎	
	张　军	李天初	谭述森		

委　　　员（按姓氏笔画排序）

丁　群	王　刚	王　岗	王志鹏	王京涛
王宝华	王晓光	王清太	牛　飞	毛　悦
尹继凯	卢晓春	吕小平	朱衍波	伍蔡伦
任立明	刘　成	刘　华	刘利	刘天雄
刘迎春	许西安	许丽丽	孙倩	孙汉荣
孙越强	严颂华	李　星	李　罡	李　隽
李　锐	李孝辉	李建文	李建利	李博峰
杨　俊	杨　慧	杨东凯	何海波	汪　勃
汪陶胜	宋小勇	张小红	张国柱	张爱敏
陆明泉	陈　晶	陈金平	陈建云	陈韬鸣
林宝军	金双根	陈晋军	陈文军	赵齐乐
郝　刚	胡　刚	郑小亚	俄广西	姜　毅
袁　洪	袁运斌	党亚民	徐彦田	高为广
郭树人	郭海荣	唐歌实	黄文德	黄观文
黄佩诚	韩春好	焦文海	谢　军	蔡　毅
蔡志武	蔡洪亮	裴　凌		

丛书策划	王晓光

卫星导航工程技术丛书
编写委员会

主　　　编　杨元喜
副 主 编　蔚保国
委　　　员　（按姓氏笔画排序）
　　　　　　　尹继凯　朱衍波　伍蔡伦　刘　利
　　　　　　　刘天雄　李　隽　杨　慧　宋小勇
　　　　　　　张小红　陈金平　陈建云　陈韬鸣
　　　　　　　金双根　赵文军　姜　毅　袁　洪
　　　　　　　袁运斌　徐彦田　黄文德　谢　军
　　　　　　　蔡志武

丛 书 序

宇宙浩瀚、海洋无际、大漠无垠、丛林层密、山峦叠嶂,这就是我们生活的空间,这就是我们探索的远方。我在何处?我之去向?这是我们每天都必须面对的问题。从原始人巡游狩猎、航行海洋,到近代人周游世界、遨游太空,无一不需要定位和导航。

正如《北斗赋》所描述,乘舟而惑,不知东西,见斗则寤矣。又戒之,瀚海识途,昼则观日,夜则观星矣。我们的祖先不仅为后人指明了"昼观日,夜观星"的天文导航法,而且还发明了"司南"或"指南针"定向法。我们为祖先的聪颖智慧而自豪,但是又不得不面临新的定位、导航与授时(PNT)需求。信息化社会、智能化建设、智慧城市、数字地球、物联网、大数据等,无一不需要统一时间、空间信息的支持。为顺应新的需求,"卫星导航"应运而生。

卫星导航始于美国子午仪系统,成形于美国的全球定位系统(GPS)和俄罗斯的全球卫星导航系统(GLONASS),发展于中国的北斗卫星导航系统(BDS)(简称"北斗系统")和欧盟的伽利略卫星导航系统(简称"Galileo 系统"),补充于印度及日本的区域卫星导航系统。卫星导航系统是时间、空间信息服务的基础设施,是国防建设和国家经济建设的基础设施,也是政治大国、经济强国、科技强国的基本象征。

中国的北斗系统不仅是我国 PNT 体系的重要基础设施,也是国家经济、科技与社会发展的重要标志,是改革开放的重要成果之一。北斗系统不仅"标新""立异",而且"特色"鲜明。标新于设计(混合星座、信号调制、云平台运控、星间链路、全球报文通信等),立异于功能(一体化星基增强、嵌入式精密单点定位、嵌入式全球搜救等服务),特色于应用(报文通信、精密位置服务等)。标新立异和特色服务是北斗系统的立身之本,也是北斗系统推广应用的基础。

2020 年 6 月 23 日,北斗系统最后一颗卫星发射升空,标志着中国北斗全球卫星导航系统卫星组网完成;2020 年 7 月 31 日,北斗系统正式向全球用户开通服务,标志着中国北斗全球卫星导航系统进入运行维护阶段。为了全面反映中国北斗系统建设成果，同时也为了推进北斗系统的广泛应用，我们紧跟北斗工程的成功进展，组织北斗系统建设的部分技术骨干，撰写了卫星导航工程技术丛书，系统地描述北斗系统的最新发展、创新设计和特色应用成果。丛书共26个分册，分别介绍如下：

卫星导航定位遵循几何交会原理，但又涉及无线电信号传输的大气物理特性以及卫星动力学效应。《卫星导航定位原理》全面阐述卫星导航定位的基本概念和基本原理，侧重卫星导航概念描述和理论论述，包括北斗系统的卫星无线电测定业务（RDSS）原理、卫星无线电导航业务（RNSS）原理、北斗三频信号最优组合、精密定轨与时间同步、精密定位模型和自主导航理论与算法等。其中北斗三频信号最优组合、自适应卫星轨道测定、自主定轨理论与方法、自适应导航定位等均是作者团队近年来的研究成果。此外，该书第一次较详细地描述了"综合PNT"、"微PNT"和"弹性PNT"基本框架，这些都可望成为未来PNT的主要发展方向。

北斗系统由空间段、地面运行控制系统和用户段三部分构成，其中空间段的组网卫星是系统建设最关键的核心组成部分。《北斗导航卫星》描述我国北斗导航卫星研制历程及其取得的成果，论述导航卫星环境和任务要求、导航卫星总体设计、导航卫星平台、卫星有效载荷和星间链路等内容，并对未来卫星导航系统和关键技术的发展进行展望，特色的载荷、特色的功能设计、特色的组网，成就了特色的北斗导航卫星星座。

卫星导航信号的连续可用是卫星导航系统的根本要求。《北斗导航卫星可靠性工程》描述北斗导航卫星在工程研制中的系列可靠性研究成果和经验。围绕高可靠性、高可用性，论述导航卫星及星座的可靠性定性定量要求、可靠性设计、可靠性建模与分析等，侧重描述可靠性指标论证和分解、星座及卫星可用性设计、中断及可用性分析、可靠性试验、可靠性专项实施等内容。围绕导航卫星批量研制，分析可靠性工作的特殊性，介绍工艺可靠性、过程故障模式及其影响、贮存可靠性、备份星论证等批产可靠性保证技术内容。

卫星导航系统的运行与服务需要精密的时间同步和高精度的卫星轨道支持。《卫星导航时间同步与精密定轨》侧重描述北斗导航卫星高精度时间同步与精密定轨相关理论与方法，包括：相对论框架下时间比对基本原理、星地/站间各种时间比对技术及误差分析、高精度钟差预报方法、常规状态下导航卫星轨道精密测定与预报等；围绕北斗系统独有的技术体制和运行服务特点，详细论述星地无线电双向时间比对、地球静止轨道/倾斜地球同步轨道/中圆地球轨道（GEO/IGSO/MEO）混合星座精密定轨及轨道快速恢复、基于星间链路的时间同步与精密定轨、多源数据系统性偏差综合解算等前沿技术与方法；同时，从系统信息生成者角度，给出用户使用北斗卫星导航电文的具体建议。

北斗卫星发射与早期轨道段测控、长期运行段卫星及星座高效测控是北斗卫星发射组网、补网，系统连续、稳定、可靠运行与服务的核心要素之一。《导航星座测控管理系统》详细描述北斗系统的卫星/星座测控管理总体设计、系列关键技术及其解决途径，如测控系统总体设计、地面测控网总体设计、基于轨道参数偏置的MEO和IGSO卫星摄动补偿方法、MEO卫星轨道构型重构控制评价指标体系及优化方案、分布式数据中心设计方法、数据一体化存储与多级共享自动迁移设计等。

波束测量是卫星测控的重要创新技术。《卫星导航数字多波束测量系统》阐述数字波束形成与扩频测量传输深度融合机理，梳理数字多波束多星测量技术体制的最新成果，包括全分散式数字多波束测量装备体系架构、单站系统对多星的高效测量管理技术、数字波束时延概念、数字多波束时延综合处理方法、收发链路波束时延误差控制、数字波束时延在线精确标校管理等，描述复杂星座时空测量的地面基准确定、恒相位中心多波束动态优化算法、多波束相位中心恒定解决方案、数字波束合成条件下高精度星地链路测量、数字多波束测量系统性能测试方法等。

工程测试是北斗系统建设与应用的重要环节。《卫星导航系统工程测试技术》结合我国北斗三号工程建设中的重大测试、联试及试验，成体系地介绍卫星导航系统工程的测试评估技术，既包括卫星导航工程的卫星、地面运行控制、应用三大组成部分的测试技术及系统间大型测试与试验，也包括工程测试中的组织管理、基础理论和时延测量等关键技术。其中星地对接试验、卫星在轨测试技术、地面运行控制系统测试等内容都是我国北斗三号工程建设的实践成果。

卫星之间的星间链路体系是北斗三号卫星导航系统的重要标志之一，为北斗系统的全球服务奠定了坚实基础，也为构建未来天基信息网络提供了技术支撑。《卫星导航系统星间链路测量与通信原理》介绍卫星导航系统星间链路测量通信概念、理论与方法，论述星间链路在星历预报、卫星之间数据传输、动态无线组网、卫星导航系统性能提升等方面的重要作用，反映了我国全球卫星导航系统星间链路测量通信技术的最新成果。

自主导航技术是保证北斗地面系统应对突发灾难事件、可靠维持系统常规服务性能的重要手段。《北斗导航卫星自主导航原理与方法》详细介绍了自主导航的基本理论、星座自主定轨与时间同步技术、卫星自主完好性监测技术等自主导航关键技术及解决方法。内容既有理论分析,也有仿真和实测数据验证。其中在自主时空基准维持、自主定轨与时间同步算法设计等方面的研究成果,反映了北斗自主导航理论和工程应用方面的新进展。

卫星导航"完好性"是安全导航定位的核心指标之一。《卫星导航系统完好性原理与方法》全面阐述系统基本完好性监测、接收机自主完好性监测、星基增强系统完好性监测、地基增强系统完好性监测、卫星自主完好性监测等原理和方法,重点介绍相应的系统方案设计、监测处理方法、算法原理、完好性性能保证等内容,详细描述我国北斗系统完好性设计与实现技术,如基于地面运行控制系统的基本完好性的监测体系、顾及卫星自主完好性的监测体系、系统基本完好性和用户端有机结合的监测体系、完好性性能测试评估方法等。

时间是卫星导航的基础,也是卫星导航服务的重要内容。《时间基准与授时服务》从时间的概念形成开始:阐述从古代到现代人类关于时间的基本认识,时间频率的理论形成、技术发展、工程应用及未来前景等;介绍早期的牛顿绝对时空观、现代的爱因斯坦相对时空观及以霍金为代表的宇宙学时空观等;总结梳理各类时空观的内涵、特点、关系,重点分析相对论框架下的常用理论时标,并给出相互转换关系;重点阐述针对我国北斗系统的时间频率体系研究、体制设计、工程应用等关键问题,特别对时间频率与卫星导航系统地面、卫星、用户等各部分之间的密切关系进行了较深入的理论分析。

卫星导航系统本质上是一种高精度的时间频率测量系统,通过对时间信号的测量实现精密测距,进而实现高精度的定位、导航和授时服务。《卫星导航精密时间传递系统及应用》以卫星导航系统中的时间为切入点,全面系统地阐述卫星导航系统中的高精度时间传递技术,包括卫星导航授时技术、星地时间传递技术、卫星双向时间传递技术、光纤时间频率传递技术、卫星共视时间传递技术,以及时间传递技术在多个领域中的应用案例。

空间导航信号是连接导航卫星、地面运行控制系统和用户之间的纽带,其质量的好坏直接关系到全球卫星导航系统(GNSS)的定位、测速和授时性能。《GNSS空间信号质量监测评估》从卫星导航系统地面运行控制和测试角度出发,介绍导航信号生成、空间传播、接收处理等环节的数学模型,并从时域、频域、测量域、调制域和相关域监测评估等方面,系统描述工程实现算法,分析实测数据,重点阐述低失真接收、交替采样、信号重构与监测评估等关键技术,最后对空间信号质量监测评估系统体系结构、工作原理、工作模式等进行论述,同时对空间信号质量监测评估应用实践进行总结。

北斗系统地面运行控制系统建设与维护是一项极其复杂的工程。地面运行控制系统的仿真测试与模拟训练是北斗系统建设的重要支撑。《卫星导航地面运行控制系统仿真测试与模拟训练技术》详细阐述地面运行控制系统主要业务的仿真测试理论与方法,系统分析全球主要卫星导航系统地面控制段的功能组成及特点,描述地面控制段一整套仿真测试理论和方法,包括卫星导航数学建模与仿真方法、仿真模型的有效性验证方法、虚-实结合的仿真测试方法、面向协议测试的通用接口仿真方法、复杂仿真系统的开放式体系架构设计方法等。最后分析了地面运行控制系统操作人员岗前培训对训练环境和训练设备的需求,提出利用仿真系统支持地面操作人员岗前培训的技术和具体实施方法。

卫星导航信号严重受制于地球空间电离层延迟的影响,利用该影响可实现电离层变化的精细监测,进而提升卫星导航电离层延迟修正效果。《卫星导航电离层建模与应用》结合北斗系统建设和应用需求,重点论述了北斗系统广播电离层延迟及区域增强电离层延迟改正模型、码偏差处理方法及电离层模型精化与电离层变化监测等内容,主要包括北斗全球广播电离层时延改正模型、北斗全球卫星导航差分码偏差处理方法、面向我国低纬地区的北斗区域增强电离层延迟修正模型、卫星导航全球广播电离层模型改进、卫星导航全球与区域电离层延迟精确建模、卫星导航电离层层析反演及扰动探测方法、卫星导航定位电离层时延修正的典型方法等,体系化地阐述和总结了北斗系统电离层建模的理论、方法与应用成果及特色。

卫星导航终端是卫星导航系统服务的端点,也是体现系统服务性能的重要载体,所以卫星导航终端本身必须具备良好的性能。《卫星导航终端测试系统原理与应用》详细介绍并分析卫星导航终端测试系统的分类和实现原理,包括卫星导航终端的室内测试、室外测试、抗干扰测试等系统的构成和实现方法以及我国第一个大型室外导航终端测试环境的设计技术,并详述各种测试系统的工程实践技术,形成卫星导航终端测试系统理论研究和工程应用的较完整体系。

卫星导航系统 PNT 服务的精度、完好性、连续性、可用性是系统的关键指标,而卫星导航系统必然存在卫星轨道误差、钟差以及信号大气传播误差,需要增强系统来提高服务精度和完好性等关键指标。卫星导航增强系统是有效削弱大多数系统误差的重要手段。《卫星导航增强系统原理与应用》根据国际民航组织有关全球卫星导航系统服务的标准和操作规范,详细阐述了卫星导航系统的星基增强系统、地基增强系统、空基增强系统以及差分系统和低轨移动卫星导航增强系统的原理与应用。

与卫星导航增强系统原理相似,实时动态(RTK)定位也采用差分定位原理削弱各类系统误差的影响。《GNSS 网络 RTK 技术原理与工程应用》侧重介绍网络 RTK 技术原理和工作模式。结合北斗系统发展应用,详细分析网络 RTK 定位模型和各类误差特性以及处理方法、基于基准站的大气延迟和整周模糊度估计与北斗三频模糊度快速固定算法等,论述空间相关误差区域建模原理、基准站双差模糊度转换为非差模糊度相关技术途径以及基准站双差和非差一体化定位方法,综合介绍网络 RTK 技术在测绘、精准农业、变形监测等方面的应用。

GNSS 精密单点定位(PPP)技术是在卫星导航增强原理和 RTK 原理的基础上发展起来的精密定位技术,PPP 方法一经提出即得到同行的极大关注。《GNSS 精密单点定位理论方法及其应用》是国内第一本全面系统论述 GNSS 精密单点定位理论、模型、技术方法和应用的学术专著。该书从非差观测方程出发,推导并建立 BDS/GNSS 单频、双频、三频及多频 PPP 的函数模型和随机模型,详细讨论非差观测数据预处理及各类误差处理策略、缩短 PPP 收敛时间的系列创新模型和技术,介绍 PPP 质量控制与质量评估方法、PPP 整周模糊度解算理论和方法,包括基于原始观测模型的北斗三频载波相位小数偏差的分离、估计和外推问题,以及利用连续运行参考站网增强 PPP 的概念和方法,阐述实时精密单点定位的关键技术和典型应用。

GNSS 信号到达地表产生多路径延迟,是 GNSS 导航定位的主要误差源之一,反过来可以估计地表介质特征,即 GNSS 反射测量。《GNSS 反射测量原理与应用》详细、全面地介绍全球卫星导航系统反射测量原理、方法及应用,包括 GNSS 反射信号特征、多路径反射测量、干涉模式技术、多普勒时延图、空基 GNSS 反射测量理论、海洋遥感、水文遥感、植被遥感和冰川遥感等,其中利用 BDS/GNSS 反射测量估计海平面变化、海面风场、有效波高、积雪变化、土壤湿度、冻土变化和植被生长量等内容都是作者的最新研究成果。

伪卫星定位系统是卫星导航系统的重要补充和增强手段。《GNSS 伪卫星定位系统原理与应用》首先系统总结国际上伪卫星定位系统发展的历程,进而系统描述北斗伪卫星导航系统的应用需求和相关理论方法,涵盖信号传输与多路径效应、测量误差模型等多个方面,系统描述 GNSS 伪卫星定位系统(中国伽利略测试场测试型伪卫星)、自组网伪卫星系统(Locata 伪卫星和转发式伪卫星)、GNSS 伪卫星增强系统(闭环同步伪卫星和非同步伪卫星)等体系结构、组网与高精度时间同步技术、测量与定位方法等,系统总结 GNSS 伪卫星在各个领域的成功应用案例,包括测绘、工业控制、军事导航和GNSS测试试验等,充分体现出GNSS伪卫星的"高精度、高完好性、高连续性和高可用性"的应用特性和应用趋势。

GNSS存在易受干扰和欺骗的缺点,但若与惯性导航系统(INS)组合,则能发挥两者的优势,提高导航系统的综合性能。《高精度GNSS/INS组合定位及测姿技术》系统描述北斗卫星导航/惯性导航相结合的组合定位基础理论、关键技术以及工程实践,重点阐述不同方式组合定位的基本原理、误差建模、关键技术以及工程实践等,并将组合定位与高精度定位相互融合,依托移动测绘车组合定位系统进行典型设计,然后详细介绍组合定位系统的多种应用。

未来PNT应用需求逐渐呈现出多样化的特征,单一导航源在可用性、连续性和稳健性方面通常不能全面满足需求,多源信息融合能够实现不同导航源的优势互补,提升PNT服务的连续性和可靠性。《多源融合导航技术及其演进》系统分析现有主要导航手段的特点、多源融合导航终端的总体构架、多源导航信息时空基准统一方法、导航源质量评估与故障检测方法、多源融合导航场景感知技术、多源融合数据处理方法等,依托车辆的室内外无缝定位应用进行典型设计,探讨多源融合导航技术未来发展趋势,以及多源融合导航在PNT体系中的作用和地位等。

卫星导航系统是典型的军民两用系统,一定程度上改变了人类的生产、生活和斗争方式。《卫星导航系统典型应用》从定位服务、位置报告、导航服务、授时服务和军事应用5个维度系统阐述卫星导航系统的应用范例。"天上好用,地上用好",北斗卫星导航系统只有服务于国计民生,才能产生价值。

海洋定位、导航、授时、报文通信以及搜救是北斗系统对海事应用的重要特色贡献。《北斗卫星导航系统海事应用》梳理分析国际海事组织、国际电信联盟、国际海事无线电技术委员会等相关国际组织发布的GNSS在海事领域应用的相关技术标准,详细阐述全球海上遇险与安全系统、船舶自动识别系统、船舶动态监控系统、船舶远程识别与跟踪系统以及海事增强系统等的工作原理及在海事导航领域的具体应用。

将卫星导航技术应用于民用航空,并满足飞行安全性对导航完好性的严格要求,其核心是卫星导航增强技术。未来的全球卫星导航系统将呈现多个星座共同运行的局面,每个星座均向民航用户提供至少2个频率的导航信号。双频多星座卫星导航增强技术已经成为国际民航下一代航空运输系统的核心技术。《民用航空卫星导航增强新技术与应用》系统阐述多星座卫星导航系统的运行概念、先进接收机自主完好性监测技术、双频多星座星基增强技术、双频多星座地基增强技术和实时精密定位技术等的原理和方法,介绍双频多星座卫星导航系统在民航领域应用的关键技术、算法实现和应用实施等。

  本丛书全面反映了我国北斗系统建设工程的主要成就,包括导航定位原理,工程实现技术,卫星平台和各类载荷技术,信号传输与处理理论及技术,用户定位、导航、授时处理技术等。各分册:虽有侧重,但又相互衔接;虽自成体系,又避免大量重复。整套丛书力求理论严密、方法实用,工程建设内容力求系统,应用领域力求全面,适合从事卫星导航工程建设、科研与教学人员学习参考,同时也为从事北斗系统应用研究和开发的广大科技人员提供技术借鉴,从而为建成更加完善的北斗综合 PNT 体系做出贡献。

  最后,让我们从中国科技发展史的角度,来评价编撰和出版本丛书的深远意义,那就是:将中国卫星导航事业发展的重要的里程碑式的阶段永远地铭刻在历史的丰碑上!

2020 年 8 月

前言

时空信息是信息化社会的基础资源。时空关系构成了人与人、人与运载体、人与数据、数据与数据之间最基本的关系。以共同的时空基准为参考,就可以将万事万物及它们纷纭复杂的动态关系,刻画于统一的空间和时间体系之中。当前,大到关系国计民生的命脉行业,如农业生产、交通运输、气象海洋等,小到日常出行、外卖送餐,都离不开便捷泛在、可信易用的共同时空基准。而卫星导航系统,正是扮演着时空信息领域最大规模、最为重要的"供给侧"的角色,为广大用户提供基准统一且无处不在、无时不有的时空信息服务。

长期以来,全世界都依靠美国 GPS 来提供时空信息服务。对于各国用户,相当于把时空基准建立在美国所维持的时空基准之上,对武器装备和国家安全构成了重大潜在风险。正是由于卫星导航系统对军事斗争和现代社会的极端重要性,世界主要国家和地区都在独立自主发展自己的全球卫星导航系统,并在频率资源、技术体制、应用推广等方面开展持续角力和博弈。俄罗斯正在重新升级其全球卫星导航系统(GLONASS),并且立法,要求国内出售的移动电话等信息终端必须加装本国 GLONASS 导航芯片;欧盟虽历经一波三折,但却一直在坚持建设自己的 Galileo 系统;而我国的北斗卫星导航系统(BDS)工程也正沿着规划的三步走战略目标稳步前行,在 2012 年建成北斗区域导航系统之后,迅即开展了北斗全球卫星导航系统的论证设计和研制建设。

四大全球卫星导航系统(GNSS)能够为地球及近地空间的任意地点提供全天候的精密位置、速度和时间(PVT)服务。PVT 服务的精度(accuracy)、完好性(integrity)、连续性(consistency)和可用性(availability)是衡量卫星导航系统优劣的四大性能指标,缺一不可。卫星导航系统现代化升级的过程就是不断应用新的技术手段提升这些性能的过程。北斗系统从区域走向全球,既是我国国家利益拓展的必需,也是建设世界命运共同体的中国使命。但是,从区域系统发展到全球系统,所要做的远远不止于增加卫星数量。受限于海外建站的不可控,我们全球卫星导航系统的 PVT 精度面临着卫星观测不连续的严重挑战,PVT 的可靠性指标也面临着监测运维实时性不高的巨大难题,对全球服务的精度、完好性等带来极大挑战。

星间链路最初是由中继通信卫星系统、移动通信低轨星座引入的技术概念,用来解决数据不落地全球大范围传输的难题,满足通信系统对实时性、安全性的要求。我们研究发现,增加精密测量能力后,星间链路技术在卫星导航星座中的应用,能够对卫星导航系统的运行模式(包括卫星精密轨道确定与时间同步和星座监控运维)带来根本变革,为我国在特殊受限条件下建设并运营一个性能领先的全球卫星导航系统开辟了一条可行道路。引入星间链路,不仅可以大幅度提高星历、钟差的预报和保持精度,有效提升卫星导航系统精度,还可以通过星间通信,实现全球星座实时的监控运维,从而确保导航、定位、授时服务的可靠性,是实现我国北斗卫星导航系统跨越式发展的重要举措。

导航星间链路技术本质是在全球系统的卫星之间和地面站点之间,构成一个天地一体、兼具精密测量和通信数传功能的天基无线网络。在这个网络内,导航卫星经由网络规划实现互连互通和多星组网,通过星间链路收发设备实现双向精密测距和数据交换,进而协调一致,完成时间同步、精密定轨、境外卫星管理控制和自主导航等功能。

本书结合作者多年的研究成果,全面详细介绍卫星导航星间链路测量通信的概念、理论与方法,反映了近年来我国在全球卫星导航系统的星间链路系统体制论证与总体设计、精密测量与通信技术研究的最新技术和成果。

全书共分为9章:第1章"绪论"介绍导航星间链路系统基本概念与系统需求,国内外发展现状和趋势;第2章"导航星间链路体系架构"介绍导航星间链路系统组成与体系架构、星间链路拓扑模型、数据平面网络分层架构;第3章"导航星间链路测量原理"系统全面阐述空分时分体制星间链路精密测距原理与技术,主要对星间精密测距中的时标归算、空时频多维快速高效搜索与捕获中涉及的理论进行了阐述;第4章"导航星间链路抗干扰原理"围绕星间链路精密扩频测距抗干扰这一主题,针对如何在干扰环境中实现星间链路精密扩频测距这一基本问题,对单频干扰下的测距特性及性能评估、窄带干扰下的测距特性及性能评估、基于陷波器的干扰检测与识别、干扰抑制及测距抗干扰方法设计等关键技术进行了系统全面论述;第5章"星间链路接入与时隙规划原理"阐述空分时分体制星间链路接入模式下星间链路网络的时隙规划设计、时隙规划数学模型、时隙规划方案;第6章"导航星间链路网络传输协议"详细阐述了面向导航星座信息传输与处理的星间网络传输协议,应用于空分时分体制接入下的星间链路网络传输层协议;第7章"导航星间链路网络路由协议"系统阐述了面向导航星座信息传输与处理的星间网络路由协议设计,针对导航星座星间链路无中心、自组织特性讨论了两种导航星座星间链路网络自组织路由协议架构;第8章"导航星间链路标校与测试评估"论述了星间链路精密时延测量与标校技术、星间链路测量仿真与验证技术、星间链路载荷地面测量性能测试评估技术;第9章"导航星间链路测量与通信应用"阐述了自主导航与时间同步应用、星地星间精密联合定轨应用、星间链路星座信息传输应用等北斗导航星间链路系统应用场景原理与技术。

本书内容是根据研究团队全体成员多年来从事导航星间链路研究的成果提炼而成的。在导航星间链路研究过程中,得到了中国卫星导航工程中心、北京跟踪与通信技术研究所、北京卫星导航中心、中国空间技术研究院、中国科学院上海微小卫星创新研究院、中国电子科技集团公司第二十九研究所、中国航天电子技术研究院等总体部门和协作单位的大力支持,在此表示衷心感谢。

与此同时,国防科技大学智能科学学院王跃科、郭熙业、冯旭哲、黄文德、林金茂、胡梅、杨建伟、孟志军、瞿智、杨光等老师先后参与了相关课题的研究工作,胡助理、沈洋、靳晓燕、白娟芳等老师在成果专利申报等方面给予了支持。在本书出版过程中,刘思力完成了书稿的编辑、校对工作;在课题研究过程中,得到了研究团队的博士研究生李献斌、唐银银、陈莉、杨道宁、李鑫、刘丽丽、周一帆,硕士研究生吴玉龙、徐志乾、吴光耀、杨玉婷、徐鹏杰、刘骐铭、张利云,工程师刘长水、刘洋洋、王婷、谢赛、陈彦池等同志的热情参与和无私帮助,向他们表示衷心的感谢。

此外,本书部分内容参考了国内外同行专家学者的最新研究成果,在此向他们致以诚挚敬意。感谢国防工业出版社各位编辑对本书出版的大力支持和认真审校。杨元喜院士在相关课题研究中一直给予最直接的关心和指导,在百忙中又对本书进行了审阅,在此表示衷心感谢和崇高敬意!

由于导航星间链路测量通信技术涉及多门学科的前沿,其理论与技术也还在不断发展中,加之作者水平和经验有限,书中错误和疏漏在所难免,敬请广大读者指正。

作者

2020 年 8 月

目 录

第1章 绪论 ………………………………………………………………… 1
　1.1 卫星导航系统概述 …………………………………………………… 1
　1.2 导航星间链路基本概念 ……………………………………………… 3
　1.3 星间链路发展现状 …………………………………………………… 9
　　1.3.1 微波星间链路 …………………………………………………… 9
　　1.3.2 激光星间链路 …………………………………………………… 24
　1.4 天基信息网络 ………………………………………………………… 32
　参考文献 ……………………………………………………………………… 37

第2章 导航星间链路体系架构 ………………………………………… 40
　2.1 星间链路系统架构 …………………………………………………… 40
　2.2 星间链路拓扑模型 …………………………………………………… 42
　2.3 星间链路数据平面架构 ……………………………………………… 54
　　2.3.1 星间链路频率规划 ……………………………………………… 54
　　2.3.2 星间链路信号体制 ……………………………………………… 63
　　2.3.3 星间链路信道编码 ……………………………………………… 69
　　2.3.4 星间链路接入控制 ……………………………………………… 77
　　2.3.5 网络路由与传输控制 …………………………………………… 80
　参考文献 ……………………………………………………………………… 83

第3章 导航星间链路测量原理 ………………………………………… 85
　3.1 星间链路双向测量基本原理 ………………………………………… 85
　　3.1.1 卫星间钟差的测量 ……………………………………………… 86
　　3.1.2 卫星间距离的测量 ……………………………………………… 87

3.2 星间链路测量误差分析 ·· 88
　3.2.1 静态误差 ··· 88
　3.2.2 动态误差 ··· 94
　3.2.3 测量总体误差 ··· 98
3.3 星间测距量的时标归算 ·· 98
　3.3.1 星间高动态测距模型 ··· 98
　3.3.2 测距链路中的时标修正 ··· 100
　3.3.3 星间测距中的时标归算 ··· 104
3.4 星间链路波束指向与控制原理 ·· 111
　3.4.1 星间波束指向变化特性 ··· 112
　3.4.2 波束指向计算 ··· 117
　3.4.3 误差特性分析 ··· 120
　3.4.4 基于方位预测的波束指向算法 ··································· 126
3.5 星间链路频域搜索与捕获原理 ·· 131
　3.5.1 典型的信号捕获流程 ··· 132
　3.5.2 捕获搜索范围优化设计 ··· 134
　3.5.3 捕获搜索策略优化设计 ··· 143
　3.5.4 捕获判决模式优化设计 ··· 148
3.6 星间链路时域搜索与捕获原理 ·· 150
　3.6.1 星间测距中接收信号的时间对准 ································· 152
　3.6.2 时间对准精度的定量计算 ······································· 153
　3.6.3 时间对准精度的 Cramer-Rao 界 ································· 164
　3.6.4 时间对准精度约束下的功率分配 ································· 166
参考文献 ·· 171

第 4 章 导航星间链路抗干扰原理 ·· 175

4.1 星间链路精密测距中的抗干扰需求 ······································ 175
4.2 星间链路单频干扰测距特性及性能 ······································ 177
　4.2.1 伪码扩频信号与跟踪环路模型 ··································· 177
　4.2.2 特征频点干扰测距误差 ··· 184
　4.2.3 非特征频点干扰测距误差 ······································· 196
4.3 星间链路窄带干扰测距特性及性能 ······································ 203
　4.3.1 测距性能评估指标 ··· 203
　4.3.2 测距精度性能评估指标 ··· 206

    4.3.3 窄带干扰下的测距特性 ·· 211
    4.3.4 窄带干扰下的测距干扰容限 ···································· 220
  4.4 扩频抗干扰技术分类 ·· 227
    4.4.1 时域干扰抑制技术 ·· 227
    4.4.2 变换域抵消技术 ·· 230
    4.4.3 基于FFT的频域干扰抑制技术 ·································· 231
    4.4.4 基于时频域相结合的干扰抑制技术 ······························ 236
  参考文献 ·· 239

第5章 星间链路接入与时隙规划原理 ······························ 243
  5.1 星间链路网络接入模型 ·· 243
  5.2 星间链路拓扑代价模型 ·· 247
    5.2.1 星间链路通信拓扑代价模型 ···································· 249
    5.2.2 星间链路测量拓扑代价模型 ···································· 252
  5.3 星间链路时隙规划的数学模型 ·· 255
  5.4 星间链路时隙规划设计 ·· 256
    5.4.1 静态链路数量的确定 ·· 256
    5.4.2 星间静态链路规划设计 ·· 258
    5.4.3 星间动态链路规划设计 ·· 261
    5.4.4 兼顾星间测量与通信链路规划 ·································· 263
  5.5 星间转发路径规划 ·· 266
  5.6 卫星故障情况下的规划调整 ·· 269
  5.7 基于动态任务触发的规划 ·· 269
    5.7.1 重新规划策略 ·· 270
    5.7.2 局部规划策略 ·· 270
  参考文献 ·· 271

第6章 导航星间链路网络传输协议 ···································· 273
  6.1 空间网络传输协议概述 ·· 273
  6.2 CCSDS协议标准 ·· 275
  6.3 IP over CCSDS协议标准 ·· 282
  6.4 SCPS-TP标准 ·· 284
  6.5 空分时分导航星间链路传输协议 ······································ 290
    6.5.1 半双工传输模式 ·· 290

6.5.2 确认应答机制 ··· 291

6.5.3 重传与转发 ··· 300

参考文献 ··· 302

第 7 章 导航星间链路网络路由协议 304

7.1 卫星网络路由概述 ·· 304

7.2 地面网络路由策略 ·· 306

7.2.1 距离矢量算法 ··· 306

7.2.2 链路状态算法 ··· 307

7.3 星座网络路由策略 ·· 308

7.3.1 面向连接的路由技术 ··· 308

7.3.2 面向无连接的路由技术 ··· 310

7.4 导航星间链路分布式路由算法 ·· 312

7.4.1 星间链路最优链路状态路由协议 ··································· 314

7.4.2 导航星间链路按需距离矢量路由协议 ······························· 325

参考文献 ··· 335

第 8 章 导航星间链路标校与测试评估 337

8.1 星间链路精密时延测量与标校 ·· 337

8.1.1 精密时延测量与标校技术概述 ····································· 337

8.1.2 精密时延的定义和概念 ··· 339

8.1.3 精密时延测量估计模型 ··· 342

8.1.4 精密时延特性影响因素分析 ······································· 345

8.1.5 精密时延测量方法 ··· 348

8.1.6 时延零值标校技术 ··· 358

8.2 星间链路测量仿真与验证 ·· 371

8.2.1 星间链路测量仿真与验证概述 ····································· 371

8.2.2 高精度空间段仿真 ··· 371

8.2.3 星间链路观测数据流程 ··· 373

8.2.4 星间链路观测数据闭合验证 ······································· 375

8.3 星间链路载荷地面性能测试评估 ······································ 380

8.3.1 测量通信性能测试评估 ··· 380

8.3.2 网络协议栈性能测试评估 ··· 384

参考文献 ··· 390

第9章 导航星间链路测量与通信应用 …… 392

9.1 自主导航与时间同步应用 …… 392
9.2 星地星间精密联合定轨应用 …… 393
9.2.1 联合定轨基本原理 …… 393
9.2.2 联合定轨算法及流程 …… 395
9.2.3 联合定轨策略及流程 …… 397
9.3 星间链路星座信息传输应用 …… 398
参考文献 …… 399

缩略语 …… 400

第1章 绪 论

1.1 卫星导航系统概述

时空信息是信息化社会的基础资源,随着我国社会发展信息化水平不断提升,国家安全面临的挑战不断增加,对定位、导航与授时(PNT)服务提出了更高要求。卫星导航系统具有覆盖范围广、全天候全天时、精度高、应用便捷、用户数量无限制等优点,已成为世界范围内首选的定位、导航、授时手段。全球卫星导航系统(GNSS)能够为地球及近地空间的任意地点提供全天候的精密位置和时间信息。作为一种能够提供高精度、连续、全天候无线电导航定位和授时服务的多功能系统[1],卫星导航系统可为各种精确打击武器制导,使武器的命中率大为提高、武器威力显著增长。卫星导航系统可完成各种需要精确定位与时间信息的战术操作,与通信、计算机和情报监视系统构成多兵种协同作战指挥系统。卫星导航系统已成为武装力量的支撑系统和战斗力倍增器[2]。除此之外,卫星导航系统作为国家重要基础设施,为经济发展提供了强大的动力。随着卫星导航接收机的集成微小型化,卫星导航系统已广泛应用于国民经济的各个领域。

独立的卫星导航定位系统是建设强大国防、维护国家安全的重要手段,具有重要的战略意义,全球卫星导航系统得到迅速而广泛的应用和发展。自从美国全球定位系统(GPS)出现以来,卫星导航技术在军用、民用领域发挥着越来越重要的作用。出于军事安全以及商业利益的考虑,世界主要军事大国及经济体都已经或正在发展自己的导航系统[3]。如世界主要航天大国和国家集团不惜巨资发展全球卫星导航系统,目前形成了美国GPS、俄罗斯全球卫星导航系统(GLONASS)、欧盟伽利略卫星导航系统(简称"Galileo系统")和我国北斗卫星导航系统(BDS)的四大全球卫星导航系统的格局[4],此外日本的准天顶卫星系统(QZSS)、印度区域卫星导航系统(IRNSS)也是正在发展的具有各自特色的区域卫星导航系统。

美国GPS于1973年正式启动系统建设,1995年实现完全运行能力,1999年开始实施现代化计划。目前,GPS采用了数字化星钟、星间链路、军民信号分离、可变功率等先进技术,卫星寿命12年,具备180天自主运行能力,在军事、测绘、交通、农业、公共安全与灾难救援、娱乐等多个领域得到广泛应用,占据了全球导航设备应用近90%的份额,民用、商用用户达到10亿。预计2030年,GPS将采用32颗GPSⅢ卫星构成的中圆地球轨道(MEO)卫星和地球静止轨道(GEO)卫星相结合的新型混合星座,配备特高频(UHF)频段星间链路,区域功率增强20dB,增加搜救和空间环境探测等载荷。

俄罗斯GLONASS于1976年开始设计,1995年建成,随后一直处于降效运行。2001年俄罗斯开始实施GLONASS恢复和现代化计划,2011年实现满星座运行。目前,GLONASS可同时播发频分多址(FDMA)和码分多址(CDMA)信号,配备S频段和激光星间通信链路,卫星寿命达到10年,定位精度达到2.5m,广泛应用于军事、交通、测绘等领域,45%的地面军用车辆配备GLONASS导航设备,30.7万辆交通车辆配备GLONASS/GPS接收机。2030年,俄罗斯将建成以GLONASS-KM为主体的卫星星座,采用激光抽运铷束原子钟、微波及激光星间链路,搭载核爆探测、电子侦察、搜救等载荷,导航信号增至12个。

欧盟Galileo系统于2002年启动建设,2012年建成4颗在轨验证卫星组网的小型星座,2030年将建成由30颗卫星构成的星座,采用卫星高精度氢钟和铷钟、Ku频段星间链路、多路复用二进制偏移载波(MBOC)信号设计方案,可以在多径和干扰环境下提供更准确的导航信号和增强室内环境下的导航能力。

日本QZSS于2006年开始建设,2010年发射首颗卫星。当前,GPS + QZSS水平定位精度0.46m,垂直定位精度0.57m。2030年,日本将以QZSS为基础建成由7颗卫星组成的区域导航卫星系统。其采用倾斜地球同步轨道(IGSO)和GEO混合星座,可改善城市、峡谷、山区等遮挡严重地区以及南北极地区的导航服务水平,实现导航和增强功能的继承,并具备短报文通信能力。

印度区域卫星导航系统(IRNSS)于2006年启动建设,2013年发射了首颗卫星。该系统将采用地球静止轨道卫星和大椭圆轨道混合星座,C、S和L三个频段作为载波,为印度本土及邻近国家提供优于10m的定位精度。

星基增强系统包括美国的广域增强系统(WAAS)、欧洲静地轨道卫星导航重叠服务(EGNOS)系统、俄罗斯的差分校正和监测系统(SDCM)、日本的多功能卫星(星基)增强系统(MSAS)、印度的GPS辅助型地球静止轨道卫星增强导航(GAGAN)系统。当前,WAAS可提供水平优于1m、垂直优于1.5m的定位精度。EGNOS的开放服务、生命安全服务精度约1m,数据接入服务精度优于1m。MSAS可覆盖日本、澳大利亚等地区,差分定位精度优于1m。SDCM包括2颗地球同步轨道卫星,GAGAN系统拥有1颗地球同步轨道卫星。

地基增强系统包括连续运行卫星定位服务综合系统、国家差分GPS(NDGPS)、局域增强系统(LAAS)等。其中,美国NDGPS可为92%的美国大陆提供单站信号覆盖,能实时提供1~3m的精度服务,事后处理的精度可达2~5cm。高精度NDGPS改造将能够实现10~15cm的定位精度以及全覆盖区域的完好性监测。美国国家连续运行卫星定位服务综合系统网络有688个站,合作连续运行卫星定位服务综合系统网络有140个站;日本的强震观测系统组织联盟(COSMOS)由1200多个站点组成,遍布全日本。

随着GPS的成熟和广泛应用,美国获得全球持续有效导航能力的需求日益迫切。21世纪初,其开始探索发展成体系导航能力,并提出2025年建成由GPS、地面无线电、无线网络、伪卫星、天文导航等众多手段组成的国家PNT体系。为此,美国开展多项支撑计划,如美国国防高级研究计划局(DARPA)的"全源导航"项目,旨在探索综合利用卫星导航、激光测距仪、相机和磁力计等各种来源的信息提供高可靠性的导航定位服务。俄罗斯、日本等国也正在加紧构建以天基导航系统为核心、多手段互为备份、多系统有机融合的国家PNT体系。

美国、俄罗斯正在重点推进卫星导航系统现代化。GPS现代化提出的军民频谱分离、更新军码、增加发射功率、增强区域功率等措施将进一步提高抗干扰和反利用能力。俄罗斯GLONASS-K、GLONASS-KM卫星将采用多种先进技术,设计寿命延长至15年。原子钟、抗干扰、星间链路等技术的发展将使卫星导航系统向更高精度、抗毁顽存、功能多样、持续自主导航方向发展。

1.2 导航星间链路基本概念

PVT精度、完好性、连续性和可用性是卫星导航系统的四大性能指标[5],卫星导航系统革新与升级的过程也就是不断采取新的技术手段提升这些性能的过程。其中,PVT精度是指导航系统提供的定位数据与用户真实位置的符合程度,是用户最为关心的核心指标。导航卫星的轨道确定和时间同步是支撑卫星导航系统运行及其PVT精度实现的关键技术,卫星导航系统性能的提高很大程度上依赖于轨道确定和时间同步技术的发展。导航星间链路技术在卫星导航系统中的应用,给传统卫星导航系统的运行模式(包括卫星轨道确定和时间同步)带来了变革。引入星间链路可以大幅度提高星历预报精度,有效提升卫星导航系统性能,成为新一代卫星导航系统的重要标志,建设星间链路已成为当前各个全球导航系统的重要共识[6]。我国第三代卫星导航系统属于全球卫星导航系统,可以在全球范围内提供卫星导航定位服务。

如图1.1所示,导航星间链路系统是在全球系统卫星之间和卫星与地面站之间构成天地一体、具有精密测量和数传功能的动态无线网络。导航星间链路通过无线电链路或激光链路发射和接收设备实现星座卫星之间双向测距和数据交换,完成自主导航、精密定轨、境外卫星管理等功能。导航卫星系统自主导航是指导航星座卫星在长时间得不到地面运控系统支持的情况下,通过星间双向测距、数据交换以及星载处理器滤波处理,不断修正地面站注入的卫星长期预报星历及时钟参数,并自主生成导航电文和维持星座基本构型,满足用户高精度导航定位应用需求的实现过程。此外,通过星间链路不仅可以利用星间精密测距改善地面定轨网络在几何布局上的限制,提高导航卫星的定轨和时间同步精度,还可以利用星间数据传输提高导航星历的更新频度,大幅提高我国北斗卫星导航系统的性能水平。导航星间链路系统主要功能表现为:

(1) 减少地面站的布设数量,无需全球布设监测站就能维持导航系统正常运行。

(2) 减少地面站至卫星的信息注入次数,降低导航系统的管理和维护费用。

(3) 实时监测导航信息的完好性,增强系统信息的可用性。

(4) 在战时环境条件下,即使地面站被摧毁,星座也能长时间独立运行,赢得地面重建和修复时间,增强系统的抗干扰、抗摧毁能力。

(5) 在有地面系统支持的情况下,通过星间双向测距能够提供一种独立的校验卫星星历及时钟参数的手段,并能进一步改善系统性能和提高导航定位精度。

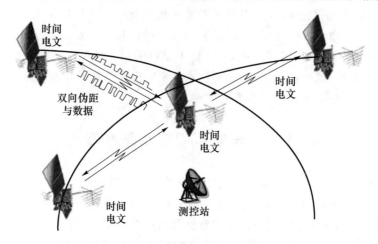

图 1.1　导航星间链路示意图

导航星间链路的引入可以将卫星导航系统的性能提升到一个新的高度,美国国家航空航天局(NASA)负责 GPSⅢ 星间链路论证的高级工程师 K. P. Maine 等详细论述了星间链路的重要作用,指出通过引入星间测距和数传链路可以提高 PVT 精度、实现卫星自主完好性监测、增加自主导航功能和提高导航系统灵活性与扩展性[7]。

1) 提高 PVT 精度

传统的卫星定轨是通过测量卫星与地面监测站之间的伪距、多普勒频率、角度等信息,并将它们用于修正轨道模型、生成轨道预报数据的过程[8]。轨道预报数据用于计算一个时段内的卫星坐标和钟差信息,随着预报时长的增加,精度会随之降低。由于受观测弧段的限制,地面站无法实现对卫星的连续跟踪,星地观测数据的获取时段和频度有限,从而限制了广播星历的更新频度。通过星间双向无线电测距可以持续获得卫星间距离和钟差,这些数据中包含了卫星轨道和钟差信息,经过一定的处理后可以与星地测量数据共同实现卫星轨道的确定。星间观测相对于星地观测而言,克服了地面观测弧段受限的不利因素,大大增加了观测数据的获取频度。同时星间观测受电离层影响较小且可以避开对流层,观测精度也会因此而提高。目前 GPS 广播星历的更新频度为 2h/次,计划在引入星间观测后,将该频度提高到 15min/次,从而极大地提高了轨道预报的精度,进而提高了 PVT 精度[9]。

我国第三代卫星导航系统属于全球导航卫星系统,可以在全球范围内提供卫星导航定位服务,包括 24 颗 MEO 卫星、3 颗 GEO 卫星、3 颗 IGSO 卫星,其星座构成为 24MEO + 3GEO + 3IGSO,除了 GEO 卫星外,MEO 卫星相对地面存在一定的运行周期,我国国内地面监测站非持续可见,IGSO 卫星也不是国内多个地面站均可连续监测。根据目前我国国情和国际环境,我国对国外站点的使用策略是充分利用而不依赖,所以地面运控系统主要依靠国内建站,对星座进行跟踪测量、精密定轨与时间同步以及运行控制和管理。基于国内布站的地面运控系统对 MEO 卫星的观测弧段约为 35%,对 GEO、IGSO 卫星的几何约束较弱,不能满足全球导航星座卫星跟踪测量和高精度轨道确定需求;基于国内布站的地面运控系统存在上行注入弧段限制,不能满足全球星座高效运行管理和提高 MEO 卫星导航电文更新频度需求。因此北斗系统性能提升迫切需要利用星间链路提高卫星定轨及外推精度,以及卫星钟比对精度和外推精度,利用星间通信提高对卫星的管理效率。因此,运控系统的联合定轨和数据注入均对星间链路有迫切的需求。

国内外学者研究表明,星地、星间整网联合定轨较传统仅依托于星地观测数据的定轨方式而言,定轨精度可大幅度提高。德国的 R. Wolf 对 Galileo 系统的仿真表明,引入星间链路进行星地、星间联合定轨后,定轨精度相比仅依靠地面监测站而言,径向、法向和切向的精度分别从 34cm、110cm、88cm 提高到 2.5cm、10cm 和 12cm 左右,总体提高了 1 个数量级。宋小勇基于现阶段我国北斗系统无法全球布站的现实,模拟对比了引入星间观测数据前后的定轨精度,当仅采用国内 7 个监测站时,卫星定轨精度约为 6m,引入星间测距数据进行联合定轨后,定轨精度将优于 0.7m,精度提高近 1 个数量级[10]。欧洲空间局(ESA)的 F. Amarillo、上海交通大学的徐洪亮、国防科学技术大学的朱俊等在星地、星间整网联合定轨的研究中,均得出类似的结论[11-15]。目前我国实现全球建站困难,建设星间链路对我国北斗全球卫星导航系统服务性能的提升提供了一种可行的解决方案,具有更为重大的现实意义。

2) 实现卫星自主完好性监测

完好性是导航系统的重要指标之一,在航空、航天、航海等事关生命安全的应用领域,当导航系统无法达到标称的服务性能时,需具备提前向用户发出警示信息的能力,以避免由于错误的导航定位结果引发重大安全事故[16]。鉴于完好性监测的重要意义,卫星导航系统建立了全方位、多层次的完好性风险与监测体系,如图 1.2 所示,主要包括卫星自主完好性监测(SAIM)、接收机自主完好性监测(RAIM)和 GNSS 全球完好性通道监测,分别应对不同的故障风险[17-18]。其中,SAIM 主要负责监测卫星系统本身的故障,包括卫星电源和时钟故障、卫星信号调制异常、卫星轨道/星历质量的下降等。对于硬件故障,卫星通过设备的自我监测即可发现并报警。对于导航电文质量的下降和异常通过星间链路来监测并告警,其基本原理是通过星间测距链路进行轨道和钟差确定的同时,反过来对轨道和钟差本身进行评估和验证,并将检验结果作为完好性检测的依据通过导航电文播发出去。相对于接收机和通道监测，SAIM的监测质量高，告警速度快，仅依靠星上处理即可完成。

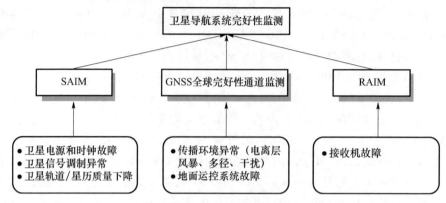

图1.2　卫星导航系统完好性风险与监测体系

SAIM的概念伴随着星间链路方案的诞生而提出，斯坦福大学的L. Viharsson等在GPS Ⅲ计划的论证之初就详细描述了基于星间距离测量的SAIM实现方案[19]，之后I. Rodriguez、R. Wolf、R. G. Brown等又多次论证了基于星间测距的SAIM性能[20-22]。近年来，随着星间链路研究热度的增加，国内针对SAIM的研究也不断地涌现。其中以上海交通大学的战兴群等、南京航空航天大学的牛飞等为代表的国内专家均对星间测距支持的SAIM进行了分析和验证，表明了该方法的有效性和可行性[23-25]。

3）增加自主导航功能

卫星导航系统的安全性尤其是战时的生存能力日益受到关注。在人类战争已经进入信息战这个大背景下，卫星导航定位信息已成为众多战场信息中对战争进程有着重要影响的优势信息。卫星导航定位系统作为极其重要的军事传感器，已经成为现代武器系统不可缺少的重要组成部分。鉴于此，美军于1997年正式提出了"导航战"的概念。导航战是指在战场环境下，用电子干扰的方法对敌方导航系统进行干扰或攻击，使其不能正常导航或降低导航精度，并针对敌方对己方导航系统所实施的干扰进行抗干扰，使其在干扰条件下仍能高精度地工作，同时又保证民用信号不受影响的军事行动。目前，导航战的主要内容是针对GPS的干扰与反干扰、控制与反控制、利用与反利用的斗争。

在导航战背景下，卫星导航定位系统面临着巨大的挑战，同时也促进了卫星导航定位技术的发展。可以预见在未来战场环境下，卫星导航定位系统将面临一个基本干扰技术日趋成熟，以硬软摧毁手段相结合的地空天一体化，对卫星导航定位系统各个节点和信道共同攻击的对抗系统。战场上对导航定位信息的干扰与反干扰、控制与反控制、利用与反利用的斗争将日趋激烈，导航战将成为未来战争中的重要作战样式。在这种情况下，未来的卫星导航系统需要在系统抗毁性、智能性、自主性、信号保密性和抗干扰能力以及提供导航定位服务能力上获得极大的提升。

目前的卫星导航系统存在的致命弱点就是易受攻击,为卫星提供导航数据的地面运控系统一旦遭到破坏,依赖地面站的卫星导航系统将难以维持其导航定位精度,依赖卫星导航系统的各种武器等军事装备的战斗力难以保证。目前,GPS Block ⅡR/ⅡR-M/ⅡF 已装备了星间链路系统完成星间测距、通信和时间同步,以实现星座的自主导航。随着在轨卫星的全部更新,美国 GPS 将真正成为具有自主运行能力的卫星导航系统。

导航星间链路系统提供星间双向测量伪距和数据通信功能。卫星间双向测距的目的是提供卫星相对距离观测量,然后根据自主导航算法计算卫星相对位置和时钟误差,并利用完好性信息监测卫星健康状况;星间数据通信是将测量获得的卫星相对距离、星历、时钟和卫星健康信息传输至被测卫星,用以更新卫星时钟、星历和健康信息,通过星载处理器分散处理星座测量数据,自主更新星历及时钟参数,从而自主编制导航电文和控制指令,提供高精度导航信息。因此由导航战引入的自主定轨和时间同步对星间链路提出了较高需求。

美国导航专家认为 GPS 最为脆弱的部分为系统的地面段,战争期间特别是遭遇核打击时,一旦地面站被摧毁将会导致整个导航系统的失效,由此提出了星间链路自主导航的概念,即通过建立星间测距和数传链路,实现卫星星历的自主更新,从而使导航系统在长时间脱离地面站的情况下,也能将服务性能维持在一定的水平[26-27]。当然,自主导航的作用不仅仅体现在战时系统安全性能的提升上,在平时也可以降低地面站的维护代价,节约成本。早在 20 世纪 80 年代中期,GPS 尚处在试验验证阶段的时候,以 M. P. Ananda 等为代表的 NASA 专家就前瞻性地提出了未来组网后 GPS 自主导航的概念,探讨了技术可行性并给出了初步算法[28-30]。1990 年,在美国拉斯维加斯举行的电气与电子工程师协会(IEEE)导航定位论坛上,M. P. Ananda 详细阐述了 GPS 自主导航的建设规划,表明在 Block ⅡR 卫星上引入星间链路后,可以在无地面支持下,实现 180 天后空中信号用户测距误差(URE)的 1σ 精度优于 6m 的目标。M. P. Ananda 还同时介绍了基于星间测距的自主导航的实现方案、关键技术,并进行了性能分析与仿真验证[28]。随后,M. D. Menn、A. D. M. Abusali、F. M. Jose 等又相继展开了进一步的研究[31-33]。Block ⅡR 卫星开始发射以后,GPS 就开始了自主定轨的在轨试验。公开文献表明,J. A. Rajan 等利用 2001 年 1 月到 3 月间 75 天的星间在轨测距数据对自主导航算法进行了推演,结果显示经过 75 天后卫星轨道的 URE 优于 3m[34]。

随着我国北斗导航系统建设的开展与快速推进,以曾旭平、刘经南、刘万科、李征航、张艳等为代表的国内学者也瞄准导航系统发展的前沿,开始了基于星间测距的自主导航研究[35-39]。研究的方面包括:星间观测数据的预处理,自主定轨算法的建立、改进与仿真验证,星座整体旋转对自主定轨的影响与应对措施,等等。其中,国防科学技术大学张艳的仿真结果表明,采用基于星间测距的自主定轨算法,可以保证 GPS

导航卫星90天的轨道误差在三个方向上均在30m以内,速度误差在0.05m/s以内[39]。近年来,宋小勇针对我国北斗系统如何建立自主导航进行了研究,提出了基于卡尔曼滤波的分布式自主定轨算法,研制了定轨软件并在此基础上对算法进行了仿真验证,结果表明定轨软件可以保证60天后卫星轨道的URE优于3m[10]。上述国内专家的研究考虑到了多方面的细节,其成果进一步验证了利用星间测距数据进行自主定轨的科学性和可行性,表明自主定轨算法的研究已经成熟,达到了可以工程应用的程度。研究过程中,专家均基于我国北斗系统进行了针对性的分析,为北斗全球导航系统未来的建设提供了强有力的技术支持。

4)提高导航系统灵活性与扩展性

人们对导航系统的需求是不断演进的,因此要求系统的设计必须具有一定的前瞻性。K. P. Maine指出,一个可行的空间导航项目必须瞄准未来30年的导航需求。强化的导航信号、与导航信息有关的数据传输和更为智能的导航技术(天线技术、导航算法等)需要导航卫星间组网来支撑。GPS Ⅲ计划建立大容量星间链路的需求就是一站式全球遥测遥控,即在美国境内的一个主测控站可在任意时刻发送指令到GPS星座中的任意一颗卫星上,并且星座的遥测信息可以全部通过星间链路传到地面主站,GPS准备这样做的目的就是增强测控站对星座的测控管理能力。对于地面测控系统不可见弧段内的导航卫星系统,卫星遥测数据通过星间链路传输至境内测控站可见导航卫星,并通过可见导航卫星下传至地面测控系统地面站;测控系统地面站接收全球导航卫星遥测信息,并进行相关数据处理;测控系统地面站将地面遥控指令上行注入境内测控站可见导航卫星,并通过星间链路将遥控指令传输至导航星座指令目的卫星;卫星系统导航卫星接收测控系统地面站通过星间链路转发的遥控指令进行应答及确认,并按照地面测控系统指令执行动作。

随着世界航天技术的快速发展,天基信息系统经历了单星应用、星座应用两个阶段,正逐步进入网络化发展阶段,天基综合信息网已成为未来空间系统的发展方向。天基综合信息网中涵盖了环境监测、通信、侦查监视、导航定位等系统,一方面可以作为通信服务的中继提供网络联通服务,另一方面为整个网络提供时间空间基准服务。因此导航系统必须具备灵活的网络接入能力,通过本系统内和系统级卫星间的灵活建链,将卫星导航系统统一到整个天基综合信息网中[40]。从星间链路各项功能的实现方式来看,核心功能均需要星间测距的支持,特别是PVT精度的提高和自主功能的实现均需要星间距离测量数据作为输入,星间距离测量的性能决定了星间链路建设的质量。

北斗全球星座的空间段增加了星间链路系统,用于星间测量和通信,实现星座自主导航,解决境外布站受限条件下的星座不间断运行控制以及测控对星座的100%覆盖问题。导航星间链路能够在导航卫星间建立联系,将导航系统的空间段从孤立卫星的组合转换成为相互协同的一个整体。通过卫星之间的相对测量,可以获取星间伪距等观测数据,有助于实现更高精度的导航卫星轨道确定和时间基准维持,还可以借助星地链路的配合,使整个导航系统的控制段和空间段形成一个全天候、全天时的无缝网络,解决境外布站受限条件下的星座不间断运行控制问题,从而为导航系统的业务运行管理提供了新的模式。

1.3 星间链路发展现状

1.3.1 微波星间链路

1.3.1.1 GPS微波星间链路

早在20世纪80年代初期,美国的GPS尚处于工程试验阶段,GPS计划联合办公室(JPO)就提出了GPS Block Ⅱ卫星系列的星间链路有效载荷研制要求:既能提供高精度导航定位服务,又能实时监测全球核试验。于是,美国得克萨斯大学、NASA、美国国家标准局、IBM公司和罗克韦尔(Rockwell)公司等单位的研究人员很快就建立了GPS星间通信链路和核监测的初步概念。GPS卫星核监测的基本流程如下:

星载传感器获取地面异常事件信息→触发式数据处理器信息分析→导航数据处理单元信息识别和提取→射频数据单元信息编码与调制→UHF天线发射→星间链路传输→UHF天线接收→射频数据单元信息解调→导航数据处理单元信息分类→调制L3(1381.05MHz)载波→L频段天线发射→地面信息收集中心。与此同时,各单位的研究人员还充分论证了利用星间双向测距与通信链路信息改进轨道确定精度,并从理论上论证了导航星座自主导航的可行性。

1984年,美国IBM公司的M. P. Ananda等在导航学会(ION)会议上发表论文,给出了GPS卫星自主导航的理论分析论证结果。同时,JPO委托Rockwell公司卫星系统部分析Block Ⅱ卫星自主导航工程实现的可行性。研究结果表明,只要将星载导航数据单元处理器做适当改进,按照核监测的有效载荷布置和基本流程,就可以满足导航卫星自主导航的应用要求。在图1.3和图1.4中分别展示了GPS卫星星间和星地链路信息传输示意图及星间链路有效载荷基本原理框图。

1985年初,美国空军空间系统部(SSD)提供经费支持,由IBM公司开展了"GPS卫星自主导航算法"专题研究。该算法基本采纳了M. P. Ananda等提出的GPS卫星自主导航研究框架,并进一步提出了完整的测量伪距预处理数学模型以及数据检测方案,如野值剔除、误差修正、数据平滑以及数据整理等。

1987年5月,SSD发布GPS Block ⅡR卫星自主导航有效载荷研制合同,分别由斯坦福电信公司、Rockwell公司的卫星与空间电子部以及国际电话电报(ITT)公司的防御通信部等单位合作进行卫星方案设计、自主导航算法仿真、硬件设备研制与系统集成实现,并要求在1年时间内提供关键原理样机测试。1988年7月,Rockwell公司

（空间操作与卫星系统部）和通用电子（GE）公司的宇航部分别与 SSD 签订了 Block ⅡR 卫星的技术设计合同，并于 1990 年 6 月通过技术验收。

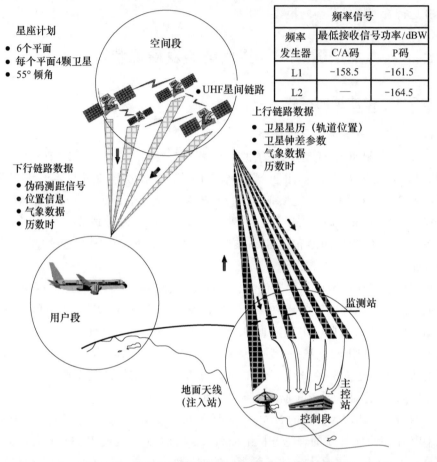

图 1.3　GPS 卫星星间和星地链路信息传输示意图

1991 年，Lockheed Martin 公司赢得了 20 颗 Block ⅡR 卫星的生产合同。Block ⅡR 卫星在无地面控制系统支持的情况下，卫星启动星间双向测距与通信链路功能。所谓星间双向链路系统实质上是采用时分多址（TDMA）方式实现卫星之间双向测距和数据交换的射频发射和接收设备，通过星载滤波器处理星间测量数据，自主生成卫星星历和时钟修正参数，自主维持星座基本构型。在 180 天时间内，保持用户测距误差（URE）小于 6m，导航定位精度不会明显下降，并且能够监测导航卫星信号的完好性，使其可用性、连续性和可靠性得到增强。GPS 卫星自主导航功能可以由地面控制站开启或关闭。

1997 年 1 月，按合同规定完成了第 1 颗 Block ⅡR 卫星研制、测试和发射任务，但由于固体火箭发动机设备故障，卫星从发射场起飞 13s 后星箭坠毁。1997 年 7 月 23 日，成功发射了第 2 颗 Block Ⅱ 卫星。自 GPS Block Ⅱ 代卫星以后 GPS 均装有星间链

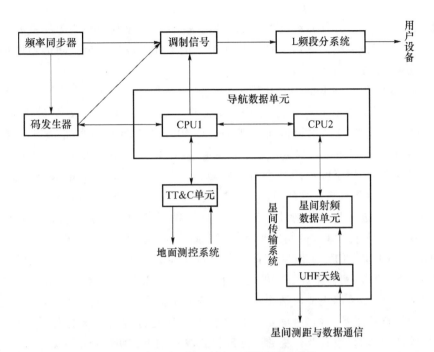

CPU—中央处理器；TT&C—遥测、跟踪和指挥。

图 1.4　GPS 卫星星间链路有效载荷基本原理框图

路载荷。GPS 星间链路载荷由 UHF 频段星间链路收发信机和特殊设计的阵列收发天线组成（图 1.5），GPS Block ⅡA 代卫星星间链路收发信机称为射频数据单元（RFDU），自 GPS Block ⅡR 代卫星起星间链路收发信机命名为星间链路应答机数据单元（CTDU）。

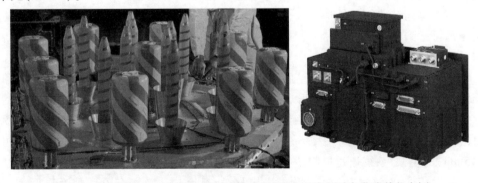

图 1.5　GPS Block ⅡR 卫星 UHF 频段星间链路天线（左）与收发信机（右）

美国 GPS 现有星间链路的最初需求来源是全球核爆监测信息的快速传递，即通过星间直接的双向数据交换，实现全球任一地点核爆传感器数据的不落地中继传输。但随着研究深化，星间链路在辅助导航精度提高与确保导航系统安全上的应用潜力受到了高度关注。1980 年，M. P. Ananda 等提出了基于星间链路的自主导航基本框架,提供了一种卫星导航系统在失去地面站支持后维持导航服务能力的重要解决方案,并被美国军方采纳。之后,在Block ⅡR卫星的CTDU设计中为星间链路增加了星间测距功能,以支持自主导航。

自从1997年GPS Block ⅡR卫星正式发射后,ITT公司开展了自主导航技术在轨试验。Rajan详细介绍了GPS自主导航系统工作原理、工作流程、数据处理流程等,并用GPS自主导航算法采用地面处理模式对2001年1月至3月间75天4颗GPS Block ⅡR卫星星间测距数据进行了定轨试验,将结果与同期地面定轨结果进行了比较。结果表明,采用星间测距数据自主定轨,75天卫星轨道URE能够优于3m。考虑到试验阶段能够参与自主导航的卫星数量有限,随着具备星间链路的卫星数量增加,定轨精度会进一步改善,美国用实际试验结果证实了GPS自主导航体系设计提出的180天URE优于6m的精度指标能够实现(不考虑星座整体旋转)。

GPS Block ⅡR/ⅡR-M卫星具有自主导航功能。自主导航是指导航星座卫星在长时间得不到地面测控系统支持的情况下,通过星间双向测距、数据交换以及星载处理器滤波处理,不断修正地面站注入的卫星长期预报星历及时钟参数,并自主生成导航电文和维持星座基本构型,满足用户高精度导航定位应用需求的实现过程。GPS卫星星间链路体制、设备及自主导航处理模式具有如下鲜明的技术特征:

(1)星间链路天线。星间测距与通信链路是GPS卫星自主导航的核心技术,由星间信号发射机、信号接收机、馈电网络、发射天线单元、接收天线单元以及信号与数据处理单元组成。星间链路发射天线采用双绕锥螺旋形的独立单元天线,而接收天线是由9个辐射单元组成的平面直射阵列构成,其中1个单元位于阵列中心,其余8个单元围绕中心单元均匀布置,且馈电相位与中心单元反相,馈电幅度按比例配置。接收天线波束相位中心稳定,波束边缘增益可达到7dBi左右。

(2)星间链路拓扑结构。根据GPS星座构型和星间链路天线赋形设计,星间链路距离可达到49465km。对于24颗卫星星座,可以建立8～16条同轨道面前向和后向及异轨道面侧向链路。

(3)星间链路通信体制。星间通信采用时分多址(TDMA)扩频通信体制,通信频段为UHF(250～290MHz)频段。

GPS UHF星间链路现在的测量通信组帧配置如下:每颗卫星分配1.5s的时间发射信号,对于24颗卫星星座,36s为1个子帧,共由25个子帧组成总长度为900s(15min)的主帧,系统通过控制站将24个1.5s的时间片分别分配给24颗卫星独占,用来发射信号,而这时其他卫星均处于接收、处理状态。其中:第0子帧为测距帧,各星轮流以广播方式发射双频测距信号;第1子帧用于星间测量系统偏差自校正;第2子帧用于全星座数据交换;第3子帧为预留时间,可以用于数据处理和通信数据准备;第4～9子帧用于星座卫星星历及时钟参数交换;第10～24子帧为星间链路信号收发机预留时间,可以用于卡尔曼滤波处理和导航电文编制等。因此,GPS卫星利用现有星间链路完成1次自主导航处理的最短时间为15min,目前可选择15min、1h、

2h、3h、4h 和 6h,其中 1h 为默认值设置[5]。

GPS 星间链路采用分帧 TDMA 机制,信号占用的时间片分为帧、历元、字、单跳、符号、码片 6 类不同类型,其特性见表 1.1,帧结构如图 1.6 所示。

表 1.1　星间链路信号时间特性

中文名称	英文名称	特性
帧	Frame	每颗卫星在分配的历元上发射,持续 36s 为 1 帧
历元	Epoch	1.5s 持续时间称为 X1 历元
字	Word	一个持续的数据符号块,数据变长,长度依赖于星间链路模式
单跳	Hop	跳频每跳持续时间为 20.52ms
符号	Symbol	每个符号位的持续时间为 67.5μs,即数据率为 14.8148kbit/s
码片	Chip	测距用扩频码的码片周期为 200ns,即码速率为 5Mchip/s

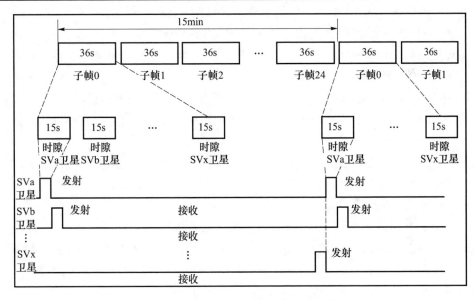

图 1.6　GPS 星间链路 TDMA 帧结构

（4）自主导航信息处理流程。星间测距与数据交换→星间测距与相对时钟参数修正→星座卫星完好性监测与评估→更新星历和时钟参数→修正星座整体旋转误差→重新拟合卫星星历和时钟参数→修正卫星时钟偏差→保存每小时检测点数据。

（5）自主导航工作模式。GPS Block ⅡR/ⅡR-M 卫星自主导航采取 4 种工作模式:关闭模式,仅进行星间测距和数据存储;滑行模式,星间测距、数据存储和递推、导航电文生成,以及更新播发至用户的导航电文;隔离模式,不使用其他卫星数据,卫星自身进行信息处理;正常模式,执行全部自主导航操作。

将 GPS Block ⅡR/ⅡR-M 卫星星间测距数据下传到地面主控站进行分析处理,计算得到卫星自主导航 URE 时间序列表明：在大多数情况下，75 天的 GPS 卫星自主导航 URE 值小于 3m；在无地面系统支持情况下，40 天以后的 URE 值具有逐渐增大的趋势。

  Block ⅡR/ⅡR-M 卫星自主导航设计指标要求是在 180 天时间内 URE 值小于 6m，用户导航定位精度不会有明显下降。事实上，基于星间链路信息的导航星座卫星自主导航，由于缺乏外部时空基准信息，不能消除或抑制星座整体旋转误差、地球自转的非均匀性误差和极移残差随时间的累积，致使星座难于长时间自主运行。因而，在 Block ⅡF 卫星设计中，其自主导航指标要求更改为：具有 60 天自主导航能力，URE 值小于 2m。此外，正考虑采用一种导航星座"抛锚"技术，可以解决 GPS 自主导航星座整体旋转问题。通过地面站定期向星座卫星发射测距信号和调制数据信息，卫星自主进行信息处理，抑制星座不可观测性误差随时间累积。但是，这种通过建立星地链路的解决方式，又违背了导航卫星长时间自主运行的原则。

  在 Block ⅡF 卫星论证中，美国保留了 Block ⅡR 卫星所具有的通过星间链路相对测量实现星座自主导航的能力（设计指标有所调整），但在如何应用星间链路的思路上发生了两个显著变化。一个思路变化是增加了星间链路导航信息更新模式（crosslink navigation updates）。其目标是当全星座都为 Block ⅡF 卫星时，系统能在数据龄期（AOD）为 3h 时提供 URE 为 1m 均方根（RMS）的定位精度。实现方法是通过星间链路中继传输地面控制站产生的星历与钟差改正，使整个星座快速地更新导航信息。另一个思路变化也体现在对星间链路数据中继传输功能的利用上，即通过对双向测距结果传输帧的改造，使现有星间链路（包括ⅡA、ⅡR、ⅡR-M 卫星）可以执行标准测控数据、差分信息等的中继传输。

  在 GPS Block Ⅱ 卫星中，星间链路的系统体系结构没有发生根本的变化，仅就各个时隙发射信号的配置、天线系统做了一些改进，但其功能在不断拓展，抗干扰能力也有所提高。表 1.2 统计了现有星间链路在 GPS Block Ⅱ 各批次卫星上的技术状态与应用情况。

  GPS 的应用获得了极大成功后，有力促进了 GPS 的后续发展和持续改进。美国空军太空司令部研究了 GPS Block Ⅱ 卫星系统限制军民用户和商业效率的不足之处，包括信号正确性、信号可用性（抗干扰）、完好性、信号监测、星座配置响应速度以及信号安全性等。进入 21 世纪后，美国军方决心重新审视 GPS 体系架构，从系统长远性能、安全性、成本等各个方面对 GPS 做出了战略性的评估和需求概论。2000 年 8 月左右，美国军方启动了下一代 GPS "GPSⅢ" 的论证和部署计划，授权 Lockheed Martin 和 Boeing 公司分别组建团队展开了 GPSⅢ 空间段的体系架构设计与需求定义研究。该计划分为 4 个阶段实施：2000—2005 年为系统概念研究和可行性论证阶段；2006—2008 年为关键技术攻关与仿真试验阶段；2009—2012 年为工程研制阶段；2013 年以后为 GPSⅢ 卫星发射部署和试验验证阶段。

表 1.2 现有星间链路在 GPS Block Ⅱ 各批次卫星上的技术状态与应用情况

卫星批次	技术状态	应用情况
Ⅱ/ⅡA	初次设计状态	核爆探测数据快速传递 部分载荷状态信息传输
ⅡR	利用部分剩余时隙发送双向测距信号	核爆探测数据快速传递
ⅡR-M	利用部分剩余时隙发送双向测距信号 改良天线系统,使之更好适用于星间测量	双向测距以支持自主导航 部分载荷状态信息传输
ⅡF	利用部分剩余时隙发送双向测距信号 利用部分剩余时隙播发导航信息 利用部分剩余时隙中继传输遥控命令 利用部分剩余时隙中继传输遥测信息 利用部分剩余时隙中继传输差分信息	核爆探测数据快速传递 双向测距以支持自主导航 遥控信息传输 遥测信息传输 差分信息传输

GPSⅢ将采用 3 个或 6 个轨道平面,轨道倾角为 55°,轨道高度暂定为 20196km,27 颗 MEO 卫星与 4 颗或 9 颗 GEO 卫星配置的星座设计方案,确保由 GPSⅡ到Ⅲ星座的平稳过渡。GPSⅢ卫星系列将继承和完善以前 GPS 卫星平台及有效载荷的成熟技术,具备柔性在轨可编程和冗余硬件自主管理功能,并在 L1、L2、L3、L4、L5 和 L6 频段上调制导航相关信号。卫星设计寿命为 15 年,质量为 1796kg,可以常年发射到任意轨道平面,不存在发射窗口约束问题,其主要技术特征如下:

(1) 高速和精确指向的星间链路。GPSⅢ卫星将继续提供高速宽带的星间链路,保证星间信息传输和地面控制系统的实时测控操作。

(2) 高功率的点波束发射天线。在强干扰的敌对环境条件下,GPSⅢ卫星启用点波束发射天线,同时增强 2 个指定区域的信号功率,保证军用接收机能够接收导航信号,且导航定位精度不受影响。利用点波束天线使卫星信号功率增强 27dB,而军用接收机天线和信号处理模块可以获得 11dB 增益,因此系统具有 38dB 的抗干扰能力,满足美国军用导航战需求。

(3) 实时完好性监测功能。GPSⅢ建立高速的星地和星间链路网络,提供了故障事件的近实时报警和处理机制。只要接收到 1 颗卫星信号,也就可以获得整个星座信息,卫星自主进行故障诊断和处理,确保用户获得安全可靠的导航信息。

(4) 星载灾害报警系统。GPSⅢ卫星增加灾害报警系统设计,提供基本搜救服务。通过在 UHF(406MHz) 频段上调制紧急事件呼救信号,并转发至 GPSⅢ卫星。GPSⅢ卫星通过 L6(1544MHz) 频率播发搜救信息至地面搜救中心,将增强现有的国际卫星灾害报警系统 COSPAS-SARSAT 卫星的搜救能力。

(5) 增加 L4(1379.91MHz) 频率。GPSⅢ卫星考虑增加 L4 频率,用于修正由太阳辐射电离产生的大气层延迟误差,进一步减小用户等效距离测量误差,提高导航定位精度。

(6) 增加 L1C 码信号。GPSⅢ卫星将在 L1 频段上增加 L1C 码信号,并采用二进制偏移载波(BOC)(1,1)调制方式,与欧盟 Galileo 系统 L1 频段信号兼容,进一步提高民用导航系统性能。

GPSⅢ地面控制系统将主要继承现有的地面控制站网络,确保当前 GPS 服务的连续性。进一步技术改造包括:

(1) 在美国本土内建造 3 个高速地面站天线,以免遭到人为摧毁破坏,并降低长期维持费用。

(2) 升级监测站网络,使之能够测量和标校导航卫星点波束发射功率,并能够跟踪增加的 L4 和 L6 频段信号。

(3) 改造主控站适应 GPSⅢ卫星监测数据处理能力,评估点波束性能,调度资源配置与预报业务水平。利用连续宽带星地和星间链路网络,实时更新和动态配置卫星导航电文。

此外,用户终端技术改进要求适应 GPSⅢ技术特点。尤其是军用接收机,要求在强干扰环境下能够快速捕获和跟踪点波束信号,提取导航电文,进行导航定位计算。接收机测距精度要求为 0.11m,导航定位与授时精度可以分别达到 3.8m(2σ)、7.5ns(2σ)。

GPSⅢ信息传输网络设计,要求支持导航信息可靠传输、自主导航、完好性监测和具有可扩展能力,降低对海外测控站的依赖。GPSⅢ信息传输体制包括星间测距与通信链路网络和星地通信链路网络两个方面。

(1) 星间测距与通信链路网络。当前 GPS 星间链路采用 UHF 频段,GPSⅢ将考虑采用 Ka(22.55~23.55GHz)频段、V(59.3~64GHz)频段和激光频段建立星间链路,以满足星间精密测距和高速信息传输需求。星间链路网络设计包括网络拓扑结构、通信性能、测距性能、鲁棒性能、数据流程的路由与处理方案等。星间信息包括上传和更新卫星信息、控制指令、星间测距信息、星载敏感器数据、星上更新软件、多任务通信,以及用户设备更新软件等。

(2) 星地通信链路网络。GPSⅢ要求构建高速的星地遥测、跟踪和指挥(TT&C)链路网络,其上下行数据传输速率分别为 200kbit/s 和 6Mbit/s。当前 GPS 采用的 TT&C 通信 S 频段(1755~1850MHz)将被用于地面电信通信业务,因此 GPSⅢ将考虑采用统一 S 频段测控体制,其频段为 2025~2110MHz。同时,还考虑采用 C 频段测控体制。2003 年国际电信联盟(ITU)将 C 频段(5.0~5.03GHz)规定为无线电导航卫星专用频段,其中 5.0~5.01GHz 和 5.01~5.03GHz 分别用于上、下行测控和导航信息传输。C 频段上行信息包括控制指令、星上更新软件和用户设备更新软件等;C 频段下行信息包括遥测信息、星载敏感器数据、测距数据和多任务通信等。

在 GPSⅢ中,星间链路设备将采用星间星地一体化设计,名称也由星间链路应答机数据单元(CTDU)改变为网络通信单元(NCE),在 GPSⅢA 中,将保留 UHF 频段星间链路,它与高速 TT&C 子系统一起组成了所谓的 NCE。GPSⅢ体系架构设计认为星间链路是保证精度和缩短 AOD 的关键所在,Lockheed Martin 公司的 Ollie

Luba等在2004年的学术会议上介绍了论证得出的GPSⅢ运行概念,指出GPSⅢ将改变现有的运控方式,运控能力将通过新的高速上下行链路和星间链路得到提升。而对星座的持续连通,将使地面运控具备"一星通即整网通"的能力,从而使近实时的导航信息更新和遥测监控变为现实。同年,Aerospace公司的K. P. Maine等在2004年IEEE宇航会议上介绍了论证得出的GPSⅢ通信架构,指出通过高速精确指向星间链路和高速星地链路的配合,可以实现近实时的整网星历更新,从而有效减小整网星历的AOD,提高系统精度。通过高速精确指向星间链路和高速星地链路的配合,可以获得全星座卫星连续的遥测信息流和近实时、具有高度安全性的指挥控制链路,实现"一星通即整网通"。指向性星间链路在测距精度和减小完好性风险上也具有很大的应用潜力。

GPSⅢ中采用抗干扰能力更强的点波束方向性星间链路。将采用频率更高的59.3GHz/65GHz的V频段,在GPSⅢB阶段增加(注:是增加而不是替换,GPS将保留UHF星间链路)该方向性星间链路的主要目的是进行星间实时通信,实现高安全性近实时航天器状态监测与控制管理以及零数据龄期等更新的设计思路。

综上所述,GPS星间链路从最初的UHF频段向V频段发展,注重星间链路的抗干扰能力,提升测距精度和通信速率,以提高GPS导航定位精度,同时为高安全性航天器提供可靠的近实时状态监测与控制管理功能。

图1.7所示为GPS星间链路在卫星上的应用情况。

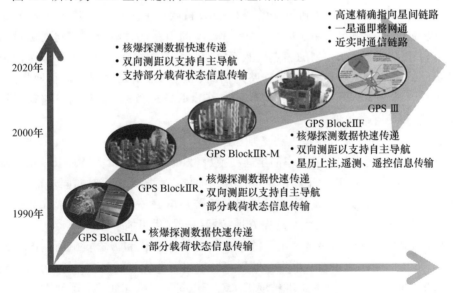

图1.7 GPS星间链路在卫星上的应用情况

1.3.1.2 GLONASS星间链路

GLONASS是20世纪70年代由苏联军方针对海军导航和时间广播需求开展的一项重大航天计划。首颗卫星于1982年10月12日发射入轨,在苏联解体前,基本建立起了一个包括10~12颗卫星的试验星座。1993年，俄罗斯总统叶利钦宣布GLONASS是俄罗斯武器库的重要组成部分，也是俄罗斯PNT规划的基础。1994—1995年，俄罗斯首次实现GLONASS设计24颗卫星星座全部布满，1996年宣布星座具备全面运行能力。但由于政治、经济因素的限制和在GLONASS规划设计与卫星寿命上存在的种种欠缺，该系统到2001年已经退化到仅剩6~8颗卫星。2001年左右，随着普京政府执政后政治、经济形势逐渐好转，俄罗斯下达了联邦政府587号令，从政府预算中拿出专项经费计划支持GLONASS空间段、地面段、用户段、用户设备制造业、运输应用业以及测地应用业的全面发展。在空间段将补充10~12颗现代化的GLONASS-M卫星和18~27颗新的轻量级GLONASS-K卫星。

面对国际导航系统激烈竞争局面，为提高系统性能实现水平，俄罗斯GLONASS也将建立星间链路。与美国GPS不同，在GLONASS星间链路系统论证报告中多次强调了俄罗斯无法海外建站的现实情况导致的对星间测量功能的高度依赖，GLONASS星间链路明确定义为测量型星间链路，并且为了解决自主导航阶段的基准问题，将地面节点作为伪卫星纳入星间链路网络，形成了一种星地、星间一体化的系统自主运行体制。

现有的俄罗斯GLONASS-M系列卫星将具备类似美国UHF设计思路的S频段宽波束星间链路（俄罗斯称为"星间测量设备"）。其星间测量设备主要功能定位也是完成星间伪距测量，弥补俄罗斯无法全球布站带来的定轨与钟差精度问题，使GLONASS在2011年年底达到与GPS现有URE精度持平的水准。GLONASS-M系列卫星S频段星间链路采用单工时分方式工作，不同卫星通过时分方式建立测量通信关系。每颗卫星可以在规划的频点按照规定的收发节拍循环工作。S频段星间链路具备星间链路的对地功能，将星间链路地面站（伪卫星）纳入星间链路组网拓扑，以消除地球自转定向参数对导航精度的影响。GLONASS的S频段星间链路采用扩频通信模式，传输速率较低。

在GLONASS-K系列卫星上将增加激光固定拓扑星间链路，利用激光脉冲实现高精度星间时间同步和中等速率的星间交换（50kbit/s），使GLONASS URE精度水平超越GPS。GLONASS-K对星间链路进行升级的核心意图是提高时间同步精度，并且确保星间链路不被恶意干扰（现有S频段星间链路电磁环境较复杂），提高通信能力（通信速率和通信实时性），为系统完好性指标提升提供可能。

GLONASS-K系列卫星激光星间链路根据对信息测量和传输实施周期图表的要求工作，需要间断性地重新对准多个航天飞行器进行测量，时间比对精度可以达到亚纳秒水平。激光星间链路的瞄准精度需求对于卫星姿态要求很高，GLONASS-K卫星要求俯仰和倾斜误差不应当超过30′，GLONASS激光星间链路采用双向激光脉冲测距，测距原理与微波双向测距类似。

1.3.1.3 Galileo系统星间链路

欧盟Galileo系统也曾经论证过星间链路对导航服务精度和运行管理所带来的

好处。2007年海因在 Inside GNSS 杂志上发表了关于对导航系统星间链路的看法："在不久的将来，星间链路（在全球卫星导航系统中）将会变成一件寻常事情，Galileo 计划曾经研究了采用星间链路的可能性，但由于经济原因最终决定在第一代系统中不采用星间链路。GPS 已经进行了星间链路的首次测试，GLONASS 和 GPS 将会在下一代卫星中加以应用。毫无疑问，出于提高系统完好性考虑，为获取更短的告警时间，星间链路是唯一可行之路。另外可以预想这些星间链路支持 GNSS 掩星来跟踪全球大气湿度分布，改善全球气候预报。"这个观点不仅反映了欧洲建立全球导航系统对星间链路的功能定位和 Galileo 系统现阶段不建设星间链路的真实原因：由于欧盟 Galileo 系统全球布站的可行性、可保证度都很高，对星间链路的测量功能需求并不强烈，核心需求体现在全球星座完好性告警信息的实时传输。另外，这段话也反映了对星间链路与导航星座相结合所带来潜在扩展应用的重要认识，基于星间链路的扩展应用将是国际卫星导航系统发展的一个重要趋势。

对于通过引入星间测距和通信链路来获得提高 GNSS 导航定轨和数据分发性能的潜力，欧洲空间局（ESA）已经展开了一些探索项目，这些项目的主要目标是增强轨道和钟差的精度，并降低对地面基础设施的依赖。第一个探索项目是 GNSS PLUS （2008年结题，在2007年 Galileo 系统的研讨会和2008年 ION 会议上都已经公开介绍），其后继的项目为 ADVISE，后者在满足大多数需求的前提下从技术层面考虑简化 GNSS + 架构。相关研究内容公开发表在期刊文献和项目报告摘要中。其中，期刊文献名为"Inter-satellite ranging and inter-satellite communication links for enhancing GNSS satellite broadcast navigation data"，作者 Francisco Amarillo Fernandez 是欧洲空间局欧洲空间技术研究中心人员、GNSS PLUS 项目的经理，该文章于2010年4月5日投稿至 Advances in Space Research，2010年10月录用发表，2011年1月见刊。该作者参与 Galileo 系统的地面站建设，有2个署名专利："Navigation Satellite Tracking Method and Receiving Station"和"Method and Appartus for Determining an Integrity Indicating Parameter Indicating the Integrity of Positioning Information Determined in a Global Positioning System"。项目报告摘要来源于欧洲空间局的网站，是 GNSS PLUS 项目的最终报告的精简版，项目编号为 GNSS PLUS-DMS TEC-FIR01-11-E-R，文件名称为"GNSS PLUS Final Report Abstract-esa.pdf"。

GNSS + 架构考虑在星间和星地建立窄波束指向性链路，用于测量和通信。要点如下：

（1）测量方式：建链的2个节点同时相向发送测距码，持续约33ms 后，分别切换至接收状态，以捕获并跟踪对方发射的测距信号。为避免收发状态重叠，在分配链路时，只考虑传输时延大于50ms 的节点间建链（根据 Galileo 系统星座参数可算出，该约束对应的天线扫描角度不大于75°）。

（2）星间观测精度为1~2cm，且为双向观测值；观测量包括伪距观测值和多普勒观测值。

(3) 天线对地安装,方向图轴对称(方位角不受约束),且天线相位中心要能够精确地转换至 L 频段导航信号播发载荷的天线相位中心和导航卫星中心。

(4) 为获得星地观测量,要求星间链路有 2 个具有合适频差的频点,以消除电离层时延的影响。

(5) 每次建链时隙为 333ms,并在 90s 后重复配对关系,根据同时对发的测量模式,星间距离时延最大不超过 300ms。

(6) 定轨与时间同步处理算法,文中虽然说了有地面处理和星上处理 2 种处理模式,但实际只讨论了前者。每次以 4 个观测量(经过多普勒归算后的星间链路距离)作为观测方程的输入,与轨道预报模型计算结果比较,并不断更新迭代,最终输出定轨结果。

(7) GNSS + 试验结果,其中地面站网络配置作为可变参数(最大配置为全部 Galileo 系统的地面站),平均位置误差在 1cm 左右,速率误差在 10^{-4} cm/s。

GNSS + 的主要问题在于载荷复杂度过高,峰值功耗过大。为此 ADVISE 项目提出了改进的架构,包括:不再考虑星间链路对地观测,只需要传统的 GNSS 的 L 频段的星地观测量,这样星间链路就只要 1 个载波;由同时观测改成顺序双向观测;延长测距码的发送时间(得益于非同时发送),这样在提高观测精度的同时还大大降低射频(RF)峰值功耗(1 个数量级);地面监测站的数量减少至 6 个,星地采用 L 频段的单向观测加上激光的双向观测。

1.3.1.4 Milstar 系统星间链路

Milstar 即军事星系统,是美国为确保冷战时期核战争条件下的军队保密通信,于 20 世纪 80 年代初开始实施的一项军事卫星通信系统工程。Milstar 系统的设计以方便的呼叫方式为部队尤其是为大量战术用户提供实时、保密、抗干扰(AJ)的通信服务,通信波束全球覆盖。Milstar 是迄今美国地球同步轨道卫星中最重要也是最先进的通信卫星,是世界上第一个实现星间链路的星座。

第一代 Milstar 卫星中的 2 颗已分别于 1994 年和 1995 年发射入轨,其有效载荷以 75～2400bit/s 的速率提供低数据率通信。第二代 Milstar 卫星共 4 颗,除能提供低数据率通信服务外,还能以 4800bit/s～1.5Mbit/s 的速率提供中数据率通信服务。第三代 Milstar 卫星先进极高频系统的空间部分将有 4 颗卫星组成,可覆盖南北纬 65°之间的区域。星间链路天线采用口径 1.8m 的卡塞格林天线,用单脉冲信号跟踪,带宽高达 3GHz。

目前在役受保护的军事通信卫星是 Milstar 系统。它从 20 世纪 80 年代开始研制,共发展了两代,第一代 2 颗,第二代 4 颗。除了第二代首颗卫星发射失败外,其余 5 颗目前均在轨服役。Milstar 发射质量约 4500kg,功率 5000～8000W,设计寿命 10 年。第一代卫星带有低数据率有效载荷,数据率 75～2400bit/s,最大信道数量 192 条 (2400bit/s 时为 100 条),第二代卫星增加了中数据率有效载荷,数据率为 4.8kbit/s～1.5441Mbit/s,提供信道数量 32 条。由于 60GHz 是高衰减峰,常用于军事保密通信,稍远距离或定向范围之外就有极大衰减,因而不易被敌方截获,Milstar带有V频段(60GHz)星间链路,数据率10Mbit/s,使得整个系统不需要易受攻击的地面站就可实现全球单跳通信。卫星采用了星上基带处理、自适应多波束调零天线、抗核加固、极高频(EHF)频段扩频跳频、自主运行等技术,具有非常高的抗干扰、防侦收、防截获和生存能力。

表1.3列出了Milstar系统频率配置。

表1.3 Milstar系统频率配置

应用场景	上行链路频率	下行链路频率	星间链路	通信和跟踪链路	遥测和跟踪链路	多址方式
频率配置	EHF频段(转发器)43.5~45.5GHz,UHF频段(转发器)290~320MHz	超高频(SHF)频段(转发器)20.2~21.2GHz,UHF频段(转发器)240~270MHz	60GHz	1811.768MHz 1815.722MHz	2262.5MHz 2267.5MHz	上行链路采用FDMA和全频带跳频;下行链路采用TDMA和快速跳频

1.3.1.5 TDRSS星间链路

美国跟踪与数据中继卫星系统(TDRSS)位于地球静止轨道,使用GEO-LEO(低地球轨道)的星间链路技术,对轨道高度在200~12000km范围内的所有航天器进行连续跟踪和数据中继。数据中继业务使用了S频段和Ku频段。

在第二代TDRESS中增加了Ka频段,从而提高了数据传输率,同时与欧洲和日本的航天器兼容。目前美国正在研发TDRSS的第三代系统。第一代TDRSS提供三种服务,其频段和性能见表1.4。

表1.4 第一代TDRSS频段及性能

服务类型	前向		反向	
	频率	传输速率	频率	传输速率
S频段单址业务(SSA)	2025~2120MHz	300kbit/s	2200~2300MHz	6Mbit/s
Ku频段单址业务(KSA)	13.775GHz	25Mbit/s	15.003GHz	300Mbit/s
S频段多址业务(SMA)	2106MHz	10kbit/s	2287MHz	50kbit/s

前向链路指从地面站到卫星再到用户卫星,前向链路需要传输各种指令、话音、电视、测距测速信息,采用KSA、SSA、SMA三种服务形式,均采用非平衡四相相移键控(UQPSK)调制,在I、Q两路分别传送扩频指令和测距码。反向链路指从用户星到卫星再到地面站,不同服务提供不同工作模式和功能,其信号体制见表1.5。反向链路DG1数据组的M1和M2模式采用非平衡偏移四相相移键控(UOQPSK)调制,M3采用UQPSK调制,而DG2的M1和M2模式采用无扩频的UQPSK调制。

表 1.5 反向链路信号体制

业务种类	数据组	模式	传输速率/(kbit/s)	是否扩频	测距能力
SSA	DG1	M1	0.1～150	是	
		M2	0.1～150	是	
		M3	0.1～150	是	测距
	DG2	M1	1～3000	不	
		M2	1～3000	不	
KSA	DG1	M1	1～150	是	
		M2	0.1～150	是	
	M3		0.1～150	是	测距
			1～3000	不	
	DG2	M1	1～150000	不	
		M2	1～150000	不	
SMA	DG1	M1	0.1～50	是	测距
		M2	0.1～50	是	

第一代 TDRSS 的信号设计中,大量采用了四相相移键控(QPSK)及其衍生类调制技术;需要高速数据传输的 Ku 频段信号没有采用扩频,适合采用非相干解调。第二代 TDRSS 提高了一些服务的传输速率,将一些固定协议改为动态分配,信号设计上的区别主要是增加了 Ka 频段单址接入能力,中继星与地面的连接仍采用 Ku 频段,只是用户星到中继星增加了 Ka 频段,提供 800Mbit/s 的传输速率。

因 Ka 频段频率比 Ku 高,故第一代 TDRSS 能为最大速度 12km/s 的飞行器服务,而第二代 TDRSS 降低了 6.7km/s,因此可以通过增加地面 Ka 频段接收机多普勒范围来提高服务动态范围。第二代的 SMA 服务将采用贴片相控阵天线,将数据传输速率提高到 3Mbit/s。2006 年,美国开始了一项提高 Ka 频段单址返回链路传输速率的研究,利用第二代 TDRSS 的 Ka 频段 650MHz 带宽,使用偏移四相相移键控(OQPSK)调制和 7/8 效率的低密度奇偶校验(LDPC)码或者 Turbo 乘积码(TPC),实现了最大 1.2Gbit/s 的传输速率。

1.3.1.6 铱星系统星间链路

铱星系统设计目标是为移动用户提供全球范围的话音、消息和寻呼业务。主要由 4 部分组成:空间段、系统控制段、用户段、关口站段。空间段由 6 个极地圆轨道面 66 颗卫星组成,每个轨道有 11 颗。另外还有一颗备份卫星。轨道高度 777.84km,周期 100min28s,轨道倾角 86.4°。星座设计保证全球任何地区任何时刻至少有 1 颗卫星覆盖。每颗铱星包括 3 副 L 频段主任务天线、4 副 Ka 频段星间链路天线、4 副 Ka 频段馈电链路天线(图 1.8)。铱星系统具有复杂的星上处理能力和交换能力,通过每颗卫星上的 4 条星际链路可以把整个铱星系统空间段构成一个能够不依赖于地面而独立存在天基传输和交换网络。

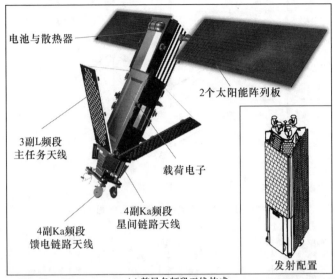

(a) 整星各频段天线构成

(b) 星期链路天线展开状态

(c) 星间链路天线收起状态

图 1.8　铱星结构组成和星间链路相控阵天线

铱星星间链路采用 4 副 Ka 频段垂直线极化相控阵天线,能同时产生 4 个波束。铱星星间链路采用程控指向方式进行波束对准,异轨面间链路的天线可根据加载到卫星上的卫星星历信息进行波束指向调整,波束宽度足以适应卫星位置保持误差。

铱星系统中每颗卫星上都装有 4 副星间链路天线,对单个卫星而言可与周围卫星构成 4 条星际链路,其中两条用于同一轨道面上相邻卫星之间的通信,另两条用于左右相邻轨道面上临近卫星之间的通信。如图 1.9 所示,卫星 1 只与卫星 2、3、4、6 建立链路,而与卫星 5、7 没有链路。

由于同轨道面卫星间的位置关系是固定的,因此其星间链路较容易保持,但异轨道面卫星之间的相对位置关系(如链路距离、链路方位角和链路俯仰角等)是时变的,不仅星间链路天线需要有一定的跟踪能力,而且星间链路也很难维持,大约每 250s 就需要切换 1 次。铱星轨道相对位置及切换方式如图 1.10 所示。

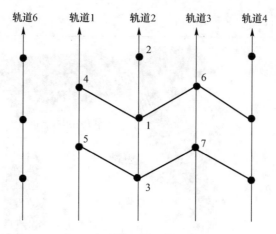

图 1.9 铱星星间链路示意图

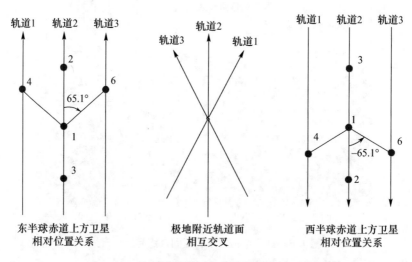

图 1.10 铱星轨道相对位置及切换方式示意图

为了避免卫星波束在两极附近相互干扰,也为了给卫星充电留出一定时间,一部分卫星在运行到南北纬 70°附近时会关闭电源,这时与卫星相连的星间链路便会中断。同时在经过极点时由于轨道面相互交叉,异轨道星间链路天线也会发生改变,因此该系统的异轨道星间链路天线还具备一定的目标捕获能力。

铱星系统星间链路采用 Ka 频段,其工作频率为 23.18GHz,每条星间链路带宽 15MHz,所有星间链路共占用 200MHz 带宽,调制方式为 QPSK,采用垂直极化,使用了 1/2 码率的卷积编码的软判维特比译码,编码后数据率为 25Mbit/s。多址方式为分组化的 TDMA/FDMA。

1.3.2 激光星间链路

激光具有高度的时间和空间相关性,其振荡频率很高,激光频率(典型如 1μm 波长)比微波频率(典型如10GHz)高约4个数量级以上,因此卫星的自由空间激光通信相对于微波通信具有如下明显的优点:带宽大、数据传输速率高、天线尺寸小、抗干扰保密性好。

自由空间激光通信能够以1%的微波天线面积获得比微波高10~100倍的数据传输,预期自由空间激光通信能够实现高达数百吉比特/s的传输速率,完全满足将来空间组网的要求,是解决微波通信瓶颈,构建天基宽带网,实现全球高速、实时通信的有效手段,具有很大的民用和军事应用潜力。

欧洲各国、美国、日本等先进工业国家,甚至包括一些第三世界国家,投入了大量人力、物力,制订了许多研究计划,开展了卫星激光通信领域的研究开发。

1.3.2.1 欧洲激光星间链路

欧洲参与卫星激光通信研究的主要单位有ESA、德国航天局(GSA)、德国宇航中心(DLR)以及TESAT Spacecom公司等。

半导体激光卫星间链路实验(SILEX)计划是ESA于20世纪80年代开始的星间激光通信计划,由法国的Matra Marconi Space全面负责,目的是通过法国地面观测卫星SPOT4(低轨卫星)与通信卫星ARTEMIS(高轨卫星)之间的光学连接证实星间激光通信的可行性,同时实现ARTEMIS卫星与欧洲光学地面站的激光通信,并借助激光通信链路将SPOT4拍摄的图像真正实时地通过ARTEMIS卫星传送到法国的地面中心。欧洲SILEX计划中研制了两个激光通信终端——OPALE终端和PASTEL终端,分别装载于欧洲航天局GEO卫星ARTEMIS和低地球轨道(LEO)卫星SPOT-4上。两系统结构有一点不同:OPALE终端装载了信标光发射系统,而PASTEL终端上没有装载信标光发射系统。欧洲SILEX计划终端详细参数见表1.6。

表1.6 欧洲SILEX计划终端详细参数

SILEX 计划终端		OPALE	PASTEL
光学天线	类型	收发一体,卡塞格林系统	
	口径	发射125mm,接收250mm	发射200mm,接收250mm
	接收视场角	4mrad	
信号光发射系统	激光器	激光影碟(LD)(AlGaAs,819nm)	LD(AlGaAs,847nm)
	平均输出功率	37mW	60mW
	光束发散角	16μrad	10μrad
	波前误差要求	$\lambda/10$	
信标光发射系统	激光器	AlGaAs(19支),801nm	无信标激光器
	输出功率	3.8W	
	发散角	750μrad	
通信探测单元	探测器	Si-APD(雪崩光电二极管)	
	通信视场角	70μrad	100μrad

(续)

SILEX 计划终端		OPALE	PASTEL
捕获探测单元	探测器	电荷耦合元件(CCD) ($23\mu m, 70pixel \times 70pixel$)	CCD($23\mu m, 384pixel \times 288pixel$)
	捕获视场角	$1.05 \times 1.05 mrad$	$8.64 \times 8.64 mrad$
	捕获精度	$\pm 0.5 pixel$	
跟踪探测单元	探测器	CCD($23\mu m, 14pixel \times 14pixel$)	
	跟踪视场角	$0.238 \times 0.238 mrad$	
	跟踪精度	小于 $0.07 \mu rad$	
帧频	捕获探测器	130Hz	30Hz
	跟踪探测器	4kHz/8kHz	1kHz/4kHz/8kHz

SILEX 计划为 1998 年 3 月 22 日发射观察卫星 SPOT4(低轨卫星);2001 年 7 月发射通信卫星 ARTEMIS(高轨卫星),进行 SPOT4 平台 PASTEL 终端和 ARTEMIS 平台 OPALE 终端测试。2001 年 11 月 SILEX 系统实现星间链路和测试及其 ARTEMIS 平台 OPALE 终端与地面站链接,成功实现了同步轨道卫星 ARTEMIS 与法国地面观测卫星 SPOT4 的 50Mbit/s 光学链接,将 SPOT4 拍摄的卫星图像传给 ARTEMIS,再通过 ARTEMIS 中继实时地传输到位于库鲁航天中心的卫星图像处理中心。在通信进行的过程中误码率低于 10^{-9},两颗卫星间的相对速度为 7km/s。

设计 SILEX 系统时,考虑了这样一种功能,即 GEO 终端可轮换着与两个不同的 LEO 空间飞行器建立通信连路。为了节约时间,通常从一个空间飞行器转到另一个飞行器的时间(GEO 终端与第一个 LEO 空间飞行器通信完备后,直到搜索到第二个飞行器,并定位到可以建立通信为止的一段时间)不得超过 150s,成功的可能性超过 97%。

SILEX 计划在世界上首次实现了星间的激光通信,使星间激光通信技术由试验阶段转向商业应用阶段,具有划时代的意义。特别是该计划解决了激光通信终端的精密光学瞄准、捕获、跟踪这一主要关键技术,所发展的复合轴粗-精跟瞄系统已经直接应用于新一代的高码率 OPTEL 和 TSX-LCT(tri-service experiment laser communication terminal)等激光通信终端中。但是 SILEX 系统的天线孔径达到 250mm,质量达到了 160kg,功耗 160W,作为首次上星实验并没有在小型化方面做出控制。

在前述验证实验的基础上,于 2005 年前后,瑞士 Contraves 空间中心研究设计了 OPTEL 系列高性能激光通信终端解决方案,该方案标志着星间激光通信格式由开关键控(OOK)调制直接探测向二进制相移键控(BPSK)调制相干探测的过渡。其中,OPTEL-25 光学系统是典型代表,所发展和解决的主要关键技术是高码率、零差、相干光通信技术。OPTEL-25 光学系统主要包括光学天线和终端内部的光学系统(包括捕获、瞄准和跟踪探测器,信号光发射系统,信标光发射系统),光学天线为离轴、四镜反射结构,视场达到±1°,其详细参数如表1.7所列,其长距离通信终端OPTEL-80性能可以达到80000km距离、2.5Gbit/s的通信速率,已基本达到高码率、小型化、轻量化和低能耗要求,但关于该终端的上星实验未见诸报道。

表1.7 OPTEL-25光学系统详细参数

光学天线		信号光发射系统	
天线型式	离轴,四反,收发一体型	激光器	Nd:YAG固体激光器
天线口径	135mm	输出功率	1.25W
同轴误差	小于100μrad	波前误差	小于λ/25(RMS)
捕获、瞄准和跟踪探测器		信标光发射系统	
像元尺寸	22μm,512pixel×512pixel	波长	808nm
扫描范围	-7~7mrad	输出功率	最大7W
分辨力	20nm	扫描精度	0.5mrad
视场角	-1°~1°	波长	1.064μm
压缩比	10	信号光发散角	9μrad
探测器类型	CCD	激光器	LD
角度噪声	小于1μrad	信标光发散角	0.7mrad

2008年德、美合作的星间高速激光通信链路成功完成了LEO-LEO星间5000km距离的5.6Gbit/s高速通信,该计划由德国TerraSAR-X卫星与美国NFIRE合作完成,搭载德国TESAT Spacecom公司的高性能星间激光通信终端。德国TerraSAR-X卫星轨道高度为514km,倾角为97.44°,空间分辨力为1~2m,装载了通信终端LCT。该终端采用相干光通信方案,光学天线口径为125mm,通信波长为1064nm,发射功率为0.7W,数据传输率为5.6Gbit/s,终端质量小于35kg,功耗低于120W。为了实验验证长距离星间高速通信的可行性,TESAR公司与ESA签署协议将其终端应用于欧洲数据中继系统(EDRS)的Alphasat同步卫星。后者于2013年7月入轨,并于2014年4月完成了与低轨卫星的捕获跟踪测试。GEO-LEO星间45000km距离的1.8Gbit/s高速通信测试将于近期开展。

在激光通信的星座组网方面,1990年初ESA启动了星间相干光通信的专门研究项目"短程光学星间链路(SROIL)",目的是利用先进的激光器件与技术实现高码率和小型化的星载相干光通信端机,应用于Teledesic系统的LEO星座。Teledesic为铱星系统的升级版本,由840颗LEO卫星组成,每颗卫星上设计配置8个SROIL端机。在SROIL终端中,采用半导体激光抽运的Nd:YAG激光器作为新光源,同时将以往的直接探测改为相干探测,这样大大提高了系统的探测灵敏度。SROIL采用零差BPSK体制,通信波长1.06μm,设计指标为链路距离1200~4000km,码速率达到1.5Gbit/s,误码率达到10^{-9},发射光功率约1W,天线尺寸仅为35mm,链路余量大于6.2dB,端机质量小于10kg,功耗小于40W。欧洲激光通信实验情况如表1.8所列。

表1.8 欧洲激光通信实验情况

时间	研究机构	工作内容	研究成果
1998—2001年	ESA	实现了从SPOT4经过ARTEMIS为中继与光学地面站进行通信的星间-星地链路。其中星地链路长38008km,上下行波长分别为847nm和819nm,数据传输率分别为49.37Mbit/s和2.048Mbit/s	在世界上首次实现了星间激光通信
2001年	ESA	ARTEMIS卫星与光学地面站(OGS)进行星地激光通信实验,研究了光束发散角、大气湍流及多光束发射技术对星地链路误码率的影响	下行误码率为$10^{-4} \sim 10^{-10}$,上行误码率在10^{-3}以上
2003年	ESA,日本国家空间局(NASDA)	与日本安装在OGS的激光通信设备(LUCE)(口径26cm)进行星地激光通信实验	上行和下行链路的光强闪烁指数分别为0.14和0.014,误码率分别为2.5×10^{-5}和10^{-10}
2006年	DLR	通过移动地面站与日本在低轨光学星间通信工程测试卫星(OICETS)上的LUCE终端进行激光通信实验	实现了人类历史上第一次近地卫星与地面移动终端之间的激光通信,验证了实现全球移动光通信网络的可能性
2007年	DLR	进行了TerraSAR-X卫星和地面站之间的相干光通信实验,使用BPSK调制,数据率达5.625Gbit/s	误码率达到10^{-9},是人类首次星地相干光通信实验,创造了历史上最高的星地链路数据传输率

1.3.2.2 日本激光星间链路

1995年,日本工程试验卫星(ETS-VI)装载的激光通信终端实现了与地面站之间的激光通信。此次试验为世界上首次成功完成的星地激光通信。系统主要包括二维转台、光学天线、精瞄准装置、预瞄准装置、光束准直器、通信激光器等。激光通信终端的光学天线为收发一体透射式,口径75mm,压缩比为15。激光通信终端系统详细参数如表1.9所列。

表1.9 激光通信终端系统详细参数

光学天线		预瞄准探测器	
天线型式	透射式,收发一体	探测器	Si-QD
口径	75mm	最小探测范围	$-100 \sim 100 \mu rad$
压缩比	15	精度	小于$2 \mu rad$
信号发射系统		捕获和粗瞄准探测器	
激光器	LD(AlGaAs)	探测器	CCD
波长	833nm(LD1)/836nm(LD2)	视场角	8mrad
输出功率	13.8mW	扫描范围	$-1.5° \sim 1.5°$
光束发散角	$30 \mu rad$(LD1)/$60 \mu rad$(LD2)	控制装置	两轴转镜

（续）

信号发射系统		捕获和粗瞄准探测器	
数据传输率	1Mbit/s	精度	32μrad
调制方式	强度调制	精跟踪探测器	
信号接收系统		探测器	Si-QD
通信探测器	Si-APD	视场角	0.4mrad
波长	510nm	跟踪范围	±0.4mrad
接收视场角	0.2mrad	控制装置	FPA
误码率	10^{-6}(-62dBm)	精度	2μrad

与激光通信的地面站终端光学系统中,激光发射系统为离轴卡塞格林望远镜,主镜口径20cm,缩放比为10倍。激光接收系统也为卡塞格林系统,主镜口径1.5m,焦距2.25m。精瞄准/预瞄准精度都为1mrad,跟踪精度1′。

日本也参与了SILEX计划,日本国家空间局为实现与ESA的ARTEMIS卫星之间的激光连接,研制了装载于低轨光学星间通信工程测试卫星(OICETS)上的与半导体激光卫星间链路实验(SILEX)通信终端兼容的激光通信终端,LUCE上用雪崩光电二极管(APD)作为通信探测器,CCD阵列作为粗跟踪探测器,四象限探测器作为精跟踪探测器。空间实验结果表明LUCE的捕获概率大于90%,GEO至LEO通信数据率为2Mbit/s,LEO至GEO速率为50Mbit/s,平均误码率小于10^{-6}。

日本OICETS(LUCE)计划始于1985年,1987年开始光跟瞄技术的研究。1993年1月,日本国家空间局与ESA建立了国际合作关系,确定日本电气股份有限公司(NEC)为研究单位。在2003年9月,LUCE终端在ESA的光学地面站进行了测试,实现了LUCE终端与Artemis卫星的双向通信实验。随后OICETS于2005年8月24日成功发射,并于同年12月9日首次实现了LUCE终端与Artemis卫星上的终端之间的50Mbit/s激光通信。2006年3月,LUCE终端与日本国家信息通信技术研究所光学地面站成功进行了双向光学通信实验,2006年6月7日,LUCE终端与德国宇航中心移动光学地面站OGS-OP之间实现了激光通信实验,在国际上首次实现了低轨卫星与光学地面站的激光通信,这次成功意味着利用低轨卫星与移动光学地面站建立灵活的光学通信网络的可能性。由于LUCE终端研究时间较早,在调制格式、通信速率、小型化等方面与SILEX的OPALE终端相比并没有显著革新(表1.10)。

表1.10 LUCE终端系统详细参数

光学天线		精瞄准探测单元	
天线型式	反射式,收发共用	探测器类型	四象限探测器
天线口径	260mm	视场角	-200~200μrad
放大倍率	20	扫描范围	-500~500μrad

(续)

信号发射系统		粗瞄准探测单元	
激光器	LD(AlGaAs)	探测器类型	CCD
波长	847nm	像素尺寸	430pixel×350pixel
输出功率	100mW	视场角	−0.2°~0.2°
光束发散角	9.4μrad	跟踪精度	−0.01°~0.01°
光束宽度	120mm	预瞄准探测单元	
波前误差要求	小于λ/20	探测器类型	四象限探测器
调制模式	不归零码(NRZ)	最小扫描范围	−75~75μrad
传输数据率	50Mbit/s	瞄准精度	−2.85~2.85rad
信号接收系统		通信探测单元	
波长	815~824nm	探测器类型	Si-APD
传输数据率	2.048Mbit/s	探测器尺寸	200μm
调制方式	2-脉冲位置调制(PPM)	接收灵敏度	−71.4dBm(误码率=10^{-6})

1.3.2.3 美国激光星间链路

美国是世界上开展空间激光通信研究最早的国家之一。在美国国家航空航天局(NASA)和美国空军部的率领和资助下,展开卫星激光通信研究的主要单位有加州理工大学喷气推进实验室(JPL)、麻省理工学院林肯实验室、美国弹道导弹防御组织(BMDO)和贝尔实验室等。

NASA从20世纪70年代初就开始了卫星激光通信技术的研究。加州理工大学的喷气推进实验室在星间通信终端中仅采用一个CCD探测器,同时完成了捕获和跟踪功能,这大大降低了系统复杂度。该CCD具有多通道读取功能,不仅可以满足大视域低帧频(10Hz)的捕获,同时可以满足小视域高帧频(2kHz)的跟踪。

1999年,JPL进行了双向46.8km水平地面激光链路实验。该实验为未来卫星与地面站间激光通信的系统设计,特别是有关减轻大气影响的设计,提供了一个较早的评估。同样为了达到控制精度的要求,JPL自行研制了带宽高达500Hz的新型精瞄控制镜(FSM),此FSM预计可以补偿100Hz以内的干扰。林肯实验室主要致力于星间相干光通信系统的研究。其自1985年开始研制的激光卫星间传输实验(LITE)系统采用接近量子极限的相干外差探测通信体制,LITE是世界上第一台相干光通信终端。JPL先后研制了两套激光通信演示(OCD)系统——OCDⅠ和OCDⅡ,主要用于低轨卫星与地面站链接。

OCD终端由CCD阵列、光学天线、跟瞄装置和光纤耦合装置构成。OCDⅠ和OCDⅡ的性能参数对比如表1.11所列。该激光通信终端为收发一体型,其光学天线采用无焦的卡塞格林型,主次镜的口径比为10:1。

表 1.11 OCD Ⅰ 与 OCD Ⅱ 的性能参数对比

参数	OCD Ⅰ	OCD Ⅱ
波长	信号发射波长 844nm 信标接收波长 780nm	信号发射 1550nm 信标接收波长 780nm
输出平均功率	60mW	60mW
天线口径	10cm	10cm
光束发散角	22μrad	200μrad
万向架	无	有粗对准万向架
跟踪视场角	1×1mrad	3.25×2.45mrad

BMDO 于 1995 年实施了空间技术研究卫星(STRV)-2 实验计划。该项计划的主要目的是演示 LEO 卫星 TSX-5 与地面站间的上行和下行激光链路,验证卫星激光通信技术的发展情况。该终端系统的特点是发射单元和接收单元单独设计,以减小发射光束和接收光束之间相互干扰。该系统采用了多望远镜发射系统和多望远镜接收系统,光学系统特性参数如表 1.12 所列。

表 1.12 光学系统特性参数

光学天线		信号发射系统		信标发射系统
发射天线	透射式	激光器	AlGaAs×8	AlGaAs×2
发射天线口径	1 英尺①	输出功率	62.5mW×8	65mW×2
接收天线	反射式	波长	810nm	852nm
接收天线口径	5 英尺	光束发散角	67μrad	500μrad,1500μrad

① 1 英尺≈0.3048m

2000 年 6 月 7 日,载有 STRV-2 负载的 TSX-5 卫星成功发射,进入 410 km×1750 km 的椭圆轨道。以后 STRV-2 的激光通信终端与位于高山上的地面站进行了 17 次光通信连接,但都没能成功。该光学终端不能捕获和跟踪地面站发射的信标光,据报道,其主要原因是卫星的位置与姿态控制不在预计的精度控制范围内。

未来激光星间链路的迅速发展主要体现在高速率方面,实现大容量实时信息传输。主要难点是高调制速率下的高功率光源输出、高灵敏度探测及通信低误码等关键技术的实现。主要的技术途径是:波长从 800nm 变为 1064nm、1550nm,可使速率从兆比特/s 量级提高到吉比特/s 量级;考虑强度调制/直接探测和相干探测手段,并结合光复用技术(波分或时分),可使通信速率达到几十吉比特/s。此外目前激光星间链路都是一点对一点,影响了通信中继、组网和应用,激光星间链路组网是未来发展的必然趋势。激光通信网络化的主要优点是通信网络快捷、域广、实时、安全,主要难点是动态拓扑接入、网络开放、长时延及星上处理等。对应的主要技术途径是突破

"一对多"同时激光通信技术、采取动态路由解决接入难题、研究微波激光通信联合体制、完善天地一体化通信协议等。

表 1.13 所列为美国光学通信实验概况。

表 1.13 美国光学通信实验概况

时间	研究机构	工作内容	研究成果
1968 年	JPL	地面站与 GEO S2 之间的上行激光传输,轨道高度 1250km,激光波长 488nm。研究强闪烁指数、起伏功率谱和概率密度函数	验证了上行链路接收光强的概率密度服从对数正态分布
1976 年	NASA	GEOS3 卫星中继光传输实验,利用卫星上的光反射阵列,实现地—空—地激光传输,轨道高度 1000km,接收端口径 0.76m	测量了激光的大气传输特性
1992 年	JPL	通过两个地面站 TMO(0.6m 口径天线)和 SOR(1.5m 口径天线)与飞往木星途中的 Galileo 探测器实现深空光传输,链路长度 6×10^7 km,波长 532nm	验证了采用恒星为信标的激光通信跟踪机制,验证了下行链路接收光强的对数正态分布
1995 年	JPL	通过地面站 TMF(天线反射口径 0.6m,接收口径 1.2m)与日本的 ETS-Ⅵ卫星进行了人类首次真正意义上的星地激光双向通信实验,链路长度 4×10^4 km	验证了 APT 过程,证明多光束发射对降低湍流影响的有效性,上下行误码率为 10^{-5}
1998 年	JPL	通过地面站 OCTL 与国际空间站之间进行吉比特/s 量级的下行激光通信实验,信号光波长 155.nm,信标光波长 980nm	数据率最高达到 2.44Gbit/s
2001 年	Lincoln Laboratory	Geolite 卫星通过 Boeing Delta2 激光器与地面进行激光下行链路通信	星地激光通信开始进入实用阶段

1.4 天基信息网络

天基信息网络是异构卫星/卫星网络和空间飞行器以及地面网络设施等多要素构成的综合性全球信息系统。它是由不同轨道、不同类型、不同性能的卫星或星座系统,以及地面支持系统,按照信息资源的最大有效综合利用原则,通过星地、星间链路构成的天地一体化综合系统,该网络是具有自主运行管理能力以及智能化的信息获取、储存、处理和分发能力,达到信息应用效能最优的网络系统。该网络综合多种航天系统,具有自主的信息获取、存储、处理及分发能力,能与陆基、海基、空基的信息系统互联,实现信息的多元、立体共享。

天基信息网络是未来天基信息系统的发展趋势。一方面,该网络建立在天基设施上,简化了信息交换的手段,具有信息量大、即时性强的特点,能够满足未来通信和网络处理功能的要求;另一方面,该网络集成了多种卫星网络的功能,解决了各种卫星系统各自孤立的不利局面,有利于实现卫星总体资源的合理配置,提高总体社会效益。概括而言,天基综合信息网络有如下特点:

(1) 开放的互联网络。它可以通过网关将异构的网络互联,实现全球信息共享,要求网络有相当的开放性,具有与多个系统兼容、多种平台互通、多种网络互联的特点。

(2) 集成的信息处理。天基综合信息网实现多种网络互联,必须进行信息的集成统一,通过网关的协议转化与映射,在信息网络系统中进行集中处理和快速转发。

(3) 立体的信息交换。天基综合信息网能够对空基、海基、陆基等异构网络进行综合集成,网络拓扑的立体化特性决定了信息交换的立体化。立体信息交换可以提高网络传输效率,降低时延,提高信息交换速度和网络资源利用率。

(4) 动态的组网机制。天基综合信息网既要按既定目标对各卫星节点进行动态调节和必要的重组,又要求卫星网络有一定的自组织能力,以满足紧急状况及特殊需要。

(5) 多元的信息共享。在天基综合信息网络中,各种信息都可以在统一互联的通道上运行,任一节点都可按权限共享这些信息,充分发挥和利用网络资源,真正实现一体化网络环境下的多元信息共享。

星间链路网络是空间信息网络的重要组成部分,国际学术界、产业界和各国政府已经充分认识到空间信息网络在 21 世纪国际军事竞争和国民经济发展中的重要作用,随着对基于空间信息网络的信息获取、传输、处理和应用等基础理论和技术方法研究和应用的经费投入快速增长,相关理论和技术研究取得了长足的发展。

国外空间信息网络基础理论和技术方法的研究推动力要来自于国家和政府层面。以美国为例,在政府主导的大背景下,相关研究的参与者从 JPL、加州大学伯克利分校、加州大学洛杉矶分校和麻省理工学院林肯实验室等少数几个研究单位发展到目前的包括杜克大学、康奈尔大学、哥伦比亚大学、罗克韦尔(Rockwell)中心、英特尔公司和摩托罗拉公司在内的三十多家研究单位。不仅是美国,欧洲各国也极为重视空间观测网络的基础研究和应用研究,比较著名的研究项目包括德国 AVM 计划、英国 ENVISENSE 项目、意大利 VICOM 计划、瑞士 NCCR-MICS 系统等。

作为支持基础研究的美国自然科学基金会(NSF)早在 2003 年就设立了空间传感器网络专题基金,资助额度为 4700 万美元/年,且逐年递增。美国国防高级研究计划局(DARPA)和美国空军依托于 2011 年开始的 EarthCube 计划,正在合作开发各种空间传感器网络在军事方面的应用。与此同时,NASA、大气与海洋局、中央情报局政府部门也在支持相关研究。NASA 及 DARPA 还以每个项目数千万美元的额度大力资助许多民间研究机构开展相关研究。围绕空间信息网络美国相继推出了一系列研究计划,主要有 NASA 的空间网(space network)、DARPA 资助的时延容忍网络(DTN)、空间通信导航计划(SCaN)、太空互联网路由器实验等。NASA Glenn 研究中心的空间通信体系工作组(SCAWG)给出了 2005—2030 年 NASA 空间通信与导航体系结构及相关 6 大关键技术领域的建议,以指导未来的空间通信与导航能力及技术的发展建设,满足未来各种航天任务的需要。

空间通信体系工作组提出了"一体化、可扩展空间通信架构"的设想,就是在各类卫星系统的基础上,建立一体化、网络化的新型空间通信体系,将空间通信系统的建设方针从原有的以"任务为中心"转变为以"结构为中心"。建立由中继通信卫星星座、空间传感器、高速率小型自治地面终端、地月间或地日间中继通信卫星、环月中继卫星、环火星等行星轨道上的中继通信卫星组成的一体化的、可扩展的空间通信体系。该一体化空间通信体系由以下四部分构成。

(1) 高速率骨干网:由采用了先进通信技术的高速率通信卫星节点以及节点间的星间链路构成的核心网络,可以在较小开销的基础上成量级地提高数据传输率。

(2) 边缘接入网络:位于骨干网络的边缘,负责需要通过骨干网进行数据传输的航天器或航天器网络接入。

(3) 星间协作网络:由以编队、集群或星座形式运行的航天器组成,它们之间通过激光或微波链路相互通信。各协作网间通过边缘接入网接入骨干网。

(4) 近距无线网络:用于距离在几米到几千米的航天员、机器人等终端间的短距、高速、双向的话音、图像、数据、控制指令的传输。

从空间尺度的概念上讲,高速率骨干网属于大尺度天基综合信息网络,边缘接入网属于中尺度天基综合信息网络,星间协作网和近距无线网属于小尺度网络。"一体化、可扩展空间通信架构"将这些不同功能、不同能力、不同空间尺度的天基系统集合在一起,为各类航天与军事任务服务。

"一体化、可扩展空间通信架构"在协议体系的设计中采用标准的开放系统互联体系结构,自顶向下为支持 Web、多媒体等业务的应用层协议、高效的传输控制协议、基于互联网协议(IP)的网络层协议(NP)以及支持激光、微波通信的底层协议。各层间采用交互式控制机制,卫星根据通信对象、通信距离的不同通过调整天线指向、发射功率、传输速率、媒质接入方式等底层参数来实现自治的星间路由交换。

在信息网络相关理论研究方面,美国 NSF 于 2007 年启动了网络信息论 5 年基础研究项目"Fundamental Limits of Wireless Systems",由麻省理工学院、斯坦福大学无线通信领域著名学者共同承担,重点研究多点对多点的无线通信理论,探索无线通信系统的容量界,其核心内容包括动态拓扑、延迟容忍、协作传输等。所有这些都表明,空间信息网络是网络信息论中重要的学科研究前沿。

在无线网络容量研究方面,Gupta 与 Kumar 关于非干扰协议下无线网络容量随规模扩展,但节点容量随规模降低的研究结果,充分说明研究网络干扰问题对提升节点容量至关重要。2007 年,Chiang 利用全局优化问题的对偶理论揭示了网络分层结构的数学模型与机理,表明无线网络效能的提高有赖于现有分层架构的突破,阐明了网络体系结构研究的重要性,为网络效能的研究开辟了一个新的方向。无线网络的前沿探索研究表明,现有网络体系架构难以解决空间网络面临的复杂干扰和动态资源效能难题,亟待基础理论的突破性创新。

Bo Han 等学者 2012 年根据业务的延迟容忍特性,提出了基于节点动态特性的机会网络辅助传输策略,可将无线网资源利用效率提高 60% ~ 80%。学者 Brett 等在 2010 年的 MobiCom 会议上发表相关研究结果,提出利用业务在延时和数据大小方面的特性,通过业务聚合、延迟调度、合理适配等思路,可实现无线网络环境下业务的动态优化适配,并可将业务服务时间性能提高 8 ~ 23 倍,业务整体传输容量提高约 3 倍。这些研究表明开展动态网络理论研究对大幅提升网络服务能力的重要意义。

在空间信息网络建设与应用研究方面,最早可以追溯到美国前总统里根在 20 世纪 80 年代提出的"星球大战计划",但美国从未对天基概念进行实际测试,到了 90 年代早期,美国国防部甚至将这个计划束之高阁,在布什政府时期又重新拾起天基概念。美国提出了"全球国防信息网"(GDIN)的概念,并开始实施"一体化空间指挥控制"现代化计划。美国相继研发了空间侦察监视星座系统、空间通信保障星座系统、GPS、红外导弹预警卫星星座系统、跟踪与数据中继卫星系统、空间气象保障系统、军事测地系统、海洋监测卫星系统,以及"天基雷达"计划、第三代"GPS 卫星"计划等。美军基于"网络中心战"和"全球信息栅格"思想开展了"STANAG""TCA""JCIT"等研究项目和计划,致力于解决信息的广泛收集、高速传递、异构协同、智能综合、准确发布等问题,以大大提高网络信息的使用率。此外,DARPA 设想卫星互联网的概念,寻求为在轨航天器安装稳定的宽带连接,将陆地网络扩展到太空,并最终建立一个"星际网络"。DARPA 还提出采用无线互联网网关(WING)作为其全球移动信息系统计划(GLOMO)的核心部件,实现对无线网络的有效路由,可以无缝地将动态、多跳的无线网络同现有多种网络有效融合。

与此同时,俄罗斯也在大力发展自己的预警天基网络,2010 年俄罗斯航天署副署长表示拟布设天基网络。欧盟提出了 Galileo 系统、下一代空间信息网计划等。

在空间通信传输方面,美国于 2010 年提出建设全球覆盖通信体系,主要发射 4 颗"顶尖级军用卫星"(AEHF、SBSS、GPS 及 ORS)。美国于 2009 年 11 月在 Intelsat-14 商业通信卫星上搭载太空互联网路由器(IRIS),其目的是将互联网延展至太空,整合卫星系统和地面基础设施。系统于 2010 年 2 月成功通过了在轨验证,迈出实现太空网络的第一步。欧洲开始打造新一代大型通信卫星平台阿尔法舱(Alphabus)。而俄罗斯于 2006 年公布的《俄联邦 2006—2015 年航天规划》中,明确将建造并发射 13 颗通信卫星,并于 2012 年 11 月 14 日从普列谢茨克航天发射场成功发射"子午线"军民两用通信卫星(meridian satellite)。日本于2008年2月发射了超高速互联网卫星"纽带",又称"宽带联网工程与演示卫星(WINDS)",验证无线超高速大容量网络所需的多项技术。其成功建立了双向互联网连接,单向传输速度达到了1.2Gbit/s。通过超小型用户终端与高速小型地面站的再生转换功能验证,成功验证了传输速度为155Mbit/s的IP通信能力。

传统地面网络中使用的传输控制协议(TCP)/IP提供一种面向连接的、可靠的数据传输服务,为用户提供字节流传输服务,并保证端到端数据传输的可靠性。其设计目标是为应用程序提供一种在不可靠的网际协议之上发送数据的可靠方法。然而由于丢包处理机制的限制,TCP无法很好地应用在空间网络中。

空间数据通信协议(SPA)由20世纪60、70年代的专用通信协议,发展到80年代空间数据系统咨询委员会(CCSDS)制定的空间链路协议。随着对空间任务的需求增加,呈现出卫星、空间站、航天飞机及各类探测传感器网络构成的复杂空间通信网络,原有的通信协议已经不能适应这种需求,需要开发新的协议以支持数据的端到端可靠传输,人们提出了许多扩展改进方案,改进的传输层协议包括空间通信协议规范(SCPS)、TCP-Peach/Peach+、TP-Planet、TCP-XFWA、TCP-ESACK等。针对这些空间协议架构,开展了多项研究项目,包括OMNI-based SPA、GPM IP-based SPA、CCSDS-based SPA、高吞吐量分布式航天器网络(Hi-DSN)SPA、NASA Enterprise SPA、Backbone Networks(the backbone network architecture)、Access Network Architecture、The Inter-Spacecraft Architecture、Proximity Network Architecture、航天飞机的通信和导航演示(CANDOS)SPA、Space虚拟专用网络(VPN)SPA等,上述空间协议架构大体可以分为以下三类。

Space OSI:OMNI-based SPA、GPM IP-based SPA、NASA Enterprise SPA、CANDOS。

Interplanetary:CCSDS-based SPA。

深空探测网(DSN)DSN:Hi-DSN、SpaceVPN SPA。

其中最为著名的协议是由CCSDS提出的空间通信协议规范(SCPS)协议。SCPS协议在20世纪末提出,其研究目的是在兼容地面网络的基础上支持可靠的高速率数据传输,支持并行任务多节点之间网络路由功能选择,并与地面具有良好互操作性等。SCPS协议解决了空间数据通信中存在的诸多问题,如信号强度弱、信道噪声大、传输时延大、带宽时延积大、多普勒频移较大以及链路容易中断等问题。SCPS协议根据功能的不同分为:

(1)SCPS-NP(网络层协议):针对TCP/IP中的网络层IP的修改与优化,不仅可以在空间通信网络中使用,与地面网络也有很好的兼容性。

(2)SCPS-TP(传输协议):针对TCP丢包处理机制的优化协议,在恶劣的空间通信环境下,也能提供高质量的传输服务,并根据空间传输的不同要求,可以提供可靠性不同的三种传输方式。

(3)SCPS-FP(文件协议):在文件传输协议(FTP)基础上针对空间传输环境改

进而来,提供了多种文件的组织形式,提高了空间应用的效率。

(4) SCPS-SP(安全协议):在网络层中添加的与安全保密相关的协议。

卫星导航系统是天基导航服务网络的主体,天基导航服务网络为天基综合信息网提供时间基准、空间基准服务,是天基综合信息网的重要基础设施。天基导航服务网络具有三维定位、测速和授时能力,为天基综合信息网提供时间基准、空间基准服务和通信支持,是天基综合信息网的重要基础设施。

参考文献

[1] 谭述森. 卫星导航定位工程[M]. 北京:国防工业出版社,2007.

[2] 郭信平. 卫星导航系统应用大全[M]. 北京:电子工业出版社,2011.

[3] NORMAN B. A brief history of global navigation satellite Systems[J]. Journal of Navigation,2012,65(1):1-14.

[4] LI C I. The Chinese GNSS—system development and policy analysis[J]. Space Policy,2013(29):9-19.

[5] KOVACH K. Continuity:the hardest GNSS requirement of all[C]//ION-GPS-98,Nashvill,Tennessee,1998:2003-2019.

[6] 陈荔莹,徐东宇,赵振岩. 国外卫星星座自主运行技术发展综述[J]. 航天控制,2008,26(2):15-17.

[7] KRISTINE P M,PAUL A,JOHN L. Crosslinks for the next-generation GPS[C]//2003 IEEE Aerospace Conference Proceedings,Big Sky,MT,USA,2003:1589-1595.

[8] 李济生. 人造卫星精密轨道确定[M]. 北京:解放军出版社,1995.

[9] 林益明,何善宝,郑晋军,等. 全球导航星座星间链路技术发展建议[J]. 航天器工程,2010,19(6):1-7.

[10] 宋小勇. COMPASS 导航卫星定轨研究[D]. 西安:长安大学,2009.

[11] 朱俊. 基于星间链路的导航卫星轨道确定及时间同步方法研究[D]. 长沙:国防科学技术大学,2011.

[12] AMARILLO F. Inter-satellite ranging and inter-satellite communication links for enhancing GNSS satellite broadcast navigation data[J]. Advances in Space Research,2010,47(5):786-801.

[13] XU H L,WANG J L,ZHAN X Q. Autonomous broadcast ephemeris improvement for GNSS using inter-satellite ranging measurements[J]. Advances in Space Research,2010,49(7):1034-1044.

[14] LIU J,GANG T,ZHAO Q. Enhancing precise orbit determination of compass with inter-satellite observations[J]. Survey Review,2011,43(322):333-342.

[15] SANCHEZ M,PULIDO J A,AMARILLO F,et al. The ESA GNSS + project inter-satellite ranging and communication links in the frame of the GNSS infrastructure evolutions[C]//The 21st International Technical Meeting of the Satellite Division of the Institute of Navigation (ION GNSS 2008),Savannah,GA,2008:2538-2546.

[16] 李作虎. 卫星导航系统性能监测及评估方法研究[D]. 郑州：解放军信息工程大学，2012.

[17] THEODOR Z, BERND E, ERWIN L, et al. Analyses of integrity monitoring techniques for a global navigation satellite system[C]//The IAIN World Congress in Association with the U. S. ION Annual Meeting, San Diego, CA,2000: 117-127.

[18] 郭承军. GNSS 全球导航卫星系统完备性监测体系研究与设计[D]. 成都：电子科技大学，2011.

[19] VIHARSSON L, PULLEN S, GREEN G, et al. Satellite autonomous integrity monitoring and its role in enhancing GPS user performance[C]//ION-GPS-2001, Salt Lake City, UT,2001: 690-702.

[20] RODRIGUEZ I, GARCIA C, CATALAN C, et al. Satellite autonomous integrity monitoring (SAIM) for GNSS systems[C]//ION-GNSS-2009, Savannah, Georgia, 2009, 1330-1342.

[21] WOLF R. On board autonomous integrity monitoring using inter-satellite links[C]//The Satellite Division of the Institute of Navigation 13th International Technical Meeting, Salt Lake City, Utah, 2000: 1572-1581.

[22] BROWN R G. A baseline GPS RAIM scheme and a note on the equivalence of three RAIM methods [J]. Journal of the Institute of Navigation, 1992, 39(3): 64-71.

[23] XU H L, WANG J L, ZHAN X Q. GNSS satellite autonomous integrity monitoring (SAIM) using inter-satellite measurements[J]. Advances in Space Research, 2011, 47(7): 1116-1126.

[24] 牛飞，韩春好，张义生. 基于星间链路支持的导航卫星自主完好性监测设计仿真[J]. 测绘学报，2011(40): 73-79.

[25] 林益明，初海彬，秦子增. 基于星间链路 GNSS 自主完好性加权算法[J]. 国防科学技术大学学报，2010, 32(5): 49-54.

[26] ANANDA M P, BERNSTEIN H, CUNNINGHAM K E, et al. Global positioning system (GPS) autonomous navigation [C]//IEEE Position Location and Navigation Symposium, Las Vegas, 1990: 20-23.

[27] RAJAN J A. Highlights of GPS IIR autonomous navigation[C]//The ION 58th Annual Meeting of the Institute of Navigation and CIGTF 21st Guidance Test Symposium, Albuquerque, 2002: 24-26.

[28] ANANDA M P. Autonomous navigation of the global positioning system[C]//AIAA Guidance and Control Conference, Seattle, 1984.

[29] CODIK A. Autonomous navigation of GPS satellites: a challenge for the future[C]//ION-GPS-85, San Diego, 1985.

[30] MENN M D. Autonomous navigation for GPS via crosslink ranging[C]//IEEE Plans, Las Vegas, NV, 1986: 143-146.

[31] MENN M D, BERSTEIN H. Ephemeris observability issues in the global positioning system autonomous navigation[C]//Position Location and Navigation Symposium, Las Vegas, NV, 1994: 677-680.

[32] ABUSALI A D M, TAPLEY B D, SCHUTZ B E. Autonomous navigation of global positioning system satellites using crosslink measurements[J]. Journal of Guidance, Control, and Dynamics, 1998, 21(2): 321-327.

[33] JOSE F M, PEDRO F S. GNSS sensor for autonomous orbit determination[C]// The 23th Interna-

tional Technical Meeting of the Satellite Division of the Institute of Navigation,Portland,2010:2717-2731.

[34] RAJAN J A,BRODIE P,WANG P. Modernizing GPS autonomous navigation with anchor capability[C]//ION-GPS/GNSS-2003,Portland,2003:1534-1542.

[35] 曾旭平. 导航卫星自主定轨与模拟结果[D]. 武汉:武汉大学,2004.

[36] 刘经南,曾旭平,夏林元,等. 导航卫星自主定轨算法研究及模拟结果[J]. 武汉大学学报(信息科学版),2004,29(12):1040-1043.

[37] 刘万科. 导航卫星自主定轨及星地联合定轨的方法研究和模拟计算[D]. 武汉:武汉大学,2008.

[38] 李征航,卢珍珠,刘万科,等. 导航卫星自主定轨中系统误差 $\Delta \Omega$ 和 Δt 的消除方法[J]. 武汉大学学报(信息科学版),2007,32(1):27-30.

[39] 张艳. 基于星间观测的星座自主导航方法研究[D]. 长沙:国防科学技术大学,2006.

[40] HAN S H,GUI Q M,LI J W. Establishment criteria,routing algorithms and probability of use of inter-satellite links in mixed navigation constellations[J]. Advances in Space Research,2013(51):2084-2092.

第2章 导航星间链路体系架构

2.1 星间链路系统架构

导航星间链路系统体系架构包括数据平面和管理平面,如图2.1所示。数据平面采用分层结构提供基本的星间测距、时间同步和分组数据传输业务,并支持未来的扩展应用业务。导航星间链路分层结构的网络协议参考国际标准化组织/开放系统互连(ISO/OSI)模型,并针对导航星座的网络特点进行了简化,网络协议栈分为物理层、数据链路层、网络层、传输层和应用层五个部分(图2.2)。

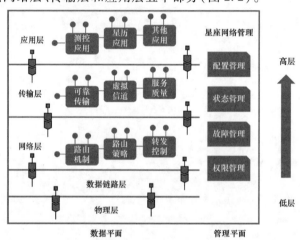

图2.1 导航星间链路系统体系架构

导航星间链路网络协议各层的功能定义为:
(1)物理层:考虑天线设计、频段的选择、信号调制等问题。
(2)数据链路层:考虑网络的拓扑组织、控制对物理层媒体的访问策略、协调天线的使用等问题。其中:逻辑链路控制(LLC)子层识别网络层协议,管理数据链路通信,检错重发(ARQ)和流控制;媒体访问控制(MAC)子层采用多址接入机制,控制节点对共享信道的访问,管理网络无线资源。
(3)网络层:考虑路由机制与策略、数据的转发方法等相关问题。
(4)传输层:考虑报文的可靠传输、虚拟信道的设计以及服务质量。
(5)应用层:测控、运控、自主运行等应用。
传输层服务支持端到端数据用户可选择的传输可靠性;链路层服务通过单点至

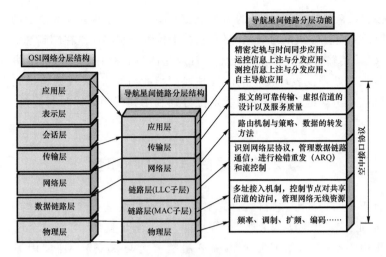

图 2.2　导航星间链路网络协议栈分层结构

单点的跳支持结构化数据传输；网络用户的应用层服务之间自动选择路由数据；非结构化的物理层服务支持通过单点到点的跳。

导航星间链路网络逻辑上可以理解为通过一系列物理层"跳"或传输与最终目标卫星或用户互联，网络结构中交互的信息如图 2.3 所示，是通过服务层结构传递的。在层结构中，交换的信息通过数据通信通道进行交互，所以它们提供从底层标准服务到顶层标准服务。只要相互的服务接口相互保存，那么随着技术的发展，一个独

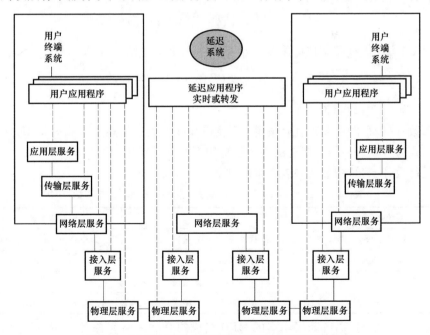

图 2.3　存在中继节点的星座网络服务流程（见彩图）

立层可以很容易被代替,并且任务的需求也在发展中。对于存在中继节点的情况,通过对应的逐层信息交互完成网络数据的传递,其中传输控制协议是在端到端实施的。

在网络层、传输层应设计一套完整的针对星间链路统一的路由传输协议规范,星上对通信数据的处理仅表现在不同的处理速度与能力要求,处理策略是完全统一的。在应用层就按照星间链路系统的功能定位分别利用其观测数据和通信数据完成不同的应用处理。

2.2 星间链路拓扑模型

为了分析星间距离变化特性,首先对导航星座构型进行建模。导航系统通常由多颗卫星协同工作,共同实现导航、定位功能,为了满足良好、均匀的全球覆盖特性,系统多采用由 MEO 卫星组成的 Walker-δ 星座[1]。Walker-δ 星座使用等高度、等倾角的倾斜圆轨道,轨道面相对于赤道面等间距分布,同一轨道面内的卫星间距也相等[2-3],通常用 $N/P/F$(卫星数目/轨道平面数/相位因子)表示星座的结构参数。导航系统中,大多数情况下并不直接给出卫星在某一历元的空间坐标矢量,而是将卫星的轨道用一个固定的、以地球为一个焦点的椭圆轨道模型来描述,该轨道可以用 6 个开普勒轨道根数来确定:半长轴(a)、离心率(e)、轨道倾角(i)、升交点赤经(Ω)、近地点角距(ω)、平近点角(M)。给定这 6 个参数,任一历元卫星的位置和速度都能计算出来[4]。升交点赤经 Ω_m 与轨道平面数 P 的关系为

$$\Omega_m = \frac{360}{P}(P_m - 1) \quad P_m = 1, 2, \cdots, P \tag{2.1}$$

式中:P_m 为卫星所在轨道面的编号。$N/P/F$ 与升交点角距 u_m 的关系为

$$u_m = \frac{360}{N}P(N_m - 1) + \frac{360}{N}F(P_m - 1) \quad N_m = 1, 2, \cdots, S-1 \tag{2.2}$$

式中:N_m 为卫星在轨道面内的编号。

参数 $N/P/F$ 再加上轨道面倾角 i 和轨道高度 h 共同描述了星座的构型,典型的表示形式为 $N/P/F:i,h$。现有的四大全球卫星导航系统中,均是基于 Walker-δ 星座构型进行设计,其结构参数如表 2.1 所列。

表 2.1 四大全球卫星导航系统星座构型结构参数

系统名称	星座构型	结构参数
GLONASS	标准 Walker-δ 星座	24/3/1;64.8°,19100km
Galileo 系统	标准 Walker-δ 星座	27/3/1;56°,23222km
BDS	基于标准 Walker-δ 星座混合星座	24/3/1;55°,21528km
GPS	定制 Walker 星座	24/6/x;55°,20183km

需要说明的是,BDS 除了基本的 MEO 组成的 Walker-δ 星座外,还包括分别定点于东经 58.75°、80°、110.5°、140°和 160°的 5 颗 GEO 卫星和轨道倾角为 55°的 3 颗

IGSO卫星,是一个多层框架的混合星座。GPS的24颗卫星分布在6个轨道面上,每个轨道面有4颗卫星,各个轨道面的倾角也均是55°,各个卫星的高度也一致,与Walker星座的构型相同。但出于改善几何定位精度特性的考虑,各个轨道面内的4颗卫星并不是等间隔分布的,因此通常认定GPS星座是一个经过定制的Walker星座[5],典型全球卫星导航系统卫星轨道特征如图2.4所示。

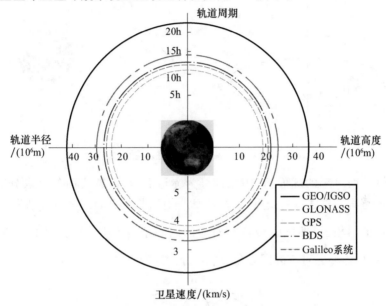

图2.4 典型全球卫星导航系统卫星轨道特征(见彩图)

在此定义一个标准的Walker-δ星座来分析星间距离变化特性,不失一般性,将构型参数设为24/3/1:55°,20000km,星座内卫星的表示方法为Mab,其中,"a"表示轨道面P_m,"b"表示卫星在轨道面内的序号N_m。

卫星之间的距离、角度等拓扑属性直接影响着星间链路可否建立和建立后通信质量的好坏。对于卫星之间,其拓扑属性主要包括距离、俯仰角与方位角。如图2.5所示,R_{AB}表示星间距离,Φ表示卫星S_A对卫星S_B的俯仰角,η为S_A对S_B的方位角。本节将着重分析在所设计的卫星星座中,卫星之间可见性的变化情况。由于窄波束天线的可扫描区域是一个指向地心的锥状区域,其结构对称,方位角的变化不会对卫星的可见性造成影响,因此在此分析的主要是星间的距离与俯仰角属性。

设在t历元,导航卫星i、j在地心惯性(ECI)坐标系下的坐标矢量分别为$\boldsymbol{P}_i(t)$和$\boldsymbol{P}_j(t)$,则星间距离$d_{ij}(t)$表示为

$$d_{ij}(t) = \| \boldsymbol{P}_j(t) - \boldsymbol{P}_i(t) \| \tag{2.3}$$

星间距离测量就是通过一定的手段获得量值$d_{ij}(t)$的过程。为了得到两卫星之间距离的表达式,首先分析天球中两颗卫星之间的空间几何关系。如图2.6所示,卫星i、j在t历元的位置为I和J,N、S是两星轨道面的交点,I_0、J_0对应圆弧$\widehat{NI}$和$\widehat{NJ}$,

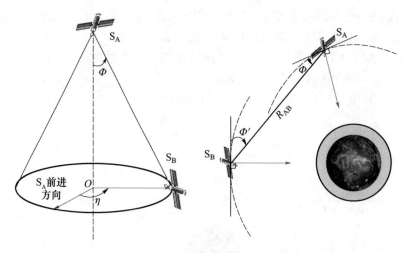

图 2.5 星间拓扑属性示意图

$\Delta\Omega_0$ 为两轨道面对应的球面角;阴影部分为赤道面,与两轨道面的交点分别为 A 和 B;圆 CA_0B_0 垂直于直线 NS,交点为 O,且 $OS=ON$,与轨道面的交点分别为 A_0、B_0;u_i、u_j 分别为两星的相位,即圆弧 $\widehat{AI}$ 和 $\widehat{BJ}$ 对应的圆心角。图中 i 为卫星的轨道倾角,令 $\Delta\Omega = |\Omega_i - \Omega_j|$ 为 $\widehat{A_0B_0}$ 对应的圆心角,Ω_i、Ω_j 分别为两星的升交点赤经。

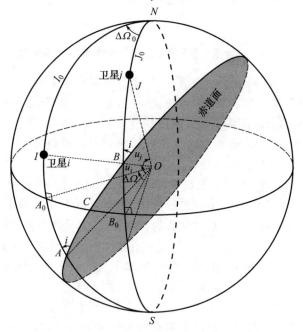

图 2.6 导航卫星间空间几何关系

设卫星 i、j 对应的地心角为 α,则星间距离表示为

$$d_{ij} = \sqrt{r_i^2 + r_j^2 - 2r_i r_j \cos\alpha} \tag{2.4}$$

式中:r_i、r_j 为地球中心到卫星 i、j 的距离。

$$r = \frac{a(1-e^2)}{1+e\cos M} \tag{2.5}$$

式中:r 为地球中心到卫星的距离。

球面三角形 NAB 中,球面角 A、B 分别为 i 和 $\pi - i$,则根据球面三角形角的余弦定理,有

$$\cos\Delta\Omega_0 = -\cos i \cos(\pi - i) + \sin i (\pi - i) \sin i \cos\Delta\Omega = \cos^2 i + \sin^2 i \cos\Delta\Omega \tag{2.6}$$

设 $\overset{\frown}{NA}$、$\overset{\frown}{NB}$ 对应的圆心角为 α_A 和 α_B,则根据球面三角形正弦定理,有

$$\frac{\sin\alpha_A}{\sin(\pi - i)} = \frac{\sin\alpha_B}{\sin i} \tag{2.7}$$

所以 $\alpha_A + \alpha_B = \pi$。由于

$$\begin{cases} NA - AA_0 = \pi/2 \\ NB + NB_0 = \pi/2 \end{cases} \tag{2.8}$$

可得 $AA_0 = BB_0$,在球面三角形 AA_0C 和 BB_0C 中:

$$\begin{cases} A = B = i \\ A_0 = B_0 = \dfrac{\pi}{2} \\ \angle ACA_0 = \angle BCB_0 \\ AA_0 = BB_0 \end{cases} \tag{2.9}$$

所以二者为全等三角形,解该球面直角三角形,可得

$$AA_0 = BB_0 = \arctan\left(\tan\frac{\Delta\Omega}{2}\cot i\right) \tag{2.10}$$

根据图中几何关系,有

$$I_0 = \frac{\pi}{2} - u_i + \arctan\left(\tan\frac{\Delta\Omega}{2}\cos i\right) \tag{2.11}$$

$$J_0 = \frac{\pi}{2} - u_j - \arctan\left(\tan\frac{\Delta\Omega}{2}\cos i\right) \tag{2.12}$$

卫星 i、j 对应的地心角为

$$\cos\alpha = \cos I_0 \cos J_0 + \sin I_0 \sin J_0 \cos\Delta\Omega_0 \tag{2.13}$$

求得两星的地心角以后,即可结合式(2.4)、式(2.5),得到卫星间的距离表达式,该表达式为卫星轨道根数的函数,可写为

$$d_{ij}(t) = f(a_i, e_i, i_i, \omega_i, M_i, a_j, e_j, i_j, \omega_j, M_j, \Delta\Omega) \tag{2.14}$$

星座模型构建以后,即可确定星座内卫星的轨道参数,将这些参数代入

式(2.14)中,可计算卫星间距离。由于构建的星座为标准的 Walker-δ 星座,星座内卫星高度相同且均为圆轨道,式(2.14)可简化为

$$d_{ij}(t) = 2r\sin\frac{\alpha}{2} \tag{2.15}$$

当两星位于同一轨道面时,式(2.4)中的地心角为两星之间的相位差,即 $\alpha = \Delta u$,此时式(2.15)进一步改写为

$$d_{ij}(t) = 2r\sin\frac{\Delta u}{2} \tag{2.16}$$

根据该式易得同轨道面卫星间的距离。以第一轨道面为例,计算结果如表 2.2 所列,计算时取地球半径为 6378.137km。由于对称性,其他两个轨道面内的星间距具有相同结果。

表 2.2 第一轨道面内卫星间距离

卫星对	M11-M12 M11-M18	M11-M13 M11-M17	M14-M12 M11-M16	M11-M15
相位差/(°)	45	90	135	180
星间距/km	20188.952	37304.319	48740.684	52756.274

位于不同轨道面的卫星,轨道倾角 i 相同,均为 55°;相邻两个轨道面间卫星的升交点赤经差 $\Delta\Omega$ 也相同,均为 120°。代入式(2.6)、式(2.11)和式(2.12)中,可得 $\cos\Delta\Omega_0 = 0, I_0 = 2.3529 - u_i, J_0 = 3.9171 - u_i - \Delta u$。对于选定的两颗卫星,其相位差 Δu 为固定值,大小取决于星座构型参数。以 M11 卫星为例,与第二轨道面卫星(M21~M28)的相位差依次为 15°、60°、105°、150°、195°、240°、285°、330°,与第三轨道面卫星(M31~M38)的相位差依次为 30°、75°、120°、165°、210°、255°、300°、345°。

设卫星 i 的初始相位为 0,卫星绕地心旋转的角速度为 ω_s,则经过时间 t 后,该星的相位 $u_i(t)$ 为

$$u_i(t) = t\omega_s \tag{2.17}$$

式中:$\omega_s = \sqrt{\mu/r^3}$,$r$ 为轨道半径;μ 为地心引力常数。如果取 $r = 26378137$m,$\mu = 3.986004418 \times 10^{14}$m^3/s^2,得

$$u_i(t) = t \times 1.473678368 \times 10^{-4} \text{rad/s} \tag{2.18}$$

我国北斗三号卫星导航系统星座总数为 30 颗卫星,包括地球静止轨道(GEO)、倾斜地球同步轨道(IGSO)和中圆地球轨道(MEO)三种轨道类型,如图 2.7 和图 2.8 所示。

导航卫星星间链路可分为同轨道面前向链路、同轨道面后向链路和异轨道面侧向链路。根据第三代卫星导航系统星座构型特点,可以在 MEO 卫星之间建立低低星间链路(MEO-MEO),以及 GEO/IGSO 卫星与 MEO 卫星之间的高低星间链路(GEO/

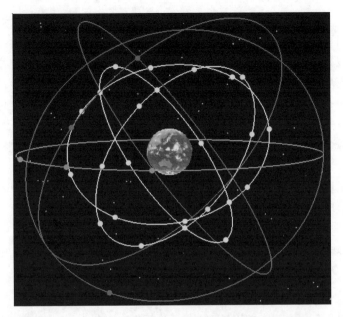

图 2.7　3GEO+3IGSO+24MEO 星座构型(见彩图)

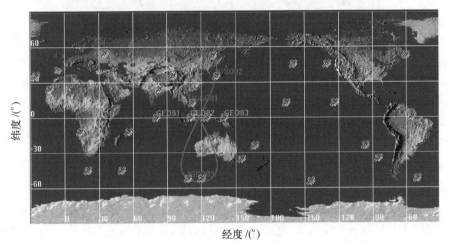

图 2.8　3GEO+3IGSO+24MEO 星下点分布(见彩图)

IGSO-MEO)。

MEO 卫星至地球质心的连线与卫星至地球表面的切线之间的夹角为 12.9°。为了避免星间链路信号受地面及低地球轨道卫星通信干扰,星间链路天线波束赋形为环带波束形式或采用窄带波束指向天线(如 Ka 频段或 V 频段通信天线),星间通信区要求距离地面 1000km 以上。MEO 卫星至地球质心的连线与卫星至地球表面 1000km 的切线之间的夹角为 15.0°。

GEO/IGSO 卫星至地球质心的连线与卫星至地球表面的切线之间的夹角为

8.7°。在下面的计算中,假设距离地球表面1000km高度,其连线夹角为10°。

卫星之间可以相互通信而不受到任何阻碍称为星间可见。星间可见是建立星间链路的物理前提,是卫星间测量与通信的必要条件之一[5]。影响星间可见的因素有很多,其中,地球遮挡和卫星天线是影响星间可见性的最关键因素。地球地质会阻挡无线电的传播,所以当卫星之间的连线经过地球时,认为卫星之间不可见。而由于高频段的微波虽然在自由空间中传播损耗较小,但是在穿过大气层时会发生剧烈的损耗,因此在计算地球遮挡影响星间链路可见的时候,需要将大气层的影响同时考虑进去[6]。

假设源卫星S_1的轨道高度为d_1,目标卫星S_2的轨道高度为d_2,星间距离为d,那么链路和地球相切时的切线与源卫星天线法向的夹角β为

$$\beta = \arcsin(d_E/d_1) \qquad (2.19)$$

式中:d_E为地球半径。由于考虑大气层模型的加入,式(2.19)应改为

$$\beta = \arcsin[(d_E + d_g)/d_1] \qquad (2.20)$$

式中:d_g为大气层厚度。而链路与源卫星天线法向的夹角为

$$\theta = \arccos[(d_1^2 + d^2 - d_2^2)/2dd_1] \qquad (2.21)$$

若目标卫星S_2位于源卫星S_1的可见范围内,那么其之间的链路与源卫星天线指向的夹角θ应满足如下关系:

$$\beta < \theta < \alpha \qquad (2.22)$$

式中:α为窄波束天线的扫描范围,在本书中为60°。

卫星之间可见不仅要满足目标卫星对于源卫星可见,同时还必须满足源卫星也处于目标卫星的可见范围内,因此仅有如式(2.22)所示关系并不是卫星S_1与S_2之间可见的充要条件,除此之外还必须满足

$$\beta' < \theta' < \alpha \qquad (2.23)$$

式中:θ'为星间链路与目标卫星天线指向的夹角;β'为星间链路与地球表面(含大气)相切时与目标卫星天线指向的夹角。

因此只有同时满足式(2.22)与式(2.23),才能说两颗卫星之间相互可见。

如图2.9所示:当S_1与S_2之间存在地球遮挡,双方不可见(图2.9(a));当S_1与S_2被天线扫描范围限制时,双方不可见(图2.9(b));当S_1与S_2仅有一方存在于对方的可见范围内,而另一方并不存在于对方的可见范围内时,双方依旧不可见(图2.9(c));当且仅当双方同时存在于对方的可见范围内时,两颗卫星是可见的,这样的链路才具有通信和测量的可能性(图2.9(d))。

图2.10和图2.11为不同卫星的可见性示意图。

在MEO卫星之间可建立同轨道面前向和后向链路以及异轨道面侧向链路[7]。星间链路建立将仅考虑距离地球表面1000km高度以上链路情况,以减小信号穿越电离层带来的影响。下面从几何上分析MEO星间链路的拓扑结构,包括星间距离、俯仰角和方位角及其变化率拓扑关系。

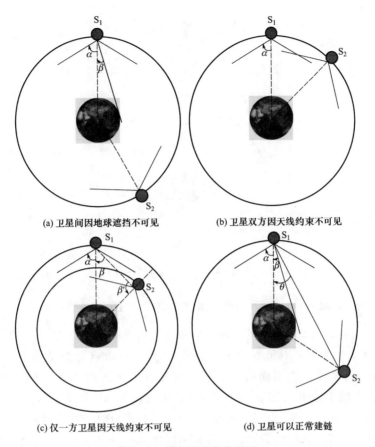

(a) 卫星间因地球遮挡不可见　　(b) 卫星双方因天线约束不可见

(c) 仅一方卫星因天线约束不可见　　(d) 卫星可以正常建链

图 2.9　星间可见性分析图

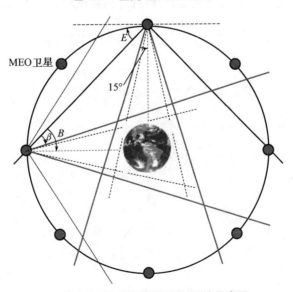

图 2.10　MEO 星间链路的可见性示意图

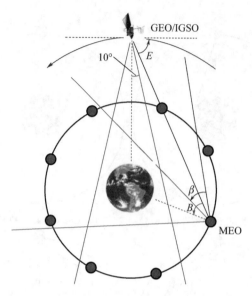

图 2.11 GEO/IGSO 卫星对 MEO 卫星的可见性示意图

为统一理解,下面先对星间观测仰角和方位角进行定义。如图 2.12 所示,以卫星 A 观测卫星 B 为例。卫星本体坐标系定义为:坐标原点为卫星质心,Z 轴由卫星质心指向地心,X 轴在轨道面内与 Z 轴垂直指向卫星运动方向,XYZ 成右手系[8]。另一个轨道上的卫星 B 在卫星 A 的 XOY 平面投影为 B',从 B' 向 X 轴作垂线交于 B_x,向 Y 轴作垂线交于 B_y,由图中的几何关系可知:$\angle BOB' = \beta$ 为卫星 A 观测卫星 B 的仰角,OB' 为 0° 仰角方向,沿逆时针方向角度增大;$\angle B_xOB' = \theta$ 为卫星 A 观测卫星 B 的方位角,X 轴为 0° 方位角方向,沿逆时针方向角度增大。方位角和仰角范围均为 0°~360°。

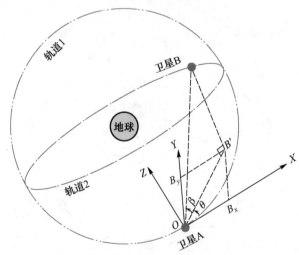

图 2.12 星间观测仰角、方位角定义

由于 MEO 同轨卫星之间是相对静止的,因此同轨卫星之间的拓扑属性也是固定的。因此主要分析的是 MEO 异轨卫星之间及 MEO 与高轨卫星之间的拓扑属性变化情况。

图 2.13 为 MEO11 卫星分别与异轨 MEO 卫星和高轨卫星的距离属性变化图,可以看出,MEO 卫星之间的距离在 7000～53000km 之间变化,MEO 卫星与高轨卫星之间的距离在 15000～70000km 之间变化。

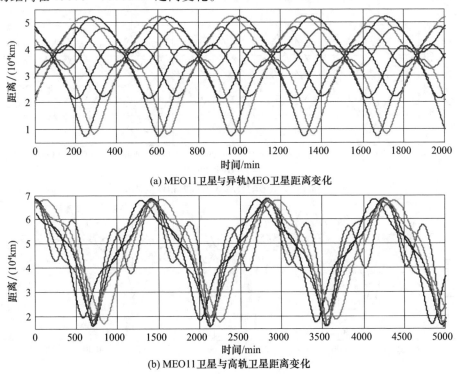

图 2.13　MEO11 卫星与其他卫星距离属性变化图(见彩图)

图 2.14 为 MEO11 卫星分别与异轨 MEO 卫星和高轨卫星的仰角属性变化图,MEO 卫星之间的仰角在 0～90°范围内变化,而 MEO11 卫星与高轨卫星之间的仰角则在 -90°～90°之间变化。

在不加其他任何约束的情况下,一个回归周期内,北斗系统任意 MEO 卫星可见的卫星共有 28 颗,除了由于地球遮挡而丧失连通机会的同轨道面相位差 180°的卫星外,其余卫星均有机会与该卫星发生建链关系。对于真实的卫星星座,显然这是不现实的。无论微波还是激光星间链路系统的波束扫描区域为一个半顶角为 α 的锥状空间,圆锥外的卫星以及圆锥内却被地球遮挡的卫星是不可见的[9]。

对于 Walker 星座而言,所有的 MEO 子卫星都处于对称的圆球上,每颗卫星对其他卫星的可见性规律应是一致的。以 MEO11 卫星为例,三个轨道面的卫星之间的可见性呈现出不同的规律。对于第一个轨道面的卫星,由于与 MEO11 卫星的相位差一直为 180°,MEO15 卫星一直处于地球的背面,因而 MEO11 卫星与 MEO15 卫星之间始终不可见;而 MEO12 卫星与 MEO18、MEO11 的俯仰角大小始终为 67.5°,如果星间链路天线半波束扫描角度小于 60°,则也始终不可见,若达到 70°,则保持可见[10-12]。而 MEO11 卫星与 MEO13、MEO14、MEO16、MEO17 卫星的俯仰角大小始终固定在天线约束 60°与地球限制的 13.21°之间,因此在第一个轨道面中,MEO11 卫星与 MEO13、MEO14、MEO16、MEO17 卫星始终保持可见(表 2.3)。

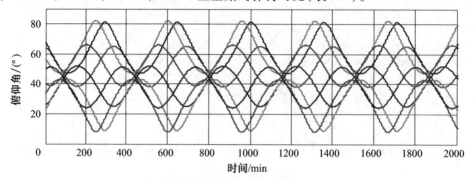

(a) MEO11卫星与异轨MEO卫星俯仰角变化

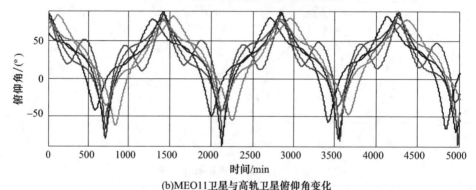

(b) MEO11卫星与高轨卫星俯仰角变化

图 2.14 MEO11 卫星与其他卫星仰角属性变化图(见彩图)

表 2.3 MEO11 卫星与 MEO1X 卫星之间可见性一览

卫星编号	距离/km	俯仰角/(°)	是否可见	角度变化率/((°)/s)	相对速度/(km/s)
M13,M17	39461	45.0	永久可见	0	0
M14,M16	51558	22.5	永久可见	0	0
M12,M18	11887	67.5	不可见(半波束扫描角度小于 60°) 永久可见(半波束扫描角度小于 70°)	—	—
M15	55806	0	不可见	—	—

对于第二个轨道面的卫星,由于 MEO11 卫星与 MEO21~MEO28 卫星的相位差不再是固定的,因此其相对位置会在周期内快速变化,卫星之间的俯仰角大小与可见性也会随之变化。由上面公式对 MEO11 卫星与 MEO2X 卫星之间的可见性进行分

析，得到的结果如表 2.4 所列（距离与角度属性已滤去间歇可见卫星的不可见时间）。由于星座的对称性，第三个轨道面与 MEO11 之间的可见性应与第二个轨道面一致，差别在于卫星编号的不同。

表 2.4　MEO11 与异轨 MEO2X 卫星之间可见性一览

卫星编号	距离/km	俯仰角/(°)	可见性	可见时间	角度变化率/((°)/s)	相对速度/(km/s)	最大多普勒频率偏移倍数
M22,M37	38060~54329	43.0~76.8	间歇	75%	-0.0051~+0.0051	-2.246~+2.246	7.48×10^{-6}
M23,M36	39115~54329	44.5~76.8	间歇	69%	-0.0047~+0.0047	-2.285~+2.285	7.61×10^{-6}
M25,M34	27903~46211	30.0~55.9	间歇	67%	-0.0041~+0.0041	-3.315~+3.315	1.11×10^{-5}
M26,M33	27903~41216	30.0~47.1	间歇	47%	-0.0045~+0.0045	-3.788~+3.788	1.26×10^{-5}
M27,M32	27903~39872	30.0~45.6	间歇	44%	-0.0045~+0.0045	-3.760~+3.760	1.25×10^{-5}
M28,M31	27903~44085	30.0~52.2	间歇	58%	-0.0040~+0.0040	-3.030~+3.030	1.01×10^{-5}
M21,M38	31287~50328	34.1~64.4	永久	100%	-0.0041~+0.0041	-2.46~+2.46	8.20×10^{-6}
M24,M35	34358~52238	38.0~69.4	永久	100%	-0.0040~+0.0040	-2.597~+2.597	8.66×10^{-6}

注：M22 为 MEO22 简写，余类同

综上所述，对于 24/3/1 的 21528km 高度的 Walker 星座，其每颗 MEO 卫星：永久可见的卫星为 8 颗，其中同轨 4 颗，异轨 4 颗；永久不可见的卫星为 3 颗（半波束扫描角度小于 60°），均为同轨卫星；间歇可见卫星 16 颗，均为异轨卫星，星间相对运动速度最高达到 7.6km/s，卫星平台本身指向精度为 0.4°。对于高度为 21528km 的 MEO 卫星与高度为 35786km 的 GEO/IGSO 卫星之间的可见关系，由于建链双方的不对称性，因此在考虑地球遮挡方面，除了要满足 MEO 卫星对 GEO/IGSO 卫星的地球遮挡临界角外，GEO/IGSO 卫星对 MEO 卫星的俯仰角还要满足小于 GEO/IGSO 卫星的地球遮挡临界角。以 MEO11 为例，计算 MEO 卫星与 GEO/IGSO 卫星之间的可见性变化情况，具体结果参见表 2.5。

表 2.5　MEO11 与 GEO/IGSO 高轨卫星之间可见性一览

卫星编号	可见性	角度变化率/((°)/s)	相对速度/(km/s)	最大多普勒频率偏移倍数
G1	间歇可见	-0.0038~+0.0038	-2.207~+2.207	7.36×10^{-6}
G2	间歇可见	-0.0038~+0.0038	-2.241~+2.241	7.47×10^{-6}
G3	间歇可见	-0.0038~+0.0038	-2.251~+2.251	7.49×10^{-6}
I1	间歇可见	-0.0045~+0.0045	-2.683~+2.683	8.94×10^{-6}
I2	间歇可见	-0.0062~+0.0062	-3.689~+3.689	1.23×10^{-5}
I3	间歇可见	-0.0028~+0.0028	-1.657~+1.657	5.52×10^{-6}

综上所述，GEO 卫星看 MEO 卫星的俯仰角范围是 48.56°~84°，俯仰角变化率小于 0.6(°)/min，相对距离范围是 14376~68853km，相对距离变化率小于 2.7km/s。IGSO 卫星看 MEO 卫星的俯仰角范围是 48.56°~84°，俯仰角变化率小于 0.9(°)/min，相对距离范围是 14306~68852km，相对距离变化率小于 4.0km/s。卫星在星座中与

其他卫星的可见关系分为三种情况:持续可见,间歇可见和持续不可见。每一颗 MEO 在星座中有 8 颗持续可见卫星,3 颗持续不可见卫星,其余 18 颗为间歇可见卫星。表 2.6 反映了 MEO11 在星座中的可见卫星总数的变化情况。

表 2.6　MEO11 在星座中的可见卫星总数信息表

类型	数量
可见卫星总数	26
持续可见卫星数	8
间歇可见卫星数	22
持续不可见卫星数	3
当前可见卫星总数最大值	23
当前可见卫星总数最小值	13
平均可见卫星数	19.09

2.3　星间链路数据平面架构

2.3.1　星间链路频率规划

不同频段的无线电波的传播方式、特点各不相同,所以它们的用途也不相同。频率的规划和分配主要考虑以下几点:第一是各个频段的电波传播特性;第二是各种业务的特性和需求;第三是其他历史条件、制造技术发展水平等[12]。表 2.7 列出了各个频段的传播方式和应用。

表 2.7　各频段传播方式和应用

频段	方式	传播距离	带宽	应用
极低频	波导模	数千千米	非常有限	全球核潜艇水下通信,如水手系统
甚低频	波导模	数千千米	非常有限	全球远距离无线电导航、战略通信
低频	地波、天波	数千千米	非常有限	远距离无线电导航和授时
中频	地波、天波	几千千米	中等	中距离点对点,广播和水上移动
高频	天波	几千千米	宽	远距离点对点,全球广播和移动
甚高频	空间波对流层散射绕射	最大几百千米	很宽	短距离和中距离点对点、移动、局域网(LAN)、声音图像广播、个人通信业务(PCS)
特高频	空间波对流层散射绕射、视距	小于 100km	很宽	短距离和中距离点对点、移动、LAN、声音图像广播、PCS、卫星通信
超高频	视距	30km 至数千千米	高达 1GHz	短距离和中距离点对点、移动、LAN、声音图像广播、PCS、卫星通信
极高频	视距	20km 至数千千米	高达 10GHz	短距离和中距离点对点、移动、LAN、声音图像广播、PCS、卫星通信

国际电信联盟(ITU)专门制定了国际《无线电规则》,为各类无线电业务划分了频率或频段,并将世界分为3个区:

Ⅰ区,包括欧洲、非洲、苏联的亚洲部分,蒙古、伊朗西部边界以西的亚洲国家。

Ⅱ区,包括南美洲、北美洲、格陵兰、夏威夷。

Ⅲ区,包括亚洲的其他部分、大洋洲,我国处于Ⅲ区。

使用无线电频率的无线电业务分为无线电通信业务和射电天文业务两大类。无线电通信业务又可分为地面业务及空间业务,其中包括固定业务、移动业务、广播业务、业余业务、航空和水上安全业务等共37种业务(表2.8)。

表2.8 无线电业务项目一览表

服务项目	定义
分配(频段)	频率分配表根据使用目的给定的频带,带一个或多个地面或空间无线电通信服务,或特定条件下射电天文业务。这个术语也应适用于关注的频段
分配(无线电频率或无线电频率信道)	由政府提供的广播电台授权使用无线电频率或在特定的渠道条件下的无线电频率
星间服务	提供人工之间联系卫星的一种无线电通信服务
地球探测卫星服务	在地球站和一个或多个空间站的无线电通信,可能包括空间站的链路有: 和地球特点与自然现象相关的信息,包括从地球卫星主动或被动传感器获得的、与国家环境有关的数据; 类似从空中或地球上的平台收集的信息; 这些信息可以分给地球站内的有关制度; 平台审讯可能被包括在内,这项服务也可包括必要的馈线链路的操作
无线电通信服务	一个涉及传输、发射和/或接待为特定电信目的的无线电波服务
无线电导航服务	一种无线电导航用途的无线电测定服务
无线电导卫星服务	一种使用无线电导航,以无线电测定卫星服务为目的的服务。这项服务也可包括必要的馈线链路的操作
空间操作服务	一种有关专门航天器的操作无线电通信服务,特别是空间跟踪、空间遥控遥测。这些功能通常会为国际空间站的运作提供服务
空间研究服务	一种以航天器或其他物体用于空间科学和技术研究为目的的无线电通信服务
站点	一个或多个发射器或接收器,或组合发射机和接收机,包括附属设备,必要时在一个地点进行无线电通信服务或射电天文业务

星间链路(ISL)是指在卫星与卫星之间直接进行无线电传输的链路。按照卫星所处的轨道区分,星间链路一般可以分为静止轨道与静止轨道之间、静止轨道与非静止轨道之间、非静止轨道与非静止轨道之间3种类型[13-15]。在目前阶段,星间链路的用途主要有3个方面:用于低轨航天器的数据中继业务;用于静止或非静止轨道通信卫星的通信传输业务;用于特定信息传输的其他业务,如星载GPS、空间操作(跟踪与测控)以及空间研究等。适当的频率频段是星间链路系统的重要组成部分,确定

星间链路频段需要考虑的主要问题包括：
(1) 航天器的分布式通信业务地点(近地球与深空)；
(2) 带宽(为所需的数据传输速率和多种接入技术所需的数量)；
(3) 方向性的链接(单向或双向的,非对称或对称)；
(4) 通道数和在本地系统的网络链接数；
(5) 传播的影响(包括自由空间的损失)；
(6) 天线大小、质量、波束宽度和增益(可以根据频率变化有很大不同)；
(7) 链路的性能(包括所需的功耗),影响数据的速率、传播和天线特性；
(8) 射频(红外和光学)元件的供应；
(9) 组件的质量和功率要求。

除了这些技术上的考虑,确定频谱的频率分配或完成航天器之间的卫星通信与测量,国际和国家频谱管理规定是重要的考虑因素,调节因素和首选带宽分配标准包括：
(1) 初步分配或用于空间链路无线电服务系统初次分配的最大可能性；
(2) 在可以预计的未来,不会重新分配给其他服务的带宽；
(3) 适合空间硬件的带宽。

新出现的航天器系统计划将在近地轨道和深空外层空间形成卫星编队,更广泛地可以形成独立的星座,部署各种各样的分布式结构卫星。分布式航天器结构为科学开发和操作提供了很多优点,分布式航天器可能更好地服务于许多科学活动。例如,许多科学观察可以通过隔离的空间平台加强,比如深空干涉测量。星间通信最好协调多分布式航天器任务管理。为链路选择频率和底层协议(物理层和数据链路层)将涉及任务的操作、需求、硬件实用性和协调性。这个链路可能在无线电频率范围,或者涉及红外或光通信。星间链路的频率选择是设计星间链路工作模式的重要约束条件,并受到卫星总体设计和实现能力的制约。根据ITU2008版的频率划分情况,可用于星间链路操作的频段包括 UHF、L、S、C、Ka、V 等频段。具体频段选择必须结合电磁环境、空间传播特性、天线及卫星可实现性等方面进行优化论证。空间频率协调组(SFCG)目前规定的星间链路的频率划分如表 2.9 所列。卫星星间链路首选频带如表 2.10 所列。

表 2.9 星间链路频率划分

频带	空间交叉链路频率分配	说明
400.15~401MHz	SPACE RESEARCH (space-to-earth)	频带还分配给空间研究服务的空间,如空间通信与方向载人航天器
410~420MHz	SPACE RESEARCH (space-to-space)	通信5km有限范围内的轨道链路,如载人航天器

（续）

频带	空间交叉链路频率分配	说明
460～470MHz	earth exploration satellite service（space-to-earth）	除不造成与表中站点操作干扰的频带，只适用于空对地
902～928MHz	NONE	工业、科学和医学（ISM）频带
1690～1710MHz	earth exploration satellite service（space-to-earth）	此表中除不造成有害干扰站点的目标
2025～2110MHz	SPACE OPERATION（space-to-space） EARTH EXPLORATION-SATELLITE （space-to space） SPACE RESEARCH（space-to-space）	跟踪与数据中继卫星系统（TDRSS）推动，在该频段为宽带频率（大于6MHz）的服务工作，并不得授权大量使用该频段（多于500个站点注册在此频带中）
2200～2290MHz	SPACE OPERATION（space-to-space） EARTH EXPLORATION-SATELLITE （space-to space） SPACE RESEARCH（space-to-space）	TDRSS，在该频段为宽带频率指配行动（大于6MHz），返回的服务工作，不得授权大量使用该频段（多于1000个站点注册在此频带中）
2400～2500MHz	NONE（mobile satellite in 2483.5～2500MHz）	工业、科学与医学（ISM）频带
13.75～14.3GHz	space research	在空间对地静止空间电台研究服务，仅限于1992年1月31日之前的那些计划（例如，TDRSS），大于3500个站点在这一频段登记，主要是固定卫星服务系统
14.5～15.35GHz	space research	在2003年世界无线电通信大会上，近120个空间站在此频段登记
22.55～23.55GHz	INTER-SATELLITE	被铱星使用的频段
24.45～24.75GHz	INTER-SATELLITE	
25.25～27.5GHz	INTER-SATELLITE	限制空间研究和地球探索卫星应用
32～33GHz	INTER-SATELLITE SPACE RESEARCH（deep space） （space-to-earth） RADIONAVIGATION	在2003年世界无线电通信大会上，保留32～32.3GHz的分配。NASA支持把32.0～32.3GHz频带分配到国际空间站（ISS）
33～33.4GHz	RADIONAVIGATION	
59.3～64GHz	INTER-SATELLITE	
65～71GHz	INTER-SATELLITE	

(续)

频带	空间交叉链路频率分配	说明
120GHz以上的部分频带	INTER-SATELLITE	
红外线频带	no allocations	ITU 目前不分配大于 300GHz 的频段
光学频带	no allocations	ITU 目前不分配大于 300GHz 的频段

注：由大写字母列出的是初次分配，小写字母是二次分配

表 2.10　卫星星间链路首选频带

频段	频率	分配状态
S	2025～2110MHz	SPACE OPERATION EARTH EXPLORATION SATELLITE SPACE RESEARCH
S	2200～2290MHz	SPACE OPERATION EARTH EXPLORATION SATELLITE SPACE RESEARCH
Ku	14.5～15.35GHz	space research（14.5～15.35GHz band is on the agenda of WRC-03 for possible upgrade to primary status）
Ka	22.55～23.55 GHZ	INTER-SATELLITE
Ka	25.25～27.5GHz	INTER-SATELLITE

注：由大写字母标注的是初次分配，小写字母是二次分配

空间频率协调组（SFCG）已经采取了若干项关于星间链路操作的决议：

（1）规则 14-1R1 指定，在 22.55～23.55GHz 频段服务的系统，如果卫星间不使用数据中继系统，则应该使用 22.55～22.81GHz 频段的一部分。数据中继卫星（草案）提出的链接，将工作在 23.12～23.55GHz 的 22.55～23.55GHz 部分频带，其中包括 NASA 的新一代跟踪与数据中继卫星（中继）。在此外，铱星，低地球轨道卫星移动通信系统，将工作在国际空间站的 23.19～23.37GHz 频带。因此建议非中继卫星链路寻求分配在 22.55～22.81GHz 频段。

（2）规则 15-2R2 指定，近距离通信将运行在 25.25～27.5GHz 频带，限制在频带 25.25～25.60GHz 和 27.225～27.5GHz。虽然具体的分布式编队飞行的航天器和链路可能不遵从"就近联系"的总体指导，但应考虑避免编队中的数据干扰中继卫星其他部分业务。

空间信号的传播主要关注对信号的能量衰减和对信号的时延影响，其中对信号时延影响最大的为电离层。下面将主要从大气层对信号能量的衰减和电离层的群时延特性两方面进行说明。

1）大气层对信号能量的衰减

当电磁波在地球与卫星之间传播，穿过大气层时会受到电离层中自由电子和离

子的吸收,还会受到对流层中的氧、水气、雨、雪、雾的吸收和散射,并产生一定的衰减,这种衰减的大小与工作频率、天线的仰角以及气候条件密切相关。图 2.15 是这种关系的曲线图形。由图 2.15 可以看出,在 UHF 频段,衰减约为 1dB。在 0.1GHz 以下,电离层中的自由电子或者离子的吸收在大气损耗中占主要地位,频率越低,这种损耗越严重;而工作频率高于 0.3GHz 时,其影响小到可以忽略[16-18]。在 15~35GHz 频段,水蒸气分子的吸收在大气损耗中起主要作用,并在 22.2GHz 处发生谐振吸收而出现一个损耗峰。在 15GHz 以下和 35~80GHz 频段则主要是氧分子的吸收,并在 60GHz 附近发生谐振吸收,出现一个较大的损耗峰。

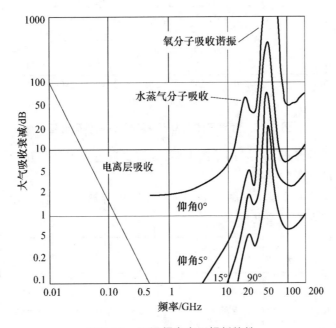

图 2.15 不同频率空间损耗特性

在 0.3~10GHz 频段,大气损耗最小,称此频段为"无线电窗口"。目前在卫星通信中应用最多。在 30GHz 附近有一个损耗谷,损耗相对的也比较小,通常把该频段称为"半透明无线电窗口"。

2) 电离层的群时延特性

等离子体(电离层)是一种色散介质,它位于地球表面以上 70~1000km 的大气层区域。在这个区域内,太阳紫外线使部分气体分子电离,并释放出自由电子。这些自由电子会影响电磁波的传播,其中包括 GPS 卫星信号的广播。等离子体的影响随着频率的增大而减小,对 Ka、Ku 频段的影响远小于 UHF 频段,等离子体对 UHF 频段的影响如图 2.16 所示。

由图 2.16 可知,在等离子体中,由于 UHF 频段较低,在不同的频点引入的时延差异较大(200~300ns),若星间测距结果通过等离子体,则必须采用双频测量值对

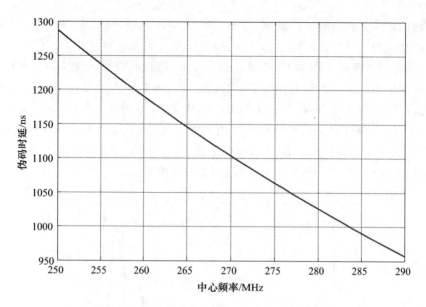

图2.16 等离子体在 UHF 频段引入的伪码时延

等离子体延迟进行修正。若采用单频测距,则需要通过对卫星相互间的位置判断去除经过电离层的测距数据。

在 L 频段以上的频段中(图2.17、图2.18),由等离子体引入的时延较小,在进行双频修正时引入的误差也较小。

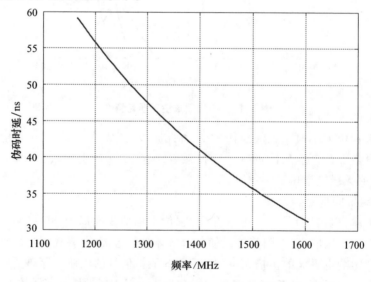

图2.17 等离子体在 L 频段引入的伪码时延

不同频率的天线和星间链路工作体制差异很大,需要结合星座的构型、具体的工作模式进行天线方向图的设计,需要进行深入分析研究。

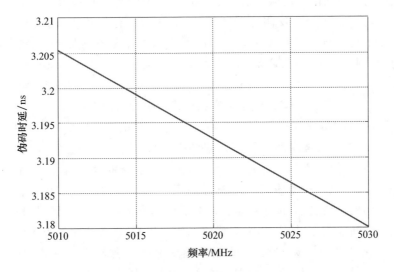

图 2.18 等离子体在 C 频段引入的伪码时延

UHF 频段可用于星间操作的频率资源是 410~420MHz。当前 UHF 频段被规划用于空间研究(空对空)、固定以及移动业务,从频段占用情况看,这一频段主要被地面无线通信系统占用。UHF 频段用于星间操作的很大原因是航天测控系统在发展初期的高频技术不够成熟,因此大量使用了 UHF 频段,GPS 的星间链路也选择了该频段。由于距离远且经过大气层传播损耗,星间链路受同频干扰影响较小,但考虑到星间链路选择 UHF 频段,这一频段处于无线电频率窗口之中,即适于电波穿过大气层传播,因此若选择在合适地点发射大功率信号进行恶意干扰,在系统不采用抗干扰措施的情况下,星间链路将受到很大的影响[19]。UHF 频段分配给雷达的频率范围为 138~144MHz、216~225MHz、420~450MHz。其中 410~420MHz 与 420~450MHz 的雷达频段相邻,容易形成恶意干扰。此外距离这一频段较近的无线通信系统有美军特高频后继卫星通信系统,其工作频段为 225~400MHz,与星间链路频段也存在频率的重叠。

L 频段所有能用于下行导航信号的频段均可用于星间链路,L 导航频段的频率资源较为紧张。下行 L 频段导航信号必须连续播发,若将 L 下行频段作为星间链路信号,会面临同一颗卫星进行同频收发,由于发射功率较大,无法保证星间链路信号的正常接收。若采用 L 频段作为星间链路的频率,只能选择与下行频率不同的可用频段,同时还需保持与下行信号一定的频段隔离。L 频段也同样面临较多的雷达干扰,若能够解决 L 频段的收发隔离问题,L 频段也是可选频段之一。

S 频段是测控信号的主要频段,大量应用于卫星上下行通信和测距。ITU 联对 S 频段的分配上也体现出对星地和星间业务功能的侧重。同时 S 频段用于星间业务的主要分为两个频段,这也为频分多址的应用提供了可能的条件。

C频段用于星间链路的频率最早是Galileo系统申请的C频段导航频率资源,根据ITU的分配,C频段5GHz附近(5.010~5.030GHz)有一个可用于星间链路频段,原计划用于下行导航信号播发,但因衰减大、接收技术复杂等原因未能采用。在C频段,环形阵列方案不可行,这是因为空间衰减太大。移动波束方案中,反射面天线形式结构不合理,喇叭方案较好,但是波束太宽,不利于抗干扰、空间隔离。相控阵方案存在功耗太大的问题,与Ka频段天线相比代价很大而效果相当。

Ka频段是ITU优先推荐的星间链路频率,也是目前大量通信卫星和GPSⅢ打算使用的频率,正在运行的星间链路比如铱星、TDRSS都使用该频率。Ka频段尽管自由空间损耗较大,但可以通过窄波束带来的指向增益来抵消频率更高带来的损耗。链路预算表明,在星座构型约束下,以较小的天线口径和适中的发射功率,链路两端都具有较高的增益余量,有助于测量精度和通信速率的提高[20]。同时,Ka频段还将带来双向测量间隔变短、抗干扰/抗截获能力大幅提升、设备体积较小等优势。在Ka频段星间链路选择上来说,首先要在星间频率选择上满足ITU规定,即下述三段:22.55~23.55GHz、24.45~24.75GHz、25.25~27.5GHz。

图2.19所示为星间链路频率选择。

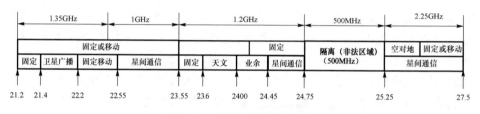

图2.19 星间链路频率选择

相比于UHF/VHF、S、C、Ka等较低频段,V频段(60GHz)星间链路具有对地球近乎完全屏蔽、更强的抗干扰能力、更宽的信道带宽和更高的星间测量精度等优势,适用于未来各类星座的星间链路的建设。美国计划在未来第三代GPS的星间链路中采用Ka频段或V频段。美国对V频段星间链路的研究起步较早,20世纪80年代中期NASA即组织开展了V频段星间链路系统方案研究。美国军事战略战术中继卫星(Milstar)已经实现了V频段星间链路的空间应用。2008版的《无线电规划》规定:V频段52.25~58.2GHz和59~71GHz频率范围为ITU规定受保护星间应用频段,具有丰富的频谱资源,使得几百Mbit/s甚至数Gbit/s数据的无线传输成为可能。与较低的射频和微波相比,V频段能在同样天线口径下实现更窄的波束和更低的副瓣,将极大地提升系统的抗干扰能力和隐蔽性能。此外,V频段具有较强的抗闪烁能力,电波在核爆炸后能较快恢复正常工作。由于大气中氧气分子的吸收作用,大气对60GHz附近无线电波具有很强的衰减特性,大约为15dB/km。大气成为星地之间的天然屏障,既能够避免来自地面的信号干扰,同时也防止星间链路信号辐射到大气层以内干扰其他通信系统。

星间链路频段决定了其波束覆盖及链路建立方式,星间链路拓扑结构设计、工作体制设计和星间链路设备配置与此密切相关,前期以频段选择为出发点比较了多种方案。星间精密测量功能和星间数据传输功能对星间链路的具体要求截然不同。星间精密测量功能要求:①任意卫星需在较短时间内与尽可能多的卫星以及地面标校站建立双向链路测量,星间网络拓扑呈现动态性和复杂性;②星间测量设备必须满足高精度测量要求,保持技术状态和工作体制的高度一致,并具备高精度零值自校和绝对标校能力;③测量数据和有关星历更新的信息传输速率和实时性要求较低;④具有较高的抗干扰能力和抗截获能力。星间数据传输功能的特点包括:①卫星之间应建立固定的双向链路,星间网络拓扑固定;②只要工作体制兼容,设备技术体制可以不同,对星间链路设备没有硬性要求;③星间数据传输速率和实时性要求高;④应具有较高的抗干扰、抗截获能力。

2.3.2 星间链路信号体制

导航星座星间链路信号体制是星间测量通信网络物理层考虑的核心。星间链路通信信道不能直接传输基带信号,必须用基带信号对载波波形的某些参量进行控制,使载波的这些参量随基带信号的变化而变化,这就是调制。与模拟调制一样,数字调制也有调幅、调频、调相三种基本形式,并可以派生出多种其他形式。与模拟调制不同的是,数字调制是用载波信号的某些离散状态来表征所传输的信息,在接收端只对载波信号的离散调制参量进行检测。数字解调主要是指利用数字信号处理器件,通过数字方式来实现数据的解调。数字解调的优点是很多处理过程都可以集成在数字信号处理器件中完成,因而体积可以做得比较紧凑,而且解调器可以在比较宽的范围内跟踪基带数据速率的变化,缺点是最高基带数据速率受数字信号处理器件处理速度的限制,但如果采用适当的多路并行处理算法,则基带数据速率可以成倍地提高。数字化的好处是设备体积小,重量轻,灵活性大,可靠性高,卫星功率得到充分利用。

目前存在的数字调制方式主要包括振幅键控(ASK)、频移键控(FSK)、相移键控(PSK)三种基本形式,这其中又分别有二进制与多进制调制的不同,另外振幅键控与相移键控相结合生成振幅相位联合键控(APK),对 FSK 改进的最小频移键控(MSK)、高斯最小频移键控(GM-FSK)、正交部分响应(QPR)调制、连续相位频移键控(CP-FSK)、平滑调频(TFM)以及相关相移键控(COR-PSK)等。

调制的目的是使信号的特性与信道的特性相匹配,因此,调制方式的选择要根据信道的特性。对于星间链路来说,由于电波主要是在自由空间传播,基本不穿越大气层与电离层,信道参数比较稳定,信道的主要干扰是加性高斯白噪声,收发两端的中频滤波器导致信道通频带是受限的,发射设备中的高功率放大器(HPA)及转发器中的行波管放大器(TWTA)都是非线性部件,因而星间链路信道可视为典型的带限和非线性的恒参信道。

根据不同的设计目的,调制方式又可分为两种类型:一种是以有效利用星间链路的发射功率为目的的调制方式,它是为了达到一定误码率性能而使归一化信噪比 E_b/N_0 尽可能小的调制方式,通常称为功率有效方式;另一种是以有效利用射频频带为主要目的的调制方式,它是为了尽可能提高频带利用率而设计的,如使频带利用率大于 2(bit/s)/Hz,称为频谱有效方式。

由以上可知,在星间链路系统中:①要求调制后的波形是恒包络的,这就排除了幅度变化的数字调制方式;②对系统传输质量的判断主要依据是比特差错率,在相同的信噪比条件下,应选用比特差错率低的数字调制技术,选用单位频带的传输速率高、抗干扰能力强的调制技术;③要求受带限的影响较小。

星间链路信道参数相对稳定,是一类恒参、加性高斯白噪声的传输信道。对于这类信道,理论分析指出 PSK 调制方式能获得最佳接收性能,并且 PSK 方式在频带利用率和抗干扰两方面都优于 ASK 和 FSK。为了充分利用星载转发器发射功率,星上 TWTA 需工作在饱和区(非线性状态),信号调制则应选用对非线性不敏感的恒定包络调制方式。PSK 调制解调技术(BPSK、QPSK、8PSK 等)在卫星通信系统中得到了广泛应用。各类恒模调制技术、极化调制技术都可有效降低对功率放大器的要求,但其实现复杂度较高,不适合高速数传系统。正交频分多路复用(OFDM)调制技术可以提高带宽利用率,同时可以降低对器件的性能要求,具有在超高速系统中应有的潜力,但是其峰均比较高,对功率利用率低。

理论分析指出,在恒参信道中,采用 PSK 调制方式可以获得最佳接收性能,而且能有效地利用卫星频带(与 FSK 相比)。分析表明,PSK 调制解调技术在频带利用率和抗干扰两方面都优于 ASK 和 FSK,故在数字卫星通信中广泛采用 PSK 调制解调技术。一般来说,二、四进制调制系统的功率效率要比多进制调制系统的功率效率高,因而常被采用。但功率有效的调制,其频带利用率不如多进制调制系统的频带利用率高。

对于 PSK 调制来说,随着相位调制阶数的增加,所需的射频带宽减小,但信号对噪声变得更为敏感,因为相邻相位状态之间的相位差变小。例如,在 BPSK 系统中,状态变化(0 或 1)之间的相移 $\Delta\phi$ 为 180°,而 QPSK 的 $\Delta\phi$ 减小到 90°,所以 QPSK 受噪声峰值的影响较大。减小噪声影响的一种方法是增大载波发射功率,但并不总是能足够地增大发射功率。另一附加考虑是解调器的实现可能性,一般说来,解调器的复杂性随调制阶数的增加而增大。所以,要对发射功率的增加、解调器复杂度和射频带宽的减小三者之间进行权衡考虑。

实践证明,如果已调波的相位有突跳,在其通过滤波器的带限、进入非线性部件时,会使已经滤除的带外分量又恢复出来。为了解决此问题,人们研究出各种新的调制技术使已调波的相位路径连续变化或是突跳小。如对 FSK 改进的最小频移键控,四相相移键控,无码间串扰、无颤动的交错四相相移键控(IJF-OQPSK)。无码间串扰、无颤动的交错四相相移键控虽然其频谱特性比较吸引人,但由于功率利用率较差,实现难易程度不如其他方式,所以在星上运用时不作考虑。

如前所述,星间链路信道是一个加性高斯白噪声(AWGN)信道,由于在此信道上数据进行高速传输,且典型的航天器信道末级放大器多采用工作在非线性范围的行波管,因此要求其调制方式必须为恒包络调制方式,否则接收信号将出现失真。恒包络调制方式通常有频移键控、相移键控和差分相移键控(DPSK)等方式。由于在AWGN信道上,在相同的信噪比条件下,相干PSK具有最低的误码率和抗干扰性,所以,星间链路的数据传输调制体制应确定在相干解调PSK方式之下。

此外,在星间链路系统中,为了在链路上更有效地提高频带利用率,通常采用多元PSK调制方式。如果单纯从频带利用率的角度出发,希望尽可能地运用复杂的M元相移调制方式,这时系统的频带利用率是随着M的增加而以$\log 2M$倍增加。但与此同时,M的增加将伴随着系统信号功率以M^2倍增加,因此在功率受限的数据中继卫星链路中,M不可能无限地增大。从实际技术的应用和设备的复杂程度考虑,目前情况下,运用于同步轨道与地面通信系统的多元相移调制一般不超过16PSK水平,$M \geqslant 32$的相移调制方案在现代通信中已很少采用。因此在传输速率要求不很高时,QPSK调制可以满足。表2.11所列为PSK调制的性能比较。

表2.11 PSK调制的性能比较

调制方式	频带利用率/((bit/s)/Hz)	功率利用率(E_b/N_0)/dB
2PSK-C	0.8	0.94
2DPSK-C	0.8	9.9
2DPSK-DC	0.8	10.6
4PSK	1.9	9.9
8PSK	2.6	12.8
16PSK	2.9	17.2

注:表中"C"表示相干解调,"DC"表示差分解调。

下面以一般数传通信系统运用PSK在10^{-4}误码率(图2.20)要求下的性能列表来具体说明。通过表2.11中性能指标可以看出,四元相移调制比二元制在频带利用率上有明显提高,$M=8$相对$M=4$时的频带利用率也有比较好的改进,而$M=16$时的改进程度就很有限了。对于功率利用率,四元相移调制比二元制增长不到1dB,8PSK增长了近3dB,16PSK增长的幅度则更大。综合两方面因素,单纯以调制技术考虑(不考虑其他提高性能的技术手段,如纠错技术),采用8PSK为最佳,但8PSK和QPSK相比,实现难度较大。

从带宽利用率和功率利用率、非线性影响、适用范围、抗干扰能力、系统性价比、复杂度等方面,对适合星间链路的信号调制方式的性能进行比较结果见表2.12。星间链路是功率和带宽双受限系统,但在低速率传输($R<300\text{kbit/s}$)时,带宽受限问题

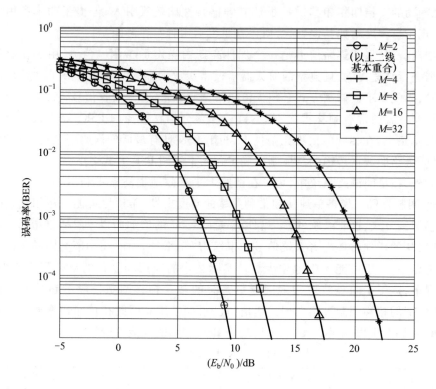

图 2.20 M 进制 PSK 随 (E_b/N_0) 的误码率性能

并不突出,主要矛盾是功率受限。相比 QPSK 和 8PSK,使用 BPSK 调制方式,可以充分利用转发器发射功率,系统简单、传输可靠、性价比高。因此,对于星间链路低速率传输链路,宜使用 BPSK 调制方式。在中高速率传输($300\text{kbit/s} < R < 300\text{Mbit/s}$)时,带宽和功率矛盾均突出。与 BPSK 调制方式相比,使用 QPSK 调制方式,可充分利用转发器带宽,相比 8PSK 调制方式,系统实现相对简单、传输可靠。因此,对于星间链路中高速率传输链路,使用 QPSK 调制方式,系统实现相对简单、可靠,性价比高。对于星间链路高速率传输($R > 300\text{Mbit/s}$)链路,带宽受限问题更为突出,使用 8PSK 调制方式比 QPSK 和 BPSK 可获得更高的带宽利用率,在相同的数据传输速率下,可降低硬件带宽要求,简化卫星系统设计。

表 2.12 信号调制方式的性能比较

性能 \ 调制方式	BPSK	QPSK	8PSK	16QAM
适用速率范围	低速率 (小于 300kbit/s)	中高速率 (小于 300Mbit/s)	高速率 (大于 300Mbit/s)	高速率 (大于 300Mbit/s)
带宽利用率/((bit/s)/Hz)	1	2	3	4
解调门限/10^{-5}	9.5	9.5	13	13.4

(续)

性能 \ 调制方式	BPSK	QPSK	8PSK	16QAM
应用情况	应用广泛	应用广泛	应用较少	应用少
非线性影响	低	较低	较高	高
多普勒频移适应性	较强	强	较低	低
抗干扰	较强	强	较低	低
系统复杂度	简单	简单	较复杂	复杂

由以上分析可知,QPSK 调制方式实现较为简单、成熟,特别是在低信噪比条件下具有出色的解调能力,适用于卫星信道传输;同时它能够获得最佳的接收性能,具有很高的频带利用率,可缓解因空间通信频谱日趋紧张所带来的压力。图 2.21 是 QPSK 调制解调原理框图。在发射端,所需发送的二进制数据流首先经信道编码,然后用伪随机(PN)码进行扩频调制,扩频之后信息经成型滤波以减小(或消除)符号间的码间干扰,再载波调制,最后调制到射频上通过天线完成发射。在接收端,首先将接收到的射频信号解调到中频,送入数字基带进行处理,经载波去除、匹配滤波、信息捕获和跟踪、抽样判决、解码,最后得到所需的信息。

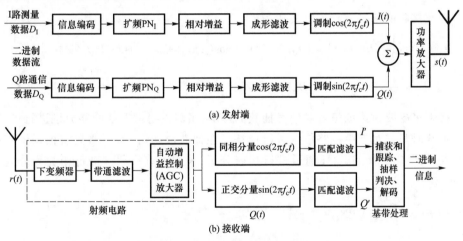

图 2.21 QPSK 调制解调原理框图

由图 2.21 可知,经 QPSK 调制后的信息,即星间通信链路的发射信号可表示为

$$s(t) = D_I \mathrm{PN}_I(t)\cos(2\pi f_c t) + D_Q \mathrm{PN}_Q(t)\sin(2\pi f_c t) \qquad (2.24)$$

式中:D_I 表示 I 路符号序列;D_Q 表示 Q 路符号序列;$\mathrm{PN}_I(t)$ 表示 I 路扩频序列;$\mathrm{PN}_Q(t)$ 表示 Q 路扩频序列。

信号经传输信道到达接收端,当仅考虑由信道引起的多普勒频移及载波相位变化,对于噪声在讨论时先忽略不计,则接收端接收信号可表示为

$$r(t) = D_I \mathrm{PN}_I(t)\cos[2\pi(f_c + f_d)t + \varphi] +$$

$$D_Q PN_Q(t)\sin[2\pi(f_c+f_d)t+\varphi] \qquad (2.25)$$

式中：f_d 为多普勒频移。

接收信号进行下变频后可以利用复数形式来表示接收信号：

$$\begin{aligned}
\tilde{r}(t) &= r(t)e^{-j2\pi f_c t} = \text{Re}\{\tilde{r}(t)\} + \text{Im}\{\tilde{r}(t)\} = \\
& r(t)\cos(2\pi f_c t) + r(t)\sin(2\pi f_c t) = \\
& D_I PN_I(t)\cos[2\pi(f_c+f_d)t+\varphi]\cos(2\pi f_c t) + \\
& D_Q PN_Q(t)\sin[2\pi(f_c+f_d)t+\varphi]\cos(2\pi f_c t) + \\
& D_I PN_I(t)\cos[2\pi(f_c+f_d)t+\varphi]\sin(2\pi f_c t) + \\
& D_Q PN_Q(t)\sin[2\pi(f_c+f_d)t+\varphi]\sin(2\pi f_c t)
\end{aligned} \qquad (2.26)$$

式中：复信号的实部 $r(t)\cos(2\pi f_c t)$ 表示接收端同相分量 I 路信息；复信号的虚部 $r(t)\sin(2\pi f_c t)$ 表示接收端正交分量 Q 路信息。对复信号进行低通滤波处理，得到接收基带信号，分别表示为

$$\text{Re}\{\tilde{r}(t)\} = \frac{1}{2}D_I PN_I(t)\cos[2\pi f_d t+\varphi] + \frac{1}{2}D_Q PN_Q(t)\sin[2\pi f_d t+\varphi] \qquad (2.27)$$

$$\text{Im}\{\tilde{r}(t)\} = \frac{1}{2}D_Q PN_Q(t)\cos[2\pi f_d t+\varphi] - \frac{1}{2}D_I PN_I(t)\sin[2\pi f_d t+\varphi] \qquad (2.28)$$

因此接收的基带信号可以表达为

$$\begin{aligned}
\tilde{r}(t) &= \frac{1}{2}[D_I PN_I(t)+jD_Q PN_Q(t)][\cos(2\pi f_d t+\varphi)-j\sin(2\pi f_d t+\varphi)] = \\
& \frac{1}{2}[D_I PN_I(t)+jD_Q PN_Q(t)]e^{-j(2\pi f_d t+\varphi)}
\end{aligned} \qquad (2.29)$$

接下来主要讨论该信号对信号捕获的影响，虽然发射端 I,Q 两路分别进行扩频，但在捕获时只需对其中一路信息进行捕获。在捕获成功后，另一路只需根据该路的信息获得同步信号。选择 I 通道进行捕获分析，采用 $\overline{PN_I}(t)e^{j2\pi f_d t}$ 进行相关积分处理后，得到

$$\begin{aligned}
R(\tau) &= \int_0^T \tilde{r}(t)\overline{PN_I}(t-\tau)e^{j2\pi f_d(t-\tau)}dt = \\
& \frac{1}{2}e^{-(j2\pi f_d\tau+\varphi)}\left\{\int_0^T[D_I PN_I(t)+jD_Q PN_Q(t)]\overline{PN_I}(t-\tau)dt\right\} = \\
& \frac{1}{2}e^{-(j2\pi f_d\tau+\varphi)}\left[\int_0^T D_I PN_I(t)\overline{PN_I}(t-\tau)dt + j\int_0^T D_Q PN_Q(t)\overline{PN_I}(t-\tau)dt\right]
\end{aligned}$$
$$(2.30)$$

式中：T 表示 I 通道扩频码周期；$\overline{PN_I}(t)$ 为本地扩频码，与发射端相同。相关积分的能量可以表示为

$$|R(\tau)| = \left|\int_0^T D_I PN_I(t)\overline{PN_I}(t-\tau)dt + j\int_0^T D_Q PN_Q(t)\overline{PN_I}(t-\tau)dt\right| =$$

$$\sqrt{\left(\int_0^T D_I PN_I(t)\overline{PN_I}(t-\tau)dt\right)^2 + \left(\int_0^T D_Q PN_Q(t)\overline{PN_I}(t-\tau)dt\right)^2} \tag{2.31}$$

当 $\tau=0$ 时,即当本地扩频码和接收信息中扩频码完全对准时,有

$$|R(0)| = \sqrt{R_{PN_I\overline{PN_I}}(0) + \left[\int_0^T D_Q PN_Q(t)\overline{PN_I}(t)dt\right]^2} \tag{2.32}$$

式中

$$R_{PN_I\overline{PN_I}}(0) = \int_0^T PN_I(t)\overline{PN_I}(t)dt$$

当扩频码未完全对齐,即 $\tau\neq 0$,此时 $|R(\tau)|$ 与 $|R(0)|$ 的比值可表示该系统的抗干扰性能,该比值的大小直接影响"对准"情况下的扩频码捕获及相关。由式(2.31)可以看出,捕获相关峰由 I 支路扩频码相关值 $\left(\int_0^T D_I PN_I(t)\overline{PN_I}(t-\tau)dt\right)^2$ 和 I、Q 支路扩频码相关值 $\left(\int_0^T D_Q PN_Q(t)\overline{PN_I}(t-\tau)dt\right)^2$ 决定。

2.3.3 星间链路信道编码

2.3.3.1 星间链路信道编译码分类

研究表明星间链路信道具有以下特点:与无记忆的高斯信道非常相似;频带带宽很丰富;传输距离遥远加上存在来自其他空间飞行器的无线电干扰、星座内部的无线电干扰以及地面上行无线电的干扰等,使信号传输时延大,造成信号能量衰减严重。因而星间链路需采用信道纠错编码以保证链路传输误码率和链路的可靠性。信道纠错编码实质是根据链路误码率要求,用频带换性能的方法提高数据传输质量,以取得尽可能高的效费比。

常用的信道纠错方式有检错重发(ARQ)、前向纠错(FEC)和混合纠错(HEC)等。由于星间链路时延大且存在单向链路工作,因此,反馈信道的纠错方法不适用,而应采用控制简单、效费比高的 FEC 方式。卫星通信系统和航天任务系统常用的 FEC 信道纠错码有里德-所罗门(RS)码、卷积(编)码(CC)、级联码、Turbo 码以及 LDPC 码等。

RS 码译码简单迅速,适应高速数据应用,且具有优良的突发错误纠正性能,但纠正加性高斯白噪声造成的误码能力一般。卷积码的纠错能力由长度 k 决定。理论上,在 k 无限大时,使用 Viterbi 最大似然译码,它的性能接近香农极限。但随着 k 增大,卷积码的译码复杂性呈指数增长。它的译码不需同步头,同步简单迅速,但信道开销较大。卷积码技术成熟,设备复杂度低,但与现代迭代式高性能码如 LDPC 码和 TC 码(TURBO 码)相比,其译码不能采用简单的并行结构,纠错性能和译码速度要低于后者。级联码一般是把 RS 码作为外码、卷积码为内码的纠错码。它综合利用了 RS 码和卷积码的优点,利用 RS 码纠正突发错误,卷积码纠正加性高斯白噪声等随

机错误。为了提高 RS 的纠错能力,常用符号交织技术将突发错误分散到 RS 码的每个码字中,使原来不可纠正的错误变成可纠正的错误。因而,在使用级联码时常使用交织型级联码。与 RS 码和卷积码相比,级联码的编码增益高,纠错能力强,但信道开销大,译码同步相对困难,译码器复杂;与 LDPC 码和 TC 码相比,编码增益低,译码结构为非迭代并行结构,译码速度较慢。Turbo 码是一种并行级联码,由于使用交织器和卷积码,Turbo 码具有了纠正突发错误和随机错误的双重能力,它的性能比级联码、RS 码、卷积码更接近香农极限。Turbo 码在低信噪比条件下具有非常优异的性能,非常适合作为恶劣信道环境下的信道纠错码使用。Turbo 码的性能取决于递归系统卷积、交织器长度和迭代次数的选择。与 RS 码一样,它适合于数据帧长度较长的数据传输。与 RS、CC、RS + CC 相比,Turbo 码编码增益高,纠错能力强,但译码相对复杂、信道开销大、译码器功耗较高。LDPC 码的性能最接近香农极限。与 RS、CC、RS + CC 相比,LDPC 编码增益高,信道开销小,纠错能力强,但编译码器复杂,对设备要求高,特别是对于高速数据应用而言,工程实现难度高;与 Turbo 码相比,编码增益略高,但编译码复杂,对设备要求高。

从纠错能力、编码增益、信道开销、译码时延、实现复杂度等方面,对适合星间链路的信道纠错码方式进行比较分析(表 2.13)。星间链路是功率受限系统,为降低星载天线口径、发射功率等,要求纠错码必须具有较高的编码增益。Turbo 码与 LDPC 码作为被引入到国际空间数据系统咨询委员会标准的两种编码方式,有着逼近香农极限的优越性能,是星间链路信道编码技术的首选。其中 Turbo 码在信噪比较低的高噪声环境下性能优越,而且具有很强的抗衰弱、抗干扰能力,性能优于其他各种编码方式。而 LDPC 码的描述简单,具有较大的灵活性和较低的差错平底特性(error floors),当码长足够长时具有比 Turbo 码更为良好的性能,译码复杂度低于 Turbo 码,且可实现完全的并行操作,硬件复杂度低,因而适合硬件实现;吞吐量大,极具高速译码潜力。

表 2.13 适合星间链路的信道纠错码的性能比较

信道 性能	RS + CC	TCM + 8PSK	Turbo 码	LDPC 码
编码增益/10^{-5}	7.2	7	8.1	7.9
信道开销/dB	3.58	0	3	3
纠错能力	较强	较强	接近香农极限	接近香农极限
应用情况	应用广泛	应用少	应用较少	应用少
误码平底效应	无	无	有	低
译码时延	毫秒量级	毫秒量级	几百毫秒	毫秒量级
实现复杂度	最低	低	高	较高

2.3.3.2 LDPC 码的构造和编码

LDPC 码是一类特殊的线性分组码,可以通过具有如下结构特性的奇偶校验矩

阵 H 的零空间定义:①每行有 ρ 个 1;②每列有 λ 个 1;③任意两行或两列相同位置为 1 的个数最多为 1;④ρ 和 λ 相对于校验矩阵 H 的列和行都很小。因为 ρ 和 λ 都很小,校验矩阵 H 中 1 的密度很小,是一个稀疏矩阵,所以这种通过校验矩阵 H 定义的码才具有低复杂度、高性能的优异表现,称为低密度奇偶校验码。上述定义给出的 LDPC 码称为规则 LDPC 码,如果校验矩阵 H 中所有行或所有列中 1 的数目不相等,则构成非规则 LDPC 码。

如果校验矩阵是一个 $m \times n$ 的矩阵,并且是满秩的,则构成的码是 (n,k) 线性分组码,其中 $k = n - m$。码率为

$$r = \frac{k}{n} = 1 - \frac{m}{n} \tag{2.33}$$

如果矩阵 H 是非满秩的,则 $k > n - m$,且

$$r > 1 - \frac{m}{n} \tag{2.34}$$

除了用校验矩阵表示 LDPC 码以外,还可以用 Tanner 图对 LDPC 码进行描述。Tanner 图是 Tanner 提出的一种二分图,为研究和理解 LDPC 码提供了很大的帮助,可以形象刻画 LDPC 码的编译码特性。

Tanner 图由两类节点以及节点之间的边组成,与校验矩阵是一一对应的。对于维数为 $m \times n$ 的校验矩阵,变量节点 V_j 对应校验矩阵的列,共有 n 个,校验节点 C_i 对应校验矩阵的行,共有 m 个。Tanner 图的边仅存在于两类不同的节点间。如果校验矩阵的第 i 行第 j 列元素是非零的,则 Tanner 图的第 i 个校验节点与第 j 个变量节点之间存在一条边相连,即 $h_{ij} = 1$ 时,节点 C_i 和 V_j 之间有一条边相连。与节点相连的边的数目称为节点的度,从某个节点出发又回到此节点为一个循环,所经过的边的条数称为循环长度,整个 Tanner 图中最短循环的长度称为图的 girth。图 2.22 给出 4×8 Tanner 图。其 LDPC 校验矩阵及校验方程见式(2.35)。图中有 8 个变量节点,4 个校验节点,每个变量节点都有 2 条边,每个校验节点都有 3 条边,图中粗线所示给出长度为 8 的循环。

$$H = \begin{bmatrix} 1 & 1 & 1 & 0 & 0 & 0 & 0 & 0 \\ 0 & 0 & 0 & 1 & 1 & 1 & 0 & 0 \\ 1 & 0 & 0 & 1 & 0 & 0 & 1 & 0 \\ 0 & 1 & 0 & 0 & 1 & 0 & 0 & 1 \end{bmatrix}, \begin{cases} V_1 + V_2 + V_3 = 0 \\ V_4 + V_5 + V_6 = 0 \\ V_1 + V_4 + V_7 = 0 \\ V_2 + V_5 + V_8 = 0 \end{cases} \tag{2.35}$$

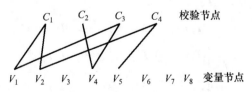

图 2.22 LDPC 码 Tanner 图

LDPC 码的 girth 和度数分布是影响码性能的重要参数。LDPC 码的译码信息在变量节点和校验节点之间传递,Tanner 图中的 girth 决定了节点传出的消息又回到它本身所需的最小迭代次数,短的循环会使节点间传递的外部信息独立性减小,因此 Tanner 图的 girth 越大,码的性能越好。考虑度数分布时,要对变量节点和校验节点分别讨论。变量节点的度数越大,与之相连的校验节点越多,就可以得到更多的置信信息,可以更加准确地判断它的正确值;校验节点的度数越小,与之相连的变量节点越少,它给相邻变量节点提供的消息置信水平就越高。所以变量节点的度数越大越好,校验节点的度数越小越好。然而变量节点和校验节点有相同的边数,面对这种矛盾,非规则码可以更好地实现折中,因此与规则码相比通常具有更好的性能。

LDPC 码的构造实际上就是寻找具有好的性能的稀疏校验矩阵,主要有两种方法:一种是基于特定的设计方法和其 Tanner 图的结构特性的要求(围长和度分布等),通过计算机搜索得到随机码;另一种是基于图论、有限几何、代数方法和组合方法构造结构码。尽管随机构造法可以构成高 girth,性能优越,码长、码率灵活的 LDPC 码,但由于随机构造 LDPC 码最小距离跟码长基本呈线性关系,LDPC 码性能的优越性体现在长码上。因此这种随机构造的码长较长的 LDPC 码的生成矩阵和校验矩阵呈无规则性,会导致矩阵存储空间巨大、编译码过于复杂而难以硬件实现的问题。

准循环(QC)LDPC 码,简称 QC-LDPC 码,属于结构码,可以有效克服上述缺点。QC-LDPC 码的校验矩阵具有非常强的规律性,在硬件实现时可以节省大量的存储空间,并且可以通过简单的移位寄存器进行编码,其复杂度与生成矩阵呈线性关系,通过巧妙的构造可以使其具有和随机 LDPC 码相媲美的纠错性能。因此 QC-LDPC 码被普遍认为是 LDPC 码在实际应用领域的最佳选择。基于循环置换矩阵的 QC-LDPC 码构造方法主要是对循环置换矩阵进行排列组合得到满足一定要求的校验矩阵,从而构造出具有优良性能的 QC-LDPC 码。置换矩阵即行重和列重均为 1 的方阵,如果置换矩阵是循环的,则称为循环置换矩阵。单位阵就是一种循环置换矩阵。一个规则的 (J,L) LDPC 码即表示其校验矩阵的行重为 L,列重为 J。对于一个码长为 $N=Ln$ 的 (J,L) 规则 LDPC 码,可以由 $J\times L$ 个大小为 $n\times n$ 的循环置换矩阵,通过堆积得到。

对于码长为 N 的 QC-LDPC 码,可以令 $n=512, L=N/n, J=L/2$。首先在 1~511 之间随机选取数值,构造一个 $J\times L$ 的循环移位矩阵 P,然后根据定理判断该循环移位矩阵中是否存在 girth 为 J 的环,如果存在,则重新生成 P,否则继续判断是否存在 girth 为 6 的环,如果不存在,则将 P 中的每个元素扩展为 512×512 的循环置换矩阵,从而得到想要的校验矩阵 H。

$$H = \begin{bmatrix} I(p_{1,1}) & I(p_{1,2}) & \cdots & I(p_{1,8}) \\ I(p_{2,1}) & I(p_{2,2}) & \cdots & I(p_{2,8}) \\ \vdots & \vdots & & \vdots \\ I(p_{4,1}) & I(p_{4,2}) & \cdots & I(p_{4,8}) \end{bmatrix} \quad (2.36)$$

对 H 进行掩模操作,得到满秩校验矩阵 M,其中掩模矩阵为

$$D = \begin{bmatrix} 1 & 1 & 0 & 1 & 1 & 0 & 1 & 1 \\ 1 & 1 & 1 & 0 & 1 & 1 & 0 & 1 \\ 0 & 1 & 1 & 1 & 1 & 1 & 1 & 0 \\ 1 & 0 & 1 & 1 & 0 & 1 & 1 & 1 \end{bmatrix} \quad (2.37)$$

掩模后的校验矩阵为

$$M = D \otimes H =$$

$$\begin{bmatrix} I(p_{1,1}) & I(p_{1,2}) & 0 & I(p_{1,4}) & I(p_{1,5}) & 0 & I(p_{1,7}) & I(p_{1,8}) \\ I(p_{2,1}) & I(p_{2,2}) & I(p_{2,3}) & 0 & I(p_{2,5}) & I(p_{2,6}) & 0 & I(p_{2,8}) \\ 0 & I(p_{3,2}) & I(p_{3,3}) & I(p_{3,4}) & I(p_{3,5}) & I(p_{3,6}) & I(p_{3,7}) & 0 \\ I(p_{4,1}) & 0 & I(p_{4,3}) & I(p_{4,4}) & 0 & I(p_{4,6}) & I(p_{4,7}) & I(p_{4,8}) \end{bmatrix}$$

$$(2.38)$$

因此 H 是一个规则校验矩阵。通过校验矩阵求出其对应的生成矩阵,就可以进行编码。

QC-LDPC 码的校验矩阵具有准循环结构,其生成矩阵也具有一定的规律性,因此编码更加简单,在硬件实现时可以通过简单的移位寄存器实现。本节给出 QC-LDPC 码校验矩阵满秩时生成矩阵的计算,校验矩阵不满秩时计算会更加复杂,可先将其转化为满秩形式再编码。

设校验矩阵为 H_{qc},其中存在一个满秩的子矩阵 D,如下式:

$$H_{qc} = \begin{bmatrix} A_{1,1} & A_{1,2} & \cdots & A_{1,t} \\ A_{2,1} & A_{2,2} & \cdots & A_{2,t} \\ \vdots & \vdots & & \vdots \\ A_{c,1} & A_{c,2} & \cdots & A_{c,t} \end{bmatrix}, \quad D = \begin{bmatrix} A_{1,t-c+1} & A_{1,t-c+2} & \cdots & A_{1,t} \\ A_{2,t-c+1} & A_{2,t-c+2} & \cdots & A_{2,t} \\ \vdots & \vdots & & \vdots \\ A_{c,t-c+1} & A_{c,t-c+2} & \cdots & A_{c,t} \end{bmatrix} \quad (2.39)$$

对应的生成矩阵具有式(2.40)所示形式,其中 I 是 $b \times b$ 的单位阵,0 是 $b \times b$ 的全零方阵,$G_{i,j}$ 是 b 维的循环方阵。

$$G_{qc} = \begin{bmatrix} G_1 \\ G_2 \\ \vdots \\ G_{t-c} \end{bmatrix} = \begin{bmatrix} I & 0 & \cdots & 0 & G_{1,1} & G_{1,2} & \cdots & G_{1,c} \\ 0 & I & \cdots & 0 & G_{2,1} & G_{2,2} & \cdots & G_{2,c} \\ \vdots & \vdots & & \vdots & \vdots & \vdots & & \vdots \\ 0 & 0 & \cdots & I & G_{t-c,1} & G_{t-c,2} & \cdots & G_{t-c,c} \end{bmatrix} \quad (2.40)$$

定义 $u = (1 \ 0 \ 0 \ \cdots \ 0)$,$0 = (0 \ 0 \ 0 \ \cdots)$ 都是长度为 b 的矢量,$g_{i,j}$ 是循环方阵 $G_{i,j}$ 的第一行,则 G_i 的第一行可以记为

$$g_i = (0, \cdots, 0, u, 0, \cdots, g_{i,1}, g_{i,2}, \cdots, g_{i,c}) \quad (2.41)$$

式中:u 代表 G_i 中单位阵的第一行,因此位于 g_i 的第 i 个位置上。

由 $HG^T = 0$,可以得出 $H_{qc}g_i^T = 0$,令

$$S_i = (g_{i,1}, g_{i,2}, \cdots, g_{i,c}), \quad H_{qc} = [N_1, \cdots, N_{i-1} \mid N_i \mid N_{i+1}, \cdots, N_{t-c}, D] \quad (2.42)$$

式中

$$N_i = \begin{bmatrix} A_{1,i} \\ A_{2,i} \\ \vdots \\ A_{c,i} \end{bmatrix} \quad (2.43)$$

则经过代换后

$$[N_1, \cdots, N_{i-1} \mid N_i \mid N_{i+1}, \cdots, N_{t-c}, D] \cdot \begin{bmatrix} \mathbf{0}^T \\ \vdots \\ \mathbf{0}^T \\ u^T \\ \mathbf{0}^T \\ \vdots \\ \mathbf{0}^T \\ s_i^T \end{bmatrix} = N_i u^T + D s_i^T = 0 \quad (2.44)$$

D 是满秩的,存在逆矩阵,根据式(2.40)可求得

$$s_i^T = D^{-1} N_i u^T \quad (2.45)$$

对于 $i = 1, 2, \cdots, t-c$ 求出所有的 $\{s_i\}$,也就确定了 $g_{i,j}$,由 $g_{i,j}$ 通过循环移位得到 $G_{i,j}$,最终可求得生成矩阵 G_{qc}。需要注意的是,以上涉及的所有矩阵运算都是基于 GF(2) 上的运算。

2.3.3.3 LDPC 码的译码算法

LDPC 码有多种译码方法,本质上大都是基于 Tanner 图的消息传递译码算法。根据消息迭代过程中传递消息的不同形式,可以将其分为硬判决译码和软判决译码。如果在译码过程中传递的消息是比特值,则称为硬判决译码,主要的硬判决译码算法有比特翻转算法,加权比特翻转算法;如果在译码过程中传递的是与后验概率相关的消息,称为软判决译码,主要的软判决译码算法有置信传播(BP)算法,最小和算法、归一化最小和算法等。

置信传播(BP)算法,又称和积算法,是一种基于 Tanner 图的进行似然比概率传递的消息传递(Message-passing)译码算法,其核心是每个码元的概率信息在比特节点和校验节点之间不断传递更新。Tanner 图中的每个节点都可以认为是信息处理器,首先从相邻的节点(Tanner 图中与之相连的节点)接收似然比概率信息,进行处理后再传回相邻的节点。

BP译码算法的这种消息传递迭代的思想,是译码器获得优秀性能的保证。当通过解调得到码字中某一个码元的似然信息后,由该码元所在的校验方程来确定该似然比的可靠程度。校验方程在确定可靠程度的时候,又同时参照了该方程中其他码元的似然概率。这样每个码元的译码过程就充分利用了整个码字内的其他码元的信息。

为了便于算法描述定义以下变量:

N:QC-LDPC码分组长度。

$c = (c_1, c_2, \cdots, c_N)$:发送的QC-LDPC分组码字。

$x = (x_1, x_2, \cdots, x_N)$:发送信息序列,$x_i = 1 - 2 \times c_i$(BPSK调制)。

$y = (y_1, y_2, \cdots, y_N)$:接收信号,$y = x + n$,在AWGN信道中$n \in (0, \sigma^2)$。

$N_{V(i)}$:第i个变量节点相连的所有检验节点的集合,即校验矩阵第i列中1的位置的集合。

$N_{V(i) \setminus j}$:第i个变量节点相连的所有检验节点,即$N_{V(i)}$中除去检验节点j后的检验节点的集合。

$N_{V(j)}$:第j个校验节点相连的所有变量节点的集合,即校验矩阵第j行中1的位置的集合。

$N_{V(j) \setminus i}$:第j个校验节点相连的所有变量节点,即$N_c(j)$中除去变量节点i后的变量节点的集合。

$L(c_i)$:第i个比特的输入信息初始化对数似然比。

$L(Q_{i,j})$:从第i个变量节点传递到第j个校验节点的对数似然比信息。

$L(R_{i,j})$:从第j个校验节点传递到第i个变量节点的对数似然比信息。

定义了上述变量后,BP算法译码过程描述如下:

(1) 初始化:

对所有的i和$j \in N_{V(j)}$,$L(Q_{i,j})$初始化为

$$L(Q_{ij}) = L(c_i) = 2y_i/\sigma^2 \tag{2.46}$$

初始化对应的Tanner图中消息传递过程如图2.23所示。

(2) 迭代过程:

① 校验节点更新。对每个校验节点j以及与之相连的所有变量节点$N_c(j)$进行如下运算:

$$L(R_{ji}) = 2\text{artanh}\left[\prod_{i' \in N_c(j) \setminus i} \tanh\left(\frac{L(Q_{i'j})}{2}\right)\right] \tag{2.47}$$

式(2.43)中仍然存在着大量的乘法运算,不利于硬件实现。为了解决这一问题,将$L(Q_{i',j})$表示成符号和绝对值幅度两部分:

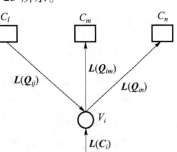

图2.23 初始化消息传递过程

$$L(\boldsymbol{Q}_{i'j}) = \text{sign}(L(\boldsymbol{Q}_{i'j})) |L(\boldsymbol{Q}_{i'j})| \qquad (2.48)$$

则式(2.47)可以改写为

$$L(R_{ji}) = \left[\prod_{i' \in N_c(j) \backslash i} \text{sign}(L(\boldsymbol{Q}_{i'j}))\right] \times \left[2\text{artanh}\left(\prod_{i' \in N_c(j) \backslash i} \tanh\left(\frac{1}{2}|L(\boldsymbol{Q}_{i'j})|\right)\right)\right] =$$

$$\left[\prod_{i' \in N_c(j) \backslash i} \text{sign}(L(\boldsymbol{Q}_{i'j}))\right] \times 2\text{artanhln}^{-1}\left[\sum_{i' \in N_c(j) \backslash i} \text{lntanh}\left(\frac{1}{2}|L(\boldsymbol{Q}_{i'j})|\right)\right] =$$

$$\left[\prod_{i' \in N_c(j) \backslash i} \text{sign}(L(\boldsymbol{Q}_{i'j}))\right] \times f\left[\sum_{i' \in N_c(j) \backslash i} f(|L(\boldsymbol{Q}_{i'j})|)\right] \qquad (2.49)$$

式中

$$f(x) = -\ln \tanh\left(\frac{x}{2}\right) = \ln\left(\frac{e^x + 1}{e^x - 1}\right) \qquad (2.50)$$

这一更新过程对应着 Tanner 图中消息传递过程,如图 2.24 所示。

② 变量节点更新。对每个变量节点 i 以及与之相连的所有校验节点 $N_{V(i)}$ 进行如下运算:

$$L(\boldsymbol{Q}_{ij}) = L(c_i) + \sum_{j' \in N_v(i) \backslash j} L(R_{j'i}) \qquad (2.51)$$

变量节点更新的消息传递过程如图 2.25 所示。

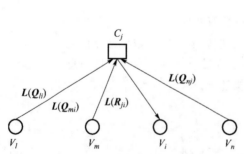

图 2.24 变量节点更新消息传递过程

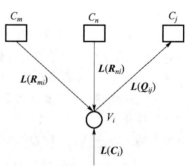

图 2.25 校验节点更新消息传递过程

(3) 计算伪后验概率 $L(\boldsymbol{Q}_i)$:

$$L(\boldsymbol{Q}_i) = L(c_i) + \sum_{j \in N_v(i)} L(R_{ji}) \qquad (2.52)$$

伪后验概率对数似然比 $L(\boldsymbol{Q}_i)$ 更新消息传递过程如图 2.26 所示。

(4) 尝试译码判决:

对码字中的每一位进行硬判决:

$$\hat{c}_i = \begin{cases} 1 & L(\boldsymbol{Q}_i) < 0 \\ 0 & \text{其他} \end{cases} \qquad (2.53)$$

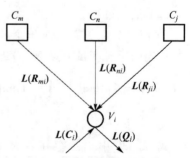

图 2.26 伪后验概率对数似然比 $L(\boldsymbol{Q}_i)$ 更新消息传递过程

在所有比特都译出时,得到译码码字 $\hat{c} = [\hat{c}_1, \hat{c}_2, \cdots, \hat{c}_N]$。然后计算 $\hat{c}H^T$ 是否为零矢量。如果是,则本次译码结束;若不是,则返回步骤(2),继续进行迭代过程,直至得到可用码字或达到最大迭代次数。

下面给出前边通过循环置换矩阵构造两种方法得到的 QC-LDPC 码在 BPSK 调制下,经过 AWGN 信道,采用对数域 BP 译码算法,译码最大迭代次数为 30 的误码率曲线。QC-LDPC 码误码率如图 2.27 所示,从图中可以看到 QC-LDPC 码在译码过程中量化和未量化的性能曲线非常接近,随着信噪比的增加,误码率迅速降低,具有陡降趋势。这说明选用的量化方案具有很好的性能,但是量化后对性能还是有一定影响,即当信噪比大于 2.2dB 后随着信噪比的进一步增加误码率下降变缓,错误平层可能会提高。

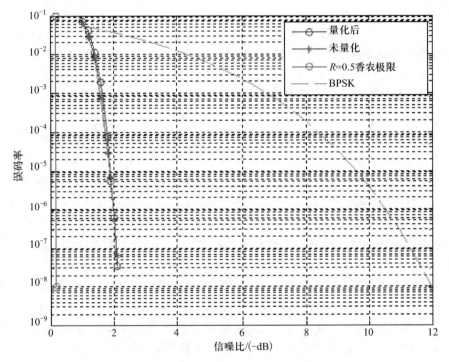

图 2.27 循环置换矩阵构造的 QC-LDPC 性能曲线(见彩图)

2.3.4 星间链路接入控制

导航星座的星间链路组网是一类极为复杂的卫星网络,导航卫星为中高轨卫星,数量多,需要多批次经历数年才能发射构建完成,在组网过程中还可能因各种主客观原因偏离原有发射计划和星座构型,同时卫星本身体积大,复杂度、精密度都很高,这是一般低轨小型卫星组网不可比拟的难度。导航星座的卫星本质上是对等的,这是由导航卫星提供的功能所决定的,因此导航星座星间链路网络具有典型的扁平化、无中心的特征,导航星间链路网络是一个具有较大数量对等节点的无线网络。以上特征要求：第一，星间链路体制对于构建星间网络要具有高度的灵活性和适应性，在星间链路系统体制设计上就必须可以保证这一点，而不是根据将来出现的不同情况再进行修补甚至出现与设计预期严重不符的情况，导致导航卫星星座系统建设这样一个耗资巨大的庞大工程出现颠覆性问题，这是绝不允许的。第二，导航星座的星间链路是一个特殊的无线链路，不是普通的无线通信网，也不是一般的点点之间无线测量链。导航星座星间链路既要完成高精度测量，也要承载一定速率的通信功能，它要完成的测量通信功能都有其特殊性。对于测量而言其测量不是单点对单点，而是在时间约束条件下的多点对多点测量；通信功能并不是完成常规网络所要求的点点连通，而是主要用来建立境内站—境内星—境外星联系的，其中境内站与境内星链路是传统的星地链路，因此对于星间链路而言需要考虑如何实现境内星—境外星的链路关系。

基于上述在星座组网、无线链路两个大方面的考虑和目标，在设计星间链路体制时需要综合考虑多址、频率、组网等多类问题，多址方式可以分为 TDMA(时分多址)/SDMA(空分多址)/CDMA(码分多址)/FDMA(频分多址)。各种多址方式可以共用，例如时分信号可以采用 CDMA 或 FDMA 的体制，同样空分信息也可以采用扩频或者跳频的工作体制。

对于 Ka 频段，由于波束较窄，主要采用空分多址在卫星之间建立链路。在具体建链方式上，主要有时分体制和连续体制两种。时分体制采用单一频点，以时分多址在卫星间建立时变链路，单条链路上采用时分复用半双工的方式实现双向测量及数据传输。连续体制，采用两个频点，以连续连接的方式在卫星间建立固定链路，单条链路上两个频点收发配对，以双工工作方式，分别用来进行实现双向测量及数据传输[7]。

时分空分体制星间链路接入控制具有并发、空分、时分双工等特点。并发是对全星座而言同时存在多条链路，这样可以有效缩短测量周期，构建近实时网络。空分是用指向性天线形成窄波束切换指向来实现对整个空域的复用，提高了链路增益和抗干扰能力。时分有两层含义：一是对单条链路而言以 TDMA 半双工方式对同一频点同一条链路的复用，这样既实现了双向通信测量，又有效避免了前面所提的反射面天线系统设计矛盾；二是通过时分方式来实现与多颗卫星的测量通信。

TDMA 技术可以突破 FDMA 技术的瓶颈限制，其上下行工作于同一频段，不需要大段的连续对称频段，系统频谱利用率高，可以灵活实现上下行不对称业务；时分空分体制星间链路接入控制体制综合了 TDMA、CDMA、定向天线等领域的技术优势，在测量性能、系统容量、频谱利用率和抗干扰能力方面具有突出的优势。

时分空分体制星间链路接入控制体制在任意可视的 GEO-MEO 之间、IGSO-MEO 之间、MEO-MEO 之间同时建立多条点对点的单频时分双向无线测量通信链路，实现星间高精度双单向伪距测量以及高速时分双工数据传输，从而为 GEO/IGSO/MEO 精密定轨、时间同步和自主运行提供高精度的观测数据和数据交换通道。同时利用指向性天线高度灵活的指向特性，分配相应的时间间隙，建立 GEO、IGSO、MEO 的对地测量和通信链路,为导航系统提供一个优良的物理通道,实现星地星间一体化的运行控制管理模式。图 2.28 为时分空分体制星间链路多址方式示意图。

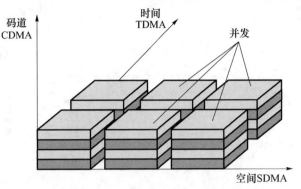

图 2.28　时分空分体制星间链路多址方式示意图

时分空分体制星间链路接入控制体制中,采用时分复用的半双工方式,通过收发分时工作完成两颗星之间的相互观测和数据交换,因而只需单个频点即可完成全星座的组网,提高了星间链路的频谱资源的利用率和组网灵活性。由于采用单一频点,不需要进行复杂且灵活性差的频率配对设计,所有导航卫星上配置完全一致的星间链路载荷设备,不同星间链路载荷设备之间具备天然的可互换性,这是实现扁平组网的重要基础,同时降低了星间链路载荷设备设计和实现的复杂度,获得更大的可靠性和工程可实现性。

时分空分体制星间链路接入控制体制如图 2.29 所示。星座的整个运行时间被划分为若干个时隙,单颗卫星在不同时隙内有选择地完成对其所有可见星的观测任务,获得对多颗星的观测数据,以支持定轨和时间同步处理。对于测量而言,在每个测量子帧内都进行至少一次采样,从而每个单向建链过程中都能够获得对单条链路的充分有效的观测数据;对于通信而言,各种不同业务类型的数据可以安排在不同的通信子帧内进行传输,每个子帧作为信息数据传输的最小单位,可以实现传输资源的灵活调配,保证了时分多址星间链路体制星间链路具备同时混合传输各类信息数据能力。

时分空分星间链路接入控制体制中采用窄波束天线建立指向性链路,因而对于全星座而言,在任意时隙内均有多条点对点链路同时存在,这样可以有效缩短测量周期,构建近实时网络。具备对多条链路的观测能力以获得充分有效的星间测量数据是导航系统对星间链路的最基本要求,使用窄波束天线是星间链路发展的必然趋势,也是提高信道增益、提高测量精度和增强系统抗干扰能力的有效手段。为了在较短时间内切换天线波束指向,完成单颗卫星对多条链路的观测任务,要求星间链路天线具备一定的捷变指向能力。

利用测量精度高、波束捷变灵活快速指向调整的特性,在任意可视的 GEO-MEO 之间、IGSO-MEO 之间、MEO-MEO 之间同时建立多条点对点的时分双向测量数传链

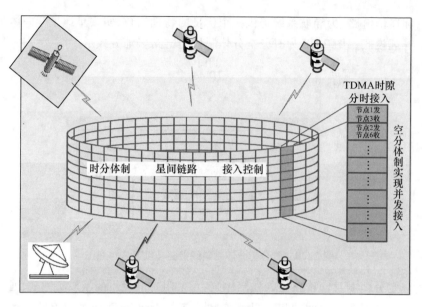

图 2.29 时分空分体制星间链路接入控制体制

路,从而完成精密定轨、时间同步和自主导航所需的测量和数据传输。

2.3.5 网络路由与传输控制

依据灵活、可重构与模块化准则,针对导航卫星星座的实际需求,在网络层路由机制设计上,设计了一种简洁高效、可灵活配置的动态自主可扩展路由机制。这一自主可扩展路由机制是一种以固定路由转发表周期性切换的基本路由机制为基础,以动态路由与自主路由有机结合、互为补充为特色的灵活自主、可扩展设计方案。

基本路由机制主要适用于星座网络按预定设计正常运行时的情形。在基本路由机制中,根据时变网络拓扑结构的周期性变化,预先计算出已知的固定种类拓扑对应的路由转发表存放在星座卫星上,并依据拓扑结构的周期性变化、每隔固定时间间隔切换路由转发表。在具体实现上,分为预先计算、事先部署、动态切换三个阶段:在预先计算阶段,将根据路由策略,在地面对按照固定时间间隔对应的正常网络拓扑分别计算路由转发表,并将这些拓扑下的对应的所有路由转发表分别装入对应的卫星节点;在事先部署阶段,每个卫星在太空中根据当前时刻对应的网络拓扑使用对应的路由转发表作为路由控制;在动态切换阶段,在每隔固定时间间隔后,鉴于网络拓扑由于卫星运动发生预计的变化,选用下一拓扑结构对应的网络转发表作为本时刻的路由转发表。

基本路由机制的优点在于简单实用、易于管理与维护,缺点是在设计上过于理想,仅能在星座网络按照理想轨道运转下运行,不支持对网络异常的快速处理。从网络整体设计上看,这种路由机制静态僵化,无法及时有效地应对网络故障带来的拓扑变迁,甚至可能在网络故障后导致导航星座较长时间内无法提供服务,使得导航等关键性服务中断；而从为导航星座上层业务流提供服务的角度上看，网络功能过于单一，无法对上层业务流提供应有的服务质量。

动态路由是一种弥补基本路由机制缺陷的网络拓扑动态性管理机制，主要用于为应对网络拓扑的异常变化提供一种可行的解决方法。当星间链路出现故障时，在地面自动管理下，重新计算路由，动态更新星上路由转发表。当发现网络拓扑异常变化时，通知地面系统，地面系统根据拓扑变化重新计算相关卫星的路由转发表，而后，通过星地链路、星间链路更新相关卫星路由转发表。

动态路由机制的优点在于复杂度较低，能在一定程度上满足网络拓扑动态变化的需要，而其主要缺点在于对网络拓扑异常变化反应不够迅速，尤其是在实际操作过程中，出于保护导航星座稳定可靠运行的考虑，往往需要反复模拟推演，从而导致服务异常中断较长的时间。此外，动态路由机制需要对底层拓扑具备基本的感知能力，对这一感知能力的支持也需要开发新型的感知协议，将带来一定的开销。

与上述两种机制相比，自主路由则是一种更为先进的路由计算机制。自主路由算法主要致力于解决上述两类机制中普遍存在的容错及实时性能较差以及由此引发的导航星座服务中断问题，其核心在于通过星上路由计算，自主更新路由转发表来适应网络拓扑变化。与基本路由机制、动态路由机制这两类完全依赖于地面计算的方法相比，自主路由算法是一种能更加有效利用星上计算能力的解决思路：依赖于底层的感知能力，实时或近实时地获取链路的通断及对应节点的工作状况，使得网络中邻近节点能实时获取一定范围内的拓扑子视图，并依据这一视图，按照预先定义的策略及算法，在星上计算对应的优化路径。通过星上实时自主计算，自主路由算法将传统地面集中计算转换为分布式星上路由算法，尤其是在星座网络差错情况下，能对依赖于地面计算的机制提供有效补充。

自主路由机制以较小的代价换来导航星座实时容错及不间断服务能力的有效提升：一方面在星座节点或链路发生故障时能快速做出反应，并实时进行路由响应，依据新的网络状况进行优化传输；另一方面，能较好地避免服务中断，具有非常显著的优点。同时，自主路由机制可以仅用于导航星座节点及链路错误及初步恢复间断，从而成为地面计算机制的有效补充。因此，以自主路由为代表的新型星座控制机制将成为今后星座网络路由机制发展的必然趋势。

基本路由机制、动态路由机制、自主路由机制三种机制互不冲突，且可以依据实际情况进行有机组合，构成了一套灵活、可重构的完整路由机制。

动态自主可扩展路由机制构建于固定路由转发表周期性切换的基本路由机制基础之上，以动态路由机制与自主路由机制相互结合、互为补充，形成了一套简洁高效、可灵活配置的完整解决方案。在实际应用中，可以依据星座网络的实际情况，对这一机制进行灵活配置。

秉承模块化和结构化的原则，在传输层设计中，立足空间链路延迟长、误码率高和网络拓扑动态性强的特点，有针对性地实现网络编码、多路传输、虚拟信道和服务质量保证等具备不同优点的可靠性和实时性保障机制,由端节点根据特定的业务类型对传输延时、可靠程度、实时性等方面的差异化要求动态组合选用,通过多种机制间的协同工作满足上层业务的传输需求。

1）网络编码机制

网络编码技术是近年来网络通信领域的重大突破,其基本思想是网络节点不仅参与数据转发,还参与数据处理,从而大幅提高网络性能。

网络纠删编码是一种可以在不需要接收端反馈的条件下实现可靠传输的技术。网络纠删编码的核心思路如下:将应用原始数据切分成 n 份,然后通过网络纠删编码算法得到 m 份($m>n$)用于实际传输,接收端只要接收到任意 n 份经过编码的数据,不管所接收到数据的顺序如何,都可以成功还原出原始数据,从而实现可靠传输。在星座网络中,考虑到实现的复杂性和代价,研究次优的网络纠删编码,使得接收节点只要接收到略大于原始数据量的实际传输数据,即可还原出原始数据,在可靠性和开销方面取得较好的平衡。

2）多路径传输机制

因导航星座节点数量上限确定,且运行轨道受控,根据卫星的运行周期可以事先计算出整个星座的网络拓扑图,进而根据拓扑图可以计算出源节点和目的节点之间的多条传输路径。在数据传输过程中,根据所传输数据的可靠性需求,有针对性地研究多路径路由技术,进行合适的路由决策,通过源和目的节点之间的不同路径并发传输,充分利用网络可能的传输机会,在某条路径发生故障的情况下确保接收方能够正确接收,提高信息传输的可靠性。

3）确认应答机制

传输层确认应答机制是在发送和接收节点之间实现可靠性的重要手段之一,在多种不同的网络中得到广泛应用。由接收节点周期性地显式发送确认消息,可以确保数据的正确和完整接收。

在点到点确认应答机制下,接收端采用选择应答和丢弃应答技术,能够有选择地指示哪个数据信息没有收到从而保证了接收方能较精确地重传遗漏的分组,有效地降低不必要的重传,同时采用面向单向翻转链路的应答聚合和应答延迟技术,将包含报文接收状况反馈的应答消息进行聚合,在完成一定量数据的传输后才对因受到误码或丢包影响没有正确接收的报文进行必要的集中式应答,提示发送方进行重传。

端到端应答在通信两端的实体之间进行,由信息的最终接收节点向源节点发送确认应答的机制,传输路径上的中间节点不负责确认,只负责转发,与互联网等传统网络类似。与点到点确认应答相比,在端到端确认应答机制下,中间节点无需存储转发的报文,同时整个通信过程中需要发送的应答报文更少,同样可以保证可靠性。

4）虚拟信道机制

在星座节点上,通过虚拟信道机制实现区分服务质量的传输服务,虚拟信道在网络中所有节点上实现,采用全网一致的策略,不同的虚拟信道可以提供不同等级的服务质量。网络节点通过维护不同的报文发送队列实现单一信道上多个虚拟信道的承载,不同的虚拟信道分配不同比例的信道资源,对应不同的发送队列,报文发送队列按照优先级组织,实际发送数据时优先级高的队列中的报文先发送。虚拟信道机制提供资源预约和资源剥夺两种服务策略。

资源预约策略是指在实际提供传输服务之前,基于某种策略,源和目的节点选择具备某种优先级的虚拟信道,该虚拟信道根据在网络中的优先等级预约使用给定的信道带宽资源,并在路径中所有节点上占用一定比例的存储资源,实现资源约束下的服务质量可控的传输服务。

资源剥夺策略提供给某些优先等级特别高、需要立即得到服务的系统关键业务和数据,比如测控数据等。在资源剥夺策略下,承载了关键业务和数据的高优先级虚拟信道除了可以使用资源预约策略下所预约分配的资源,还可以根据需要有选择地剥夺低优先级虚拟信道的带宽、存储器空间等资源,确保高优先级数据对网络资源的需求。

参考文献

[1] 袁建平,罗建军,岳晓奎,等. 卫星导航原理与应用[M]. 北京:中国宇航出版社,2003.
[2] WALKER J G. Some circular orbit patterns providing continuous whole earth coverage [J]. Journal of the British Interplanetary Society, 1997, 24: 369-384.
[3] BALLARD A H. Rosette constellations of Earth satellites[J]. IEEE Transations on Aerospace and Electronis Systems, 1980, 16(5): 656-673.
[4] KAPLAN E D, HEGARTY C J. Understanding GPS: principles and applications[M]. Boston: Artech House Publisher, 2006.
[5] Navstar GPS Joint Program Office. IS-GPS-200F: navstar GPS space segment/navigation use interfaces [EB/OL]. [2006-03-07]. http://www.gps.gov/.
[6] 李献斌. 导航星座星间精密测距关键技术研究[D]. 长沙:国防科学技术大学,2015.
[7] 吴光耀. 星间链路网络高效组网与传输协议研究[D]. 长沙:国防科学技术大学,2014.
[8] ANANDA M P, BERNSTEIN H, CUNNINGHAM K E, et al. Global positioning system (GPS) autonomous navigation[C]//IEEE Position Location and Navigation Symposium, Las Vegas, 1990: 20-23.
[9] MARAL G, BOUSQUET M. Satellite communications systems: systems techniques and technology [M]. Hoboken:John Wiley & Sons Inc. , 2011.
[10] MISRA P, ENGE P. Global positioning system, signal, measurement, and performance[M]. 2nd. Lincoln(MA):Ganga-Jamuna Press, 2006.
[11] 朱俊. 基于星间链路的导航卫星轨道确定及时间同步方法研究[D]. 长沙:国防科学技术大学,2011.
[12] 刘经南,曾旭平,夏林元,等. 导航卫星自主定轨算法研究及模拟结果[J]. 武汉大学学报(信

息科学版),2004,29(12):1040-1043.

[13] BETZ J W, KOLODZIEJSKI K R. Extended theory of early-late code tracking for a bandlimited GPS receiver[J]. Journal of Institute of Navigation, 2000, 47(3): 211-226.

[14] GARDNER F M. Phaselock techniques[M]. 2nd ed. New York: John Wiley & Sons Inc., 1979.

[15] Li X, WU M P, ZHANG K D, et al. High accuracy acceleration determination by using multiple GNSS reference stations[J]. Measurement, 2013, 46: 1067-1615.

[16] KAY S M. Fundamentals of statistical signal processing: volume I: estimation theory[M]. London: Pearson Education Inc., 1998.

[17] LI W Q, YU Q, MA L X. Cellular automata-based WSN energy saving technology[J]. Advanced Materials Research, 2012,547: 1334-1339.

[18] YONG Q D, CHEN Y, YE X W. Lifetime of WSN research based on energy balance[J]. Applied Mechanics and Materials, 2013,303: 231-235.

[19] ZHENG R M. Energy-saving technologies of WSN[J]. Advanced Materials Research, 2013,605-607: 566-569.

[20] LI X B, WANG Y K, YANG J, et al. Power allocation in inter-satellite ranging measurement of navigation constellation[J]. IEEE Communications Letters, 2014, 18(5): 801-804.

第3章 导航星间链路测量原理

3.1 星间链路双向测量基本原理

星间链路是通过一个射频发射和接收设备,采用相应的频率和通信体制,实现星座卫星之间的相对测量和数据交换。星座内的相对测量过程是由一系列两个卫星之间的相对距离测量和通信过程组成的,主要是完成星间伪距和星钟时差的精密测量。高精度的星间距离和时差测量是导航星座定轨和时间同步的基础,而星间双向测量是目前最常用和精度最高的方法。

考虑两个卫星 A 和 B 之间的相对距离、相对时差测量,星间链路的信号时延示意图如图 3.1 所示。星间链路的每个卫星均包括接收和发射模块,接收和发射模块共享一个综合基带信号处理模块,接收系统还包括模数转换器(ADC)、RF 接收模块、接收天线,发射系统还包括数模转换器(DAC)、RF 发射模块、发射天线。信号从综合基带到天线,存在一个固定的延迟,同样,信号从天线到综合基带也存在延迟,这两个延迟成为测量过程中不可忽略的因素,需要通过校准或者测量方法加以修正。因此,在星间链路的信号传播中存在时间延迟项:正向路径延迟、反向路径延迟、卫星 A 发射系统的电路延迟、卫星 B 发射系统的电路延迟、卫星 A 接收系统的电路延迟和卫星 B 接收系统的电路延迟。

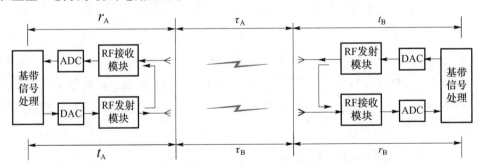

图 3.1 星间链路的信号时延示意图

基于相控阵天线指向性链路的半双工模式,结合星间链路的测量机制,这里从星间双单向测量过程推导星间双向测量公式。星间双向测量过程如图 3.2 所示。

假设卫星 A 在 t_1 时刻发出信号,该信号是经过伪码调制的扩频信号,其伪码相位携带了发送时刻 t_1 的信息。发射系统的电路延迟为 t_A,无线电的空间延迟为 τ_A,该

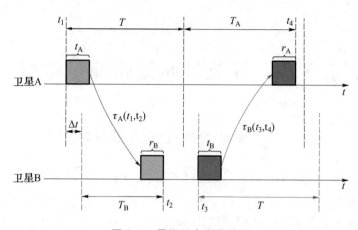

图3.2 星间双向测量过程

信号经过卫星 B 的电路处理延迟 r_B,在 t_2 时刻被检测到。由于信号在 t_1 时刻发出,在 t_2 被检测到,考虑到卫星存在相对运动,其相对距离是时间的函数,因此测量到的延迟 τ_A 是这 t_1 和 t_2 两个时刻的函数 $\tau_A(t_1,t_2)$,该延迟包括了所有空间路径上的延迟。卫星 B 基于自身的时钟测量这两个时刻的差值为 T_B。

另外,卫星 B 也在时刻 t_3 时刻发出测距信号,从而提供双向的时间和距离测量。设发射系统的电路延迟为 t_B,无线电的空间延迟为 τ_B,该信号经过卫星 A 的电路处理延迟 r_A,在 t_4 时刻被检测到。和卫星 A 同样的道理,空间延迟为 τ_B 在卫星存在运动的情况下,其延迟是时间函数 $\tau_B(t_3,t_4)$。卫星 A 测量出卫星 B 发出信号到卫星 A 接收到信号的时刻差值为 T_A。

假设两个卫星之间钟差是 Δt,根据图 3.2 中的时间关系可以得出

$$T_A = \Delta t + t_B + \tau_B(t_3,t_4) + r_A \tag{3.1}$$

$$T_B = -\Delta t + t_A + \tau_A(t_1,t_2) + r_B \tag{3.2}$$

式(3.1)和式(3.2)构成了星间链路最基本的时间差、相对距离测量关系式。根据这两个时间关系,进行必要的修正和变换,就可以得到高精度的时差和相对距离测量值,提供给星上的自主导航模块。

3.1.1 卫星间钟差的测量

时间差 Δt 是指在约定好的两个时刻,两个卫星之间发送报文的时间差,根据该差,自主导航模块可以估计出任意两个卫星的钟差。尽管两个卫星之间钟差 Δt 不是绝对钟差,但包含了两个卫星本地时钟的全部信息,根据该信息,辅助以一阶或者二阶钟差模型,经过滤波,能够准确估计出卫星在同一时刻的钟差。

将式(3.1)与式(3.2)相减,得到

$$\Delta t = \frac{1}{2}(T_A - T_B) - \left[\frac{1}{2}(t_A + r_B) - \frac{1}{2}(t_B + r_A)\right] + \frac{1}{2}[\tau_A(t_1, t_2) - \tau_B(t_3, t_4)]$$
(3.3)

式中：$\tau_A(t_1, t_2)$ 与 $\tau_B(t_3, t_4)$ 包含双向延迟的信息，因此当双向传播路径一致时，$\tau_A(t_1, t_2) - \tau_B(t_3, t_4)$ 为零，抵消了传播路径延迟的影响，使得时间同步精度得到提高。但在星间链路的两颗卫星存在相对运动时，$\tau_A(t_1, t_2) \neq \tau_B(t_3, t_4)$，该项是不能忽略的。这是因为，$\tau_A(t_1, t_2)$ 表示卫星 A 在 t_1 时刻的矢量和卫星 B 在 t_2 时刻矢量之间的距离差，$\tau_B(t_3, t_4)$ 表示卫星 B 在 t_3 时刻的矢量和卫星 A 在 t_4 时刻矢量之间的距离差。由于两个卫星均存在相对运动，这两个矢量差是随时间变化的，需要根据相对运动速度和时刻进行必要的补偿。

$[(t_A + r_B)/2 - (t_B + r_A)/2]$ 项反映的是在不考虑路径情况下，由卫星 A 到卫星 B 的信号来回时间差，即两个单向测量中电路延迟的差异，与设备零值有关。对于两个同样的设备，该值将是一个确定的小量，可以通过标定的方法完全去掉其影响。

3.1.2 卫星间距离的测量

将式(3.1)与式(3.2)相加，消除时间差 Δt，得到

$$\frac{1}{2}[\tau_A(t_1, t_2) + \tau_B(t_3, t_4)] = \frac{1}{2}(T_A + T_B) - \frac{1}{2}(t_A + t_B) - \frac{1}{2}(r_A + r_B) \quad (3.4)$$

式 (3.4) 改写为

$$\frac{1}{2}[\tau_A(t_1, t_2) + \tau_B(t_3, t_4)] = \frac{1}{2}(T_A + T_B) - \frac{1}{2}(t_A + r_A) - \frac{1}{2}(t_B + r_B) \quad (3.5)$$

可以看出，$(T_A + T_B)/2$ 是观测量，如果能够测量 $t_A + r_A$、$t_B + r_B$，也就是每个卫星自身从发射机到接收整个电路系统的延迟，则可以准确测量得出 $[\tau_A(t_1, t_2) + \tau_B(t_3, t_4)]/2$。$t_A + r_A$ 实际上是从卫星 A 的发射系统到接收系统的总的时间延迟，如果卫星 A 能够发射出测试序列，通过自身的发射机到接收机，则接收机能够测量出该延迟。存在闭环自动校准方式，也就是能够定期发射测试序列，经过自身的发射机、接收机回到基带信号处理，形成一个闭环测试，可以将在环路上的全部延迟测量出来，也就是能够通过自环方式测量出 $t_A + r_A$。星间测量系统收发信机在自校准模式下，可以方便地测量出 $t_A + r_A$ 和 $t_B + r_B$，这在硬件电路上可以方便实现。根据自校测量值 $(t_A + r_A)/2$、$(t_B + r_B)/2$ 和测量值 $(T_A + T_B)/2$，则可以得出测量值 $[\tau_A(t_1, t_2) + \tau_B(t_3, t_4)]/2$。

得出的测量值不是一个单纯的 $\tau_A(t_1, t_2)$ 或者 $\tau_B(t_3, t_4)$，而是两者之和，并且由于两者之间没有直接的关系式，因此需要结合轨道模型或相对速度估计得到星间链路的伪距。导航星座的自主定轨算法中，在已知 t_1、t_2、t_3、t_4 情况下，可以利用星载滤波器结合轨道模型计算出 $[\tau_A(t_1, t_2) + \tau_B(t_3, t_4)]/2$ 的估计值，然后与观测量比较，形成一个误差信号，再用该误差信号来修正星历参数。

3.2 星间链路测量误差分析

3.2.1 静态误差

在星间链路的双单向测量中,由图 3.1 的信号时延示意图以及双向测量公式(3.1)与式(3.2)可以看出,测量中存在收发信机的通道时延和信号的空间传播时延,以及天线相位中心误差、时钟误差和接收机测量误差均会造成星间链路的测量误差。整体上分析,通道时延误差、天线相位中心误差和接收机测量误差仅与单颗星有关,且不具有时间变化特性,认为是星间链路测量的静态误差。时钟偏差和信号的空间传播时延与时间有关,随时间的推移而不断变化,认为是星间链路测量的动态误差。本节主要研究上述三项静态误差。

3.2.1.1 通道时延误差

星间双向测量的基本公式(3.1)与式(3.2)中,$(t_A + r_B)/2$ 与 $(t_B + r_A)/2$ 反映的是收发信机的通道时延,与传播路径无关。在高精度测量之前,通过标定收发信机的处理时延,可以去除其在伪距测量中的影响。但是设备时延不是固定不变的,通道时延误差主要包括两方面:收发信机由于结构自身存在的时延不确定性和收发信机的时延随环境的变化而发生改变。

1) 结构自身存在的时延误差

根据设备时延产生特性的区别,将星间链路收发信机的设备时延分为射频通道时延和数字基带时延。下面从这两个方面分析。

射频通道时延主要包括射频滤波器的群时延、放大器时延、中频自动增益控制(AGC)时延、混频器延迟和各种线路延迟等,其影响因素比较多。射频系统一旦定型,经过固封,在结构稳定不变形的情况下,其时延非常稳定,在较短的时间内可以认为射频通道的时延基本没有变化,即射频通道的时延误差可以忽略。数字基带的时延主要包括高稳时钟抖动、数字时钟管理模块(DCM)输出时钟抖动、IO 输出时延、ADC 时钟沿抖动、DAC 时钟沿抖动、ADC 孔径时延和 DAC 输出时延等,如图 3.3 所示。

现场可编程门阵列(FPGA)把高精度时钟信号通过 DCM 进行频率综合后,经过用户可编程输入输出模块(IOB)输入到 ADC 和 DAC 的时钟脚。星载钟的短期稳定度可达 10^{-13},因此可以认为短时间内时钟抖动 $\sigma(T_{source}) = 0.1\text{ps}$。从 DCM 输出的 ADC 工作时钟本身存在沿抖动,FPGA 给出的时钟沿 1σ 抖动为 150ps。DCM 产生的时钟,需要经过 IOB 输出到 ADC,其延迟 T_{IOB} 在全温度范围内的大小在 2ns 以内,在布线完成后,其延迟的大小是恒定的。由于印制电路板(PCB)和 ADC 管脚本身存在容性,输入 ADC 的时钟必然存在时延,会引入相应的时钟沿抖动 T_{CLK},其与时钟精度有关,均值为 0,沿抖动一般在 0.3ps 内。另外,ADC 还存在孔径时延 T_{API},DAC 存在

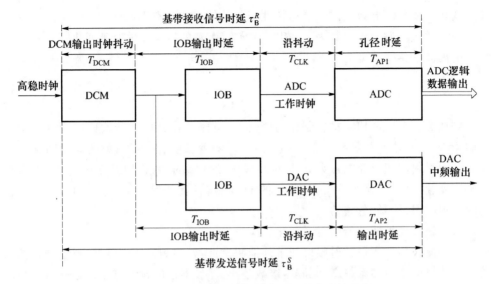

图 3.3　基带接收和发送各个环节的时延关系图

输出时延 T_{AP2}，一般高精度 DAC 与 ADC 的 $T_{AP}<10\mathrm{ns}$，抖动为皮秒(ps)级。表 3.1 列出了基带各个环节延迟分析。

表 3.1　基带各环节延迟分析

项目	符号	均值	测量 1σ
时钟抖动	T_{source}	0	0.1ps
DCM 输出时钟抖动	T_{DCM}	0	150ps
IOB 输出时延	T_{IOB}	2ns	0
时钟沿抖动	T_{CLK}	0	0.3ps
孔径时延	T_{AP1}	10ns	1ps
输出时延	T_{AP2}	10ns	1ps

因此数字基带的接收或发送时延均为

$$\tau_B = T_{source} + T_{DCM} + T_{IOB} + T_{CLK} + T_{AP} = 12\mathrm{ns} \tag{3.6}$$

其均方误差为

$$\sigma_B = \sqrt{\sigma(T_{source})^2 + \sigma(T_{DCM})^2 + \sigma(T_{IOB})^2 + \sigma(T_{CLK})^2 + \sigma(T_{AP})^2} \approx 0.15\mathrm{ns} \tag{3.7}$$

可以看出，由于结构自身存在的通道时延误差主要是基带 DCM 输出的时钟抖动误差，标准差约为 0.15ns。

2）环境变化产生的时延误差

环境变化导致零值误差的机理是当电磁波通过传输线、各种滤波器时，由于电磁波传播介质特性发生了变化，电磁波的传播速度不再是真空中的速度，而是随介质特性的变化而变化。导致电磁波延迟特性变化的情况主要有下面两种。

（1）通过相对介电常数为ε_r、相对磁导率为μ_r的传输线的时延变化：

电磁波的传播速度为

$$v = c\sqrt{\frac{1}{\mu_r \varepsilon_r}} \tag{3.8}$$

例如$\varepsilon_r = 4.7$的FR4材料制作的传输线，电磁波在其中的传输速度为真空中光速的46%。相对介电常数ε_r、相对磁导率μ_r随着温度、湿度、材料的老化情况等变化。其中材料的相对介电常数ε_r是对环境比较敏感的参数，如果变化20%，将会导致延迟变化10%。对于一段20cm长的PCB传输线，延迟变化将是0.14ns，对于精密的延迟测量是不能忽略的。

（2）通过模拟滤波器的时延变化：

模拟滤波器主要包括射频口的带外抑制滤波器、中频镜频滤波器、通道选择滤波器。滤波器的中心频率越高、滤波器级数越小，滤波器的时延就越小。通常射频滤波器的时延比较小，其延迟随温度的波动也比较小。

中频镜频滤波器的频率比较低，是滤波器时延的主要组成部分，因此主要需要关注中频滤波器的时延性能指标。70MHz的中频滤波器导致的群时延$\tau_g(\varpi)$通常可以达到50ns以上，并且滤波器级数越多，时延也越大，对元器件的参数变化也就越敏感。温度发生改变时，通常会导致滤波器的元件参数发生一定程度的改变。图3.4是一个70MHz的三阶无源中频滤波器中一个电容参数改变2%（变化6pF）的群时延变化。可以看出，滤波器的群时延发生了约2ns的变化，这种变化超过了精密对时设计指标要求。

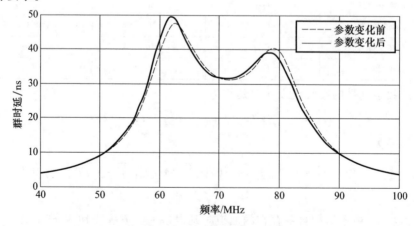

图3.4　中频滤波器群时延特性随元器件参数的变化

可以看出，通道时延误差主要是由于环境改变引起的材料传输特性改变和滤波器元器件参数改变，以此导致的传输线时延变化和滤波器群时延的变化。其中温度变化对通道时延的影响最大，文献[1]指出星载无线电跟踪测量设备的温度系数约为(100 ± 30)ps/℃,测量设备温度每升高1℃,由此带来的测量设备时延误差约为0.1ns。因此,为了保证高精度的星间时间同步,必须对星载无线电跟踪测量设备,特别是对测量天线、射频前端、中频 AGC、滤波器和放大器等进行严格的温度控制,并对测量数据进行温度补偿。

为减小通道时延的变化,可以从以下三个方面着手:一是选择对元器件参数变化不太敏感的滤波器形式;二是控制元器件参数变化范围,尽量减少元器件参数的变化;三是设计闭环自校正系统,当滤波器时延发生变化时,能够检测该变化,并在数字信号处理时补偿该值。经验表明经过特殊设计,然后精确标定或在轨测试,通道时延误差通常小于0.2ns。

3.2.1.2 天线相位中心误差

测量型天线作为高精度星间链路收发信机的重要组成部分,它的性能直接关系到星间链路的测量精度。收发信机天线相位中心既非天线几何中心,也不是一个稳定的点,而是与入射信号方向、强度、信号频率和天线形式有关。星间测量是以收发信机天线的相位中心位置为准的,而在作业时,天线的安置却是以其几何中心(标石中心)为准。观测时天线的相位中心与其几何中心并不一致,这会给测量引入误差。天线的相位中心变化是高精度测量系统中显著误差源,根据天线相位中心稳定性的好坏,这种误差为数毫米到数厘米,因此需要分析天线相位中心误差对星间精密测量的影响。

天线的相位中心是其等效辐射中心。理想天线存在唯一的相位中心,在其波束范围和扫描范围内等相面为球面,因此接收不同方向的卫星信号时不会因为天线本身产生额外的相位差而造成定位测量结果的偏差。然而绝大部分天线在整个波束空间不存在唯一的相位中心,只在主瓣某个范围内保持相对恒定。此时接收天线在接收不同方向的卫星信号时会引入额外的相位差异,导致测量结果的误差。

文献[1]为完整描述天线相位中心特性,引入平均相位中心 E、相位中心偏移(PCO)和相位中心变化(PCV)的概念,并定义天线参考点(ARP),一般为几何中心。平均相位中心的含义为:整个天线波束空间内的实际等相面如果用一个理想等相球面来拟合,拟合残差的平方和最小,则拟合球面的球心即天线的平均相位中心。平均相位中心与天线参考点的偏移称为相位中心偏移量,实际等相面与拟合球面的偏移称为相位中心变化量,如图3.5所示。

天线的相位特性可以用发射或接收信号的方位角和仰角来描述。图3.5中参考点为坐标原点,矢量 r_0 代表方位角 φ、仰角 θ 方向的单位矢量,矢量 a 表示 PCO,$\Delta\phi_{PCV}(\varphi,\theta)$ 表示方位角 φ、仰角 θ 方向的相位中心变化量,则 r_0 方向相对于参考点的径向距离变化可表示为

$$\mathrm{d}r(\varphi,\theta) = \lambda \cdot \mathrm{d}\phi(\varphi,\theta) = a \cdot r_0 + \lambda \cdot \Delta\phi_{PCV}(\varphi,\theta) \qquad (3.9)$$

式(3.9)左边是观测量,右边的 a、$\Delta\phi_{PCV}$ 可通过对实测相位方向图进行拟合的方法求出。

星间链路测量的距离是两个收发信机天线相位中心之间的空间距离,为了定量

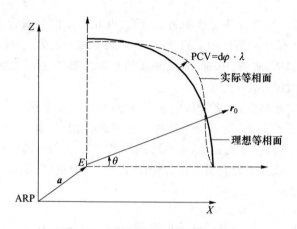

图 3.5 天线相位中心描述示意图

分析相位中心变化对测距精度的影响,建立如图 3.6 所示的示意图。

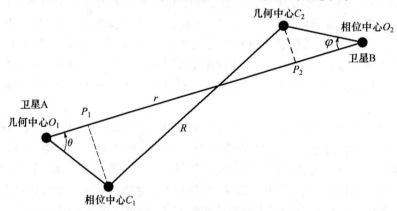

图 3.6 相位中心变化对测距精度的影响示意图

假设卫星 A 天线的几何中心为 O_1,相位中心位置为 C_1,卫星 B 天线的几何中心为 O_2,相位中心位置为 C_2。测量确定的距离是 C_1C_2 的距离 R,与两颗卫星几何中心间的真实距离 r 是存在误差的。P_1、P_2 是 C_1 和 C_2 向 r 所引的异面垂线,且 $\angle O_1O_2C_2 = \varphi$,$\angle O_2O_1C_1 = \theta$。由于 O_1C_1 和 O_2C_2 远小于 R,因此可认为 P_1P_2 等于 R,则距离观测方程为

$$r = R + O_1P_1 + O_2P_2 \tag{3.10}$$

式中:O_1P_1 与 O_2P_2 由式(3.9)可得,即

$$O_1P_1 = |\text{PCO}_1|\cos\theta + d_{\text{PCV1}} \tag{3.11}$$

$$O_2P_2 = |\text{PCO}_2|\cos\varphi + d_{\text{PCV2}} \tag{3.12}$$

则相位中心变化引起的测距误差为

$$\Delta r = r - R = |\text{PCO}_1|\cos\theta + d_{\text{PCV1}} + |\text{PCO}_2|\cos\varphi + d_{\text{PCV2}} \tag{3.13}$$

式中:第一项与第三项误差是卫星 A 和 B 天线 PCO 在信号入射或发射方向上的投影;第二项与第四项误差是由 PCV 引起的。因此,在波束扫描范围需求确定的情况下为提高测距精度,必须减小天线相位中心偏移量和天线相位中心变化。同时,如果能够测定每一个不同方位角和仰角下的天线相位,并利用星间相对位置和卫星姿态,则可以精确补偿天线相位中心偏差引起的相对距离和时间同步测量误差。

经过补偿的天线相位中心误差对星间测距的影响主要是天线相位中心的标定误差,通过暗室标定法,相位中心偏差和相位中心变化量的标定误差小于 2mm,即对精密测距和对时精度影响小于 0.01ns。

3.2.1.3 接收机测量误差

当接收信号中没有多径或其他失真,也没有干扰时,码相位测量误差主要由热噪声引起的码相位抖动和动态应力误差两部分组成。

1)热噪声引起的码相位抖动误差

由热噪声引起的码相位抖动误差均方差为

$$\sigma_{t\_DLL} = \sqrt{\frac{B_{n\_DLL}}{2C/N_0} D \left(1 + \frac{2}{(2-D)T_{coh} \cdot C/N_0}\right)} \quad (3.14)$$

式中:B_{n_DLL} 为环路噪声带宽;D 为前后相关器间隔;T_{coh} 为相干积分时间;C/N_0 为信号载噪比。假定相关器间隔 $D=1$,输入信号强度 $P=-105\mathrm{dBmW}$(星间链路正常工作时接收的信号功率),$N_0=-174\mathrm{dBmW/Hz}$,噪声系数为 5.5dB,载噪比 $C/N_0=46.5\mathrm{dBHz}$。载噪比换算为绝对值为 $10^{46.5/10}=4.47\times10^4$。在轨道阶段,环路噪声带宽取 2Hz,环路积分时间取 100μs,则 $\sigma_{t\_DLL}=2.24\times10^{-3}$ chip。设伪码码元宽度为 100ns,则由延迟锁定环(DLL)热噪声引起的伪码估计误差等价的时间为 $2.24\times10^{-3}\times100\mathrm{ns}=0.224\mathrm{ns}$。当信号功率增加时,可以进一步提高测量精度,图 3.7 是 σ_{t_DLL} 随输入信号功率大小以及环路噪声带宽的变化情况。

2)动态应力误差

对于三阶 DLL,动态应力误差(3σ 误差)由下式确定:

$$R_e = \frac{\mathrm{d}^3 R/\mathrm{d}t^3}{\omega_{DLL}^3} \quad (3.15)$$

式中:卫星间的距离 R 是时间的函数;$\mathrm{d}^3 R/\mathrm{d}t^3$ 的单位是 $\mathrm{chip/s}^3$。对于三阶 DLL,当环路的自然频率为 ω_0 时,环路对三阶以上的距离变化 $R(t)$ 为一个有差跟踪系统,其动态应力误差为 R_e。假设噪声带宽为 2Hz,相关器间距 D 为 1 个码片,对于三阶环 $\omega_{DLL}=B_n/0.7845$。如果最大星间相对加加速度应力为 $10g/s$,即 $\mathrm{d}^3 R/\mathrm{d}t^3=98\mathrm{m/s}^3$,那么最大动态应力误差 $R_e=5.917\mathrm{m}$。对于码速率为 10.23Mchip/s,$R_e=0.2\mathrm{chip}$,由于这一跟踪误差小于跟踪门限 0.5chip(即 $D/2$),因而码环能够承受 $10g/s$ 的加加速度动态应力。

由于采用了载波跟踪环路辅助码跟踪环路,因此码跟踪环路中的所有动态应力

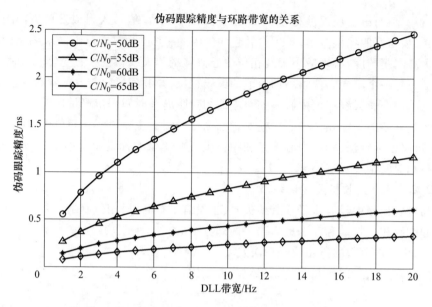

图 3.7 不同信号功率、环路噪声带宽下的 σ_{t_DLL} 估计误差

都已被消除,只要载波跟踪环路保持稳定,则码环经受的动态应力可以忽略不计,即在测量精度分析时可不包含这种效应。

综合考虑环路热噪声误差和动态误差可知,采用锁相环(PLL)辅助的 DLL 误差主要为热噪声误差,得到的伪码相位测量精度能够满足星间纳秒级时间同步的应用需求。

3.2.2 动态误差

3.2.1 节分析的静态误差不与卫星时钟漂移或相对运动等动态特性有关,因此可以通过测量和标定来减小或消除。下面的分析假设上述的静态误差已经得到校正,双向测量的公式可以简化为

$$\Delta T = \frac{1}{2}(T_A - T_B) \qquad (3.16)$$

$$\tau = \frac{1}{2}[\tau_A(t_1,t_2) + \tau_B(t_3,t_4)] = \frac{1}{2}(T_A + T_B) \qquad (3.17)$$

由于星载钟不可避免地存在频偏、频率漂移等特性,随时间的变化卫星间的钟差会发生变化,对高精度的伪距和时差测量可能存在影响。同时卫星间有较大的相对运动速度和加速度,不同时刻信号的空间传播时延不同,需要对相对运动进行预测和补偿,其误差不可忽略。由于导航星座星间链路建立的基本条件是链路高于地面 1000km,避开了电离层的影响,所以星座星间链路中不存在电离层延迟误差。主要研究时钟误差和星间多普勒动态误差两方面的误差。

3.2.2.1 时钟误差

式(3.16)与式(3.17)是在时钟同源和卫星相对静止的情况下得到的,即不考虑时钟偏差和多普勒。由于卫星的位置是随时间变化的,所以星间测距是以精密测时为基础的。卫星信号的传播时延确定后,即可得到卫星间的距离。由此可见,测距的精度与时钟钟差有着密切的关系。钟差是指时钟的时刻与标准时刻之间的时刻差,主要由三个因素决定:频率准确度、频率漂移率和频率稳定度。卫星上通常配备高精度的原子钟或高稳晶振,其稳定度可达 10^{-13}。但由于星载时钟存在老化、频漂等问题,与理想的时间存在偏差和漂移,由这些偏差造成的等效距离误差不可忽视,在半双工模式的星间双向测量过程中需要考虑时钟漂移对伪距和时差测量的影响。

测量公式(3.16)与式(3.17)改写为

$$T_A = \tau + \Delta T(t_3) \tag{3.18}$$

$$T_B = \tau - \Delta T(t_1) \tag{3.19}$$

由于受频标各种指标的影响,两钟之间的时刻差(钟差)也是随时间的变化而变化的。两钟的钟差方程可由下式表示:

$$x(t) = x_0 + At + \frac{1}{2}Kt^2 + \int_0^T \frac{f_\xi}{f_0} dt \tag{3.20}$$

式中: x_0 为时钟的初始相位(时间)偏差; A 为频率准确度; K 为频率漂移率; f_ξ 为时域频率稳定度。

实验表明调相白噪声、调相闪烁噪声、调频白噪声、调频闪烁噪声和频率随机游动噪声五种类型的内部噪声会造成频标振荡器的随机起伏。频率稳定度表示频率随机起伏的程度,与采样时间有关。由于星钟的频率稳定度较高,对纳秒级的时差和距离测量的影响可以忽略不计,因此式(3.20)可以简化为

$$x(t) = x_0 + At + \frac{1}{2}Kt^2 \tag{3.21}$$

式(3.21)即星钟的确定性变化分量,可以看出理想条件下星钟的系统变化分量(卫星钟的数学修正)主要包括初始相位(时间)偏差、初始频率偏差和线性频漂三部分。

由此可建立星钟模型,卫星 A 的时钟模型为 $t_A = t_{0A} + \alpha_A t + \beta_A t^2$,卫星 B 的时钟模型为 $t_B = t_{0B} + \alpha_B t + \beta_B t^2$,$\Delta T(t_0) = t_{0B} - t_{0A}$。则钟差的变化模型为

$$\Delta T(t) = t_B - t_A = \Delta T(t_0) + (\alpha_B - \alpha_A)t + (\beta_B - \beta_A)t^2 \tag{3.22}$$

双向测量的公式(3.1)和式(3.2)修改为

$$\tau = \frac{T_A + T_B}{2} + \frac{1}{2}(\alpha_B - \alpha_A)(t_3 - t_1) + \frac{1}{2}(\beta_B - \beta_A)(t_3^2 - t_1^2) \tag{3.23}$$

$$\Delta T(t_0) = \frac{T_A - T_B}{2} - \frac{1}{2}(\alpha_B - \alpha_A)(t_3 + t_1) - \frac{1}{2}(\beta_B - \beta_A)(t_3^2 + t_1^2) \tag{3.24}$$

式(3.23)和式(3.24)中,后两项$(\alpha_B - \alpha_A)\cdot(t_3-t_1)/2$与$(\beta_B - \beta_A)\cdot(t_3^2-t_1^2)/2$分别为时钟频差和频率漂移对测距的影响。星载钟的频率准确度一般高于10^{-11},频率漂移小于$10^{-13}/d$,频率稳定度可达$10^{-14}(104\sim105s)$,并且根据设计的测量机制,$t_3 - t_1 = 3s$,因此时钟偏差对一个测量循环中伪距和时差测量的精度影响小于$0.01ns$。

3.2.2.2 星间多普勒动态误差

3.2.1节分析的是两颗卫星相对静止,在第2章星座的拓扑结构分析中,得知星间链路距离的变化率可达$4.8km/s$,相对距离变化的加速度可达$5m/s^2$,因此在双单向测量过程中,两次测量的时间间隔在$1\sim10s$,两次测量的距离发生了明显变化,如果不对伪距测量结果进行补偿,则将出现较大的误差。需要说明的是,设备零值一般小于$1\mu s$,在此段时间相对距离的变化小于$5mm$,可以忽略。因此下面的分析不考虑设备零值和时钟误差。

假设不存在钟漂,单独考察多普勒效应引起的测量误差,则测量公式转化为距离表示为

$$r_{BA} = r_s(\tau_B) + c\Delta T \quad \text{或} \quad T_A = \tau_B + \Delta T \quad (3.25)$$

$$r_{AB} = r_s(\tau_A) - c\Delta T \quad \text{或} \quad T_B = \tau_A - \Delta T \quad (3.26)$$

式(3.25)和式(3.26)中τ_A和τ_B分别是前面所述$\tau_A(t_1,t_2)$和$\tau_B(t_3,t_4)$的简写。

实验分析表明在短时间内(6s以内),卫星的距离变化可用一个二阶曲线较好地建模表达,拟合误差最大为$0.04m$。因此这里考虑两颗卫星间有相对加速度,即一阶的多普勒频移变化。假设两颗卫星的相对速度为v,初始距离为$r_d(t_0)$,则其距离模型为

$$r_d(t) = r_d(t_0) + v(t-t_0) + \frac{1}{2}a(t-t_0)^2 + \varepsilon_r(t-t_0) \quad (3.27)$$

式中:$t \le 6s$时,模型误差$\varepsilon_r(t) < 0.04m$。假设两颗卫星的传输时间为t,则传输模型为$r_s(\Delta t) = c \cdot \Delta t$,由此得到的真实传播距离为

$$r_s(\tau_A) = r_d(t_1) + v(t_1)\tau_A + \frac{1}{2}a\tau_A^2 + \varepsilon_r(\tau_A) = c\tau_A \quad (3.28)$$

$$r_s(\tau_B) = r_d(t_3) + v(t_3)\tau_B + \frac{1}{2}a\tau_B^2 + \varepsilon_r(\tau_B) =$$

$$r_d(t_1) + v(t_1)(\tau_B + T) + \frac{1}{2}a(\tau_B + T)^2 + \varepsilon_r(\tau_B + T) = c\tau_B \quad (3.29)$$

由于$v(t_1)$与$v(t_3)$是可观测值,测量精度可达$0.02m/s$,并且与时刻差值T_A和T_B的测量相互独立,以此对加速度进行估计,估计值的标准差$\sigma(\hat{a})$约为$0.0094m/s^2$。这样可以利用速度测量值与加速度的估计值对星间距离进行一阶和二阶补偿。

综合式(3.25)、式(3.26)、式(3.28)和式(3.29),可得

$$\tau_A = \frac{1}{2}\left[(T_A + T_B) - \frac{vT + \frac{1}{2}aT(T_A + T_B + T) + \varepsilon_r(\tau_B + T) - \varepsilon_r(\tau_A)}{c - v - \frac{1}{2}a(T_A + T_B + T)}\right] \quad (3.30)$$

$$\tau_B = \frac{1}{2}\left[(T_A + T_B) + \frac{vT + \frac{1}{2}aT(T_A + T_B + T) + \varepsilon_r(\tau_B + T) - \varepsilon_r(\tau_A)}{c - v - \frac{1}{2}a(T_A + T_B + T)}\right] \quad (3.31)$$

式(3.30)与式(3.31)中,第二项就是因星间相对运动引起的时延变化,其中分母中 v 和 $a(T_A + T_B + T)/2$ 远小于光速 c,因此这两式可以简化为

$$\tau_A \approx \frac{1}{2}(T_A + T_B) - \frac{vT + \frac{1}{2}aT(T_A + T_B + T) + \varepsilon_r(\tau_B + T) - \varepsilon_r(\tau_A)}{2c} \quad (3.32)$$

$$\tau_B \approx \frac{1}{2}(T_A + T_B) + \frac{vT + \frac{1}{2}aT(T_A + T_B + T) + \varepsilon_r(\tau_B + T) - \varepsilon_r(\tau_A)}{2c} \quad (3.33)$$

由双向测量公式得到

$$\Delta T = \frac{1}{2}(T_A - T_B + \tau_A - \tau_B) =$$

$$\frac{1}{2}(T_A - T_B) - \frac{vT + \frac{1}{2}aT(T_A + T_B + T) + \varepsilon_r(\tau_B + T) - \varepsilon_r(\tau_A)}{2c} \quad (3.34)$$

那么钟差的测量方差为

$$\sigma^2(\Delta T) = \frac{1}{4}\sigma^2(T_A) + \frac{1}{4}\sigma^2(T_B) + \left(\frac{T}{2c}\right)^2\sigma^2(v) + \left(\frac{T(T_A + T_B + T)}{4c}\right)^2\sigma^2(a) +$$

$$\left(\frac{aT}{4c}\right)^2(\sigma^2(T_A) + \sigma^2(T_B)) + \left(\frac{1}{2c}\right)^2\sigma^2(\varepsilon_r(\tau_B + T)) + \left(\frac{1}{2c}\right)^2\sigma^2(\varepsilon_r(\tau_A))$$

$$(3.35)$$

结合接收机测量误差的分析,取 $\sigma(T_A) = \sigma(T_B) = 0.224\mathrm{ns}$,并且 $\sigma(v) = 0.02\mathrm{m/s}$,因此钟差测量的标准差为

$$\sigma(\Delta T) \approx 0.23\mathrm{ns} \quad (3.36)$$

根据真实传播距离公式,可得到

$$r_d(t_1) = \frac{1}{2}\{c(T_A + T_B) - v(T_A + T_B) - vT -$$

$$\frac{1}{2}a[\tau_A^2 + (T + \tau_B)^2] + \varepsilon_r(\tau_A) + \varepsilon_r(\tau_B + T)\} \quad (3.37)$$

那么 t_1 时刻,测量卫星间真实距离的方差约为

$$\sigma^2(r_d(t_1)) \approx \left(\frac{c}{2}\right)^2 [\sigma^2(T_A) + \sigma^2(T_B)] + \frac{1}{4}[(T_A + T_B)^2 + T^2]\sigma^2(v) +$$
$$\frac{1}{4}T^2\sigma^2(a) + \frac{1}{4}\sigma^2(\varepsilon_r(\tau_B + T)) + \frac{1}{4}\sigma^2(\varepsilon_r(\tau_A)) \tag{3.38}$$

即其标准差为

$$\sigma(r_d(t_1)) \approx 0.065 \text{m} \tag{3.39}$$

由上述分析可知,星间多普勒频移和多普勒频移变化是半双工模式星间双向测量不可忽略的因素,但通过对星间距离变化建立二阶模型,并利用高精度多普勒测量估计模型参数,可在很大程度上改善测量精度,满足星间链路距离测量和钟差测量的精度要求。同时,经过补偿后的伪距和时差测量的误差主要来自时延的观测误差,因此通过提高接收机的时延测量精度可以优化星间双向测量的精度。

3.2.3 测量总体误差

各项静态误差存在于两个收发信机中,综合星间链路测量的各项静态误差和动态误差,将双单向测量的误差分配以及对伪距和钟差测量的影响归纳于表 3.2,除文中分析的几项主要误差外,星间测量的误差还应包括多径误差和天线指向误差造成的测距误差等,因其对测距的影响很小,这里不予考虑。可以看出,影响星间链路双单向测量精度的主要误差是通道时延误差、接收机测量误差和星间多普勒动态误差。

表 3.2 星间链路测量的误差分配

项目	符号	量值	伪距测量误差	钟差测量误差
通道时延误差	σ_{chan}	0.2 ns	$\sqrt{2}c\delta_{chan}$	$\sqrt{2}\delta_{chan}$
天线相位中心误差	σ_{ante}	0.01 ns	$\sqrt{2}c\delta_{ante}$	$\sqrt{2}\delta_{ante}$
接收机测量误差	σ_{tran}	0.224 ns	$\sqrt{2}c\delta_{tran}$	$\sqrt{2}\delta_{tran}$
时钟误差	σ_{clk}	0.01 ns	$\sqrt{2}c\delta_{clk}$	$\sqrt{2}\delta_{clk}$
星间多普勒动态误差	σ_{dopp}	—	$\sigma(r_d) = 0.065$ m	$\sigma(\Delta T) = 0.23$ ns

因此,结合双向测量公式(3.1)和式(3.2),星间伪距的测量标准差为

$$\sigma_{range} = \sqrt{2c^2\sigma_{chan}^2 + 2c^2\sigma_{ante}^2 + c^2\sigma_{tran}^2 + 2c^2\sigma_{clk}^2 + \sigma^2(r_d)} \approx 0.13 \text{m} \tag{3.40}$$

时差的测量标准差为

$$\sigma_{time} = \sqrt{2\sigma_{chan}^2 + 2\sigma_{ante}^2 + \sigma_{tran}^2 + 2\sigma_{clk}^2 + \sigma^2(\Delta T)} \approx 0.44 \text{ns} \tag{3.41}$$

3.3 星间测距量的时标归算

3.3.1 星间高动态测距模型

星间测距的目的是获得给定时刻两颗卫星质心间的几何长度。当利用无线电进

行星间测距时,通过信号处理手段可以获得信号从源卫星发出时刻到目标卫星接收时刻的传播时延,定义该时延为星间距离原始观测量。该观测量的物理意义是发射时刻源卫星的坐标与接收时刻目标卫星坐标之间的长度,而星间测距的目的是要得到同一时刻两星坐标间的几何长度。为了得到该几何长度,需要建立一定的数学关系,对原始观测量进行一系列转换。星间测距时标归算即是对转换过程进行建模,得到星间距离关于观测量的数学表达式。精确的时标归算是保证设计精度的关键,也是后续测量展开的理论基础。

M. P. Ananda 在最早阐述自主导航概念的同时给出了星间距离测量的计算模型,该模型基于双单向测距(DOWR)原理,利用无线电测量手段获得不同的时隙两颗卫星间前向和反向两条链路的伪距,然后将两个伪距值进行一定的处理得到钟差和距离。M. P. Ananda 给出的模型是后续诸多学者进行星间链路研究时的参考依据,但该模型为了简化计算,假设在不同时隙测得的前后两条链路的距离相等,同时没有分析设备时延的变化对测距的影响,对电离层误差也仅仅做了定性的分析。对于高速时变的星间距离,最大距离变化率可达千米级每秒,在测距时隙内,星间相对位置关系发生了较大的变化,显然 M. P. Ananda 提出的这一计算模型需要进行修正和补充。

星间距离测量中,DOWR 方式具有较高的精度,广泛应用于时间同步、空天测控、地球重力场测量等精度需求较高的领域,导航星间链路中也多基于 DOWR 测距模式展开讨论[1-3]。若在卫星 i、j 之间进行双单向距离测量,则原理如图 3.8 所示。

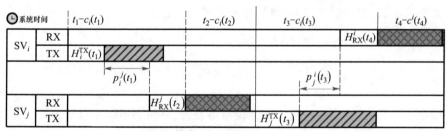

图 3.8 DOWR 测量基本原理

在图 3.8 中,首先由卫星 i(SV$_i$)在本星钟面 t_1 时刻向卫星 j 发出测距信号,经设备时延 $H_i^{TX}(t_1)$ 后到达发射天线相位中心,再经过空间传播时延 $p_i^j(t_1)$ 后到达卫星 i 接收天线相位中心,经设备时延 $H_{RX}^j(t_2)$ 后被卫星 j 在钟面 t_2 时刻接收。t_1 是约定的测距起始时刻,为已知量,t_2 是测量值,通过信号处理手段获得。定义观测量 $t_i^j(t_1)$ 为

$$t_i^j(t_1) = t_2 - t_1 \tag{3.42}$$

导航系统均有自己的系统时,卫星的钟面时与系统时的差值定义为该星的钟差,它是一个时变量。设卫星 i、j 在 t_1、t_2 历元的钟差分别为 $c_i(t_1)$ 和 $c^j(t_2)$,则经过钟差

修正后,两星钟面时 t_1、t_2 对应的系统时为 $t_1 - c_i(t_1)$、$t_2 - c^j(t_2)$。根据上述测距流程,有

$$(t_2 - c^j(t_2)) - (t_1 - c_i(t_1)) = p_i^j(t_1) + H_i^{TX}(t_1) + H_{RX}^j(t_2) + \varepsilon_i^j \quad (3.43)$$

式中:ε_i^j 为观测误差。结合式(3.42),整理可得观测方程为

$$t_i^j(t_1) = p_i^j(t_1) - c_i(t_1) + c^j(t_2) + H_i^{TX}(t_1) + H_{RX}^j(t_2) + \varepsilon_i^j \quad (3.44)$$

同理可得反向测距链路的观测方程为

$$t_j^i(t_3) = t_4 - t_3 = p_j^i(t_3) - c_j(t_3) + c^i(t_4) + H_j^{TX}(t_3) + H_{RX}^i(t_4) + \varepsilon_j^i \quad (3.45)$$

式中:各参数的定义与同向链路相同。由于导航卫星时钟的稳定度较高,短时间内可认为钟差是一个固定值,即

$$\begin{cases} c_i(t_1) = c^i(t_4) \\ c^j(t_2) = c_j(t_3) \end{cases} \quad (3.46)$$

双向测量时,若假定星间相对静止,前向链路和反向链路的距离相同,即 $p_i^j(t_1) = p_j^i(t_3)$,则将式(3.44)、式(3.45)相减并代入式(3.46)可消去传播时延,得到两星钟差之差的表达式:

$$\begin{aligned} \Delta t = \frac{1}{2} [\,&((t_2 - t_1) - (t_4 - t_3)) + \\ &(H_j^{TX}(t_3) + H_{RX}^i(t_4) - H_i^{TX}(t_1) - H_{RX}^j(t_2)) + \\ &(\varepsilon_i^j(t_1) - \varepsilon_j^i(t_3))\,] \end{aligned} \quad (3.47)$$

将两式相加,即可消去钟差,得到传播时延的表达式:

$$\begin{aligned} p_{ij} = \frac{1}{2} [\,&((t_2 - t_1) + (t_4 - t_3)) - \\ &(H_j^{TX}(t_3) + H_{RX}^i(t_4) + H_i^{TX}(t_1) + H_{RX}^j(t_2)) - \\ &(\varepsilon_i^j(t_1) + \varepsilon_j^i(t_3))\,] \end{aligned} \quad (3.48)$$

根据狭义相对论,测距过程中光速保持不变,则将传播时延乘以光速即为星间距离。这样基于 DOWR 基本原理,通过双单向测量就得到了星间距离,同时也得到两星钟差之差。

上述 DOWR 原理中,进行距离和钟差解算时,假定星间距离在短时间内是不变的,而根据导航星间距离变化特性分析可知,导航卫星间不仅存在相对静止的情况(同轨道面卫星间),但更多的情况是星间距离存在高速、大尺度的变化,根据第 2 章构建的星座构型,该变化率范围可高达 -4.852~4.852km/s。这种高速变化情况下,卫星坐标的时空对应关系在不断地发生变化,在使用 DOWR 基本原理时将面临诸多问题。

3.3.2 测距链路中的时标修正

由于只针对星间相对静止的情况,前述的 DOWR 原理中并未考虑时标偏差的问

题。但当星间存在着高速相对运动时,不同时刻的星间距离差异较大,因此测距值与测距时标必须保持严格的对应关系。

由于假定星间相对静止,在 DOWR 基本原理中,星间距离不随时间变化,因此观测方程、式(3.44)和式(3.45)中的 $p_i^j(t_1)$、$p_j^i(t_3)$ 虽然对应的历元不同,但量值认为是相同的。但当星间存在着高速相对运动时,不同时刻的星间距离差异较大,测距值与测距时标必须保持严格的对应关系,将 DOWR 测距流程中各个时间点卫星的坐标进一步明确,如图 3.9 所示。

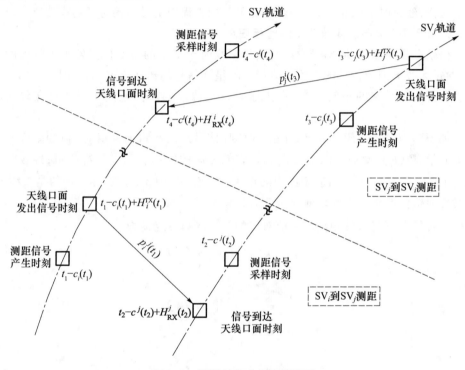

图 3.9 测距链路中的时标修正

首先分析 DOWR 原理中前向测量链路,如图 3.9 所示,由于钟差和设备时延的存在,测量信号实际离开发射卫星天线口面的系统时为 $t_1 - c_i(t_1) + H_i^{TX}(t_1)$,实际到达接收卫星天线口面的系统时为 $t_2 - c^j(t_2) - H_{RX}^j(t_2)$。令

$$\begin{cases} t_1' = t_1 - c_i(t_1) + H_i^{TX}(t_1) \\ t_2' = t_2 - c^j(t_2) - H_{RX}^j(t_2) \end{cases} \quad (3.49)$$

式(3.44)的观测方程中,变量 $p_i^j(t_1)$ 的物理意义实为 t_1' 时刻卫星 i 与 t_2' 时刻卫星 j 天线相位中心间的传播时延,将其重新记为 $p_i^j(t_1')$,则

$$p_i^j(t_1') = \frac{\| \boldsymbol{P}_i(t_1') - \boldsymbol{P}_j(t_2') \|}{c} \quad (3.50)$$

同理,对于反向链路,式(3.45)的观测方程中变量 $p_j^i(t_3)$ 重新写为 $p_j^i(t_3')$:

$$p_j^i(t_3') = \frac{\| \boldsymbol{P}_i(t_4') - \boldsymbol{P}_j(t_3') \|}{c} \tag{3.51}$$

式中

$$\begin{cases} t_3' = t_3 - c_j(t_1) + H_j^{\text{TX}}(t_3) \\ t_4' = t_4 - c^i(t_4) - H_{\text{RX}}^i(t_4) \end{cases} \tag{3.52}$$

这样,经过时标修正后,进一步明确了观测方程中信号传播时延的物理意义。

3.3.2.1 单向测距链路中的时标归算

由于存在高速运动,信号发射时刻与接收时刻卫星的空间位置发生了较大的变化,通过无线电测距得到的观测量只能反映星间信号的传播距离,而星间测量的目的是要获得同一时刻的星间距离,在传播时延与待求的星间距离之间还存在较大的差异。

如图 3.10 所示,假设卫星 i、j 在 t_1' 时刻(信号从天线口面发射时刻)的坐标分别为 $\boldsymbol{P}_i(t_1')$、$\boldsymbol{P}_j(t_1')$,对应于图中的点 I、J,它们之间的距离 $p_{ij}(t_1')$ 是待测量;接收时刻卫星 j 的坐标为 $\boldsymbol{P}_j(t_2')$,对应于图中的点 J',式(3.50)中 $p_i^j(t_1)$ 实际表示的是直线 IJ' 的长度对应的时延量。将实测量 $p_i^j(t_1)$ 转换为待测量 $p_{ij}(t_1')$ 的过程称为时标归算。将信号传播距离与星间距离的差值对应的时延 $S_i^j(t_1')$ 定义为

$$S_i^j(t_1') = p_i^j(t_1') - p_{ij}(t_1') \tag{3.53}$$

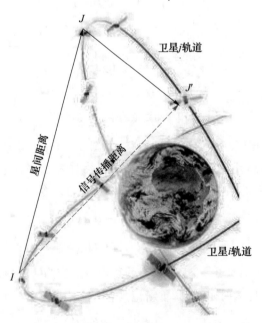

图 3.10 单向测距链路中的星间几何关系

则可将观测方程(3.44)改写为

$$t_i^j(t_1) = p_{ij}(t_1') - c_i(t_1) + c^j(t_2) + H_i^{TX}(t_1) + H_{RX}^j(t_2) + S_i^j(t_1') + \varepsilon_i^j(t_1) \quad (3.54)$$

同理,定义反向链路中的时延量为 $S_j^i(t_3')$,相应的观测方程可写为

$$t_j^i(t_3) = p_{ji}(t_3') - c_j(t_3) + c^i(t_4) + H_j^{TX}(t_3) + H_{RX}^i(t_4) + S_j^i(t_3') + \varepsilon_j^i(t_3) \quad (3.55)$$

式中

$$\begin{cases} p_{ji}(t_3') = \dfrac{\parallel \boldsymbol{P}_j(t_3') - \boldsymbol{P}_i(t_3') \parallel}{c} \\ S_j^i(t_3') = p_j^i(t_3') - p_{ji}(t_3') \end{cases} \quad (3.56)$$

3.3.2.2 双单向几何距离的统一

同样,由于星间存在高速相对运动,前后两条链路之间测距值并不相等,即 $p_{ij}(t_1') \neq p_{ji}(t_3')$。因此,为了利用 DOWR 中对消的方法解耦钟差和距离,必须将两个单向的星间距离统一到同一测量时刻,在此将星间距离统一到 t_1' 时刻。设两星之间的径向速度为 $\dot{\rho}_{ij}(t)$,则有

$$p_{ji}(t_3') = \frac{1}{c}\left(\rho_{ij}(t_1') + \int_{t_1'}^{t_3'}\dot{\rho}_{ij}(t)\mathrm{d}t\right) \quad (3.57)$$

将其代入到式(3.55)中,可得

$$t_j^i(t_3) = p_{ij}(t_1') - c_j(t_3) + c^i(t_4) + \\ H_j^{TX}(t_3) + H_{RX}^i(t_4) + \frac{1}{c}\int_{t_1'}^{t_3'}\dot{\rho}_{ij}(t)\mathrm{d}t + S_j^i(t_3') + \varepsilon_j^i(t_3) \quad (3.58)$$

这样,两个单向观测方程中的星间距离量就统一到同一时刻。

3.3.2.3 星间距离与钟差解耦

根据 DOWR 测量原理,分别将式(3.54)与式(3.58)的左右两端相加减,对消相同变量并加以整理,得到星间高动态条件下的距离和钟差计算表达式:

$$p_{ij}(t_1') = ((t_2 - t_1) + (t_4 - t_3)) - \\ (H_i^{TX}(t_1) + H_{RX}^j(t_2) + H_j^{TX}(t_3) + H_{RX}^i(t_4)) - \\ \left(\frac{1}{c}\int_{t_1'}^{t_3'}\dot{\rho}_{ij}(t)\mathrm{d}t + S_i^j(t_1') + S_j^i(t_3')\right) - \\ (\varepsilon_i^j + \varepsilon_j^i) \quad (3.59)$$

$$\Delta t = \frac{1}{2}\Big[((t_2 - t_1) - (t_4 - t_3)) - \\ (H_i^{TX}(t_1) + H_{RX}^j(t_2) - H_j^{TX}(t_3) - H_{RX}^i(t_4)) - \\ \left(\frac{1}{c}\int_{t_1'}^{t_3'}\dot{\rho}_{ij}(t)\mathrm{d}t + S_i^j(t_1') - S_j^i(t_3')\right) - \\ (\varepsilon_i^j - \varepsilon_j^i)\Big] \quad (3.60)$$

因此根据星间高动态测距计算模型,钟差和距离的求解就转化为观测量 (t_2-t_1) 和 (t_4-t_3) 的获得,设备时延 $H_i^{TX}(t_1)$、$H_{RX}^j(t_2)$、$H_j^{TX}(t_3)$、$H_{RX}^i(t_4)$ 的测量,径向速度 $\dot{\rho}_{ij}(t)$ 的测量,测距归算量 $S_i^j(t_1')$ 和 $S_j^i(t_3')$ 的计算,总体和划分为观测量的获得和观测量的处理两部分,观测量的处理又包括时标修正和时标归算。其中 $S_i^j(t_1')$ 和 $S_j^i(t_3')$ 的求解是将星间距离原始测量值归算到同一时刻星间距的关键。

3.3.3 星间测距中的时标归算

根据星间高动态测距计算模型,星间测量的各个阶段都会引入相应的误差,这些误差决定了星间测量的精度,下面逐一分析各个阶段误差的分布情况。

3.3.3.1 星间传播时延的测量

采用无线电测距时,式(3.59)中右边第一项,即观测量 (t_2-t_1) 和 (t_4-t_3) 通过信号处理手段获得,其测量精度与系统热噪声、星载原子钟的性能、卫星相对运动情况、信号体制、测量方法等诸多因素有关。接收机信号处理单元通常通过延迟锁定环(DLL)保持对伪码信号的跟踪,根据跟踪误差来不断调整本地副本信号,以保持与接收信号的同步,是一种典型的闭环控制系统,控制参数的设置要能适应系统热噪声和卫星相对运动带来的影响,典型的信号跟踪误差(码相位跟踪颤动)表达式为[4]

$$\sigma_{DLL} = \sqrt{\frac{B_n}{2C/N_0}\left(\frac{1}{B_{fe}T_c}\right)\left[1+\frac{1}{TC/N_0}\right] + \frac{d^n R/dt^n}{\omega_0^n}} \quad (3.61)$$

式中:B_n 为 DLL 的噪声带宽;T_c 为伪码宽度;C/N_0 为接收信号载噪比;B_{fe} 为接收机前置带宽;T 为积分时间;$d^n R/dt^n$ 为星间距离的 n 阶变化率;ω_0 为环路滤波器的等效带宽。

3.3.3.2 观测量的时标修正

观测量的时标修正是指通过时标转化将星间距离测量值与导航系统时相对应,即为获得的星间观测量重新定义对应的时标。转化时需要用到卫星钟差和设备时延零值,转换公式为式(3.49)和式(3.52)。其中钟差参数(钟差、钟速和钟速变化率)可以从导航电文中获得,以我国的北斗卫星导航系统为例,钟差的计算公式为

$$\Delta t_{sv} = a_0 + a_1(t_{sv}-t_{oc}) + a_2(t_{sv}-t_{oc})^2 + \Delta t_r \quad (3.62)$$

式中:t_{oc}、a_0、a_1 和 a_2 分别表示钟差参考时间、卫星钟差、卫星钟速和卫星钟速变化率;Δt_r 为相对论修正项,且

$$\Delta t_r = Fe\sqrt{A}\sin E_k \quad (3.63)$$

式中:$F = -2\mu^{1/2}/c^2$,其中 μ 为地心引力常数,c 为光速,e 为轨道偏心率;$\sqrt{A}$ 为半长轴的开方;E_k 为偏近点角。虽然卫星钟差可以通过式(3.62)计算出来,但星历提供的钟差参数并非完全精确,计算出的钟差依然存在着残差,该残差通常小于 100ns。

为了时标修正,根据式(3.49)和式(3.52),还需得到收发设备的时延值。使用

无线电进行双单向测距时,由于收发设备中包含的变频器、功率放大器和各种滤波器等非线性器件,使接收信号产生群时延波动和相位畸变,并且伴随着温度漂移、器件老化,这些时延和畸变将会发生变化,即不同的时间和状态下,设备零值也不同。对于单次测量,由于测量时间较短,设备状态变化很小,可以默认为零值是固定的,式(3.59)、式(3.60)中的 $H_i^{TX}(t_1)$、$H_{RX}^j(t_2)$、$H_j^{TX}(t_3)$、$H_{RX}^i(t_4)$ 均可视为同一时刻的时延值。但对于不同的测量或不同状态下的测量,需要提前进行在线校正,获得设备时延的实时值。

高精度的卫星双向时间频率传递(TWSTFT)中,设备时延是影响时间比对精度的一个重要因素,为此,美国国家标准与技术研究所(NIST)设计出的一套 TWSTFT 时延校正设备来实现设备时延的在线校正[5]。借鉴其思想,可在测距设备中引入一个集成上、下变频功能的变频器作为自校正通道,在收发通道之间形成了一个收发闭环回路,通过收发切换,分别获得三种不同的时延组合,最后通过计算获得发射设备时延和接收设备时延[6-7],如图 3.11 所示。针对图中 1~3 条通道,可以得到

$$\begin{cases} \tau_1 = H_{TX} + H_{RX} \\ \tau_2 = H_{TX} + H_{CX} \\ \tau_3 = H_{CX} + H_{RX} \end{cases} \tag{3.64}$$

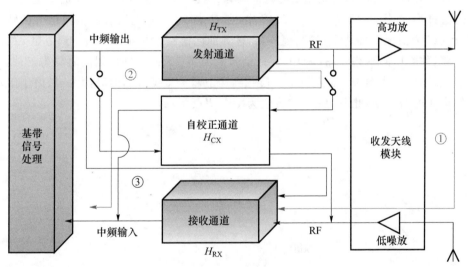

图 3.11 设备时延的在线标校(见彩图)

求解该方程组,可得收发时延分别为

$$\begin{cases} H_{TX} = \dfrac{\tau_1 + \tau_2 - \tau_3}{2} \\ H_{RX} = \dfrac{\tau_1 - \tau_2 + \tau_3}{2} \end{cases} \tag{3.65}$$

该方法时延检测的精度与基带信号处理的精度有关,在闭环自校时,由于信号传

输经过的路径较短,接收信号的质量较好,可以实现精度优于 0.3ns 的时延校正。

钟差和设备时延得到以后,根据式(3.49)和式(3.52)即可计算出 $t'_1 \sim t'_4$,对应的误差分别记为 $\Delta t'_1 \sim \Delta t'_4$,包括钟差计算误差和设备时延标校误差,它们对时标校正带来的影响为

$$\Delta p_i^j(t_1) \leqslant \| \boldsymbol{P}_i(t'_1 + \Delta t'_1) - \boldsymbol{P}_i(t'_1) \| + \| \boldsymbol{P}_j(t'_2 + \Delta t'_2) - \boldsymbol{P}_j(t'_2) \| \leqslant \\ (|\Delta t'_1| + |\Delta t'_2|) v_{\text{sat}} \tag{3.66}$$

式中:v_{sat} 为卫星运行速度,对于轨道高度为 20000km 的卫星,其值为 3.88km/s。若取钟差残差为 100ns,设备时延校正误差为 0.1ns,则时标修正带来的误差最大为 7.84×10^{-4}m。

3.3.3.3 观测量的时标归算

根据 3.2 节构建的星间高动态测距计算模型,观测量的时标归算即是通过对变量 $S_i^j(t'_1)$ 和 $S_j^i(t'_3)$ 的求解,将测距信号的传播时延转化为同一时刻几何距离的过程,即

$$\begin{cases} p_i^j(t'_1) \rightarrow p_{ij}(t'_1) \\ p_j^i(t'_3) \rightarrow p_{ji}(t'_3) \end{cases} \tag{3.67}$$

首先分析同轨道面间观测量的时标归算,为此,进一步分析同轨道面卫星间双单向测量过程,如图 3.12 所示。图 3.12 中,点 O 表示地心,虚线表示卫星运行的轨道面,图(a)为卫星 i 到卫星 j 的测距链路,称为前向链路,图(b)为卫星 j 到卫星 i 的测距链路,称为反向链路。图(a)中,测距信号从卫星 i 天线口面发射的时刻为 t'_1,此时卫星 i、j 的位置为图中 I、J 点所示。信号到达卫星 j 天线口面的时刻为 t'_2,由于卫星在轨道面内的运动,此时卫星 j 的位置为图中 J' 点所示。

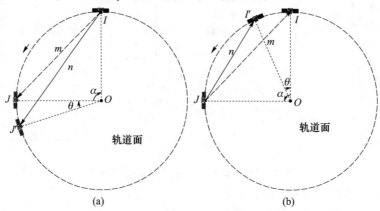

图 3.12 同轨道面卫星间观测量的时标归算

将直线 IJ 和 IJ' 的长度分别记为 m 和 n,则 m 为待求的星间距离,n 为测距信号的传播路径长度,时标归算的过程即求解 n、m 间差值的过程,将该差值记为 $s_i^j(t'_1)$,其对应的时延记为 $S_i^j(t'_1)$。图 3.12(a)中,在 $\triangle IOJ$ 中,根据余弦定理,有

$$m^2 = r_i^2(t') + r_j^2(t_1') - 2r_i(t')r_j(t_1')\cos\alpha \qquad (3.68)$$

式中：$r_i(t')$、$r_j(t')$ 分别表示 t' 时刻卫星 i,j 与地心间的距离；α 为 OI 与 OJ 之间的夹角，也即两星在 t_1' 时刻的相位差。同理，在 $\triangle IOJ'$ 中，有

$$n^2 = r_i^2(t_1') + r_j^2(t_2') - 2r_i(t_1')r_j(t_2')\cos(\alpha + \theta) \qquad (3.69)$$

式中：$(\alpha + \theta)$ 为 OI 与 OJ' 之间的夹角，则

$$n^2 - m^2 = r_j^2(t_2') - r_j^2(t_1') - 2r_i(t_1')(r_j(t_2')\cos(\alpha + \theta) - r_j(t_1')\cos(\alpha)) \qquad (3.70)$$

由于导航卫星为近圆轨道，在星间短暂的测距时隙内，可认为 $r_j(t_1') = r_j(t_2')$，则式(3.70)可写为

$$n^2 - m^2 = 4r_i(t_1')r_j(t_1')\sin\left(\alpha + \frac{\theta}{2}\right)\sin\frac{\theta}{2} \qquad (3.71)$$

由于 θ 较小，式(3.71)可简化为

$$n^2 - m^2 = 2r_i(t_1')r_j(t_1')\theta\sin\alpha \qquad (3.72)$$

对于 $s_i^j(t_1')$，有

$$s_i^j(t_1') = n - m = \frac{n^2 - m^2}{n + m} = \frac{n^2 - m^2}{2m + (n - m)} \qquad (3.73)$$

式中：$(n - m)$ 相对于 m 为一小量。因此式(3.73)可以简化为

$$s_i^j(t_1') = \frac{n^2 - m^2}{2m} \qquad (3.74)$$

将式(3.72)代入式(3.74)，可得

$$s_i^j(t_1') = \frac{r_i(t_1')r_j(t_1')\theta\sin\alpha}{m} \qquad (3.75)$$

设 t 时刻卫星 j 绕地心运动的角速度为 $\omega_j(t)$，则

$$\theta = \int_{t_1'}^{t_2'} \omega_j(t)\,dt \qquad (3.76)$$

由于 $\omega_j(t) = \sqrt{\mu/(r_j(t))^3}$，其中 μ 为地心引力常数，因此短时间内，可将 $\omega_j(t)$ 视为常数，记为 $\omega_j(t_1')$，由于传播时延 $t_2' - t_1' = n/c$，则有

$$\theta = \frac{\omega_j(t_1')n}{c} \qquad (3.77)$$

将其代入式(3.75)中，得

$$s_i^j(t_1') = \frac{r_i(t_1')r_j(t_1')\sin\alpha\omega_j(t_1')n}{mc} =$$

$$\frac{r_i(t_1')r_j(t_1')\sin\alpha\omega_j(t_1')}{c}\left(1 + \frac{s}{m}\right) \qquad (3.78)$$

由于 $s/m \ll 1$,则式(3.78)可简写为

$$s_i^j(t_1') = \frac{2S_{\triangle IOJ}\omega_j(t_1')}{c} \quad (3.79)$$

式中:$S_{\triangle IOJ}$ 为三角形 IOJ 的面积,即

$$S_{\triangle IOJ} = \frac{r_i(t_1')r_j(t_1')\sin\alpha}{2} \quad (3.80)$$

将星间角速度的表达式代入式(3.79),并做进一步简化,可得

$$s_i^j(t_1') = \frac{r_i(t_1')}{c}\sqrt{\frac{\mu}{r_j(t_1')}}\sin\alpha \quad (3.81)$$

同理,可得反向链路中 $s_j^i(t_3')$ 的表达式为

$$s_j^i(t_3') = -\frac{r_j(t_3')}{c}\sqrt{\frac{\mu}{r_i(t_3')}}\sin\alpha \quad (3.82)$$

式(3.81)和式(3.82)中,α 实为接收卫星与发射卫星之间的相位差 Δu。如上述卫星:i 到卫星 j 的前向链路,Δu 为正值;卫星 j 到卫星 i 的后向链路,Δu 为负值。这样,经过一系列推导,就得到了同轨道面卫星间 $S_i^j(t_1')$ 和 $S_j^i(t_3')$ 的计算表达式,将其代入式(3.53)和式(3.56)中,即可实现星间距离的时标归算,得到同一时刻卫星间的几何距离。基于前文构建的星座模型,以第一轨道面为例,根据式(3.81)计算 M11 卫星与同轨道面内其他卫星的时标归算量,结果如表 3.3 所列。

表 3.3 M11 卫星与同轨道面内其他卫星的时标归算量

目标卫星	M12	M13	M14	M15	M16	M17	M18
修正量/m	241.86	342.04	241.86	0	-241.86	-342.04	-241.86

根据式(3.79),当两星之间的相位差 Δu 为 $\pm 90°$ 时,归算量最大,对应表 3.3 中 M11 与 M13、M17 之间的链路,大小为 ± 342.04 m。

基于同轨道面卫星间的分析思路,进一步探讨异轨道面卫星间观测量的时标归算方法。如图 3.13 所示,卫星 i、j 属于异轨道面上的两颗卫星,测距信号离开天线口面时卫星 i 和卫星 j 的位置分别如点 I 和点 J 所示,信号到达天线口面时卫星 j 的位置为 J',其中 S、N 为两轨道面的交点,两轨道面的球面夹角为 $\Delta\Omega_0$,点 I 在卫星 j 轨道面内的投影为点 K,直线 OK 的延长线与卫星 j 轨道相交于点 L,I_0、J_0 分别对应于圆弧 NI 和 NJ。

记 IJ、IJ' 和 OK 的长度分别为 m、n 和 p,此时:

$$s_i^j(t_1') = n - m = \frac{2S_{\triangle KOJ}\omega_j(t_1')}{c} \quad (3.83)$$

式中:$\omega_j(t_1')$ 为卫星 j 绕地心的旋转角速度;$S_{\triangle KOJ}$ 为图中阴影部分的面积,且有

$$S_{\triangle KOJ} = \frac{1}{2}r_i(t_1')r_j(t_1')\sin\alpha\cos\beta \quad (3.84)$$

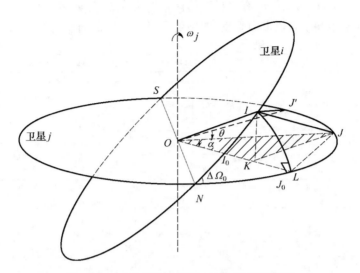

图 3.13 异轨道面卫星间观测量的时标归算

式中:α、β 分别表示 $\angle KOJ$ 和 $\angle KOI$。若用 γ 表示 $\angle KON$,则有 $\alpha = J_0 - \gamma$,由于平面 IOL 与卫星 j 的轨道面垂直,则球面三角形 INL 为球面直角三角形,根据三角形性质,可得

$$\begin{cases} \beta = \arcsin(\sin\Delta\Omega_0 \sin I_0) \\ \gamma = \arcsin(\cot\Delta\Omega_0 \tan\beta) \end{cases} \quad (3.85)$$

将式(3.84)代入式(3.83)中,整理可得

$$s_i^j(t_1') = \frac{r_i(t_1')}{c}\sqrt{\frac{\mu}{r_j(t_1')}}\cos(\arcsin(\sin\Delta\Omega_0 \sin I_0)) \times$$
$$\sin(J_0 - \arcsin(\cot\Delta\Omega_0 \tan(\arcsin(\sin\Delta\Omega_0 \sin I_0)))) \quad (3.86)$$

根据第 2 章的分析,式中变量均可以由卫星轨道根数求出,这样根据导航电文即可实现星间观测量的时标归算。由于式(3.86)计算与导航星座构型参数有关,因此称该方法为基于星座构型的星间测距时标归算方法。

需要说明的是,当两轨道面的球面夹角 $\Delta\Omega_0$ 为零时,两轨道面重合,即收发卫星位于同一轨道面内,此时 $\beta = 0$,$\alpha = \Delta u = J_0 - I_0$,可得

$$s_i^j(t_1') = \frac{r_i(t_1')}{c}\sqrt{\frac{\mu}{r_j(t_1')}}\sin(\Delta u) \quad (3.87)$$

可以看出,式(3.87)与式(3.81)表达式相同,即得到了同轨面间的时标归算表达式。根据式(3.86),可得异轨道面卫星间时标归算的修正量及其变化率,以第 2 章构建的标准 Walker 星座构型为例进行计算,计算结果如图 3.14 所示。由图可以看出,随着历元的不同,异轨道面间时标归算的修正量也不同,最大为 $\pm 336.5\text{m}$,最

小为 0m。图中 A、B 两点处所有卫星对的修正量均为零,这是因为在这两点 $\angle IOK$ 为 $90°$,直线 OI 与卫星 j 的轨道面垂直,图中的阴影三角形的面积为零。

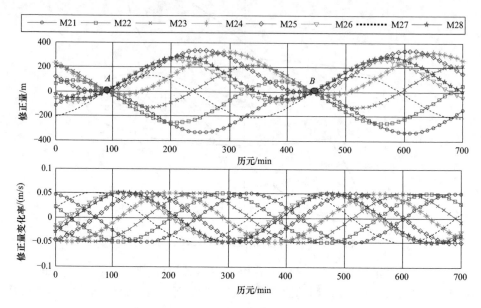

图 3.14 异轨道面卫星间时标归算修正量及其变化率(见彩图)

根据式(3.81)和式(3.82),时标归算修正量的计算误差主要与两星的半长轴和相位的计算精度有关。首先分析同轨道面卫星间时标归算修正量的计算误差,对式(3.81)求全微分,可得

$$\mathrm{d}s = \frac{\sin\Delta u}{c}\sqrt{\frac{\mu}{r_j(t_1')}}\mathrm{d}r_i(t_1') - \frac{r_i(t_1')\sin\Delta u}{2cr_j(t_1')}\sqrt{\frac{\mu}{r_j(t_1')}}\mathrm{d}r_j(t_1') + \frac{r_i(t_1')\cos\Delta u}{c}\sqrt{\frac{\mu}{r_j(t_1')}}\mathrm{d}(\Delta u) \tag{3.88}$$

式中:$\mathrm{d}r_i(t_1')$、$\mathrm{d}r_j(t_1')$ 为卫星 i、j 的径向误差,即卫星本体与地心连线长度的误差;$\mathrm{d}(\Delta u)$ 为两星之间相位差的误差,其大小可以通过坐标误差来评估。

基于构建的星座构型,根据该式可得同轨道面卫星间时标归算修正量的计算误差与半长轴和相位计算误差的关系,如图 3.15 所示。由图可以看出,当卫星半长轴误差达到 1km,相位差误差为 $2''$ 时,时标归算修正量的计算误差才为 0.01m。而通常情况下,导航电文精度要远远高于这个假设,时标归算修正量计算误差也小于 0.01m。同理可计算异轨道面卫星间的计算误差,其量级与同轨道面计算误差相同。

综上所述,通过上述计算就可求出星间高动态测距模型计算方程中的 $S_i^j(t_1')$ 和 $S_j^i(t_3')$,从而将星间传播时延 $p_i^j(t_1')$ 和 $p_j^i(t_3')$ 归算到同一时刻的星间距 $\rho_{ij}(t_1')$ 和 $\rho_{ji}(t_3')$,并且在常规的导航电文精度下,归算误差小于 1cm。

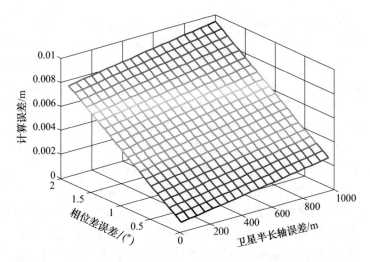

图 3.15　同轨道面卫星间时标归算修正量的计算误差(见彩图)

3.4　星间链路波束指向与控制原理

　　导航卫星间距离高达数万千米,空间自由传播带来的信号衰减较大。采用窄波束天线可以大大增加发射增益,提高能量的使用效率,同样发射功率的情况下,接收卫星能够获得更好的信号质量,从而得到更高的测距精度。同时,星间测距属于单点到单点之间的测量,也具备采用窄波束指向性天线的良好条件。星间测距采用窄波束天线时,准确预置天线波束指向以使其对准目标卫星的操作称为星间测距的空间对准。空间对准首先要满足对准精度的要求,其次还要求星上计算尽量简化、快速。导航卫星间处于高速相对运动,空间指向又涉及天线姿态、卫星姿态等参数,同时还面临着计算资源的约束,使得该项操作的准确设计还是一个难题。

　　窄波束指向性天线具有较高的天线增益,工作在高频段时也能具有较小的口径,非常适合星上这种作用距离远且天线体积和重量严格受限的场合,因此在深空探测、数据中继、星间通信和测距领域得到了广泛的引用。其中,跟踪与数据中继卫星(TDRS)是一个典型的代表。TDRS 主要为航天器与地面站、航天器之间提供大容量的数据中继服务,需要具备高达数百兆比特/s 的数据传输能力。出于高速率的数据传输需求,TDRS 多采用基于 Ka/Ku 频段的窄波束指向性天线来提供较大的链路增益,如我国的第一代 TDRS 波束宽度为 0.5°,第二代将减小到第一代的四分之一[8]。导航卫星间建链时,星间相距高达数万千米,信号的空间自由衰减较大,采用高增益的窄波束指向性天线可以获得较好的信号质量,从而增加星间测量和数传性能。目前,GPS 正在论证在新一代的星间链路使用基于 Ka 频段或 V 频段的窄波束指向性链路,ESA 也在展开导航星间链路论证的时候,多次以窄波束指向性链路体制展开论述[9-11]。窄波束天线带来巨大链路增益的同时,其指向性也给空间对准提出了挑战战,如何连续、稳定地对准目标航天器是这种指向性链路需要解决的首要问题。针对该问题,国内外学者展开了深入的研究,提出了一系列解决方法。Guiar 等于 1987 年分析了影响天线指向的误差源,并提出了系统误差的校正方案[12]。1990 年,Kistonsturian 引入了卡尔曼滤波对天线指向误差进行在轨校正[13];后来,他又对在轨校正算法进行了深化[14]。美国 JPL 实验室的 Wodek Gawronski 等在本世纪初针对 NASA 深空探测网的建设,发表了一系列有关窄波束天线控制的文章,提出了比例和积分(PI)、线性二次高斯(LQG)、H_∞ 等天线闭环跟踪控制算法,可以使天线波束指向达到两角秒的精度[15-16]。国内的郭文嘉、谢凌、孙京等也对影响天线指向精度的因素进行了分析,构建了相应的误差模型,为天线指向误差的分析与评估提供了指导[17-19]。哈尔滨工业大学的游斌弟详细分析了柔性关节、铰间隙、柔性反射面和空间热效应对星载天线的动态指向精度的影响[20]。上述研究主要是围绕天线指向控制的影响因素、在轨校正方法来分析,侧重于指向控制精度的研究,并没有针对天线指向计算进行分析。

随着我国中继卫星的设计与发射工作的展开,国内相关学者对窄波束天线指向的计算方法进行了深入的研究。其中:西安空间无线电研究所的黎孝纯等提出了利用中继星和用户轨道根数进行天线俯仰角和方位角计算的方法[21];中国空间技术研究院的王祥等在分析星间相对运动规律的基础上,给出了中继星天线指向控制中捕获参数的确定方法[22];哈尔滨工业大学的孙小松等深入分析了星星跟踪规律,提出了星间捕获和跟踪策略[23];63999 部队的吴刚、陈宏等研究了中继卫星星间天线指向误差传播特性,提出了采用分段拟合方法和有约束的最小二乘算法,实现航天器跟踪弧段内星间天线高精度指向控制[24-26]。

综上,针对窄波束天线的空间对准问题,以中继卫星数据传输中的空间对准问题为代表,国内外学者进行了大量的研究。但对于导航星座这种具有较高的时空基准且工作模式为短时时分空分的星间测距而言,由于应用场景不同,这些研究成果并不完全适用。特别是每两颗星要在同时"高度默契"地对准,且每颗星要满足 1s 左右快速指向多个空域方位的约束,这种对准方式大大有别于传统的"单方对准"。因此,有必要结合导航星间测距体制,对窄波束天线的空间对准问题展开进一步研究。

3.4.1 星间波束指向变化特性

3.4.1.1 波束指向的定义

天线是一种用来发射或接收无线电波的电子器件,波束宽度、增益和口径是其三个重要参数[27]。其中,波束宽度有半功率波束宽度(HPBW)和第一零点波束宽度(FNBW)之分。HPBW 是按半功率电平夹角定义的波束宽度,记为 φ,而 FNBW 是按主瓣两侧第一个零点夹角定义的波束宽度[27],如图 3.16 所示,本书采用第一种定义。

天线增益 G 是指远场区的某一球面上的最大辐射功率密度与其平均值之比[27],

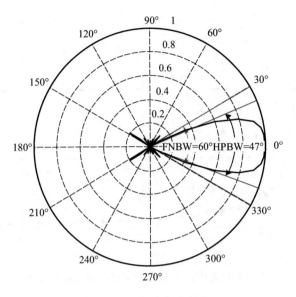

图 3.16 波束宽度定义

是描述天线性能最重要的参数之一。φ 越小,天线的增益越大,二者之间存在的简化计算关系为

$$G = 46.15 - 20\lg\varphi \tag{3.89}$$

在信号波长 λ 确定的情况下,波束宽度同时决定了天线口径的大小,它们的关系式为[27]

$$A_e = \frac{G\lambda^2}{4\pi} \tag{3.90}$$

式中:A_e 为天线口面的有效面积(m^2)。参考 GPS 星间链路论证方案,星间工作频段为 Ka 或 V 频段[11],在此以载波频率 23GHz 为例,根据式(3.89)和式(3.90),可得天线波束宽度与天线口面半径(考虑天线为圆形阵)和天线增益的关系,如图 3.17 所示。

图 3.17 中可以看出,窄波束天线具有较高的增益,工作在 Ka 频段时,还能具有较小的口径,便于星上安装。基于 Ka/Ku 频段的窄波束指向性链路以其巨大的增益优势,在星间高速率的数据传输中发挥了重要的作用。美国、俄罗斯、日本、ESA 等均建有基于 Ka/Ku 频段的中继数据传输系统,大大提高了信息获取的容量和时效性[28-30]。目前 Ka 频段的窄波束天线也已经在我国的中继卫星上得到了应用,其中第一代中继卫星的天线在 Ka 频段的波束宽度更窄,其带来的巨大增益为高速率的中继数据传输奠定了基础[8,31-32]。对于导航星座星间链路,由于传输距离远,信号的衰减较大,采用高增益的窄波束指向性天线可以获得较好的信号质量,从而提高星间测量和数传性能。目前,正论证 GPS 在新一代的星间链路上使用 Ka 频段或 V 频段的窄波束指向性天线,ESA 在开展导航星间链路论证时,也多次以窄波束指向性

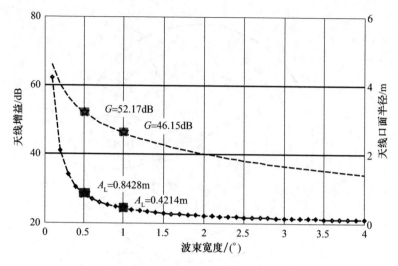

图 3.17 波束宽度与天线增益、天线口面半径的关系(载波频段 23GHz)

链路体制展开论述[9,11]。需要说明的是,中继卫星的星间链路是用于星间数据的传输,可以长时间持续建链,采用的天线是反射面天线,通过机械装置来调整天线的波束指向,保持对目标卫星的跟踪。而导航星座星间链路的工作模式是需要进行多星切换测量,目标卫星在不断、快速地切换,因此需要采用具有波束捷变功能的阵列天线来实现天线指向的快速调整。

窄波束天线具有较高的增益,但同时其指向性也较强,建立星间测距链路,首先需要设置准确的天线波束指向。天线的波束指向通常用俯仰角 α 和方位角 β 来描述,如图 3.18 所示。图中,X_A、Y_A 和 Z_A 分别表示发射卫星 i 天线坐标系的三个坐标轴,S_j 表示目标卫星。设 t 历元,目标卫星 j 在卫星 i 天线坐标系中的坐标为 $(x_A(t), y_A(t), z_A(t))^T$,则可得俯仰角的计算表达式为

$$\alpha(t) = \arcsin\left(\frac{z_A(t)}{\sqrt{x_A^2(t) + y_A^2(t) + z_A^2(t)}}\right) \tag{3.91}$$

方位角的表达式为

$$\beta(t) = \arctan\left(\frac{y_A(t)}{x_A(t)}\right) + \omega \tag{3.92}$$

式中

$$\omega = \begin{cases} 0° & x_A > 0, y_A > 0 \\ 180° & x_A < 0, y_A > 0 \\ 360° & x_A > 0, y_A < 0 \end{cases} \tag{3.93}$$

根据此定义,天线指向的方位角变化范围为 0°~360°,俯仰角变化范围为 0°~90°,天线波束指向地心时,俯仰角为零。

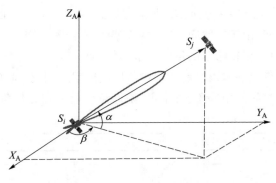

图 3.18　天线波束指向定义

3.4.1.2　星间波束指向变化特性分析

由于导航星座具有确定的构型,任意时刻卫星的坐标可以根据构型参数计算得到,在假定卫星姿态参数已知的前提下,根据卫星坐标可计算星间俯仰角和方位角变化情况,下面以第 2 章构建的 Walker 星座构型为例进行分析。为了简化,分析时假定天线坐标系与卫星本体坐标系完全重合,即天线坐标系原点在卫星质心上(图 3.19)。

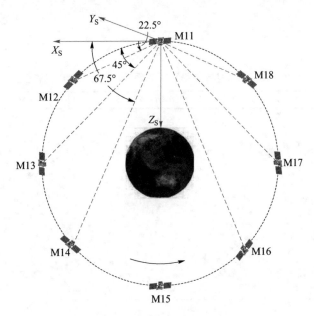

图 3.19　同轨道面卫星间天线指向分析

对于同一轨道面卫星,星间相对运动几乎为零,天线的指向角度也基本保持不变,其中与前进方向相邻的三颗卫星方位角为零,与前进方向相反的相邻的三颗卫星方位角为 180°。以 M11 为例:它与 M12、M13 与 M14 卫星的方位角为零,俯仰角分别为 22.5°、45°、67.5°;与 M16、M17 与 M18 卫星间的方位角为 180°,俯仰角分别为 67.5°、

45°和22.5°;方位角和俯仰角的变化率均为零,如图3.19所示。图中,X_s轴指向卫星前进方向,Y_s轴指向轨道负法线方向,Z_s轴指向地球质心,X_s、Y_s、Z_s轴构成右手正交系。

异轨道面卫星间,由于其空间相对位置随历元不断发生变化,方位角和俯仰角也将随历元变化而变化,根据给定的星座构型参数,通过卫星工具套件(STK)仿真软件可直接得到它们的变化规律。以前文构建的星座模型为例,分别仿真24h内M11卫星到第二轨道面卫星间的俯仰角、方位角、俯仰角变化率和方位角变化率的情况,结果如图3.20~图3.23所示。

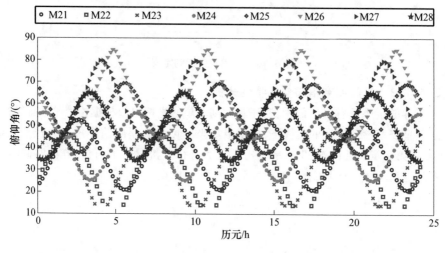

图3.20　M11卫星到第二轨道面卫星间俯仰角(见彩图)

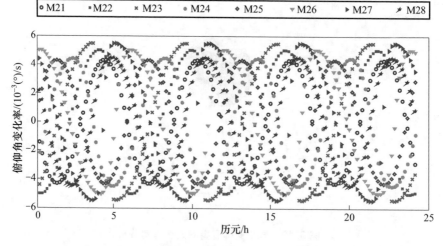

图3.21　M11卫星到第二轨道面卫星间俯仰角变化率(见彩图)

统计星座内所有异轨道面间卫星对的波束指向及其变化率计算结果,可以看出俯仰角变化范围大,为13.96°~84.58°,变化率范围为-0.0055~0.0055(°)/s,方位角变化范围为0°~360°,变化率范围为-0.07~0.07(°)/s。假设星间测距时隙为

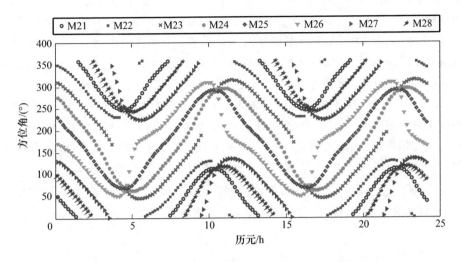

图 3.22　M11 卫星到第二轨道面卫星间方位角（见彩图）

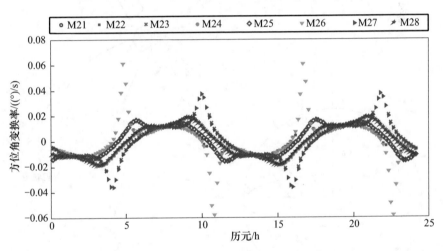

图 3.23　M11 卫星到第二轨道面卫星间方位角变化率（见彩图）

1.5s，在短暂的时隙内，考虑所有卫星对，俯仰角最大变化 0.0083°，方位角最大变化 0.105°，星间相对运动对星间方位角的影响较大。

3.4.2　波束指向计算

导航星座工作在一个高度精确的时空基准中，每颗卫星均存储有表征自己和它星轨道和钟差信息的导航电文，根据这些信息可以计算卫星在地心地固（ECEF）坐标系下的坐标。然而，根据式（3.91）和式（3.92），求解天线方位角和俯仰角时，使用的是目标星 j 在本星天线坐标系中的坐标 $(x_A(t), y_A(t), z_A(t))^T$。因此，为了求解这两个角度，首先需要将 ECEF 坐标转换到本星的天线坐标系中。转换过程需要用到

ECI 坐标系($O_I X_I Y_I Z_I$)、质心轨道坐标系($O_o X_o Y_o Z_o$)、卫星本体坐标系($O_o X_S Y_S Z_S$)、天线坐标系($O_A X_A Y_A Z_A$),各个坐标系间的关系如图 3.24 所示。其中:ECI 坐标系的原点 O_I 为地心,Z_I 轴垂直于赤道面指向地球北极,X_I 轴指向春分点,X_I、Y_I 轴与 Z_I 轴构成右手正交系;质心轨道坐标系的原点 O_o 在卫星质心上,Z_o 轴在轨道面内指向地球质心,X_o 轴在轨道面内指向卫星前进方向,Y_o 指向轨道平面负法线方向,X_o、Y_o、Z_o 构成右手正交系;卫星本体坐标系在 3.1.2 节已做了定义;质心轨道坐标系绕卫星本体坐标系的 Z_S、X_S 和 Y_S 轴依次转动 ψ、ϕ 和 θ 可以得到卫星本体坐标系,相应的角度称为偏航角、滚动角和俯仰角,当它们均为零时,两个坐标系重合;天线坐标系的原点 O_A 为天线相位中心位置,在卫星本体坐标系中的坐标为 $r_{iA_0} = (x_{ia_0}, y_{ia_0}, y_{ia_0})^T$,$Z_A$ 轴表示天线法线方向(与本体坐标系的 Z_S 轴平行),X_A 轴表示天线的方位维(与本体坐标系的 X_S 轴平行),Y_A 轴表示天线的俯仰维(与本体坐标系的 Y_S 轴平行)。

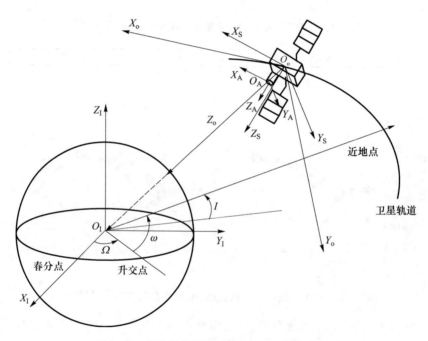

图 3.24 坐标转换时所用各个坐标系(见彩图)

根据前面分析,天线波束指向计算可划分为三个组成部分:一是根据导航电文求解两星在 ECEF 坐标系下的坐标;二是将目标卫星的 ECEF 坐标转换为本星天线坐标系下的坐标;三是根据式(3.91)和式(3.92)计算天线的俯仰角和方位角。

首先,计算卫星在 ECEF 坐标系下的坐标。在卫星所在轨道面内,设坐标系的原点为地心,x 轴指向升交点,z 轴与轨道面垂直指向北极,x、y、z 构成右手系,易得该坐标系下卫星的坐标为

$$\boldsymbol{r}_{\text{orb}} = \begin{pmatrix} a\cos E - a \cdot e \\ a\sqrt{1^2 - e^2}\sin E \\ 0 \end{pmatrix} = \begin{pmatrix} r\cos V \\ r\sin V \\ 0 \end{pmatrix} \tag{3.94}$$

式中：a 为轨道半长轴；r 为某一时刻地心到卫星质心的长度；V 为真近点角；e 为轨道的偏心率；E 为偏近点角。它们均可通过导航电文直接得到[4]。将该坐标转换到 ECEF 坐标系中，转换方式为

$$\boldsymbol{r}_{\text{ECEF}} = \boldsymbol{R} \cdot \boldsymbol{r}_{\text{orb}} \tag{3.95}$$

式中：转换矩阵

$$\boldsymbol{R} = \boldsymbol{R}_3(-\Omega_e) \cdot \boldsymbol{R}_1(-I) = \begin{bmatrix} \cos\Omega_e & -\sin\Omega_e\cos I & \sin\Omega_e\sin I \\ \sin\Omega_e & \cos\Omega_e\cos I & -\cos\Omega_e\sin I \\ 0 & \sin I & \cos I \end{bmatrix} \tag{3.96}$$

式中：I 为轨道倾角；Ω_e 为待求时刻的升交点经度。转换矩阵 $\boldsymbol{R}_1(\cdot)$、$\boldsymbol{R}_2(\cdot)$、$\boldsymbol{R}_3(\cdot)$ 的表达式为

$$\boldsymbol{R}_1(\cdot) = \begin{bmatrix} 1 & 0 & 0 \\ 0 & c(\cdot) & s(\cdot) \\ 0 & -s(\cdot) & c(\cdot) \end{bmatrix}, \quad \boldsymbol{R}_2(\cdot) = \begin{bmatrix} c(\cdot) & 0 & -s(\cdot) \\ 0 & 1 & 0 \\ s(\cdot) & 0 & c(\cdot) \end{bmatrix}$$

$$\boldsymbol{R}_3(\cdot) = \begin{bmatrix} c(\cdot) & s(\cdot) & 0 \\ -s(\cdot) & c(\cdot) & 0 \\ 0 & 0 & 1 \end{bmatrix} \tag{3.97}$$

式中：$c(\cdot)$ 代表余弦函数；$s(\cdot)$ 代表正弦函数。对式(3.95)求导，即可得到卫星在 ECEF 坐标系下的速度：

$$\dot{\boldsymbol{r}}_{\text{ECEF}} = \dot{\boldsymbol{R}} \cdot \boldsymbol{r}_{\text{orb}} + \boldsymbol{R} \cdot \dot{\boldsymbol{r}}_{\text{orb}} \tag{3.98}$$

根据式(3.96)，可得

$$\dot{\boldsymbol{R}} = \begin{bmatrix} -\sin\Omega_e \cdot \dot{\Omega}_e & -\cos\Omega_e\cos I \cdot \dot{\Omega}_e & \cos\Omega_e\sin I \cdot \dot{\Omega}_e \\ \cos\Omega_e \cdot \dot{\Omega}_e & -\sin\Omega_e\cos I \cdot \dot{\Omega}_e & \sin\Omega_e\sin I \cdot \dot{\Omega}_e \\ 0 & 0 & 0 \end{bmatrix} \tag{3.99}$$

由于轨道倾角的变化率 $\dot{I}$ 在 $10^{-10} \sim 10^{-12}$ 量级[33]，在式(3.99)计算时假设 $\dot{I}$ 为零。对式(3.94)求导，可得

$$\dot{\boldsymbol{r}}_{\text{orb}} = \begin{bmatrix} \dot{r}\cos V - r\sin V \cdot \dot{V} \\ \dot{r}\sin V - r\cos V \cdot \dot{V} \\ 0 \end{bmatrix} \tag{3.100}$$

上述求解过程更详细的计算步骤和各参数更明确的含义,在各个导航系统公开的空间接口文件中均有描述。得到两星在 ECEF 坐标系下的坐标后,分别将它们转换到 ECI 坐标系,转换时用到极移、岁差、章动和地球自转等参数,转换方式为

$$\begin{cases} \boldsymbol{r}_{\text{ECI}} = (\boldsymbol{HG})^{\text{T}} \boldsymbol{r}_{\text{ECEF}} \\ \dot{\boldsymbol{r}}_{\text{ECI}} = (\boldsymbol{HG})^{\text{T}} \dot{\boldsymbol{r}}_{\text{ECEF}} + (\boldsymbol{HDG})^{\text{T}} \boldsymbol{r}_{\text{ECEF}} \end{cases} \quad (3.101)$$

详细的转换过程和转换矩阵 $\boldsymbol{H}$、$\boldsymbol{D}$、$\boldsymbol{G}$ 的具体含义可参考文献[34]。经过上述转换后,得到卫星 i、j 在 ECI 坐标系下的坐标和速度,分别记为 $\boldsymbol{r}_{\text{I}i}$、$\dot{\boldsymbol{r}}_{\text{I}i}$、$\boldsymbol{r}_{\text{I}j}$ 和 $\dot{\boldsymbol{r}}_{\text{I}j}$。那么,ECI 坐标系下卫星 i 到 j 的方向矢量和速度矢量表示为

$$\begin{cases} \boldsymbol{r}_{\text{I}ij} = \boldsymbol{r}_{\text{I}j} - \boldsymbol{r}_{\text{I}i} \\ \dot{\boldsymbol{r}}_{\text{I}ij} = \dot{\boldsymbol{r}}_{\text{I}j} - \dot{\boldsymbol{r}}_{\text{I}i} \end{cases} \quad (3.102)$$

将该矢量转换到卫星 i 质心轨道系中,得到矢量 $\boldsymbol{r}_{oij}$ 和 $\dot{\boldsymbol{r}}_{oij}$,转换过程为 $\boldsymbol{r}_{oij} = \boldsymbol{C} \cdot \boldsymbol{r}_{\text{I}ij}$,其中,转换矩阵 $\boldsymbol{C}$ 为

$$\boldsymbol{C} = \begin{pmatrix} (\boldsymbol{r}_{\text{I}i} \times \dot{\boldsymbol{r}}_{\text{I}i} / |\boldsymbol{r}_{\text{I}i} \times \dot{\boldsymbol{r}}_{\text{I}i}|) \times (\dot{\boldsymbol{r}}_{\text{I}i} / \boldsymbol{r}_{\text{I}i}) \\ -\boldsymbol{r}_{\text{I}i} \times \dot{\boldsymbol{r}}_{\text{I}i} / |\boldsymbol{r}_{\text{I}i} \times \dot{\boldsymbol{r}}_{\text{I}i}| \\ -\dot{\boldsymbol{r}}_{\text{I}i} / \boldsymbol{r}_{\text{I}i} \end{pmatrix} \quad (3.103)$$

再将矢量 $\boldsymbol{r}_{oij}$ 转换到卫星本体坐标系中,得到 $\boldsymbol{r}_{Sij}$,转换时需要用到卫星的姿态参数(偏航角、滚动角和俯仰角),定义转换矩阵为 $\boldsymbol{B} = \boldsymbol{R}_2(\phi)\boldsymbol{R}_1(\psi)\boldsymbol{R}_3(\theta)$,有

$$\boldsymbol{r}_{Sij} = \boldsymbol{B} \cdot \boldsymbol{r}_{oij} \quad (3.104)$$

然后,将该矢量转换到卫星 i 的天线坐标系中,得到 $\boldsymbol{r}_{Aij}$,在天线坐标系与卫星本体坐标系三轴平行的前提下,该转换只是一个简单的坐标平移,即

$$\boldsymbol{r}_{Aij} = \boldsymbol{r}_{Sij} - \boldsymbol{r}_{iA_0} \quad (3.105)$$

这样,将 $\boldsymbol{r}_{Aij}$ 代入式(3.91)和式(3.92)中,即可解得天线指向的方位角和俯仰角。

综上,根据导航电文就得到了星间波束指向,可以看出,整个计算过程需要经过一系列坐标转换,涉及大量的矩阵运算,计算量较大,计算过程较为复杂。

3.4.3 误差特性分析

根据波束指向计算流程,指向计算时需要用到导航电文、卫星姿态参数、天线安装等参数,这些数据均包含一定的误差,从而影响到波束指向的计算精度。此外,天线波束指向还需通过波束控制系统来实现,最终的指向精度还与波束的控制精度有关,将各误差源汇总如图 3.25 所示。其中天线安装精度和天线指向控制精度均可通过良好的设计来保证,星间相对运动对波束指向的影响已在 3.4.1 节、3.4.2 节中做了详细分析,在此主要分析星历误差和卫星姿态误差对波束指向计算精度的影响。

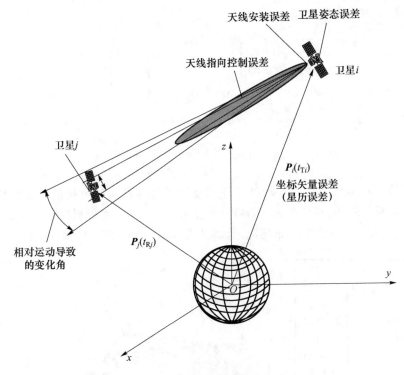

图 3.25 天线指向误差源汇总

3.4.3.1 卫星星历不准确带来的误差

天线指向计算中,卫星的坐标根据导航电文计算得到,但导航电文并不能完全准确反映卫星的运行状态,解得的数值与卫星的真实运行轨道存在着一定的偏差,其中本星的轨道数据根据导航电文计算得到,偏差较小,精度在米级;目标星的信息来自于历书,偏差较大,与本星轨道精度相差两到三个数量级[35-37],因此在此分析时只考虑目标星的星历误差。设 ECI 坐标系下,目标卫星根据历书求解的轨道误差为 $\mathrm{d}\boldsymbol{r}_{Ij}$,则根据式(3.102),有 $\mathrm{d}\boldsymbol{r}_{Iij} = \mathrm{d}\boldsymbol{r}_{Ij}$,结合式(3.103)~式(3.105),可得

$$\mathrm{d}\boldsymbol{r}_{Aij} = \boldsymbol{B} \cdot \boldsymbol{C} \cdot \mathrm{d}\boldsymbol{r}_{Ij} \tag{3.106}$$

对式(3.91)求全微分,并将式(3.106)代入,可得

$$\mathrm{d}\alpha = \boldsymbol{A}_\alpha \cdot \boldsymbol{B} \cdot \boldsymbol{C} \cdot \mathrm{d}\boldsymbol{r}_{Ij} \tag{3.107}$$

式中

$$\boldsymbol{A}_\alpha = \left(-\frac{\tan\alpha \cdot x_{Aij}}{|\boldsymbol{r}_{Aij}|^2}, -\frac{\tan\alpha \cdot y_{Aij}}{|\boldsymbol{r}_{Aij}|^2}, \frac{\cos\alpha}{|\boldsymbol{r}_{Aij}|} \right) \tag{3.108}$$

写成方差形式为

$$\sigma_\alpha^2 = \boldsymbol{A}_\alpha \boldsymbol{B} \boldsymbol{C} \begin{bmatrix} \sigma_{x_{Ij}}^2 & 0 & 0 \\ 0 & \sigma_{y_{Ij}}^2 & 0 \\ 0 & 0 & \sigma_{z_{Ij}}^2 \end{bmatrix} \boldsymbol{C}^\mathrm{T} \boldsymbol{B}^\mathrm{T} \boldsymbol{A}_\alpha^\mathrm{T} \tag{3.109}$$

同理,可得方位角的方差为

$$\sigma_\beta^2 = A_\beta \left(BC \begin{bmatrix} \sigma_{x_{Ij}}^2 & 0 & 0 \\ 0 & \sigma_{y_{Ij}}^2 & 0 \\ 0 & 0 & \sigma_{z_{Ij}}^2 \end{bmatrix} C^T B^T \right) A_\beta^T \tag{3.110}$$

式中

$$A_\beta = \left(-\frac{\cos^2\beta y_{Aij}}{x_{Aij}^2}, \frac{\cos^2\beta}{x_{Aij}}, 0 \right) \tag{3.111}$$

根据式(3.109)、式(3.110)可以评估坐标误差对星间波束指向精度的影响,在此,假设坐标误差 dr_{Ij} 在三个轴向方向上的大小均为1km,则根据这两式可计算出各个卫星对波束指向的误差分布情况,计算结果如图3.26、图3.27所示。

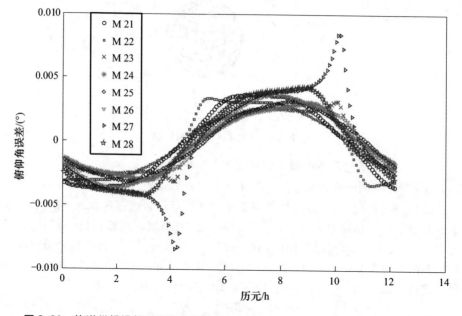

图3.26 轨道坐标误差对俯仰角计算的影响(x、y、z方向上误差各1km)(见彩图)

从图3.26和图3.27中可以看出,当坐标误差 dr_{Ij} 在各个方向上的大小分别为1km时,俯仰角的误差最大为 $-0.008413°\sim 0.008413°$,方位角误差最大为 $-0.02859°\sim 0.02859°$,对 $0.1°$ 的波束宽度,可以忽略不计。通过上述分析可见,方向矢量误差对波束指向计算精度影响较小。

3.4.3.2 卫星姿态偏差带来的误差

天线指向计算时,需要用到卫星的姿态参数,这些参数通过星敏感器、陀螺等元件实时测量得到,必然会存在或大或小的误差,进而会影响到天线波束指向的计算精度。为了求解姿态参数误差对波束指向的影响,首先对式(3.107)求全微分,可得

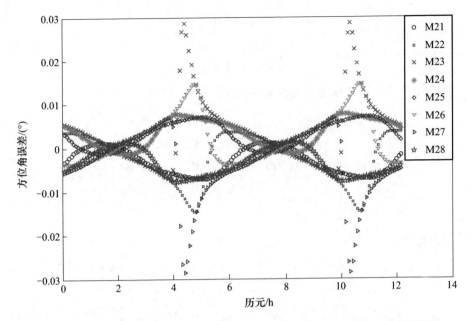

图 3.27　轨道坐标误差对方位角计算的影响（x、y、z 方向上误差各 1km）（见彩图）

$$\begin{bmatrix} \mathrm{d}x_{Sij} \\ \mathrm{d}y_{Sij} \\ \mathrm{d}z_{Sij} \end{bmatrix} = \begin{bmatrix} M_{x\phi} & M_{x\theta} & M_{x\psi} \\ M_{y\phi} & M_{y\theta} & M_{y\psi} \\ M_{z\phi} & M_{z\theta} & M_{z\psi} \end{bmatrix} \begin{bmatrix} \mathrm{d}\phi \\ \mathrm{d}\theta \\ \mathrm{d}\psi \end{bmatrix} \tag{3.112}$$

式中

$$\begin{cases} M_{x\phi} = -\cos\phi\sin\theta\sin\psi x_{oij} + \cos\phi\sin\theta\cos\psi y_{oij} + \sin\phi\sin\theta z_{oij} \\ M_{x\theta} = -(\sin\theta\cos\psi + \sin\phi\cos\theta\sin\psi) x_{oij} + (\sin\phi\cos\theta\cos\psi - \sin\theta\sin\psi) y_{oij} \\ M_{x\psi} = -(\cos\theta\sin\psi + \sin\phi\sin\theta\cos\psi) x_{oij} + (\cos\theta\cos\psi - \sin\phi\sin\theta\sin\psi) y_{oij} \\ M_{y\phi} = \sin\phi\sin\psi x_{oij} - \sin\phi\cos\psi y_{oij} + \cos\phi z_{oij} \\ M_{y\theta} = 0 \\ M_{y\psi} = -\cos\phi\cos\psi x_{oij} - \sin\phi\sin\psi z_{oij} \\ M_{z\phi} = \cos\phi\cos\theta\sin\psi x_{oij} - \cos\phi\cos\theta\cos\psi y_{oij} - \sin\phi\cos\theta z_{oij} \\ M_{z\theta} = (\cos\theta\cos\psi - \sin\phi\sin\theta\sin\psi) x_{oij} + (\cos\theta\sin\psi + \sin\phi\sin\theta\cos\psi) y_{oij} - \\ \qquad \cos\phi\sin\theta z_{oij} \\ M_{z\psi} = (\sin\phi\cos\theta\cos\psi - \sin\theta\sin\psi) x_{oij} + (\sin\theta\cos\psi + \sin\phi\cos\theta\sin\psi) y_{oij} \end{cases}$$

$$\tag{3.113}$$

为了简化分析，假设卫星本体坐标系的坐标轴与天线坐标系的坐标轴平行，即卫星本体坐标与天线坐标只存在简单的平移关系，这点可以在卫星设计时得到保证。此时有

$$\begin{bmatrix} \mathrm{d}x_{Aij} \\ \mathrm{d}y_{Aij} \\ \mathrm{d}z_{Aij} \end{bmatrix} = \begin{bmatrix} \mathrm{d}x_{Sij} \\ \mathrm{d}y_{Sij} \\ \mathrm{d}z_{Sij} \end{bmatrix} \tag{3.114}$$

根据式(3.112),得到俯仰角误差与卫星姿态误差的关系为

$$\mathrm{d}\alpha = \begin{bmatrix} -\dfrac{\tan\alpha \cdot x_{Aij}}{r^2} \\ -\dfrac{\tan\alpha \cdot y_{Aij}}{r^2} \\ \dfrac{\cos\alpha}{r} \end{bmatrix}^{\mathrm{T}} \left(\begin{bmatrix} M_{x\phi} & M_{x\theta} & M_{x\psi} \\ M_{y\phi} & M_{y\theta} & M_{y\psi} \\ M_{y\phi} & M_{z\theta} & M_{z\psi} \end{bmatrix} \begin{bmatrix} \mathrm{d}\phi \\ \mathrm{d}\theta \\ \mathrm{d}\psi \end{bmatrix} \right) \tag{3.115}$$

写成方差形式为

$$\sigma_\alpha^2 = \begin{bmatrix} -\dfrac{\tan\alpha \cdot x_{Aij}}{r^2} \\ -\dfrac{\tan\alpha \cdot y_{Aij}}{r^2} \\ \dfrac{\cos\alpha}{r} \end{bmatrix}^{\mathrm{T}} \left(\boldsymbol{M} \begin{bmatrix} \sigma_\phi^2 & 0 & 0 \\ 0 & \sigma_\theta^2 & 0 \\ 0 & 0 & \sigma_\psi^2 \end{bmatrix} \boldsymbol{M}^{\mathrm{T}} \right) \begin{bmatrix} -\dfrac{\tan\alpha \cdot x_{Aij}}{r^2} \\ -\dfrac{\tan\alpha \cdot y_{Aij}}{r^2} \\ \dfrac{\cos\alpha}{r} \end{bmatrix} \tag{3.116}$$

式中

$$\boldsymbol{M} = \begin{bmatrix} M_{x\phi} & M_{x\theta} & M_{x\psi} \\ M_{y\phi} & M_{y\theta} & M_{y\psi} \\ M_{z\phi} & M_{y\theta} & M_{z\psi} \end{bmatrix} \tag{3.117}$$

同理,可得方位角误差与卫星姿态误差的关系为

$$\sigma_\beta^2 = \begin{bmatrix} -\dfrac{\cos^2\beta y_{Aij}}{x_{Aij}^2} \\ \dfrac{\cos^2\beta}{x_{Aij}} \\ 0 \end{bmatrix}^{\mathrm{T}} \left(\boldsymbol{M} \begin{bmatrix} \sigma_\phi^2 & 0 & 0 \\ 0 & \sigma_\theta^2 & 0 \\ 0 & 0 & \sigma_\psi^2 \end{bmatrix} \boldsymbol{M}^{\mathrm{T}} \right) \begin{bmatrix} -\dfrac{\cos^2\beta y_{Aij}}{x_{Aij}^2} \\ \dfrac{\cos^2\beta}{x_{Aij}} \\ 0 \end{bmatrix} \tag{3.118}$$

这样,根据式(3.116)和式(3.118)即可定量计算由卫星姿态误差引起的波束指向误差,以 M11 卫星与 M21 卫星间链路为例,根据这两式分析姿态参数误差与波束指向误差间的关系,分析时假设 M11 卫星姿态在偏航、滚动和俯仰三个方向上的误差均为 0.1°,分析结果如图 3.28 和图 3.29 所示。由图可以看出,天线俯仰角和方位角受姿态误差的影响是等量级的,其中方位角受到的影响要大于俯仰角。当 $\mathrm{d}\psi = 0.1°$、$\mathrm{d}\phi = 0°$、$\mathrm{d}\theta = 0°$ 时,即卫星姿态只存在偏航误差时,对天线俯仰角计算产生的影响为零,而对方位角产生的误差与偏航角的误差相同,均为 0.1°。这是因为偏航轴

是沿径向指向地心，偏航角是绕偏航轴旋转的角度，天线波束单纯的绕偏航轴旋转不会改变俯仰角的大小，方位角会由于旋转而改变等量的角度值。

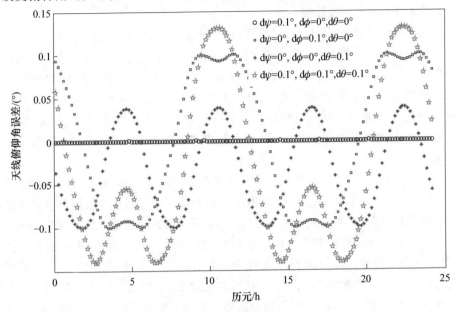

图 3.28　卫星姿态误差与俯仰角误差的关系（M11-M21）（见彩图）

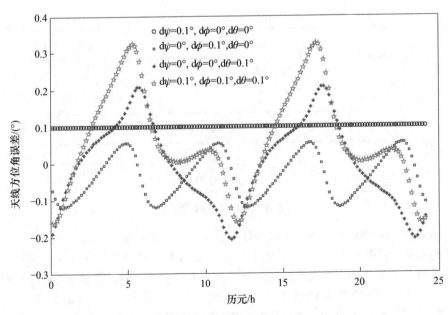

图 3.29　卫星姿态误差与方位角误差的关系（M11-M21）（见彩图）

3.4.4 基于方位预测的波束指向算法

3.4.4.1 短时方位预测

导航星间链路测距采用短时时分模式,每次测距时,各个卫星对分配一个时隙。为了简化设计,单个时隙内不再对波束指向进行调整,即每个时隙内测距天线只设置一个指向。但是星间波束指向随时间不断发生变化,并不是固定值,时隙内的星间相对运动也会带来波束指向的变化,其中俯仰角的变化率最大为 0.0055(°)/s,方位角的变化率最大为 0.07(°)/s。本节在分析星间测距流程的基础上,提出一种时隙内方位预测的波束指向算法,以最大限度地减小星间相对运动对波束指向带来的影响。

星间链路属于协作建链,导航卫星均可根据预先约定的路由规划获得建链时刻 t_1 和目标卫星 j。单次测距过程中,发射卫星的测量时隙可划分为信号发射阶段和时隙保护阶段两部分,长度分别记为 t_T 和 t_1,其中信号发射的起始点即是时隙开始的时刻 t_1。设置时隙保护阶段是考虑到信号空间传播需要一定的时长,为了防止数据丢失,并不在整个时隙内发射信号,而是在末尾留有一定的空余。信号经过一定时间的空间传播后,在 t_2 时刻到达接收卫星,信号到达之前,接收卫星处于空闲状态,同样,由于存在时隙保护设置,在 t_3 时刻信号接收完毕后,还需经过一段空闲时间,本次时隙才会结束,整个时隙划分如图 3.30 所示。

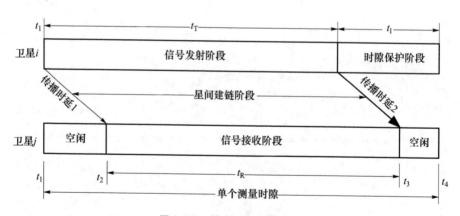

图 3.30 单个时隙测距流程

图 3.30 中,信号的有效发射时间段为 $t_1 \sim t_1 + t_T$,有效接收时间段为 $t_2 \sim t_2 + t_R$,t_1 时刻发射的信号在 t_2 时刻被接收到,而 $t_1 + t_T$ 时刻发射的信号在 $t_2 + t_R$ 时刻被接收到。因此 t_1 时刻卫星 i 天线的最佳指向并非卫星 j 在 t_1 时刻的位置,而是 t_2 时刻的位置。由于星间最大距离为 52540.739km,t_1 时刻与 t_2 时刻最大相差可达 175.1ms,根据星间波束指向变化特性分析,星间俯仰角和方位角最大变化率分别为 0.0055(°)/s 和 0.07(°)/s,在 175.1ms 的传输时间内二者的俯仰角和方位角可能发生的最大变化为 0.00096°和 0.0123°,其中对方位角的影响相对较大,因此指向设计

时要考虑空间传输时延带来的影响。

由于卫星间俯仰角和方位角的二阶及二阶以上变化率较小,因此可认为短时间内俯仰角和方位角是呈线性变化的,如果单个时隙内不对指向进行实时调整,而是保持单一指向,最佳的选择应该是两星有效联通中间时刻的指向,即卫星 i 在 $t_1 + t_T/2$ 时刻的位置与卫星 j 在 $t_2 + t_R/2$ 时刻的位置对应的天线指向,此时可以将星间相对运动带来的影响降为 1/2。将这两个时刻记为 t_{Ti} 和 t_{Rj},则有

$$\begin{cases} t_{Ti} = t_1 + \dfrac{t_T}{2} \\ t_{Rj} = t_2 + \dfrac{t_R}{2} \end{cases} \tag{3.119}$$

单个时隙测距过程中,t_{Ti} 和 t_{Rj} 时刻对应的俯仰角和方位角如图 3.31 所示。空间对准计算时,通过上述对测距时刻的超前预测,可以最大程度降低由星间相对运动带来的影响。

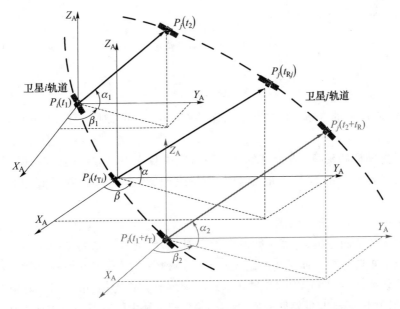

图 3.31 单个时隙内天线俯仰角和方位角变化情况(见彩图)

为了计算 t_{Ti} 和 t_{Rj},需要求解 t_T、t_R 和 t_2。由于卫星间距离最大变化率为 4.852km/s,对于 1.5s 的测距时隙,图 3.30 中传播时延 1 与传播时延 2 最大相差 23μs,因此 t_T 与 t_R 最大相差不超过 23μs,在如此短的时间内波束指向变化可以忽略不计,因此天线指向计算时认为 t_T 与 t_R 相等。根据上述分析,为了计算波束指向,还需求解信号的接收时刻 t_2。设 t_1 时刻卫星 i、j 的坐标矢量分别为 $\boldsymbol{P}_i(t_1)$ 和 $\boldsymbol{P}_j(t_1)$,将此时的星间距离转化为时延,得

$$\tau_1 = \frac{|\boldsymbol{P}_j(t_1) - \boldsymbol{P}_i(t_1)|}{c} \tag{3.120}$$

而信号的实际传播时延为

$$t_2 - t_1 = \frac{|\boldsymbol{P}_j(t_2) - \boldsymbol{P}_i(t_1)|}{c} \tag{3.121}$$

在 $\boldsymbol{P}_i(t_1)$ 和 $\boldsymbol{P}_j(t_1)$ 和 $\boldsymbol{P}_j(t_2)$ 三个坐标点构成的三角形中,根据三角形性质,有

$$\| |\boldsymbol{P}_j(t_2) - \boldsymbol{P}_i(t_1)| - |\boldsymbol{P}_j(t_1) - \boldsymbol{P}_i(t_1)| \| < |\boldsymbol{P}_j(t_2) - \boldsymbol{P}_j(t_1)| \tag{3.122}$$

设卫星最大运行速度为 v_{max},则有

$$|\boldsymbol{P}_j(t_2) - \boldsymbol{P}_j(t_1)| < v_{max}(t_2 - t_1) \tag{3.123}$$

将式(3.120)~式(3.122)代入,可得

$$|\tau_1 - (t_2 - t_1)| < \frac{v_{max}}{c}(t_2 - t_1) \tag{3.124}$$

因此有

$$t_2 = t_1 + \tau_1 + \Delta\tau \tag{3.125}$$

式中

$$\Delta\tau < 20\mu s \tag{3.126}$$

这样,通过 τ_1 的求解,即可得到 t_2,误差在 $20\mu s$ 以内,对于天线的波束指向变化可以忽略。

基于星间测距流程,通过对单个测距时隙内目标卫星方位的预测,降低了由星间相对运动给波束指向带来的影响。分析表明,该影响可以降低到原来的 50% 左右。

3.4.4.2 长时方位预测

根据 3.2 节的分析,计算星间波束指向时,需要进行一系列坐标转换,中间涉及大量复杂的矩阵运算。而星间测距模式又是一种短时时分工作模式,天线波束处在一个高速切换的过程中,以 GPS 星间测距时隙划分方式为例,单个测距时隙为 1.5s,36s 与星座内的所有卫星轮循一遍,称为 1 帧,即 1 帧内同一卫星对建链 1 次,也即每个卫星对的建链频度为 36s。因此星上需要频繁的进行大量的计算,占用大量的计算资源。本节结合卫星轨道变化特点,提出一种不同时隙间方位预测的空间指向算法,在不影响波束指向计算精度的前提下,减小星上计算负担。为了进行简化设计,在此进一步分析星间波束指向计算流程进一步细化,如图 3.32 所列。

根据图 3.32 所示,星间波束指向计算时,计算流程可分为六步。所需要的外部输入数据有导航电文、极移、岁差、自转、章动、卫星姿态、天线姿态等参数。各个参数的更新频度如表 3.4 所列。

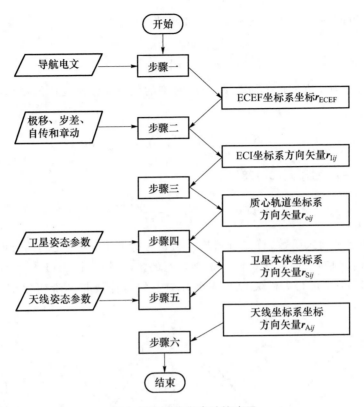

图 3.32 波束指向计算流程

表 3.4 波束指向计算所用参数的更新频度

参数名称	更新频度
导航电文	2h(广播星历),一天(历书)
岁差、极移、自转、章动	180 天
卫星姿态	实时
天线姿态	不变

由于卫星姿态是实时调整的,姿态参数的偏差对波束指向误差的影响是等量级的,因此第四步:卫星本体坐标系下方向矢量 r_{Sij} 的计算这一步应实时进行。而导航电文、岁差、极移、章动等参数更新频度较低,其中更新最快的广播星历频度也是 2h 一次[35-37]。因此将 2h 内的坐标一次计算还是分次计算,计算精度是等同的。接收机在进行定位时,为了节省计算复杂度,减小计算负担,并不是实时计算卫星的坐标,而是利用卫星轨道的缓变特性,将一段时间内的轨道坐标用一个多项式来表示,任意点的坐标可以通过多项式计算得到,而不必每次都通过导航电文求解,该多项式系数通常通过分段差值获得[38-39]。借鉴该思路,可将两颗卫星在惯性系下的方向矢量 r_{oij} 用多项式表示以简化计算,最直观的方式是将方向矢量的各个方向在 t_0 处

展开。以 x 方向为例,可得 t 时刻 x 方向上的坐标值为

$$x(t) = \sum_{k=0}^{n} \frac{x^{(k)}(t_0)}{k!} t^k + r_n(t) \tag{3.127}$$

式中:$x^{(k)}(t_0)$ 为 x 方向的 k 阶导数在 t_0 时刻的值;$r_n(t)$ 为残留的误差项,表达式为

$$r_n(t) = \frac{1}{n!} \int_{t_0}^{t} x^{(n+1)}(t_0)(t - t_0)^n \mathrm{d}t \tag{3.128}$$

令 $\Delta t = t - t_0$,对于式(3.128),有

$$|r_n(t)| \leq \frac{\max(|x^{(n+1)}(t_0)|)}{(n+1)!} \Delta t^{n+1} \tag{3.129}$$

为了确定多项式阶数,首先分析质心轨道坐标系下,两星之间的方向矢量分别在径向、法向、切向上的变化特性。根据构建的星座模型,以 M11 与 M27 卫星间链路为例,利用 STK 可得方向矢量在各个方向上的坐标及其各阶变化率,如图 3.33 所示。

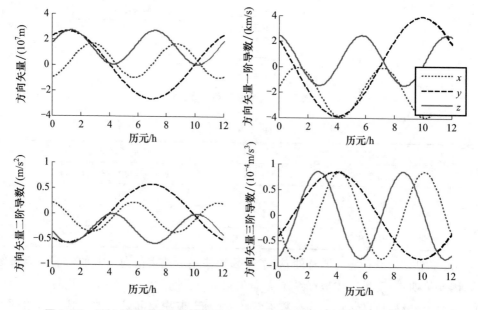

图 3.33 M11 卫星质心轨道坐标系下 M27 方向矢量的各阶变化率(见彩图)

从图 3.33 中可以看出,方向矢量的一阶、二阶和三阶变化率分别为 km/s、dm/s² 和 10μm/s³ 量级。为了便于计算泰勒级数展开的残差,统计方向矢量在各个方向上的各阶变化率绝对值的最大值,如表 3.5 所列。

将这些最大值代入到式(3.129)中可得采用不同级数泰勒展开时,距离误差的最大值随预测时长的变化规律,如图 3.34 所示,计算时以 x 方向为例。

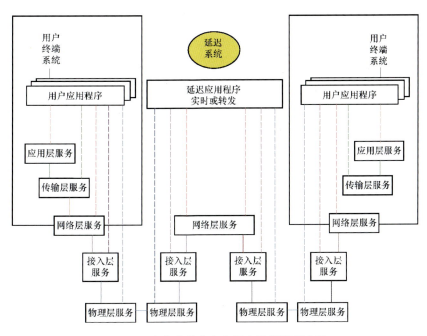

图 2.3 存在中继节点的星座网络服务流程

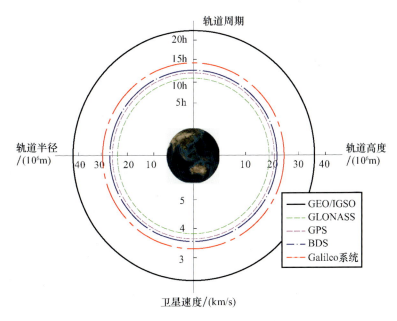

图 2.4 典型全球卫星导航系统卫星轨道特征

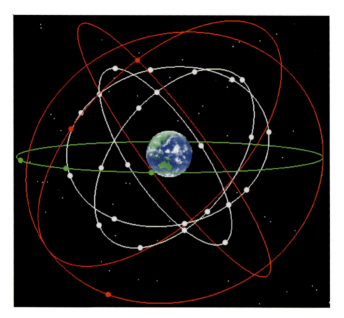

图 2.7　3GEO+3IGSO+24MEO 星座构型

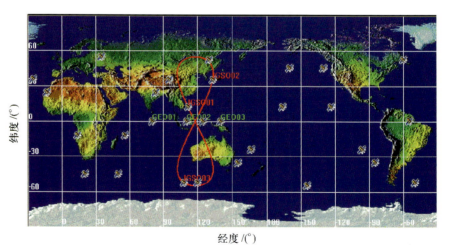

图 2.8　3GEO+3IGSO+24MEO 星下点分布

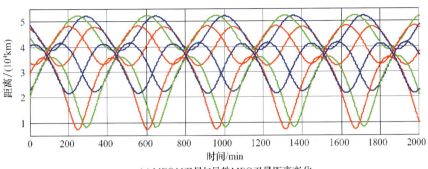

(a) MEO11卫星与异轨MEO卫星距离变化

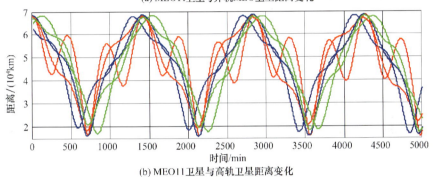

(b) MEO11卫星与高轨卫星距离变化

图 2.13　MEO11 卫星与其他卫星距离属性变化图

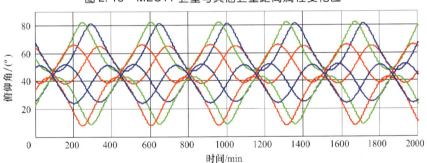

(a) MEO11卫星与异轨MEO卫星俯仰角变化

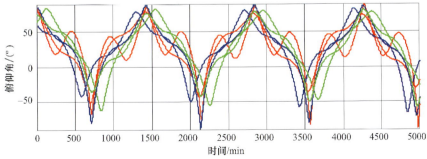

(b) MEO11卫星与高轨卫星俯仰角变化

图 2.14　MEO11 卫星与其他卫星仰角属性变化图

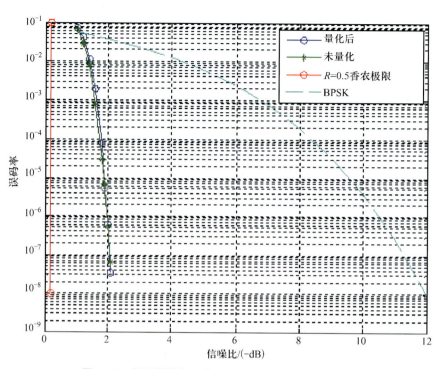

图 2.27 循环置换矩阵构造的 QC-LDPC 码性能曲线

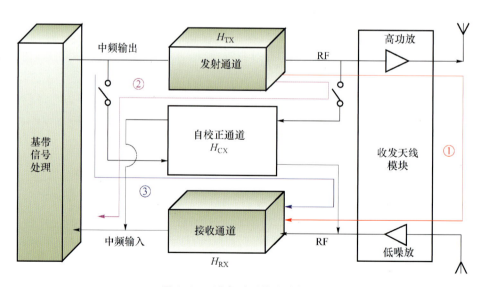

图 3.11 设备时延的在线标校

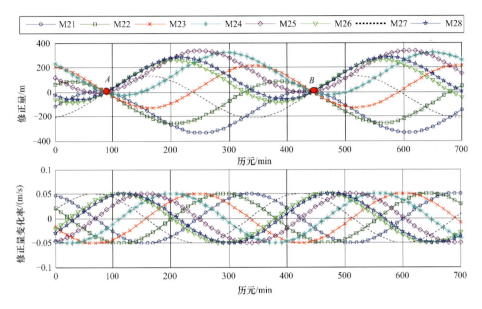

图 3.14　异轨道面卫星间时标归算修正量及其变化率

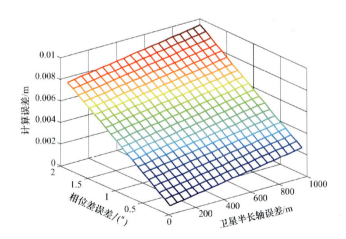

图 3.15　同轨道面卫星间时标归算修正量的计算误差

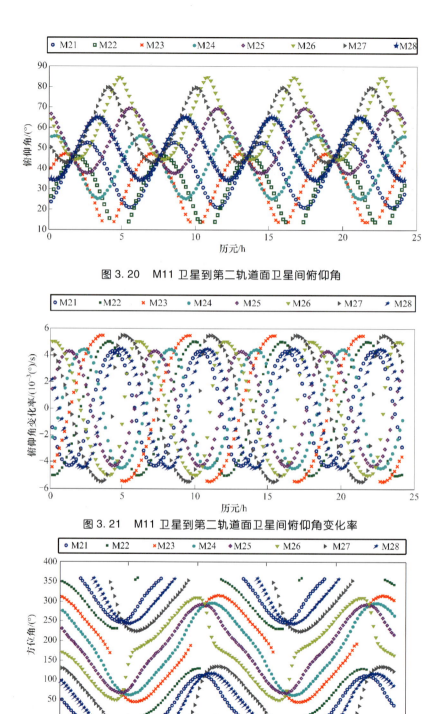

图 3.20　M11 卫星到第二轨道面卫星间俯仰角

图 3.21　M11 卫星到第二轨道面卫星间俯仰角变化率

图 3.22　M11 卫星到第二轨道面卫星间方位角

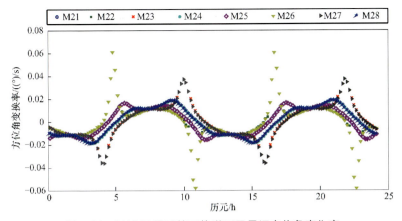

图 3.23　M11 卫星到第二轨道面卫星间方位角变化率

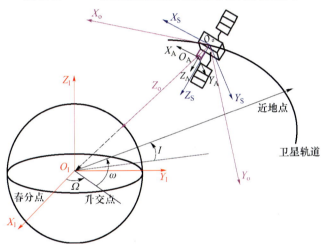

图 3.24　坐标转换时所用各个坐标系

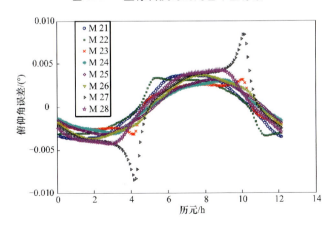

图 3.26　轨道坐标误差对俯仰角计算的影响（x、y、z方向上误差各 1 km）

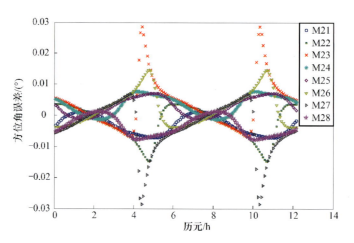

图 3.27　轨道坐标误差对方位角计算的影响（x、y、z 方向上误差各 1 km）

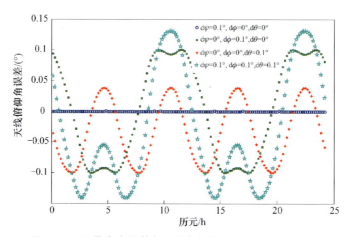

图 3.28　卫星姿态误差与俯仰角误差的关系（M11-M21）

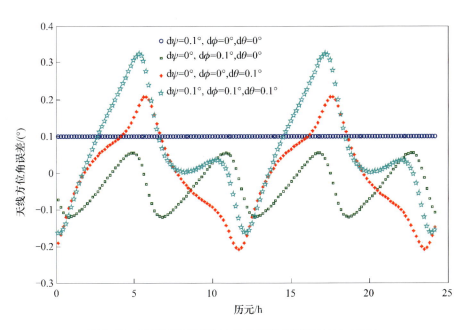

图 3.29 卫星姿态误差与方位角误差的关系（M11-M21）

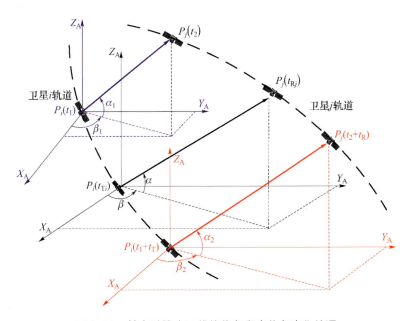

图 3.31 单个时隙内天线俯仰角和方位角变化情况

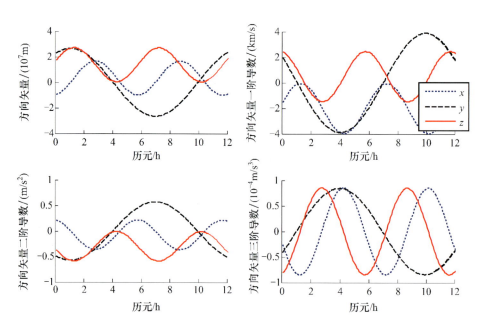

图 3.33　M11 卫星质心轨道坐标系下 M27 方向矢量的各阶变化率

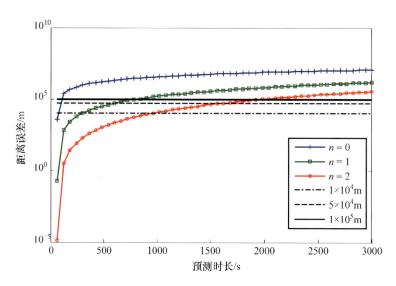

图 3.34　不同泰勒级数展开带来的残差（x 方向）

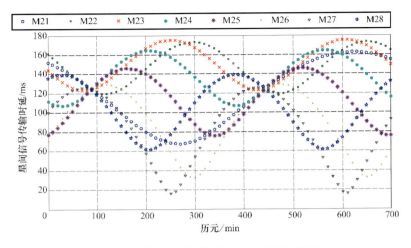

图 3.36　M11 到第二轨道面卫星间传播时延

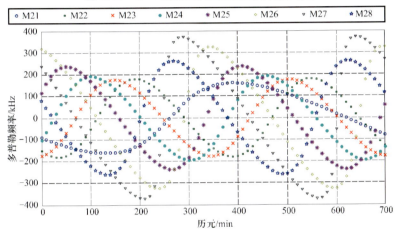

图 3.37　M11 到第二轨道面卫星间多普勒频率

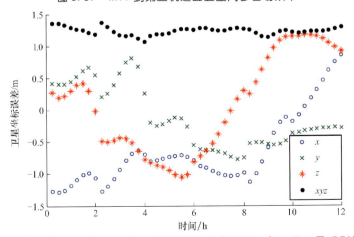

图 3.41　广播星历计算卫星坐标与精密星历之差（2014 年 4 月 6 日，PRN01）

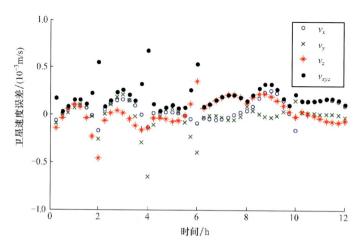

图 3.42 广播星历计算卫星速度与精密星历之差(2014 年 4 月 6 日,PRN01)

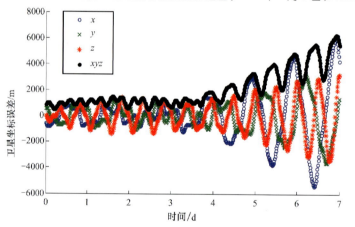

图 3.43 历书计算卫星坐标与精密星历之差(2014 年 4 月 6 日至 13 日,PRN01)

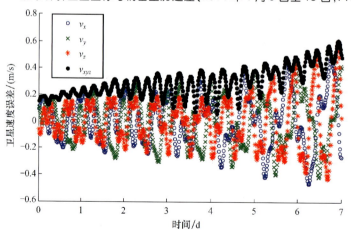

图 3.44 历书计算卫星速度与精密星历之差(2014 年 4 月 6 日至 13 日,PRN01)

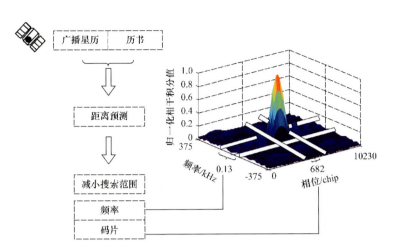

图 3.45　基于距离预测后的星间捕获搜索范围

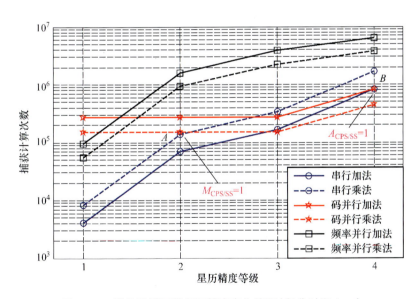

图 3.49　捕获计算量随星历精度变化情况（积分时间 1ms）

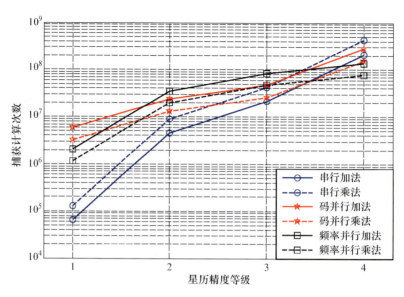

图 3.50 捕获计算量随星历精度变化情况(积分时间 16ms)

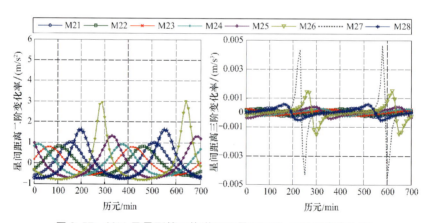

图 3.57 M11 卫星到第二轨道面卫星间二阶、三阶距离变化率

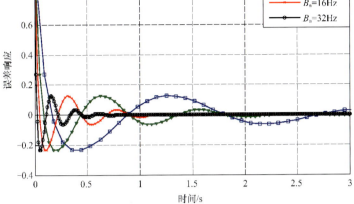

图 3.58 不同带宽下三阶环路的误差响应

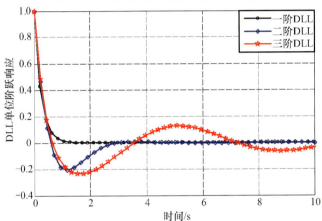

图 3.59 带宽为 1Hz 时不同阶环路的单位阶跃响应

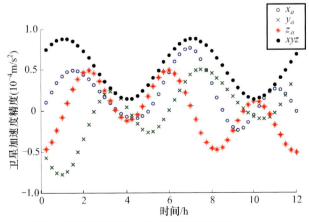

图 3.60 广播星历计算卫星加速度与精密星历之差(2014 年 4 月 6 日,PRN01)

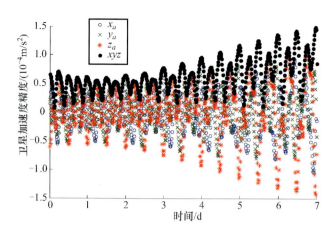

图 3.61 历书计算卫星加速度与精密星历之差(2014 年 4 月 6 日至 13 日,PRN01)

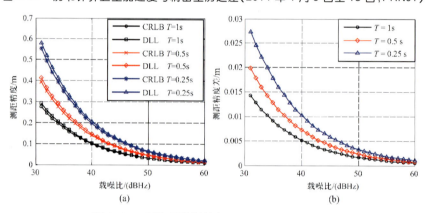

图 3.65 环路跟踪误差与 Cramer-Rao 界比较

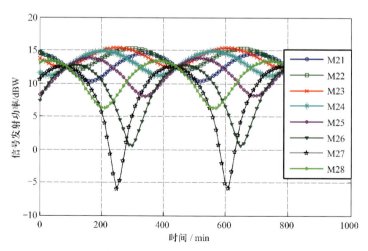

图 3.68 M11 与第二轨道面卫星间信号发射功率($\theta = 0.1$m)

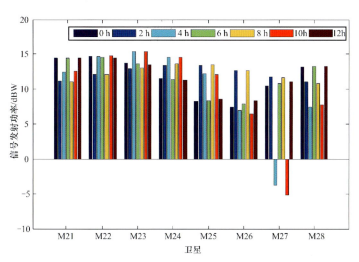

图 3.69 同一卫星对在不同历元下的信号发射功率（$\theta=0.1$m）

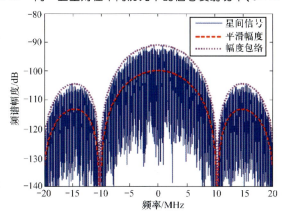

图 4.1 星间链路伪码信号的幅度谱

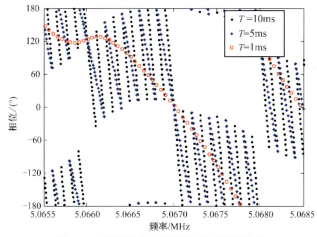

图 4.3 不同积分时间下的信号相频特性

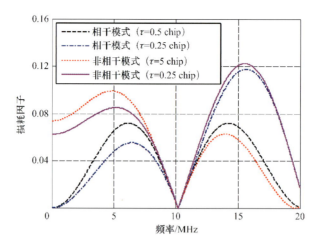

图 4.8 损耗因子随干扰频率的变化特性

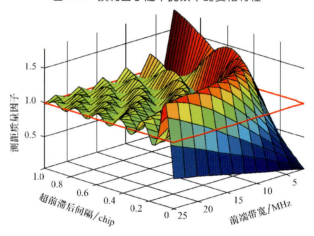

图 4.23 测距质量因子(BPSK-R(1))变化特性

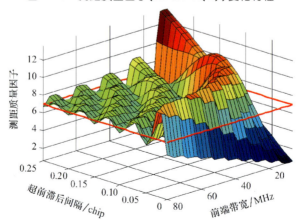

图 4.24 测距质量因子($BOC_s(2,1)$)变化特性

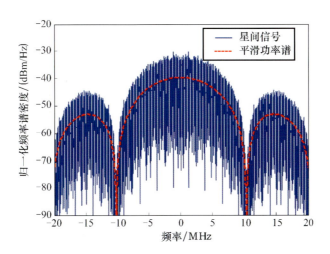

图 4.28　星间链路信号的功率谱

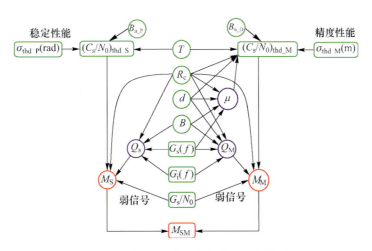

图 4.36　测距干扰容限与各参量间的关系图

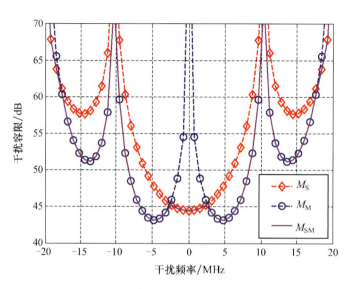

图 4.37　不同频率位置的窄带干扰下的干扰容限

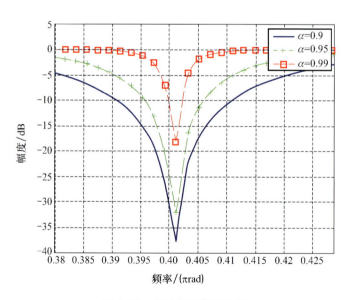

图 4.50　陷波器幅频特性图

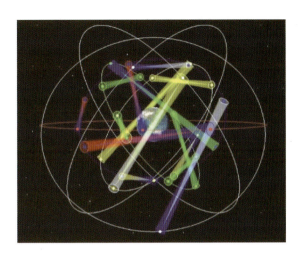

图 5.3 卫星导航系统星间链路连接示意图

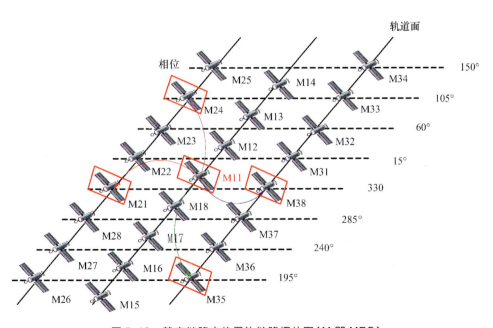

图 5.13 静态链路中的异轨链路拓扑图（M 即 MEO）

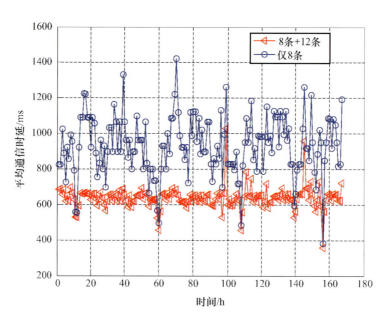

图 5.15 两种规划下的通信时延对比

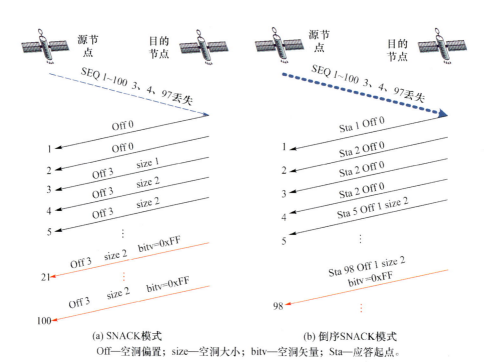

(a) SNACK模式   (b) 倒序SNACK模式

Off—空洞偏置;size—空洞大小;bitv—空洞矢量;Sta—应答起点。

图 6.19 两种 SNACK 应答模式对比

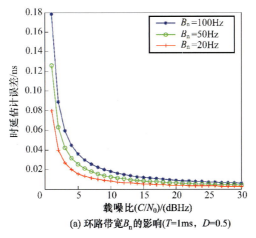

(a) 环路带宽B_n的影响($T=1\text{ms}$，$D=0.5$)

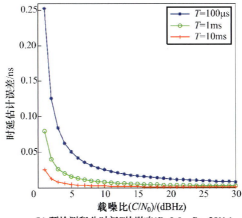

(b) 预检测积分时间T的影响($D=0.5$，$B_n=20\text{Hz}$)

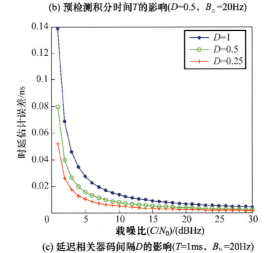

(c) 延迟相关器码间隔D的影响($T=1\text{ms}$，$B_n=20\text{Hz}$)

图 8.19 跟踪环路参数对时延估计精度的影响

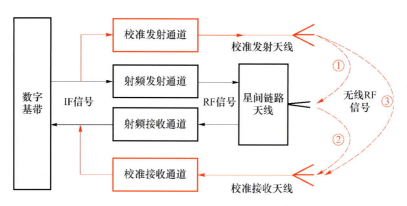

图 8.31　自闭环校正系统总体架构图

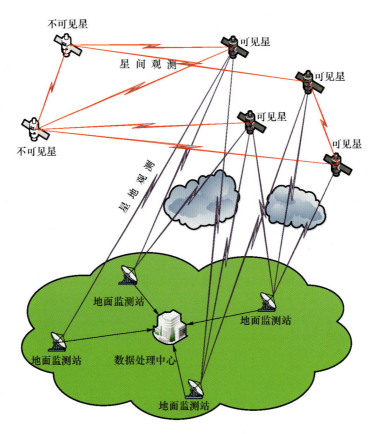

图 9.2　星间星地联合观测示意图

表 3.5 方向矢量在不同方向上各阶变化率

矢量 方向	一阶导数/(km/s)	二阶导数/(m/s²)	三阶导数/(mm/s³)
x	-3.9743	-0.3599	0.08494
y	3.8864	0.5729	0.08442
z	2.4438	-0.5858	0.08495

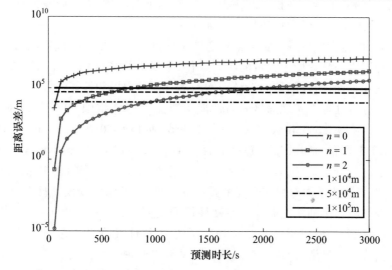

图 3.34 不同泰勒级数展开带来的残差(x方向)(见彩图)

图 3.34 为 M11 与 M27 间方向矢量在不同阶泰勒级数展开时的距离误差,可以看出:当 $n=0$ 时,120s 后,误差就达到了 100km;当 $n=1$ 时,832s 后距离误差达到 100km;当 $n=2$ 时,要达到 100km 的误差,所需要的预测时长为 1963s。根据第 5 章天线计算误差的分析可知,波束指向误差对坐标误差并不敏感,对于 0.1°大小的波束宽度可以忽略。当然,采用更高阶的泰勒展开式,预报效果会更好,但也会增加计算复杂度。同时,卫星加速度可以直接根据导航电文计算得到[33],而更为高阶的距离变化量计算也更为繁琐,在此,将二阶泰勒级数展开作为轨道预测的简化计算方式。

经过二阶展开后,卫星将质心轨道坐标系下方向矢量的计算步骤(步骤一到步骤三)由原来的 36s 一次减小到 1963s 一次,计算量降为原来的 1.83%。同时对于天线波束指向计算精度带来的影响小于 0.02849°,对于 0.1°大小的波束宽度可以忽略不计。

3.5 星间链路频域搜索与捕获原理

为了实现伪码测距,需要首先获得接收信号的载波频率,使本地信号的频率与接收信号的频率保持一致,从而为下一步的时间对准创造条件,该项操作称为星间测距的频率对准。频率对准是获得高精度距离观测量的前提,由于星间距离大至数万千米,空间自由传播带来的衰减较大,信号的接收功率较小;同时星间距离的变化率较大,且星间测距信号工作在频率较高的 Ka 频段或 V 频段,导致由于相对运动带来的多普勒频移较大,给频率对准带来较大的困难。不同于地面监测站和地面接收机,星间测距信号的捕获需要在星上完成,存在资源和功耗的严格限制。另外,根据链路规划,单条链路的测量需要在秒级或亚秒级完成,从而要求频率对准在更短的时间内完成,使得该项操作的准确设计还是一个难题。

高动态、低信噪比场景下扩频信号的频率估计一直是信号处理领域的研究热点,围绕该问题国内外学者做了大量的研究工作,主要分为硬件的提升和算法的改进两个方向。硬件方面,国外的硬件设计师不断提升硬件规模和性能,利用更丰富的相关器资源进行并行处理来实现信号的高性能快速捕获。20 世纪 90 年代,Trimble 公司生产的 Lassen LP GPS 中仅仅包含 32 个相关器,而到了 2010 年,u-blox 公司推出的 UBX-G6010 中含有的相关器已超过两百万个[40]。Hobiger 等提出了基于图形处理器(GPU)的并行处理算法,充分利用了 GPU 的并行相关运算的优势来提高捕获速度[41]。硬件资源的增加对捕获性能的提高立竿见影,但超大规模硬件在星上的推广运用还需经过相当多的实验验证。在硬件提升的同时,捕获算法的改进也在不断地进行,特别是随着可编程逻辑器件的出现,产生了软件接收机概念,使得接收机算法的设计与实现更为灵活、简单。算法的研究又针对两种捕获模式展开:一类是独立的捕获模式;另一类是基于外界信息辅助的捕获模式。独立捕获模式算法中一个革命性的改进是 Van 等提出的利用快速傅里叶变换(FFT)计算循环相关的捕获算法,实现了频域的并行搜索(PS),大大提高了信号的捕获效率[42]。后来,Akopian 等对快速傅里叶变换(FFT)捕获算法的执行效率做了改进和提高[43-44]。高斯白噪声条件下,相干检测捕获算法可以取得最优的检测效果,但是受到数据翻转的限制;非相干检测对数据变化不敏感,但存在着平方损耗。针对该问题,Zarrabizadeh 提出了一种后相关差分检测的捕获算法[45],是捕获算法的又一次重大改进。该算法将当前与后一次的相干积分结果相乘得到检测判决量,与非相干累加方式相比,减小了信噪比的损失。随后,Elders 等使用后相关差分实现了频率的精估计[46],Curry 分析了后相关差分检测的损失[47],O'Driscoll 讨论了该方法的捕获概率和虚警概率[48],Park、Schmid、Shanmugam 等又相继证明了该方法对低信噪比场景下对信号捕获性能的改进作用,并将其推广到实际应用中[49-52]。

3.5.1 典型的信号捕获流程

扩频信号的捕获是一个时延与多普勒频率的联合检测与估计问题[53],其典型的捕获流程如图 3.35 所示。整个捕获流程可划分为三个重要的部分:搜索范围、搜索策略和检测模式,分别对应图 3.35 中三个虚线框(①~③)包含的内容[54]。

(1) 搜索范围。扩频信号的捕获是一个伪码相位和载波频率二维搜索的过程,搜索范围由频率和时延的不确定区间组成,其大小直接决定了信号捕获的快慢和难易程度,通常情况下,搜索范围越大,所需的搜索时间就越长,难度也就越大。

(2) 搜索策略。典型的搜索方式有串行搜索(SS)和并行搜索(PS)。串行搜索就是对载波和伪码所有可能值进行依次搜索的方法;并行搜索就是一次搜索多个频率(多普勒)或者时延(码相位)的搜索方式,又分为码并行搜索(CPS)和频率并行搜索(FPS)。搜索方式不同,计算代价和完成的快慢程度也不相同。

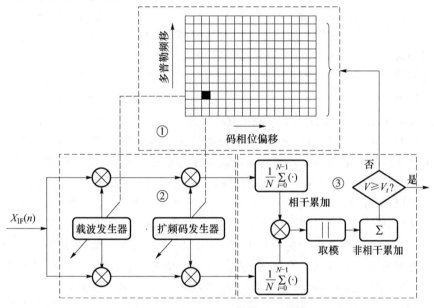

图 3.35　典型的扩频信号捕获流程

(3) 检测模式。检测模式可以分为相干检测和非相干检测,相干检测是指将相关结果进行相干积分后的数据直接作为判决量,而非相干积分是进一步将相干积分后的数据再进行非相干累加,累加后的输出作为判决量。非相干积分对载波相位误差不敏感,使用更为普遍。设接收到的数字中频信号为 $x_{\text{IF}}[n]$,则检验函数为

$$S(\tau, f_d) = \frac{1}{K} \sum_{n=1}^{K} (X_I^2(\tau, f_d) + X_Q^2(\tau, f_d)) \qquad (3.130)$$

式中

$$\begin{cases} X_I(\tau, f_d) = \dfrac{1}{N} \sum_{n=0}^{N-1} x_{\text{IF}}[n] c[n - \tau/T_s] \cos(2\pi(f_{\text{IF}} + f_d) T_s n) \\ X_Q(\tau, f_d) = -\dfrac{1}{N} \sum_{n=0}^{N-1} x_{\text{IF}}[n] c[n - \tau/T_s] \sin(2\pi(f_{\text{IF}} + f_d) T_s n) \end{cases} \qquad (3.131)$$

上二式中:$c[n]$ 为本地伪码信号;f_{IF} 为接收信号的中心频率;τ 和 f_d 分别为接收信号

的时延和多普勒频率;T_s 为采样间隔;N 为相干累加点数;K 为非相干累加次数。

直接使用 $X_1(\tau,f_d)$ 作为检测量的检测模式称为相干判决;使用 $S(\tau,f_d)$ 作为检测量的检测模式称为非相干判决。非相干判决时,通过调整非相干累加次数 K 可以改变捕获的性能。

3.5.2 捕获搜索范围优化设计

3.5.2.1 星间信号捕获搜索范围分析

对于星间测距链路,接收信号伪码可以提前已知,因此不考虑伪码域的搜索,信号捕获的搜索范围仅包括由接收信号的时延和多普勒可能值构成的二维区间。将该区间划分为多个搜索单元,每个单元的长度和宽度对应伪码和频率的搜索步进。通常情况下,码相位的搜索步进为半个码片,频率搜索步进为 $2/3T_{coh}$,其中 T_{coh} 为信号的相干积分时间[4]。

正常情况下,同轨道面卫星间距离几乎固定,信号的传播时延为一确定值,星间距离变化率为零,多普勒频率也为零,星间捕获无需考虑频率维的搜索,因此需要重点解决异轨道面卫星间的信号捕获。根据构建的导航星座构型,分析 M11 卫星到第二轨道面卫星间信号的传播时延和多普勒变化情况,结果如图 3.36、图 3.37 所示。从图中可以看出,接收信号的时延区间为 15.9 ~ 175.1ms,多普勒频率范围为 −371.987 ~ 371.987kHz,远远高于常规地面 GPS 导航接收机的频率不确定范围(±5kHz)[53]。假设系统采用速率为 10.23MHz、周期为 1ms 的伪码,按照常用的半个码片的搜索间隔和 1ms 的积分时长,需要搜索的伪码单元为 20460 个,频率单元为 1116 个,整个搜索区域的单元总数高达 22833360,给信号捕获带来较大的困难。

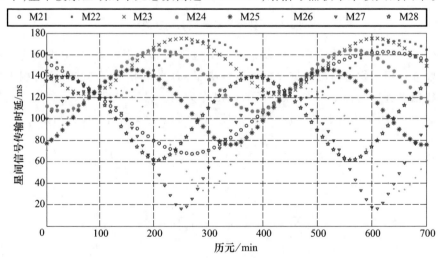

图 3.36 M11 到第二轨道面卫星间传播时延(见彩图)

使用外部辅助信息来限制总的时延和多普勒的不确定性,以缩小捕获的搜索范

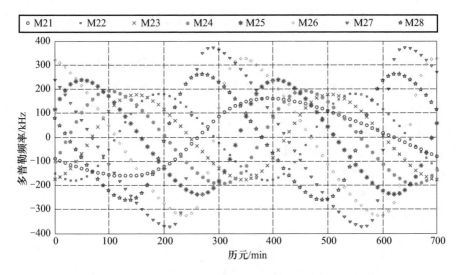

图 3.37 M11 到第二轨道面卫星间多普勒频率（见彩图）

围,降低捕获代价,提高捕获性能,是目前导航用户接收机广泛采用的一种方式。如 A-GPS 接收机在接收卫星信号的同时,通过数据传输通道提供的辅助信息来提高标准 GPS 的性能[55]。对于导航星座,每颗卫星上都存储有导航电文,它包含表征本星一定精度轨道和钟差信息的广播星历和星座内其他所有卫星粗略轨道信息的历书,这些信息为减小信号捕获搜索范围提供了可能。本节针对导航星间链路工作体制和信号动态特性,提出一种基于距离预测的捕获搜索区域求解算法,来解决星间信号搜索范围大的问题。

3.5.2.2 基于迭代运算的星间距离预测

不失一般性,考虑在星座中任意两颗卫星 i、j 之间建立星间链路,卫星 i、j 分别为主、从星。根据星间链路协同测量体制,卫星 j 可从建链规划中提前获得建链起始时刻 t_1 和建链对象——卫星 i。记信号的发射频率为 f_T,到达卫星 j 的时刻为 t_2,相应的传输时延为 t_{ij},则有

$$t_{ij} = t_2 - t_1 \tag{3.132}$$

根据星间捕获搜索范围分析,$t_{ij} \in [15.9\mathrm{ms}, 175.1\mathrm{ms}]$。接收信号的多普勒频率 f_d 为

$$f_d = \frac{v}{c} f_T \tag{3.133}$$

式中:v 为接收时刻 t_2 卫星 j 相对于卫星 i 发射时刻 t_1 的径向速度。信号的捕获就是对信号的传输时延 t_{ij} 和多普勒频率 f_d 进行估计。作为导航卫星,卫星 j 上存储有本星的广播星历和卫星 i 的历书,根据它们可以分别求得给定历元的坐标矢量 $\boldsymbol{P}_i(t_1)$ 和 $\boldsymbol{P}_j(t_2)$,计算这两个坐标点之间的信号传输时延,得

$$t_2 - t_1 = \frac{|\boldsymbol{P}_j(t_2) - \boldsymbol{P}_i(t_1)|}{c} \tag{3.134}$$

式中:t_2 为方程中唯一未知量,解此方程可得 t_2。直接通过解析法求解 t_2 较为直观,但是利用星历信息求解卫星的坐标时涉及大量的三角函数和超越方程的求解[56],在 t_2 未知的情况下,$\boldsymbol{P}_j(t_2)$ 的表达式较为复杂,使得式(3.134)中方程的建立和求解十分困难,给星上带来了处理压力。针对该问题,在此通过迭代运算来进行时延估计,以避免超越方程的求解,降低星上实现复杂度[57]。其处理流程如下:

第一步,根据导航电文中的历书求解 t_1 时刻卫星 i 的坐标矢量 $\boldsymbol{P}_i(t_1)$,根据广播星历求解卫星 j 的坐标矢量 $\boldsymbol{P}_j(t_1)$;

第二步,计算传输时延 τ_1:

$$\tau_1 = \frac{|\boldsymbol{P}_j(t_1) - \boldsymbol{P}_i(t_1)|}{c} \tag{3.135}$$

第三步,根据广播星历求解卫星 j 在 $(t_1 + \tau_1)$ 时刻的坐标矢量 $\boldsymbol{P}_j(t_1 + \tau_1)$;

第四步,计算传输时延 $\tau_n + 1$:

$$\tau_{n+1} = \frac{|\boldsymbol{P}_j(t_1 + \tau_n) - \boldsymbol{P}_i(t_1)|}{c} \quad n = 1,2,\cdots \tag{3.136}$$

第五步,计算传输时延差 τ_d:

$$\tau_d = \tau_{n+1} - \tau_n \tag{3.137}$$

第六步,设置收敛门限 ε,当 $\tau_d \leq \varepsilon$ 时,传输时延 $\hat{t}_{ij} = \tau_{n+1}$;当 $\tau_d > \varepsilon$ 时,令 $\tau_{n+1} = \tau_n$,重复四至六步,直到 $\tau_d \leq \varepsilon$。

获得传输时延 $\hat{t}_{ij}$ 后,即可根据式(3.98)计算卫星 i 在 t_1 时刻的速度矢量 $\boldsymbol{v}_i(t_1)$ 和卫星 j 在 $t_1 + \hat{t}_{ij}$ 时刻的速度矢量 $\boldsymbol{v}_j(t_1 + \hat{t}_{ij})$,那么接收信号的多普勒频率为

$$f_d = -\frac{|\boldsymbol{v}_j(t_1 + \hat{t}_{ij}) - \boldsymbol{v}_i(t_1)|\cos\theta}{c} f_T \tag{3.138}$$

式中:θ 为速度矢量与方向矢量的夹角(图3.38),且

$$\theta = \arccos\left(\frac{\boldsymbol{v}_{ij}(\hat{t}_{ij}) \cdot \boldsymbol{P}_{ij}(\hat{t}_{ij})}{|\boldsymbol{v}_{ij}(\hat{t}_{ij})| \times |\boldsymbol{P}_{ij}(\hat{t}_{ij})|}\right) \tag{3.139}$$

式中

$$\begin{cases} \boldsymbol{v}_{ij}(\hat{t}_{ij}) = \boldsymbol{v}_j(t_1 + \hat{t}_{ij}) - \boldsymbol{v}_i(t_1) \\ \boldsymbol{P}_{ij}(\hat{t}_{ij}) = \boldsymbol{P}_j(t_1 + \hat{t}_{ij}) - \boldsymbol{P}_i(t_1) \end{cases} \tag{3.140}$$

这样,基于导航电文,通过迭代运算,就实现了信号传输距离的预测,在此基础上,得到了信号的到达时延和多普勒频率,同时避开了超越方程的求解,下面进一步分析距离预测的性能。

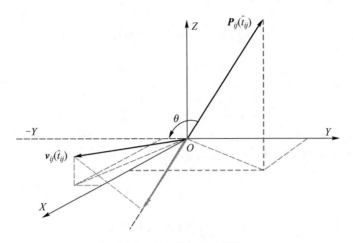

图 3.38 多普勒频率计算关系

根据上述迭代流程,迭代运算过程中,获得一系列时延值 $\{\tau_1,\tau_2,\tau_3,\cdots,\tau_{n+1}\}$,如图 3.39 所示。设卫星运动的最大速度为 $v_{\max}$,则有

$$|\boldsymbol{P}_j(t_1+\tau_n)-\boldsymbol{P}_j(t_1+t_{ij})|\leqslant |v_{\max}(\tau_n-t_{ij})| \tag{3.141}$$

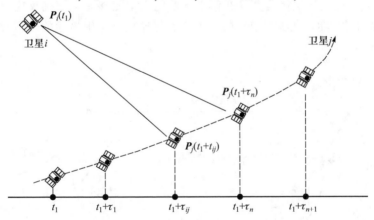

图 3.39 迭代运算中的卫星相对位置关系

根据式(3.136)可得

$$\begin{cases}|\boldsymbol{P}_j(t_1+\tau_n)-\boldsymbol{P}_i(t_1)|=c\tau_{n+1}\\ |\boldsymbol{P}_j(t_1+t_{ij})-\boldsymbol{P}_i(t_1)|=ct_{ij}\end{cases} \tag{3.142}$$

在以 $\boldsymbol{P}_i(t_1)$、$\boldsymbol{P}_j(t_1+t_{ij})$ 和 $\boldsymbol{P}_j(t_1+\tau_n)$ 为顶点的三角形中,可由三角函数关系得到

$$||\boldsymbol{P}_j(t_1+\tau_n)-\boldsymbol{P}_i(t_1)|-|\boldsymbol{P}_j(t_1+t_{ij})-\boldsymbol{P}_i(t_1)||<|\boldsymbol{P}_j(t_1+t_n)-\boldsymbol{P}_j(t_1+t_{ij})| \tag{3.143}$$

将式(3.141)、式(3.142)代入式(3.143)中,可得

$$|\tau_{n+1} - t_{ij}| \leq \frac{v_{max}}{c} |\tau_n - t_{ij}| \qquad (3.144)$$

那么,有

$$|\tau_{n+1} - t_{ij}| \leq \left(\frac{v_{max}}{c}\right)^{n-1} |\tau_1 - t_{ij}| \qquad (3.145)$$

根据构建的链路模型,$\tau_1, t_{ij} \leq [15.9\text{ms}, 175.1\text{ms}]$,则有$|\tau_1 - t_{ij}| \leq 159.2\text{ms}$。卫星的轨道高度为20000km时,对应的卫星速度为3.88km/s,则经过一次迭代后

$$|\tau_2 - t_{ij}| \leq 2.06 \times 10^{-6} \text{s} \qquad (3.146)$$

两次迭代以后

$$|\tau_3 - t_{ij}| \leq 2.67 \times 10^{-11} \text{s} \qquad (3.147)$$

这样,经过两次迭代,距离预测的误差就达到纳秒级,已经大大小于半个码片的宽度。

3.5.2.3 基于距离预测的捕获搜索范围

利用星历信息,经过两次迭代运算即可实现距离预测精度达到纳秒级,对应的误差表示为σ_{it}。但上述迭代运算是在假定导航电文中能够完全精确反应卫星轨道和钟差的情况下获得的,现实中卫星的真实轨道与导航电文中描述的轨道总会存在偏差(图3.40)。

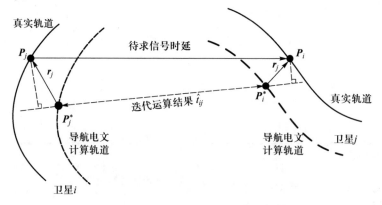

图3.40 导航电文带来的时延估计误差

图3.40中,将依据导航电文计算出的卫星坐标记为$\boldsymbol{P}_i^*$和$\boldsymbol{P}_j^*$,$|\boldsymbol{P}_j^* - \boldsymbol{P}_i^*|$即上述迭代运算得到的传输时延,精度为纳秒级。定义这两个卫星坐标视线方向的单位矢量为$\boldsymbol{e}_{ij}$,即

$$\boldsymbol{e}_{ij} = \frac{\boldsymbol{P}_j^* - \boldsymbol{P}_i^*}{|\boldsymbol{P}_j^* - \boldsymbol{P}_i^*|} \qquad (3.148)$$

图3.40中,$\boldsymbol{P}_i$和$\boldsymbol{P}_j$表示卫星的真实轨道坐标,$|\boldsymbol{P}_i - \boldsymbol{P}_j|$对应卫星真实的传播距离。记卫星$i$、$j$真实坐标与导航电文计算坐标之间的矢量为$\boldsymbol{r}_i$和$\boldsymbol{r}_j$,即

$$r_k = P_k - P_k^* \qquad k = i, j \tag{3.149}$$

将 r_i、r_j 在视线方向 e_{ij} 上投影,有

$$(r_i - r_j) \cdot e_{ij} = (P_i - P_i^*) \cdot e_{ij} - (P_j - P_j^*) \cdot e_{ij} \tag{3.150}$$

将式(3.150)等号右边整理可得

$$(P_i - P_i^*) \cdot e_{ij} - (P_j - P_j^*) \cdot e_{ij} = (P_i - P_j) \cdot e_{ij} - (P_i^* - P_j^*) \cdot e_{ij} =$$
$$|P_i - P_j|\cos\vartheta - |P_i^* - P_j^*| =$$
$$|P_i - P_j| - |P_i^* - P_j^*| - |P_i - P_j|(1 - \cos\vartheta)$$
$$\tag{3.151}$$

式中:ϑ 为矢量 $(P_i - P_j)$ 和 e_{ij} 之间的夹角,且有

$$\sin|\vartheta|_{\max} = \frac{|r_i - r_j|}{|P_i - P_j|} \tag{3.152}$$

所以有

$$|P_i - P_j|(1 - \cos\vartheta) \leqslant |P_i - P_j|(1 - \cos^2\vartheta) =$$
$$|P_i - P_j|\sin^2\vartheta \leqslant$$
$$\frac{|r_i - r_j|^2}{|P_i - P_j|} \ll$$
$$|r_i - r_j| \tag{3.153}$$

因此该项可以忽略,再结合式(3.150)、式(3.151)可得

$$|P_i - P_j| - |P_i^* - P_j^*| = (r_i - r_j) \cdot e_{ij} \tag{3.154}$$

该式即为迭代解算得到的星间距离与卫星真实距离差值的计算表达式,它明确反映了星间距离估计偏差与导航电文精度的关系,将该项差值转化为时间量并记为 σ_{nm}。

除了轨道误差,卫星钟差的残差也会给捕获时延估计带来等量的影响,其中钟差可根据式(3.62)求得。同轨道参数一样,钟差参数也会存在一定的误差,式(3.62)计算得到的系统时与真实的系统时还存在一个时间差,根据第 2 章的分析,该差值同样会给信号到达时延的估计带来偏差,定义该偏差为 σ_{clk},其量级在纳秒量级。除此之外,迭代运算结果反映的卫星质心之间的距离,还要转换成天线相位中心的距离,设转换误差为 σ_{an},同时还要考虑通道时延零值的不确定性带来的误差,设为 σ_{ch}。其中 σ_{an} 和 σ_{ch} 均在 ns 量级,则总的时延不确定度为

$$\sigma_\tau = \sqrt{\sigma_{it}^2 + \sigma_{nm}^2 + \sigma_{clk}^2 + \sigma_{an}^2 + \sigma_{ch}^2} \tag{3.155}$$

式中:σ_{it} 为轨道误差;σ_{it}、σ_{an}、σ_{clk} 和 σ_{ch} 均为 ns 量级,与导航电文误差相比,计算时可以忽略,因此星间捕获的时延搜索范围主要取决于导航电文的轨道计算误差,该项误差可通过式(3.155)来评估。

为了求解多普勒频率的搜索区间,对式(3.138)求全微分,可得

$$\mathrm{d}f_d = -\frac{1}{c}(f_T\cos\theta \mathrm{d}v_{ij} + v_{ij}f_T\sin\theta \mathrm{d}\theta + v_{ij}\cos\theta \mathrm{d}f_T) \tag{3.156}$$

式中:v_{ij} 表示 $|v_{ij}(\hat{t}_{ij})|$。对于第三项,有

$$\frac{v_{ij}\cos\theta \mathrm{d}f_T}{c} \leqslant \frac{v_{\max}\mathrm{d}f_T}{c} \tag{3.157}$$

由于星间最大速度为 4.85km/s,即使发射频率偏差 60kHz,带来的多普勒频率偏差也不超过 1Hz,因此分析时忽略该项。式(3.155)简化为

$$\mathrm{d}f_d = -\frac{1}{c}(f_T\cos\theta \mathrm{d}v_{ij} + v_{ij}f_T\sin\theta \mathrm{d}\theta) \tag{3.158}$$

在导航电文的精度给定的情况下,根据该式就可以求出多普勒频率的不定区间。综上,根据式(3.155)和式(3.158),就可以评估距离预测后的时延和频率搜索情况。

3.5.2.4 算例分析

根据 3.2.3 节的分析,时延和多普勒频移的不定区间主要取决于利用导航电文进行坐标和速度计算的精度。由于本星的坐标和速度是根据导航电文求解得到,精度较高,坐标精度为米(m)级,速度精度为 0.1mm/s;发射卫星的坐标和速度是根据历书得到,精度较低,历龄较短时坐标精度为 100m 量级,速度精度为 dm/s 量级,历龄较长时坐标精度可达 10km 量级,速度精度达 m/s 量级。以编号为 PRN01 的 GPS 卫星导航电文数据为例,根据式(3.95)和式(3.98)计算出卫星的坐标、速度并与精密星历的进行比较,结果如图 3.41~图 3.44 所示。由于精密星历是长时间轨道观测值的事后处理结果,其精度比广播星历高 1 个或 2 个数量级,在进行比较时通常将其视为轨道真值。上述用到的广播星历和精密星历来自于国际 GNSS 服务(IGS)网站,数据时间段为 2014 年 4 月 6 日 0 时 0 分至 12 时 0 分,历书来自于 GPS 的官方网站,数据时间段为 2014 年 4 月 6 日 0 时 0 分至 4 月 13 日 0 时 0 分。

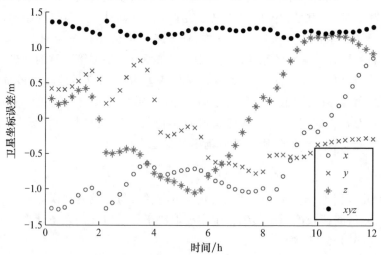

图 3.41 广播星历计算卫星坐标与精密星历之差(2014 年 4 月 6 日,PRN01)(见彩图)

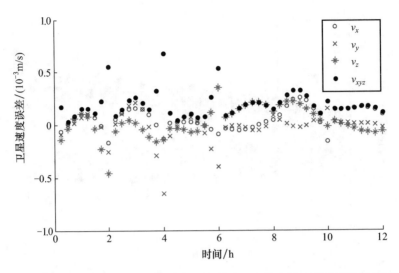

图3.42 广播星历计算卫星速度与精密星历之差(2014年4月6日,PRN01)(见彩图)

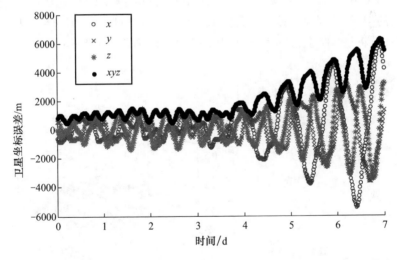

图3.43 历书计算卫星坐标与精密星历之差(2014年4月6日至13日,PRN01)(见彩图)

见图3.41~图3.44,根据历书计算卫星的坐标和速度的精度均比广播星历相差两到三个数量级,因此性能评估时只需考虑由历书带来的时延和频率的不确定度。根据图3.41、图3.42,当历书历龄达到7天时,坐标计算误差最大为6.26km,速度计算误差达到0.612m/s。捕获设计时取3倍冗余,分别将坐标计算误差和速度计算误差设定为20km和2m/s,并且假定上述误差全部投影到卫星视线方向上,则当星间载波频率为23GHz、码速率为10.23Mchip/s时,对应的时延和多普勒频率的不定区间分别为682个码片(chip)和133Hz。若码周期为1ms,则码搜索单元降低到原来的

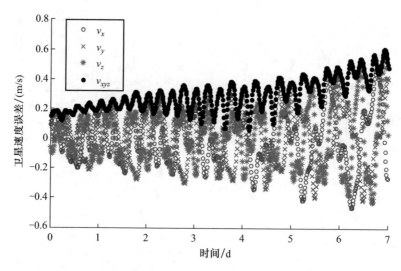

图 3.44　历书计算卫星速度与精密星历之差(2014 年 4 月 6 日至 13 日,PRN01)(见彩图)

$682/10230 = 6.67\%$,若频率搜索步进为 667Hz,则频率搜索格点降为 1 个,无需进行频率格点的搜索,此时频率搜索单元降低到原来的 $1/1116 = 0.0896\%$。故基于星间距离预测,可将信号捕获总的搜索范围(图 3.45)降为原来的 5.98×10^{-5}。

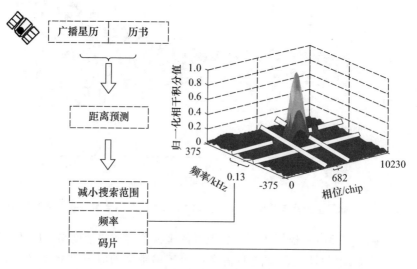

图 3.45　基于距离预测后的星间捕获搜索范围(见彩图)

需要说明的是,当星间链路建链后,收发卫星可以利用星间链路的数传功能将本星的广播星历播发到全网,从而在进行距离预测时都可利用精度更高的广播星历,此时时延估计精度可达到 m 级,速度估计精度可达 mm/s,此时频率对准的精度将更高,达到 Hz 级。

3.5.3 捕获搜索策略优化设计

作为星上处理单元,星间链路信号的捕获不仅要获得性能上的优异,而且应该尽可能简化计算,减少使用资源。信号搜索策略的优化选择可以在有效减少捕获时间的同时降低资源消耗,典型的信号捕获搜索策略分为串行搜索、码并行搜索和频率并行搜索三种。其中:串行搜索是指在时域内对信号的多普勒频移和码相位进行扫描式搜索的方法,其缺点是捕获时间较长;码并行搜索和频率并行搜索是指利用傅里叶变换分别实现对码相位和频率的并行搜索。通常并行搜索可以减小捕获所需计算量,加快信号捕获速度。

3.5.3.1 典型的捕获搜索策略计算量分析

1)串行搜索

串行搜索依次搜索载波和伪码所有可能存在的格点,是最基本的搜索策略,其原理如图 3.46 所示。

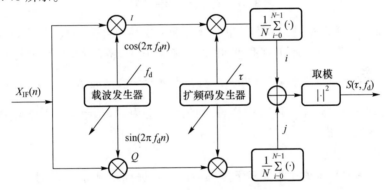

图 3.46 串行搜索策略原理

单个搜索格点内,输入信号首先与本地载波和伪码信号相乘,然后将输出结果取模以进行能量判决,其表达式为

$$S(\tau,f_d) = \left| \frac{1}{N} \sum_{n=1}^{N} X_{IF}[\tau f_s - N + n + 1] c[n] \exp(-j2\pi f_d n) \right|^2 \quad (3.159)$$

式中:f_s 为信号的采样频率;设积分时长为 T_{coh},则采样点数 N 为 $T_{coh}f_s$。根据串行搜索的处理流程,每个搜索格点需要进行 $2N-1$ 次加法和 $4N+2$ 次乘法。根据 3.2.3 节分析,时延不确定度和多普勒频率不确定度取决于星历误差,分别记为 σ_τ 和 σ_{f_d},相应的搜索步进为 t_{step} 和 f_{step},时延和频率的搜索格点数 N_τ、N_{f_d} 分别为 $\lceil \sigma_\tau/t_{step} \rceil$ 和 $\lceil \sigma_{f_d}/f_{step} \rceil$,其中 $\lceil \cdot \rceil$ 表示上取整。则串行搜索需要的加法和乘法运算次数分别为 $(2N-1)N_\tau N_{f_d}$ 和 $(4N+2)N_\tau N_{f_d}$。

2)码并行搜索

如图 3.47 所示,码并行搜索策略首先对输入信号进行载波剥离,而后将所有码相位的搜索通过傅里叶变换一次完成,其表达式为

$$S(\tau, f_d) = \left| \frac{1}{N} \text{IFFT}\{ \text{FFT}(X_{\text{IF}}[n]\exp(-\text{j}2\pi f_d n)) \cdot \text{FFT}(c[n]) \} \right|^2 \quad (3.160)$$

式中：IFFT 表示快速傅里叶逆变换。

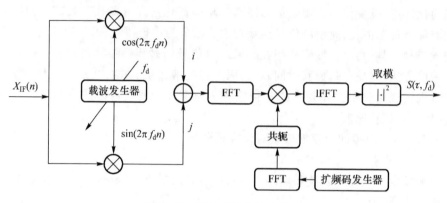

图 3.47 码并行搜索策略原理

搜索每一个频带需进行两次傅里叶变换和一次傅里叶逆变换，如果 N 是一个以 2 为底的幂，利用 FFT 来实现傅里叶变换所需运算量为 $N\log_2 N$ 次复数加法和 $\left(\frac{N}{2}\right)\log_2 N$ 次复数乘法，对应于 $4N\log_2 N$ 次实数加法和 $2N\log_2 N$ 次实数乘法，再加上载波剥离和求模运算，完成所有频率格点的运算量为 $(12N\log_2 N + 2N)N_{f_d}$ 次加法和 $(6N\log_2 N + 8N)N_{f_d}$ 次乘法。

3）频率并行搜索

同理，频率并行搜索是指先对下变频后的信号进行码剥离，而后通过一次傅里叶变换完成所有频率的搜索，其表达式为

$$S(\tau, f_d) = \left| \frac{1}{N} \text{FFT}\{ X_{\text{IF}}[\tau f_s - N + n + 1]c[n] \} \exp(-\text{j}2\pi f_0 n) \right|^2 \quad (3.161)$$

如图 3.48 所示，每个时延格点需要 $3N$ 次乘法、一次复数傅里叶变换和求模运算，完成所有格点搜索需 $2N(2\log_2 N + 1)N_\tau$ 次加法和 $N(2\log_2 N + 5)N_\tau$ 次乘法。

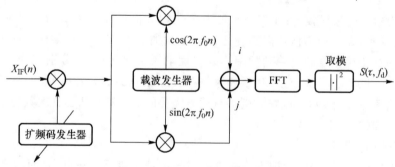

图 3.48 频率并行搜索策略原理

3.5.3.2 基于距离预测的最小代价捕获搜索策略

将各个搜索策略对应的计算量汇总如表 3.6 所列,得到各种搜索策略的计算量关于信号码速率、工作频点、积分时间和星历误差的函数,从而就可以分析不同搜索策略计算量随星历误差变化的规律,进而选择运算量最小的搜索策略。

表 3.6 各种搜索策略对应的计算量

搜索策略	加法运算	乘法运算
串行	$(2N-1)N_\tau N_{f_d}$	$(4N+2)N_\tau N_{f_d}$
码并行	$(12N\log_2 N + 2N)N_{f_d}$	$(6N\log_2 N + 8N)N_{f_d}$
频率并行	$2N(2\log_2 N + 1)N_\tau$	$N(2\log_2 N + 5)N_\tau$

首先比较串行搜索和码并行搜索策略,将串行搜索和码并行搜索的加法计算量相除,得二者的加法比例系数为

$$A_{\mathrm{CPS/SS}} = \frac{N_\tau}{6\log_2 N + 2} = \frac{\left\lceil \sqrt{\sigma_{\mathrm{it}}^2 + \sigma_{\mathrm{nm}}^2 + \sigma_{\mathrm{clk}}^2 + \sigma_{\mathrm{an}}^2 + \sigma_{\mathrm{ch}}^2}/t_{\mathrm{step}} \right\rceil}{6\log_2 N + 2} \quad (3.162)$$

当 $A_{\mathrm{CPS/SS}} \geq 1$,即 $N_\tau \geq 6\log_2 N + 2$ 时,码并行搜索加法计算量较少,反之则串行搜索的加法计算量较少。同理,可建立乘法比例系数

$$M_{\mathrm{CPS/SS}} = \frac{2N_\tau}{3\log_2 N + 4} = \frac{2\left\lceil \sqrt{\sigma_{\mathrm{it}}^2 + \sigma_{\mathrm{nm}}^2 + \sigma_{\mathrm{clk}}^2 + \sigma_{\mathrm{an}}^2 + \sigma_{\mathrm{ch}}^2}/t_{\mathrm{step}} \right\rceil}{3\log_2 N + 4} \quad (3.163)$$

当捕获运算点数 N 和搜索步进 t_{step} 确定以后,就可以依据星历误差的大小选择计算量较小的搜索策略,各策略之间的比较均可按照同样的方法进行[58]。

3.5.3.3 算例分析

根据 3.2.4.2 节对卫星真实轨道数据的分析,历书计算精度随历龄的增长而不断恶化,当卫星遭遇日蚀或机动变轨的时候,历书误差将会更大。表 3.7 中,GLONASS 空中接口文件也给出了用户定位精度随历书历龄变化的规律[37],其量级与 GPS 真实轨道分析结果相同,本算例以 GLONASS 给出的数据作为分析依据。

表 3.7 GLONASS 历书精度随历龄变化的规律

历书历龄	距离/km	速度/(m/s)
1 天	0.83	0.33
10 天	2.00	0.70
20 天	3.30	4.20

当整个星座的星间链路构建完毕,进入星地联合定轨工作模式后,通过星间测距和数据交换,可以实现星历自主更新和增强,此时,星历更新时间缩短,预报精度也随之提高,并且通过星间数据的交换,各个卫星均可获得其他卫星的广播星历,多普勒频移和信号时延的计算也将更加准确。GPS 通过星间链路工作在自主导航模式时,可实现 180 天后的轨道预报精度优于 6m 的性能[6]。在此假设星座自主导航时星历

预报精度为 10m,速度预报精度为 0.1m/s。本算例分析时针对如下四种不同的星历等级展开:一是选择自主导航模式下星历精度,其余选择历书历龄分别为 1 天、10 天和 20 天的星历精度。考虑增加系统冗余和捕获可靠性,取星历误差值的 3σ 作为计算输入量。星间链路信号工作频点同样选择为 23GHz,设星间信号的伪码速率为 1.023MHz,码长为 1023,中频信号的采样频率为二倍码速率,积分长度 T_{coh} 为一个码周期,则计算点数 N 为 2048。时延搜索步进设为半个码片,频率搜索步进设为典型值 $2/3T_{coh}$,即 667kHz。基于上述假设,根据表 3.6,可以计算出不同的搜索策略分别在四种星历精度等级下的运算量,结果如图 3.49 所示。

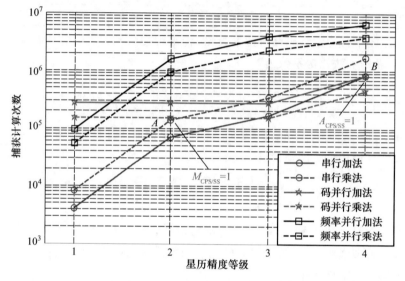

图 3.49 捕获计算量随星历精度变化情况(积分时间 1ms)(见彩图)

根据式(3.162)、式(3.163)可得,在星历轨道误差为 3.4km 时,加法比例系数 $A_{CPS/SS}=1$,在星历轨道误差为 925m 时,乘法比例系数 $M_{CPS/SS}=1$,分别对应于图 3.49 中的 A、B 两点。在 A 点左侧时,串行搜索的乘法计算量小于码并行搜索,在 B 点左侧时,串行搜索的加法计算量小于码并行搜索。同时从图 3.49 中可以看出,在星历精度等级最高时,即图中横坐标为 1 时,串行搜索的计算量最小。这是因为此时的星历精度在 10m 以内,即使计算时 3 倍冗余扩展到 30m 后,也小于半个码片对应的距离量(150m),因此此时延搜索格点数为 1。同样,卫星速度误差在 cm/s 级时,计算出的频率误差在 Hz 级,此时的频率搜索格点也为 1。因此,这种星历精度等级下,实际并不需要进行频率和时延的搜索,经过星历信息计算就直接将这两个参数估计到后续跟踪所需范围内,此时串行搜索也拥有最小的计算量。随着星历精度的恶化,码并行搜索逐渐显示出计算上的优势,如横坐标 4 对应的状态,卫星轨道误差为 3.3km,速度误差为 4.2m/s,考虑 3σ 冗余后,时延搜索格点为 66 个,频率不确定度为 966Hz,频率搜索格点为 2 个,此时三种搜索策略中,无论是乘法运算量还是加法运算量,码并行搜索都将达到最小。上述只是分析了积分时间为单个码周期的情况,现实中在弱信号条件下,可能还将进行多个周期的连续积分,计算点数和频率搜索步进将随着积分时间的变化而变化,积分时间越长,同一星历精度下的计算点数和频率搜索格点越多,此时,不同捕获策略下的计算量的相互关系将发生变化,图 3.50 给出了积分时间为 16ms 时的各捕获策略的计算量对比情况。

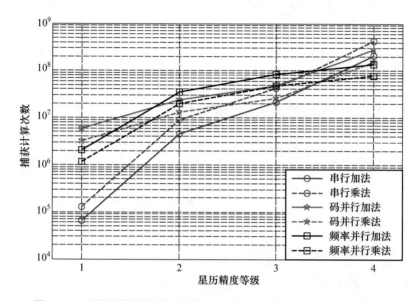

图 3.50　捕获计算量随星历精度变化情况(积分时间 16ms)(见彩图)

由图 3.50 可以看出,积分时间为 16ms 时,随着星历误差的增大,串行搜索的计算优势逐渐缩小。这是由于长时积分情况下,频率搜索格点随着搜索间隔降低的降低而增加,在星历误差最大的位置,频率搜索格点将增加到 24 个,此时串行搜索需要搜索的格点数也随着增加。为了更好地反映这种变化,图 3.51 中描述了星历误差最大时不同搜索策略随积分时间的变化关系,从图中可以明确看出,积分时间若大于 16ms,串行搜索和码并行搜索的计算量将大于频率并行搜索的计算量,甚至串行乘法运算量在三种搜索策略中最大。此时,采用频率并行搜索具有计算量上的优势。

综上,基于算例假定的信号体制,导航星座在正常工作模式下(历书精度优于 925m)时,串行搜索的计算量最小,随着星历精度的恶化和积分时间的增长,时延和频率搜索格点数量增多,此时串行搜索逐渐丧失计算优势,当星历精度恶化严重时(历书精度低于 3.4km),采用频率并行搜索策略计算量最小。因此,基于最优计算量的准则对搜索策略选择时,需要针对不同的信号体制、积分时间和星历精度进行具体分析,通过计算各个策略间加法和乘法的计算量系数为策略的优化选择提供了一种有效的解决途径。

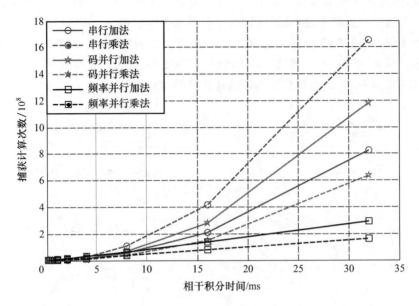

图 3.51 捕获计算量随积分时间变化情况

3.5.4 捕获判决模式优化设计

导航星间测距的捕获不仅需要较高的捕获效率,而且需要较为可靠的捕获性能。捕获性能与捕获判决模式密切相关,其中相干检测和非相干检测是两种基本的捕获判决模式。模式的选择取决于捕获的性能需求和实际接收信号的质量。在星间协同测量体制下,通过迭代运算可实现星间距离的预测,基于此可进一步对信号的载噪比进行估计,从而为相干和非相干判决模式的选择提供依据。

3.5.4.1 基于距离预测的载噪比估计

根据 3.2 节分析,通过迭代运算得到了信号的传播时延 $\hat{t}_{ij}(t_1)$,则由空间自由传播带来的信号衰减为

$$L_p = 20\lg(4\pi c \hat{t}_{ij}(t_1)/\lambda) \quad (\text{dB}) \quad (3.164)$$

式中:c 为光速;λ 为传播信号载波的波长。得到路径损耗后,即可根据链路预算求得接收信号的功率为

$$P_{re} = P_{tr} + G_{tr} + G_{re} - L_p - L_{lost} \quad (3.165)$$

式中:P_{tr}、G_{tr}、G_{re} 分别为信号的发射功率、发射天线的增益和接收天线的增益,单位均为分贝(dB)[7]。式中最后一项为链路的各项损耗,包括发射馈线损耗 L_{atr}、极化损耗 L_{cn}、接收馈线损耗 L_{are}、接收通道噪声系数 L_{rec} 以及其他损耗 L_{other},即

$$L_{lost} = L_{atr} + L_{cn} + L_{are} + L_{rec} + L_{other} \quad (3.166)$$

得到 P_{re} 后,即可计算接收信号的载噪比 C/N_0,若以 dB 为单位,其计算表达式为

$$C/N_0 = P_{re} - 10\lg(kT_{temp}) \tag{3.167}$$

式中:k 为玻耳兹曼常数,$k = 1.38 \times 10^{-23}$ J/K;T_{temp} 为接收机所处环境的温度(K),通常以 290K 作为默认值[7]。这样,基于距离预测值,结合链路预算,就得到了接收信号的载噪比,为非相干次数的选择提供了依据。

3.5.4.2 自适应非相干次数设计

中频输入信号经过伪码和载波剥离后,首先进行相干累加,累加时间为积分时长,当信噪比较低时需要增加积分时长以保证捕获概率[59-60]。但相干累加时长受限于调制的信息速率,因此低信噪比状态下,通常在相干累加后采用一定次数的非相干累加以提高判决量的载噪比[61]。式(3.131)中所示检测量为 K 次非相干累加后的检测量。

所有 M 个捕获搜索单元分为纯噪声单元和信号加噪声单元两种,定义含有信号格点的检测量的值为 L_1,其余仅含噪声的单元的检测量为 L_n,其中 $2 \le n \le M$。如果对于某纯噪声搜索格点,其检测量的值 $L_n > L_1$,则将会产生检测错误,其发生的概率称为单元错误检测概率,定义为 $P_r(L_n > L_1)$。则所有搜索单元搜索完毕后总的错误检测概率为

$$P_e = (M-1)P_r(L_k > L_1) \tag{3.168}$$

只要明确单个单元的错误检测概率 $P_r(L_n > L_1)$,即可根据此式简单推广到整个搜索过程。对于单个搜索单元,选用 $S_{nc}(\tau, f_d)$ 作为检测量时,对应的错误检测概率为[8]

$$P_r(L_n > L_1) \approx Q\left(\sqrt{\frac{KT_{coh}\frac{C}{N_0}\left(\frac{C}{N_0 T_{coh}}\right)}{2}\left(\frac{C}{N_0 T_{coh}} + 1\right)}\right) \tag{3.169}$$

可以看出单元错误检测概率是非相干积分次数 K、接收信号载噪比 C/N_0、相干积分时间 T_{coh} 的函数。当相干积分时间 T_{coh} 确定以后,就可以得到不同非相干积分次数下 C/N_0 和错误检测概率 $P_r(L_n > L_1)$ 的关系(图 3.52)。

根据 3.4.1 节的分析,星间协同测量体制下,基于距离预测信息可以提前获得 C/N_0,在此基础上,就可通过调整非相干积分次数 K 来达到所要求的错误检测概率,以实现稳定的检测性能。将式(3.169)转化为

$$K = \left\lceil \frac{2(Q^{-1}(P_r))^2\left(\frac{C}{N_0 T_{coh}} + 1\right)}{\left(\frac{C}{N_0 T_{coh}}\right)^2} \right\rceil \tag{3.170}$$

式中:$\lceil \cdot \rceil$ 表示上取整。同样假设相干积分时间为 1ms,可得不同错误检测概率下所需非相干检测次数的变化情况,如图 3.53 所示。

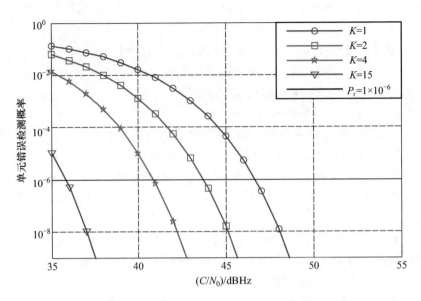

图 3.52 不同非相干积分次数下捕获错误检测概率

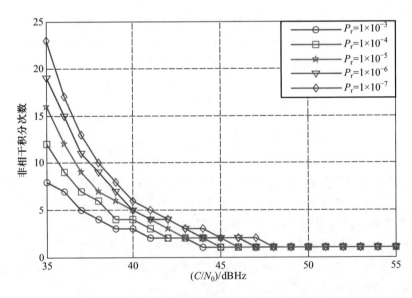

图 3.53 不同捕获错误检测概率下需非相干积分的次数

3.6 星间链路时域搜索与捕获原理

伪码测距的关键是将接收信号伪码与本地伪码副本相位精确同步,以获得星间距离测量值,该项操作称为时间对准,时间的高精度对准是保证测距精度的关键。信号体制确定的情况下,时间的对准精度取决于两个部分:接收机环路的噪声带宽和接收信号的质量[62-63]。但噪声带宽的选择受到信号动态和测距时隙的限制,信号动态较大时,较小的噪声带宽会导致接收机的工作不稳定;同时,测距时隙较短时,较小的噪声带宽也会导致环路无法收敛。接收信号的质量与信号的发射功率、路径衰减、天线性能和接收机的噪声系数等因素有关,但星间信号传播路径从数千千米到几万千米变化,由空间自由传播带来的路径衰减相差也较大,相同的发射功率下,会导致接收信号的质量差别较大。星间链路的建设对测距精度提出了确定的要求,为了达到给定的精度指标,合理调整发射功率以得到满足测距精度的接收信号质量可以降低测距系统的功耗[64-66]。

  由于星间距离和距离变化率较大,测距信号的跟踪是典型的高动态环境下跟踪。信号的跟踪包括载波相位的跟踪和码相位的跟踪两部分,由于伪码的多普勒相对于载波而言较小,典型的使用方法是通过载波环来辅助码环,以消去码环上的动态,因此高动态场景下信号跟踪的难点在于载波环的跟踪。20世纪80年代,JPL就对高动态场景下信号的参数估计展开了一系列研究与论证。W. J. Hard提出采用最大似然估计来估计高动态信号的参数,可以跟踪大动态变化信号。H. Hinedi提出将扩展卡尔曼滤波方法应用于高动态信号的参数估计,可以有效提高捕获灵敏度和频率估计误差。V. A. Jilnrotter将最大似然估计、扩展卡尔曼滤波的信号估计方法与传统跟踪环路的估计性能进行了比较,表明了前两者在跟踪精度和弱信号方面具有极大的优越性。中国科学院的梁坤提出了一种基于频差因子的并行互相关减去法加快高灵敏度GPS接收机信号捕获速度,节省基带信号处理时间,同时还提出了一种码相位测量精化的新方法来提高码相位测量的精度。

  上述方法的引进极大提高了信号的跟踪性能,但这些方法主要是基于接收机自身算法的改进,在有外界信息辅助的情况下,最有效的解决办法是将辅助信息用于信号的跟踪,以降低动态、提高性能。辅助信息的来源主要分为两种:一种是基于A-GPS的思想,通过其他信息通道提供辅助信息;另一种是在接收机上装配加速度计、速度陀螺仪、高度计等惯导传感器件,将它们获得的信息用于辅助导航信号的捕获与跟踪。惯导与导航接收机的组合研究由来已久,主要用于飞机、导弹等高动态应用场景。20世纪80年代,Honeywell公司就将激光陀螺惯导系统和气压计与GPS接收机组成的组合导航系统应用于波音747飞机上。1997年,该公司又将小型光纤陀螺和加速度计用于GPS码环和载波环的跟踪,以应对高动态的工作环境。目前,美国的组合导航技术已经走向产品化,将导航器件与惯导器件集成到一个芯片内。随着惯导技术的发展和制导武器的迫切需求,国内对于组合导航也展开了大量的研究,国防科学技术大学的何晓峰针对我国北斗导航系统,研究了基于软件接收机的北斗/微惯导组合方式,可以实现高动态的跟踪。南京理工大学的胡锐开展了GPS/惯导组合一体化导航系统关键技术研究,利用惯导信息辅助GPS信号捕获和跟踪基带设计。

3.6.1 星间测距中接收信号的时间对准

星间测距过程中,码相位 $\varphi_i(t_1)$ 在卫星 i 的钟面时刻 t_1 发出,卫星 j 在钟面时刻 t_2 检测到该相位,则 t_2-t_1 称为测距信号的传播时延,对应于原始观测量 $\bar{d}_{ij}(t_1 \rightarrow t_2)$。为了检测该相位,卫星 j 通过信号处理手段在本地复制了一个与接收伪码信号相位精确同步的副本信号,由于码相位与钟面时是一一对应的,因此码相位的精确同步即是时间对准。如图 3.54 所示,卫星 i 以自己钟面的 t_1 历元开始发射伪码测距信号,码相位与卫星的钟面时保持一一对应,设 t_1 历元卫星 i 发射信号对应的码相位为 $\varphi_i(t_1)$。卫星 j 接收到信号后,星载接收机通过信号处理手段复现发射信号的伪码,并将副本信号的码相位通过相位计数器记录下来。码相位计数一般由周期计数 N_T、码片计数 N_c 和码片小数部分 P_{tmp} 组成,其中码片的小数部分用位数为 N 的数字控制振荡器(NCO)来表示。对卫星 j 来说,测距信号的发射时刻 t_1 是已知的,对应的相位值 $\varphi_i(t_1)$ 也是已知的。信号稳定跟踪阶段,卫星 j 不断检测接收副本信号相位计数器的值,当获得接收信号的码相位计数 $\varphi_i(t_1)$ 时,记录下对应的本星钟面时 t_2,这样就获得了待求的观测量 (t_2-t_1)。从伪码测距流程来看,接收机码相位的跟踪精度决定了观测量的精度。

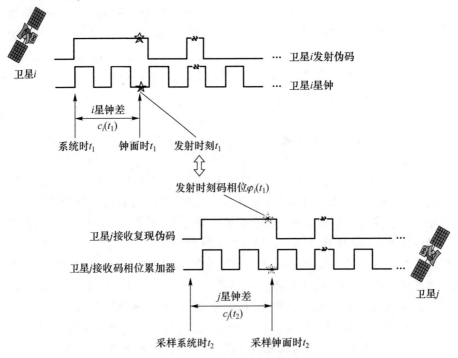

图 3.54 星间测距中的时间对准

对于导航星间链路而言,星间测距也是一种服务性质的工作,主要服务于星地联合定轨、自主定轨、时间同步、自主完好性监测等业务,测距精度的高低很大程度上决定了上述业务最终实现的性能,业务需求与实现方案不同,对测距精度的要求也不同。

根据目前自主定轨和时间同步的研究结论,星间测距精度需求通常在分米(dm)级。以星地联合定轨为例,文献[9]中就给出了星间测距精度与定轨精度的对应关系,当星间测距精度为 0.43m 和 0.08m 时,星地联合定轨的实时精度为 1m 左右,大大高于仅仅依靠星地测控链路定轨方式的 4m,并且这两种星间测距精度下的定轨精度相差不大,如图 3.55 所示。

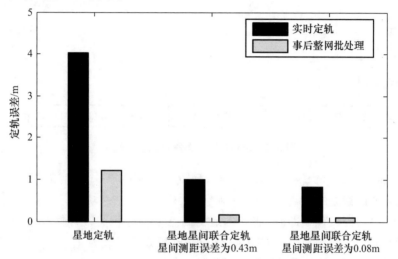

图 3.55 星间测距精度与定轨精度的关系

对于自主定轨,文献[53]中也分析了定轨精度与星间测距精度的关系,文中指出自主定轨精度随测距精度的变化而变化,当星间测距精度为 0.67m 左右时,定轨的效果较好。综上所述,当业务需求和实现方案明确以后,星间链路将对测距精度有明确的要求,星间测距的实现也将围绕该约束而展开。

根据第 2 章的分析,星间测距的整个过程分为测量值的获得和测量数据的时标归算两个部分,相应的星间测距精度也由测量精度和归算精度两部分组成。其中,时标归算在第 2 章已做了详细讨论,提出了相应的解决措施,并评估了归算效果。在此仅仅将星间传播距离的测量精度定义为星间测距服务质量,它与时标归算的精度共同决定了星间距离最终测量精度。

3.6.2 时间对准精度的定量计算

3.6.2.1 基于传统 DLL 环路的时间对准精度性能

导航信号处理领域,时间对准多采用 DLL(跟踪)环路来实现。DLL 环路由积分器、鉴相器、环路滤波器、数控振荡器和伪码发生器组成,其基本结构如图 3.56 所示。

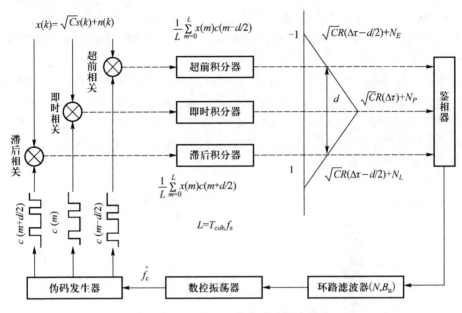

图 3.56 传统 DLL 跟踪环路基本结构

图 3.56 中,$x(k)$ 为输入信号,包括信号 $\sqrt{C}s(k)$ 和噪声 $n(k)$ 两部分,为了简化分析,并没有考虑载波的影响,$s(k)$ 只表示伪码,C 为接收信号功率。DLL 处理过程中:首先将输入信号与超前、即时、滞后本地伪码副本进行相关,超前、滞后码的间隔为 d,单位为码片;然后对相关后的结果进行积分,积分长度 L 为 $T_{\text{coh}} \cdot f_s$,其中 T_{coh} 为相干积分时间,f_s 为信号的采样频率;最后,鉴相器对积分后的结果进行处理,得到数控振荡器的控制量,该控制量经过一个阶数为 N、带宽为 B_n 的滤波器滤除高频分量后,输出结果作用于控制振荡器以实现对伪码发生器的调整,从而使本地伪码与输入信号保持一致,实现了时间对准。根据鉴相器的不同,DLL 有相干模式和非相干模式之分。对于常见的 BPSK 调制,当采用非相干模式且相关器间隔不大于 $1/B_{fe}T_c$ 时,以码片为单位的由热噪声引起的误差 σ_{tDLL} 可表示为[11]

$$\sigma_{tDLL} = \sqrt{\frac{B_n}{4 B_{fe} T_c C/N_0}\left(1 + \frac{1}{T_{\text{coh}} C/N_0}\right)} \qquad (3.171)$$

式中:B_n 为环路滤波器的噪声带宽(Hz),其定义为[12]

$$B_n = \int_0^\infty |H(f)|^2 df \qquad (3.172)$$

式中:$H(f)$ 为跟踪环路的系统函数,当阶数为 N 时,该系统函数的 s 域表达式为

$$H(s) = \frac{\sum_{n=0}^{N-1} b_n s^n}{s^N + \sum_{n=0}^{N-1} b_n s^n} \qquad (3.173)$$

将式(3.173)中的 s 用 $j2\pi f$ 代替,代入式(3.172)中,可得到不同阶环路的噪声带宽。DLL(跟踪)环路的系统响应包括暂态响应和稳态响应两个部分,分别决定了环路的收敛时间和稳态误差。式(3.171)所给的精度表达式仅仅是指系统处于稳态跟踪时,由热噪声引起的误差。根据星间链路工作体制,两颗卫星间单次测距的时长较短,为秒级甚至亚秒级。在使用该表达式之前,需要首先明确在星间如此短暂的测距时长内,跟踪环路能否收敛到稳态,因此需要分析环路的收敛特性。

图 3.56 所示的环路结构中,滤波器的设计决定了环路的收敛性能,它包括环路阶数和噪声带宽两个重要参数。其中,环路阶数的选取要考虑星间距离的动态变化情况。

3.1 节分析了星间距离及其一阶变化情况,在此基础上进一步求导可得其二阶及三阶变化率。其中,对于同轨道面卫星,星间距离基本保持不变,分析时只保留其一阶项,将二阶变化率置零。对于异轨道面卫星,以 M11 卫星与第二轨道面卫星间距离为例,基于2.1节构建的 Walker 星座模型,可得星间二阶及三阶距离变化率如图 3.57 所示,从图中可以看出,星间三阶变化率最大为 4.92mm/s^3,对于1.5s的测距时隙而言,它引起的距离变化量小于 2.77mm,所以三阶及三阶以上的星间距离变化率在分米量级的星间测距时可不予考虑,因此可将星间距离表示为

$$\rho_{ij}(t) = \left(\rho_{ij}(t_1) + \dot{\rho}_{ij}(t_1)t + \frac{1}{2}\ddot{\rho}_{ij}(t_1)t^2\right)u(t) \qquad (3.174)$$

式中: $\dot{\rho}_{ij}$、$\ddot{\rho}_{ij}$ 分别为星间距离的一阶、二阶变化率; $u(t)$ 为单位阶跃信号。将式(3.174)转换到 s 域,可得

$$\rho_{ij}(s) = \frac{\rho_{ij}(t_1)}{s} + \frac{\dot{\rho}_{ij}(t_1)}{s^2} + \frac{\ddot{\rho}_{ij}(t_1)}{s^3} \qquad (3.175)$$

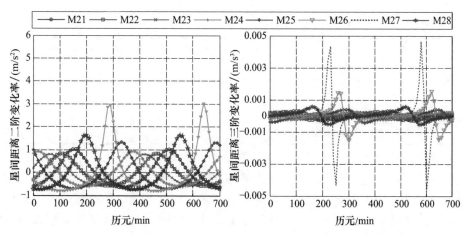

图 3.57 M11 卫星到第二轨道面卫星间二阶、三阶距离变化率(见彩图)

相应地,误差响应的表达式为

$$e(s) = H_e(s)\rho_{ij}(s) = \frac{\rho_{ij}(t_1)s^{N-1} + \dot{\rho}_{ij}(t_1)s^{N-2} + \ddot{\rho}_{ij}(t_1)s^{N-3}}{s^N + \sum_{n=0}^{N-1} b_n s^n} \qquad (3.176)$$

式中

$$H_e(s) = 1 - H(s) = \frac{s^N}{s^N + \sum_{n=0}^{N-1} b_n s^n} \qquad (3.177)$$

根据终值定理,得误差信号的稳态终值为

$$\lim_{t\to\infty} e(t) = \lim_{s\to 0} se(s) = \frac{(\rho_{ij}(t_1)s^N + \dot{\rho}_{ij}(t_1)s^{N-1} + \ddot{\rho}_{ij}(t_1)s^{N-2})}{s^N + \sum_{n=0}^{N-1} b_n s^n} \qquad (3.178)$$

进一步整理,可得

$$\lim_{t\to\infty} e(t) = \begin{cases} \infty & N=1 \\ \ddot{\rho}_{ij}(t_1)/b_0 & N=2 \\ 0 & N\geqslant 3 \end{cases} \qquad (3.179)$$

根据该式,三阶跟踪环路误差稳态终值为零,此时 DLL 可以完全适应导航卫星间距离变化,系统只需考虑由热噪声带来的跟踪误差。二阶环路的误差稳态终值为 $\ddot{\rho}_{ij}(t_1)/b_0$,能否满足要求还需进一步确定 $\ddot{\rho}_{ij}(t_1)$ 和 b_0 的相对大小。

以 GPS 跟踪环路参数的典型设置为例分析,如表 3.8 所列[4],可以看出 b_0 实际反映的是环路噪声带宽的大小。根据此设置,对于二阶环路,b_0 与环路噪声带宽 B_n 有如下对应关系:

$$b_0 = (B_n/0.53)^2 \qquad (3.180)$$

表 3.8 GPS 跟踪环路典型参数设置

阶数	系统函数	典型参数	噪声带宽
二阶	$\dfrac{a_2\omega_n s + \omega_n^2}{s^2 + a_2\omega_n s + \omega_n^2}$	$a_2 = 1.414$	$0.53\omega_n$
三阶	$\dfrac{b_3\omega_n s^2 + a_3\omega_n^2 s + \omega_n^3}{s^3 + b_3\omega_n s^2 + a_3\omega_n^2 s + \omega_n^3}$	$a_3 = 1.1, b_3 = 2.4$	$0.7845\omega_n$

可得此时稳态误差为 $0.28\ddot{\rho}_{ij}(t_1)/B_n^2$。对于同轨道面卫星,其星间距离二阶变化率几乎为零,因此其稳态误差可视为零,采用二阶环路即可实现对它的跟踪。对于异轨道面卫星间测距链路,星间二阶变化率可达 5.8m/s^2,此时的稳态误差为 $1.624/B_n^2$,为了使该误差小于 0.1m,需要环路带宽大于 12.7Hz,这样势必带来较大的热噪声误差,因此异轨道面卫星间需要三阶跟踪环路。

确定了环路阶数以后,进一步分析给定噪声带宽下跟踪环路的响应特性。对于三阶环路滤波器,分别取噪声带宽为 4Hz、8Hz、16Hz、32Hz,根据表 3.8 中设置,得到不同噪声带宽下误差传递函数的单位阶跃响应,如图3.58所示。从该图可以看出,三阶跟踪环路的收敛速度较慢,要在星间测距1.5s的测距时长内达到稳态,需要环路带宽大于16Hz。根据式(3.171),此时的测距误差较大。为了提高星间测距精度,需要在保证环路收敛的前提下降低噪声带宽。对于同样的噪声带宽,不同阶数环路的收敛时间并不相同。同样基于表3.8中典型的参数配置,可得在噪声带宽为1Hz的情况下,各阶环路的误差响应情况,如图3.59所示。

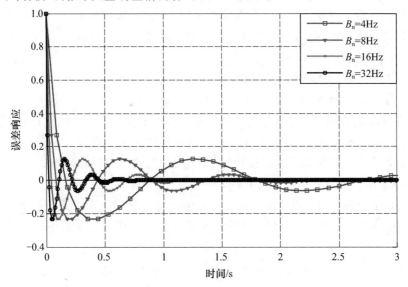

图3.58 不同带宽下三阶环路的误差响应(见彩图)

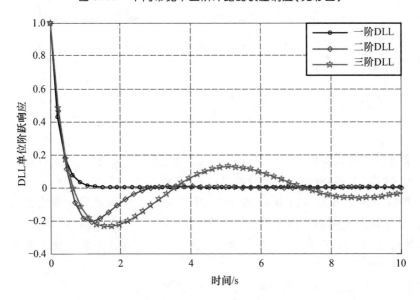

图3.59 带宽为1Hz时不同阶环路的单位阶跃响应(见彩图)

由图 3.59 可以看出,三阶跟踪环路的收敛速度最慢,在噪声带宽取 1Hz 时,即使经过 10s 还尚未收敛。由于星间测距的时隙较短,通常在秒级,因此上述环路无法在给定时间内达到稳态。从该图还可以看出,一、二阶环路的收敛时间相对较短,对于一阶环路,大概经过 1s 就可以达到稳态。因此,在给定的收敛时间内,降低环路阶数是减小环路带宽的有效手段。但是,环路阶数的选择受到信号动态的限制,如果能够提前预知星间信号动态变化情况并对本地信号进行相应补偿,那么就等效于降低了接收信号的动态。在设计高动态导航接收机时,经常在接收机内加入高精度的加速度传感器等惯性元件,用传感器得到的动态信息来降低信号的动态,辅助导航信号的跟踪,取得了广泛的应用及良好的效果。

3.6.2.2 基于动态预测的环路降阶设计

对于导航星座而言,利用导航卫星存储的表征运行状态的导航电文,可以计算任意时刻卫星的位置和速度,在此基础上再进一步,可以求解卫星运行的加速度[14]。根据卫星之间的相对位置关系,将卫星运行的加速度在星间视线方向上投影,即可得到星间距离的二阶变化率。则根据预测结果,可对接收信号进行动态消除。

1) 基于星历信息的星间动态预测

根据以上分析,通过式(3.177)和式(3.180)可以求得卫星在 ECEF 坐标系下的坐标和速度。进一步对式(3.180)求导,可得卫星在 ECEF 坐标系中的加速度表达式为

$$\ddot{r}_{ECEF} = \ddot{R} \cdot r_{orb} + 2\dot{R} \cdot \dot{r}_{orb} + R \cdot \ddot{r}_{orb} \quad (3.181)$$

式中

$$\ddot{R} = \begin{bmatrix} -\cos\Omega_c \cdot \dot{\Omega}_c^2 & \sin\Omega_c \cdot \dot{\Omega}_c^2 \cdot \cos I & -\sin\Omega_c \cdot \dot{\Omega}_c^2 \cdot \sin I \\ -\sin\Omega_c \cdot \dot{\Omega}_c^2 & -\cos\Omega_c \cdot \dot{\Omega}_c^2 \cos I & \cos\Omega_c \cdot \dot{\Omega}_c^2 \cdot \sin I \\ 0 & 0 & 0 \end{bmatrix} \quad (3.182)$$

卫星在轨道坐标系的加速度 $\ddot{r}_{orb}$ 可以表示为

$$\ddot{r}_{orb} = -\frac{GM}{r^3} r_{orb} \quad (3.183)$$

根据式(3.181),得到 ECEF 坐标系下卫星加速度 $\ddot{r}_{ECEF}$ 的闭合解,即可结合卫星真实运行导航电文,分析加速度的计算精度。

以 2014 年 4 月 6 日 0 时 0 分,编号为 PRN01 的 GPS 卫星的轨道数据为依据进行计算,卫星精密星历和广播星历原始数据均来源于 IGS 官方网站。根据上述计算流程求解得到卫星在 ECEF 坐标系下的加速度,2h 内的计算结果与精密星历对比情况如表 3.9 所示。

定义 t 时刻加速度在三个方向上总的计算精度为

$$a_{bi}(t) = \sqrt{(x_{ab}(t) - x_{ai}(t))^2 + (y_{ab}(t) - y_{ai}(t))^2 + (z_{ab}(t) - z_{ai}(t))^2} \quad (3.184)$$

式中:x_{ab}、y_{ab}、z_{ab}分别表示广播星历计算得到的各个方向上加速度分量;x_{ai}、y_{ai}、z_{ai}表示精密星历下的加速度分量。分别求取二者在各个坐标方向上的差值和总的计算精度,将其表示在图3.60中。

表3.9 广播星历计算卫星加速度与精密星历比较

时间(UTC) 2014年4月6日	精密星历/(m/s²)			广播星历/(m/s²)		
	x_{ai}	y_{ai}	z_{ai}	x_{ab}	y_{ab}	z_{ab}
00:00:00.000	-0.286722	0.205024	0.201643	-0.286712	0.204967	0.201596
00:15:00.000	-0.269775	0.250578	0.144861	-0.269752	0.250509	0.144823
00:30:00.000	-0.243710	0.289987	0.085470	-0.243676	0.289911	0.085446
00:45:00.000	-0.209767	0.321602	0.024518	-0.209725	0.321525	0.024510
01:00:00.000	-0.169492	0.344064	-0.036915	-0.169445	0.3439903	-0.036905
01:15:00.000	-0.124674	0.356357	-0.097734	-0.124625	0.3562921	-0.097707
01:30:00.000	-0.077274	0.357850	-0.156854	-0.077225	0.3577995	-0.156815
01:45:00.000	-0.029345	0.348328	-0.213222	-0.029301	0.3482940	-0.213175

注:UTC—协调世界时

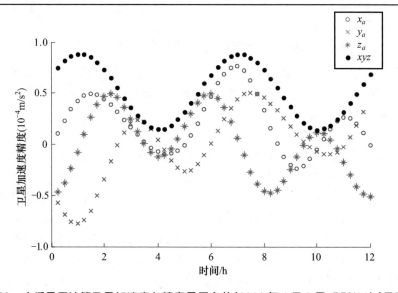

图3.60 广播星历计算卫星加速度与精密星历之差(2014年4月6日,PRN01)(见彩图)

从图3.60中可以更直观地看出,根据广播星历得到的卫星加速度具有较高的精度,与精密星历的差异在10^{-5}m/s²量级。根据历书求解卫星加速度的方法和步骤与广播星历基本相同,只是因为与广播星历相比,历书中缺少了部分校正参数,在计算时置零即可。目前,GPS历书的更新时间为每天一次,历龄有效期为1周,正是因为这样,计算出的加速度精度也较低,且随着历龄的增加逐渐恶化。

以编号为PRN01的GPS卫星为例,利用该星2014年4月6日的历书数据,根据式(3.181),计算一周内卫星在 ECEF 坐标系下的加速度值,并与精密星历进行比较,二者在各个方向上的差值及总的计算精度如图 3.61 所示。可以看出,根据历书求解的卫星加速度的精度与广播星历相比,约相差一个数量级,在历龄为一天时,精度可达 $10^{-5}\mathrm{m/s^2}$ 量级。随着历龄增长,在第七天时,精度接近 $1.5\times10^{-4}\mathrm{m/s^2}$ 量级。

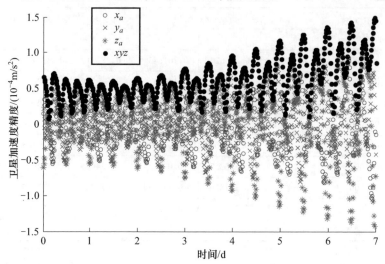

图 3.61　历书计算卫星加速度与精密星历之差(2014 年 4 月 6 日至 13 日,PRN01)(见彩图)

其实,从式(3.183)可以直接看出,由于地心到卫星的距离 r 较大,计算卫星的加速度时,会使得卫星轨道坐标误差(星历误差)带来的影响较小。根据上述分析,可以认为导航卫星间加速度计算精度优于 $1\mathrm{mm/s^2}$。

2) 基于动态预测的环路降阶设计

基于导航电文,获得了精度优于 $1\mathrm{mm/s^2}$ 的星间距离二阶变化率的预测值,在 1.5s 测距时长内,该精度对应的测距误差为 1.125mm,可以忽略不计,则式(3.174)中所定义的星间距离模型中,仅有星间距离和距离一阶变化率两个未知参数需要估计,此时只需采用一个二阶环路即可使星间测距信号的稳态跟踪误差为零,从而将环路阶数从三阶降为收敛速度更快的二阶。为了降低码环的动态,导航接收机中另一种常用的方法是采用锁相环辅助码环,这是因为载波环的跟踪精度远远高于码环。锁相环的热噪声均方差(单位为 m)为

$$\sigma_{tPLL} = \frac{c}{2\pi f_{ca}} \sqrt{\frac{B_n}{\frac{C}{N_0}}\left(1 + \frac{1}{2T_{coh}C/N_0}\right)} \quad (3.185)$$

结合式(3.171),可得二者在相同的噪声带宽和载噪比的情况下跟踪误差之比为

$$\eta = \frac{\sigma_{tDLL}}{\sigma_{tPLL}} = \frac{2\pi f_{ca}}{f_{co}} \quad (3.186)$$

可以看出,当载波频率为 23GHz,码速率为 10.23MHz 时,二者跟踪精度相差四个数

量级,来自 PLL 环路的多普勒测量值也更能准确、及时地反应星间距离变化。因此,采用载波环辅助可以消除码环中的动态,此时码环仅需采用一阶滤波器消除初始跟踪误差、降低热噪声影响即可,具体的环路结构如图 3.62 所示。

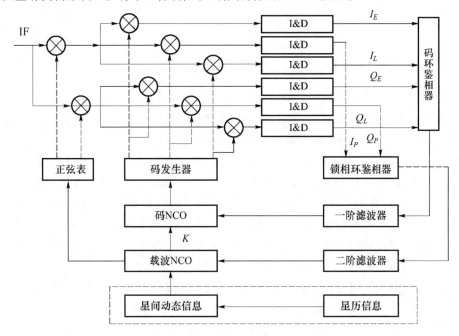

图 3.62 降阶设计后的信号跟踪环路结构

图 3.62 中,星间距离的二阶动态预测值经过积分后转换为距离一阶变化率,再乘以一定的比例系数转化为 NCO 控制量,与二阶环路滤波器的输出值共同作用于载波 NCO。载波 NCO 的值乘以比例系数 K 后与一阶滤波器的输出值相加,实现对码发生器的控制。

由于载波环的跟踪精度较高,即使在环路带宽较大的情况下依然比码环高三四个数量级。锁相环的设计优先考虑收敛速度,尽可能选择较大的噪声带宽。但噪声带宽不能无限制地扩大,它受到鉴相器牵引范围的限制,通常要求噪声颤抖不大于 15°,根据式(3.185),可求得锁相环噪声带宽。

需要说明的是,导航卫星间建立起连接后,通过星间数传通道可将它星的广播星历传递到本星,此时基于收发卫星双方精度更高的广播星历信息,可得高精度的星间距离一阶变化率。以第 4 章的分析为例,根据广播星历得到的卫星速度精度可高达 1mm/s,将该值用于星间距离一阶变化率的消除,载波环和码环均只需采用一阶滤波器即可,此时环路收敛速度将更快。

3)基于 $\alpha-\beta$ 滤波的可调带宽码环设计

经过星间动态信息和载波环辅助后,消除了码环中的信号动态,此时码环采用一阶滤波器即可,其系统函数表达式为

$$H(s) = \frac{\omega_n}{s + \omega_n} \qquad (3.187)$$

对应的滤波器带宽为

$$B_n = \frac{\omega_n}{4} \qquad (3.188)$$

根据式(3.187)、式(3.188),可得误差传递函数为

$$e(t) = e^{-\omega_n t} u(t) = e^{-4B_n t} u(t) \qquad (3.189)$$

对于该式,若噪声带宽 B_n 取 1Hz,输入码相位偏差为 0.5 码片(15m),则经过 1s 后,环路收敛到 1.83%(0.2747m),2s 后才收敛到 0.034%(0.005m)。当星间测距时长为 1s 时,环路中仍然残存较大的偏差。若加大噪声带宽,收敛速度会随之加快,如噪声带宽取 2Hz 时,1s 后即可收敛到 0.005m,但根据式(3.171),此时的稳态误差较大。为了在暂态响应阶段获得较快收敛速率的同时,在稳态响应阶段保持较小的稳态误差,可采用一种带宽可变的环路结构。在跟踪初始阶段,采用较大的噪声带宽来提高收敛速度,在跟踪达到稳态后,采用较窄的噪声带宽以提高滤波性能。基于此思路,下面提出一种基于 $\alpha-\beta$ 滤波的可调带宽码环设计方法。

信号捕获阶段,码相位的搜索步进为 0.5 码片,因此可认为捕获得到的相位值与信号真实相位之间的差值服从均值为零、方差为 0.0625 的均匀分布,记为

$$\begin{cases} x_0 = 0 \\ P_0 = 0.0625 \end{cases} \qquad (3.190)$$

式中: P_0 为捕获阶段得到的码片的方差。

进入跟踪阶段,中频信号通过载波剥离后进行鉴相,鉴相器的测量方差与信号的载噪比、积分时间和鉴相器间隔有关,在鉴相器间隔为 0.5 的情况下,有[8]

$$\sigma_\varphi^2 = \frac{1}{8 T_{coh} C/N_0} \qquad (3.191)$$

式中:接收信号的载噪比 C/N_0 可以通过链路预算获得。

经过一次测量后,得到鉴相值为 $\Delta\varphi_1$,那么此时的相位差预测值可调整为

$$\hat{x}_1 = \alpha_1 \hat{x}_0 + \beta_1 \Delta\varphi_1 \qquad (3.192)$$

式中

$$\begin{cases} \alpha_1 = \dfrac{\sigma_\varphi^2}{P_0 + \sigma_\varphi^2} \\ \beta_1 = \dfrac{P_0}{P_0 + \sigma_\varphi^2} \end{cases} \qquad (3.193)$$

此时 $\hat{x}_1$ 的方差为

$$P_1 = \frac{P_0 \sigma_\varphi^2}{P_0 + \sigma_\varphi^2} \tag{3.194}$$

经过两次鉴相后,得到的相位差估计值 $\hat{x}_2$ 及其对应的方差 P_2 为

$$\hat{x}_2 = \alpha_2 \hat{x}_1 + \beta_2 \Delta\varphi_2 \tag{3.195}$$

$$P_2 = \frac{P_0 \sigma_\varphi^2}{2P_0 + \sigma_\varphi^2} \tag{3.196}$$

此时

$$\begin{cases} \alpha_2 = \dfrac{P_0 + \sigma_\varphi^2}{2P_0 + \sigma_\varphi^2} \\ \beta_2 = \dfrac{P_0}{2P_0 + \sigma_\varphi^2} \end{cases} \tag{3.197}$$

那么,估计值 $\hat{x}_N$ 表达式的系数在经过 N 次鉴相后为

$$\begin{cases} \alpha_N = \dfrac{(N-1)P_0 + \sigma_\varphi^2}{NP_0 + \sigma_\varphi^2} \\ \beta_N = \dfrac{P_0}{NP_0 + \sigma_\varphi^2} \end{cases} \tag{3.198}$$

预测值 $\hat{x}_N$ 的方差为

$$P_N = \frac{P_0 \sigma_\varphi^2}{NP_0 + \sigma_\varphi^2} \tag{3.199}$$

当跟踪时长为 T 时,$N = T/T_{coh}$,将式(3.199)代入,可得

$$P_N = \frac{P_0}{8TP_0 C/N_0 + 1} \tag{3.200}$$

以跟踪时长 T 为 1s、相干积分时长 T_{coh} 为 1ms、载噪比 C/N_0 为 40dBHz 为例,得到跟踪过程中各个参数的变化情况如表3.10所列。

表3.10 滤波器参数随鉴相次数变化情况

n	α_n	β_n	P_n	测距均方差/m
0	0	0	0.062500	7.5
1	0.016667	0.833333	0.006250	2.3717
2	0.545455	0.454545	0.004167	1.9365
3	0.687500	0.312500	0.003125	1.67705
⋮	⋮	⋮	⋮	⋮
1000	0.999	0.001	1.2488×10^{-5}	0.106

在此过程中,每次鉴相完毕均得到一个新的相位预测值 $\hat{x}_n$,环路滤波器根据该

预测值调整本地码 NCO 控制量,以使本地码相位与输入码相位保持一致。本控制环路与传统采用固定带宽的环路不同,每次鉴相器的输出结果并不是乘以一个固定的比例系数作为 NCO 的控制量,而是根据估计精度的增加不断调整鉴相器输出的比重,乘以一个大小不断缩小的比例数值,即 β_n。这样,就基于最小方差准则,实现了带宽可调的码跟踪环路设计,如图 3.63 所示。在环路跟踪初始阶段,β_n 较大,对应的环路噪声带宽也较大,此时环路具有较快的收敛速度;随着跟踪时间的推进,β_n 逐渐减小,环路的噪声带宽也随之减小,此时环路具有较小的稳态误差,这样通过变带宽设计,就兼顾了环路的收敛性能和稳态跟踪性能。

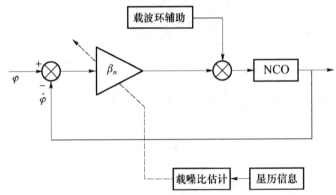

图 3.63 基于 $\alpha-\beta$ 滤波的带宽可调码跟踪环路设计

3.6.3 时间对准精度的 Cramer-Rao 界

根据前面设计的可变带宽跟踪环路,式(3.200)表示了经过 N 次测量后 DLL 的跟踪精度。为了分析其性能,将其与时延估计的 Cramer-Rao 界比较。根据信号检测与估计理论,高斯白噪声环境下时延估计的 Cramer-Rao 界为(单位为 chip^2)[14]

$$\mathrm{var}(\hat{\tau}) \geqslant \frac{1}{\mathrm{SNR}\,\overline{f^2}} \tag{3.201}$$

式中:SNR 为输入信号 $s(t)$ 的信噪比。如果设接收信号的功率为 C,噪声的功率谱密度为 $N_0/2$,单边带噪声带宽为 B_n,则有 SNR $= C/(N_0 B_n)$。$\overline{f^2}$ 为信号的均方带宽,当接收机的前置带宽为 B_{fe} 时,有

$$\overline{f^2} = \frac{\int_{-B_{fe}/2}^{B_{fe}/2} (2\pi f)^2 |S(f)|^2 \mathrm{d}f}{\int_{-B_{fe}/2}^{B_{fe}/2} |S(f)|^2 \mathrm{d}f} \tag{3.202}$$

式中:$S(f)$ 为输入信号 $s(t)$ 的傅里叶变换;分子部分为信号 G_{abor} 带宽的平方[14]。

对于码片宽度为 T_c 的伪码信号,有

$$|S(f)|^2 = T_c \mathrm{sinc}^2(fT_c) \tag{3.203}$$

根据式(3.203),在全带宽内,扩频信号的能量为 1,即

$$\int_{-\infty}^{\infty} |S(f)|^2 df = 1 \tag{3.204}$$

并且能量主要集中在第一主瓣内,多达 90.28%,如图 3.64 所示。

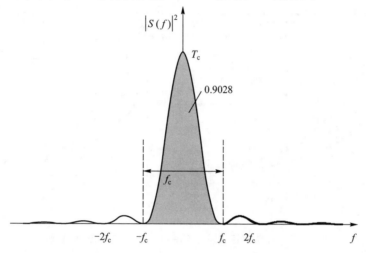

图 3.64 扩频信号的功率谱密度

对于式(3.202)的分子部分,当接收机前置带宽取码速率的 $2N$ 倍,即 $B_{fe}=2Nf_c$ 时,可以简化为

$$\int_{-Nf_c}^{Nf_c} (2\pi f)^2 T_c \text{sinc}^2(fT_c) df = 4Nf_c^2 \tag{3.205}$$

根据上述分析,当 N 大于 1 时,式(3.202)中分母变化范围不大,如表 3.11 所列。因此,式(3.202)的大小主要取决于分子部分。时延估计的精度与信号的码速率、载噪比和接收机的噪声带宽三个因素有关,测距信号的码速率越高、载噪比越好、噪声带宽越小,越有利于时延估计。

表 3.11 扩频信号功率与前置带宽的关系

前置带宽	$2f_c$	$4f_c$	$8f_c$	$16f_c$
功率比例	0.9028	0.9498	0.9748	0.9874

在假设接收机前置带宽为 $2f_c$ 前提下,式(3.200)给出了基于 $\alpha-\beta$ 滤波的可调带宽码环的跟踪精度表达式。在同样的条件下,根据式(3.201)、式(3.202)、式(3.203)、式(3.205)可得此时距离估计的 Cramer-Rao 界为

$$\hat{\rho}_{CRLB} = \frac{0.9028}{4f_c^2 C/(N_0 B_n)} \tag{3.206}$$

当总的积分时长为 T 时,对应的单边带噪声带宽 $B_n = 1/2T$,式(3.206)可进一步写为

$$\hat{\rho}_{\mathrm{CRLB}} = \frac{0.9028}{8 f_c^2 T C / N_0} \quad (3.207)$$

当 T 分别为 $0.25\mathrm{s}$、$0.5\mathrm{s}$、$1\mathrm{s}$ 时,根据式(3.200)和式(3.207)计算在不同载噪比下距离估计的精度,计算结果如图 3.65 所示。

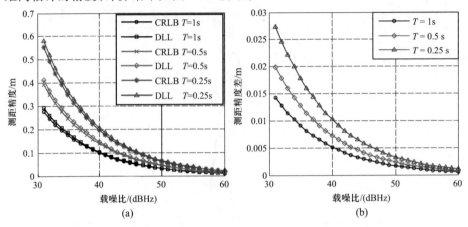

图 3.65　环路跟踪误差与 Cramer-Rao 界比较(见彩图)

图 3.65(a)描述了跟踪环路在不同时长和不同载噪比下的精度,以及同等条件下的 Cramer-Rao 界,图中表明,无论是跟踪环路还是 Cramer-Rao 界,测距精度都随着测距时长的增加而提高,并且跟踪环路的测距精度是逼近 Cramer-Rao 界的。图 3.65(b)为环路跟踪精度与 Cramer-Rao 界之差,随着载噪比的提高和测距时长的加长,二者之间的差值越小,当载噪比为 40dBHz,测距时长为 1s 时,环路跟踪精度与 Cramer-Rao 界测量精度相差约 0.0052m,此时的 Cramer-Rao 界为 0.0985m,测距精度差与 Cramer-Rao 界比值约为 5.23%,二者相差两个数量级,因此本书采用的 α-β 滤波环路具有较好的跟踪性能,能够逼近 Cramer-Rao 界,可作为星间测距时间对准精度 θ 的表达式,将式(3.200)的单位转化为 m,整理可得

$$\theta = \frac{c}{f_{\mathrm{code}}} \sqrt{\frac{P_0}{8 T P_0 C / N_0 + 1}} \quad (\mathrm{m}) \quad (3.208)$$

3.6.4　时间对准精度约束下的功率分配

3.6.4.1　时间对准精度约束下的功率分配算法

无线传感器网络中,能量节省决定了网络的寿命周期,是系统设计中需要考虑的一项重要内容,通常采用多种手段来降低能源消耗[15-18]。卫星导航系统可以看作一个特殊的无线传感器网络,各个卫星均相当于一个传感器节点,一旦在轨运行后,其能源供给仅仅依靠自身的储备和对太阳能的转换。卫星的寿命很大程度上依赖于星上能源储备的大小,降低星上设备能源消耗有助于增加能源的使用时间,进而延长卫星的寿命。与此同时,星间链路在时分双工工作模式下,同一历元有多个卫星对在进

行距离测量,降低测距设备的发射功率可以有效减小不同链路之间的互干扰,进而有益于提高测距精度。因此,在满足时间对准精度约束的前提下,尽可能地降低星间测距设备的功耗具有重要的意义。

根据式(3.208),时间对准精度与接收信号的载噪比 C/N_0、捕获得到的码片方差 P_0、测距时长 T 和码速率 f_{code} 有关。其中:由于捕获码搜索间隔为通常为 0.5 码片,捕获得到的码片值在真实值 ±1/4 码片范围内均匀分布,因此 P_0 的大小为 0.0625; T 与测距的路由规划有关,根据前述分析, T 通常在秒级或亚秒级; f_{code} 的大小直接影响到星间测距的精度,采用较高的码速率具有较高的测距精度,这点与地面接收机相同。上述参数确定以后,就可以根据式(3.208)得到给定 θ 时,所需接收信号的载噪比为

$$\frac{C}{N_0} = \frac{1}{8TP_0}\left(\frac{P_0 c^2}{\theta^2 f_{\text{code}}^2} - 1\right) \tag{3.209}$$

C/N_0 的大小与多个因素有关,可根据链路预算得到,计算表达式为(3.209)。需要说明的是,链路运算时本应使用信号的传播距离,但根据前面章节分析,星间信号传播距离与卫星间几何距离相差最大为 342.04m,而星间几何距离最小为 4763.952km,该差值与星间距离的最大比为 7.2×10^{-5},因此,在进行链路预算时可直接用星间几何距离来代替。

将式(3.205)~式(3.208)代入式(3.209)中,并进行一定的转换,可得

$$P_{\text{tr}} = \frac{1}{8TP_0}\left(\frac{P_0 c^2}{\theta^2 f_{\text{code}}^2} - 1\right) - G_{\text{tr}} - G_{\text{re}} + 20\lg(4\pi f_{\text{carr}}\rho_{ij}/c) + 10\lg(kT_{\text{temp}}) + L_{\text{lost}} \tag{3.210}$$

由于且星上均采用了温控手段,也可视为一个已知的常数,载波频率和码速率在信号体制设计完毕后也是一确定值,所以星间几何距离也可以通过导航电文计算得到。因此根据式(3.210),就可以计算给定时间对准精度约束为 θ 时所需的信号发射功率。由于星间几何距离是卫星对和历元的函数,由前文可知星间距离变化范围为 4427.5~52540.739km,自由传播损耗带来的差异高达 21dB,因此接收功率也将随之剧烈变化。即使同一卫星对,在不同的历元星间距离变化也较大,以 M11 卫星与 M27 卫星间链路为例,二者之间的星间距离随着历元的不同,最大为 38622.97km,最小为 9463.75km,由自由传播损耗带来的差异达 12.2dB。因此,根据式(3.210),卫星对和历元不同,满足测距约束的信号发射功率差异较大,根据测距精度需求来调整信号发射功率可以有效减小整个测距系统的功率消耗,具有重要意义,完整的计算流程如图 3.66 所示。

3.6.4.2 算法效能分析

基于本书中构建的 Walker 星座模型,根据式(3.210)可计算不同卫星对在给定测距约束下所需的信号发射功率,分析时暂时假定各个参数的大小如表 3.12 所列,

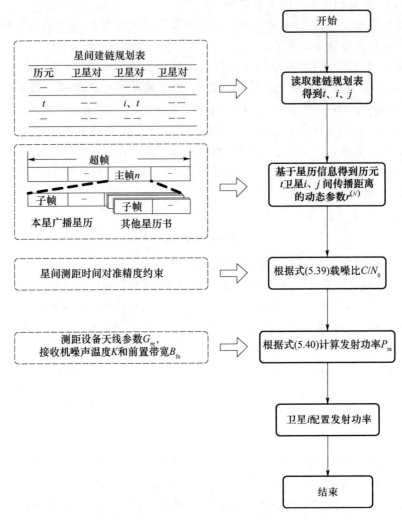

图 3.66 星间测距时间对准精度约束下功率分配计算流程

表中数值可根据系统实际进行调整。

表 3.12 星间信号发射功率分析参数设置

参数名称	设定值
有效测距时长	1s
码速率	10.23MHz
载波频率	23GHz
发射天线增益	35dB
接收天线增益	35dB
接收机噪声温度	290K

(续)

参数名称	设定值
接收通道噪声系数	4dB
发射馈线损耗	10dB
接收馈线损耗	10dB
极化损耗	1dB
系统设计裕量	5dB

首先分析同轨道面卫星间测距链路的信号发射功率,由于同轨道面卫星间距离基本不随时间变化,因此,所需的信号发射功率也不随时间变化,以第一轨道面卫星间测距为例,可得不同时间对准精度约束下的信号发射功率,结果如图3.67所示。

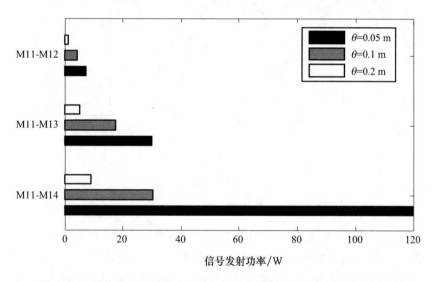

图3.67 同轨道面卫星间在不同时间对准精度约束下的信号发射功率

图3.67中可以看出,在相同的时间对准精度约束下,不同卫星对之间所需要的信号发射功率差异较大。比如,如当测距对准精度指标为0.1m时,M11与M12、M13、M14卫星对之间所需的信号发射功率分别为5.15W、17.57W和29.99W,最大功率和最小功率相差24.84W。在不同的时间对准精度约束下,同一卫星对所需的信号发射功率也不同,以M11-M14卫星对为例,当时间对准精度分别为0.05m、0.1m和0.2m时,所需信号发射功率分别为119.987W、29.993W和7.494W。

如果M11卫星与本轨道面内其他卫星建链时,不进行功率调整,而是使用统一的发射功率,此时需采用的功率值为M11与所有其他卫星对之间信号发射功率的最大值。以时间对准精度指数等于0.1m为例,该值应为29.99W。此时,M11与M12、M13、M14各建链一次所需总功率为29.99W×3=89.97W,而功率调整后,所需的总功率为5.15W+17.57W+29.99W=52.71W,此时功率消耗比为

$$\eta = \frac{52.71}{89.97} = 58.59\% \tag{3.211}$$

对于异轨道面卫星间链路,星间距离随历元的不同而不同,因此功率计算时不仅要考虑卫星对的不同,还要考虑历元的不同,即信号发射功率是卫星对、历元和时间对准精度指数三者的函数。为了简化分析,将时间对准精度指数设为 0.1m。同样以 M11 到第二轨道面卫星间链路为例,计算不同卫星对在不同历元星间测距信号的发射功率,计算结果如图 3.68 所示。

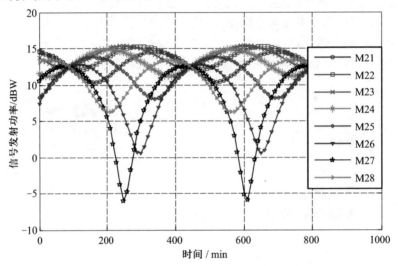

图 3.68 M11 与第二轨道面卫星间信号发射功率($\theta = 0.1$m)(见彩图)

图 3.68 中可以看出,在给定的时间对准精度约束下,同一历元异轨道面不同卫星间测距信号的发射功率相差较大。比如在图中 600min 处,M11 与 M21~M28 卫星间信号发射功率分别为 12.64dBW、14.79dBW、15.36dBW、14.56dBW、12.08dBW、6.48dBW、-5.13dBW 和 7.78dBW。在该历元,卫星对 M11-M23 与卫星对 M11-M27 之间信号发射功率相差 20.49dB,高达 112 倍。历元不同时,同一卫星对星间信号发射功率差异也较大,图 3.69 直观地反映了星间同一卫星对在不同历元下的发射功率情况。可以看出,M11-M27 卫星对之间的在不同历元下的信号功率差别最大,在 2h 时信号发射功率为 12.1dBW,在 10h 时,信号发射功率为 -5.13dBW。根据式(3.210),M11-M27 卫星间这种功率巨大差异,是该卫星对在不同历元的星间距离相差较大引起的。

未根据时间对准精度约束进行功率分配时,M11 卫星与第二轨道面卫星进行测距时采用同一信号发射功率,该值为星间距离最大时对应的卫星对和历元。根据图 3.69,该最大值为 15.37dBW,对应 M11 与 M23 之间的链路。在进行功率分配后,信号发射功率随着测距对象和历元的变化而变化。为了分析功率分配后的效率,将一个回归周期内 M11 与第二轨道面内所有卫星对各个历元的发射功率求平均,并将

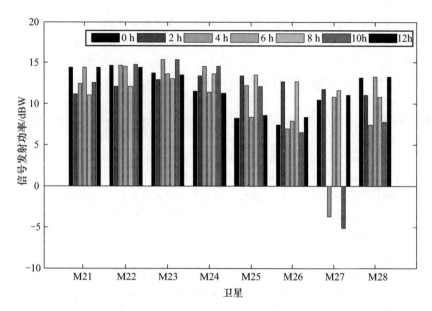

图 3.69 同一卫星对在不同历元下的信号发射功率（$\theta=0.1\mathrm{m}$）（见彩图）

该平均值与最大值比较，结果即为算法改进后得到的效率值，为 50.67%。

综上，采用本算法后，M11 与星座内同轨道面卫星间的建链功耗可降为 58.59%，与异轨道面卫星间建链功耗可降低到 50.67%。

参考文献

[1] 黄飞江,吴海涛,卢晓春,等. 基于星间距离变化的动态双向时间同步算法[J]. 武汉大学学报（信息科学版）,2010,35(1):13-16.

[2] KIM J, LEE Y J. Measurement interpolation methods for dual-one-way ranging systems[J]. Journal of Spacecraft and Rockets, 2009, 46(3):706-711.

[3] 黄波,胡修林. 北斗 2 导航卫星星间测距与时间同步技术[J]. 宇航学报,2011,32(6):1271-1275.

[4] KAPLAN E D, HEGARTY C J. Understanding GPS: principles and applications [M]. 2nd ed. London: Artech House Inc,2006.

[5] MERCK P, ACHKAR J. Design of a Ku band delay difference calibration device for TWSTFT station [J]. IEEE Transactions on Instrumentation and Measurement, 2005. 54:814-818.

[6] 徐志乾. 导航星座星间链路收发信机时延测量与标校技术研究[D]. 长沙:国防科学技术大学,2009.

[7] LI X B, ZHANG C S, CHE N J Y. Research on the technology of calibration of satellite constellation crosslink[C]//Proceedings of 3rd China Satellite Navigation Conference, Guangzhou, China, 2012:423-432.

[8] 王家胜. 中国数据中继卫星系统及其应用拓展[J]. 航天器工程,2013,22(1):1-6.

[9] AMARILLO F. Inter-satellite ranging and inter-satellite communication links for enhancing GNSS satellite broadcast navigation data[J]. Advances in Space Research, 2010, 47(5):786-801.

[10] 李达维. 纳米CMOS器件单粒子效应机理的若干关键影响因素研究[D]. 长沙:国防科学技术大学,2013.

[11] KRISTINE P M, PAUL A, JOHN L. Crosslinks for the next-generation GPS[J]. IEEEAC, 2003(4):1589-1595.

[12] GUIAR C N, LANSING F L, RIGGS R. Antenna pointing systematic error model derivations[R]. Pasadena, California: Jet Propulsion Laboratory, 1987, 88:36-46.

[13] KISTONSTURIAN H G. On-orbit calibration of satellite antenna pointing errors[J]. IEEE Transactions on Aerospace and Electronic Systems, 1990,26(1):88-112.

[14] KISTONSTURIAN H G. The on-orbit antenna pointing calibration of milstar satellite gimbaled parabolic antennas[C]// IEEE Military Communications Conference, Atlantic City, 1999:608-611.

[15] GAWRONSKI W, BANER F, QUINTERO O. Azimuth-track level compensation to reduce blind-pointing errors of the deep space network antennas[J]. IEEE Antenna and Propagation Magazine, 2000, 42(2):28-38.

[16] GAWRONSKI W, ALMASSY W T. Command preprocessor for radio telescopes and microwave antennas[J]. IEEE Antenna and Propagation Magazine, 2002, 44(2):30-37.

[17] 郭文嘉. 天线指向误差引起的对地球服务区覆盖影响[J]. 空间电子技术,1994(3):79-84.

[18] 谢凌. 影响天线指向误差的因素和误差分析方法[J]. 空间电子技术,1999(1):42-45.

[19] 孙京,马兴瑞,于登云. 星载天线双轴定位机构指向精度分析[J]. 宇航学报,2007,28(3):545-550.

[20] 游斌弟. 星载天线动态指向精度动力学分析与控制[D]. 哈尔滨:哈尔滨工业大学,2011.

[21] 黎孝纯,于瑞霞,闫建红. 星间链路天线扫描捕获方法[J]. 空间电子技术,2008,26(7):5-11.

[22] 王祥,杨慧. 中继星天线指向控制中捕获参数的确定方法[J]. 中国空间科学技术,2010,2:37-41.

[23] 孙小松,杨涤,耿云海,等. 中继卫星天线指向控制策略研究[J]. 航空学报,2004,25(4):376-380.

[24] 吴刚,张文雅,何伟平. 中继卫星跟踪航空器的星间天线指向控制算法[J]. 飞行器测控学报,2009,28(6):23-27.

[25] 吴刚,冯丽,周超英,等. 中继卫星跟踪航空器的轨迹分段优化算法研究[J]. 飞行器测控学报,2010,29(5):85-89.

[26] 陈宏,李本津,贾宇平. 中继卫星星间天线指向误差传播率研究[J]. 飞行器测控学报,2011,30(3):26-31.

[27] KRAUS J D, MARHEFKA R J. Antennas: for all applications [M].3rd ed. New York: McGraw-Hill Companies Inc. , 2002.

[28] TELES J, SAMII M Y, DOLL C E. Overview of TDRSS[J]. Advance Space in Research, 1995, 16(12):67-76.

[29] GIBBONS R C. Potential future applications for the tracking and data relay satellite II (TDRSS II)

system[J]. Acta Astronautica, 1995. 35(8): 537-545.

[30] 王家胜. 苏联/俄罗斯数据中继系统评述[J]. 航天器工程,2012,21(6): 1-6.

[31] 王家胜. 填补我国航天技术空白的中继卫星系统[J]. 国际太空,2013(6): 20-25.

[32] 李德志. 二代中继卫星系统捕获跟踪技术研究与仿真[D]. 哈尔滨:哈尔滨工业大学,2006.

[33] JASON Z, KEFEI Z, RON G, et al. GPS satellite velocity and acceleration determination using the broadcast ephemeris[J]. The Journal of Navigation, 2006(59): 293-305.

[34] 李济生. 人造卫星精密轨道确定[M]. 北京:解放军出版社,1995.

[35] Navstar GPS Joint Program Office. IS-GPS-200F: navstar GPS space segment/navigation use interfaces[EB/OL]. (2011-11-21)[2018-11-28]. http://www.gps.gov/.

[36] European Union. Galileo signal in space interface control document (Issue 1.1)[EB/OL]. (2010-11)[2018-11-28]. http://ec.europa.eu/.

[37] Russian Institute of Space Device Engineering. GLONASS interface control document (Edition5.1)[EB/OL]. (2008)[2018-11-28]. http://www.novatel.com/.

[38] KORVENOJA P, PICHE R. Efficient satellite orbit approximation[C]//Proceedings of the 13th International Technical Meeting of the Satellite Division of the Institute of Navigation (ION GPS 2000), 2000: 1930-1937.

[39] 王青平,关玉梅,王紫燕,等. GPS卫星轨道三维坐标插值算法比较[J]. 地球物理学进展, 2014,29(2): 573-579.

[40] 王丽秋. 基于u-blox高灵敏度精确定位系统[J]. 微计算机信息,2010,17: 167-168.

[41] HOBIGER T, GOTOH T, DETTMAR U, et al. A GPU based real-time GPS software receiver[J]. GPS Solutions, 2010, 14(2): 207-216.

[42] VAN N D, COENEN A. New fast GPS code acquisition technique using FFT[J]. Electronics Letters, 1991, 27(2): 165-167.

[43] AKOPIAN D. Fast FFT based GPS satellite acquisition methods[J]. IEEE Proceedings on Radar Sonar Navigation, 2005, 152(4): 277-286.

[44] LI X B, CHEN L, XU B, et al. Study on the method of fast acquisition in LEO satellite DSSS communication system [C]//Proceedings IEEE 2011 10th International Conference on Electronics Measurement and Instruments,Chengdu,China,2011: 325-328.

[45] ZARRABIZADEH M H, MELLINGER E S, JUNGEN L. A differentiallycoherent PN code acquisition receiver for CDMA systems[J]. IEEE Transactions on Communications, 1997, 45(11): 1456-1465.

[46] ELDERS B H, DETTMAR U. Efficient differentially coherent code/doppler acquisition of weak GPS signals[C]//IEEE 8th International Symposium on Spread Spectrum Techniques and Applications,USA,2004: 731-735.

[47] CURRY G. Radar system performance modeling[M]. London:Artech House, 2005.

[48] O' Driscoll C. Performance analysis of the parallel acquisition of weak GPS signals[D]. Cork: National Univercity of Ireland, 2007.

[49] PARK S, CHOI I, LEE S, et al. A novel GPS initial synchronization scheme using decomposed differential matched filter[C]//Proceedings of ION NTM,San Diego,CA,2002: 28-32.

[50] SCHMID A, NEUBAUER A. Performance evaluation of differential correlation for single shot measurement positioning[C]//Proceedings of ION GNSS,Long Beach, CA,2004:1998-2009.

[51] SHANMUGAM S K, WASTON R, NEILSEN J, et al. Differential signal processing schemes for enhanced GPS acquistion[C]//Proceedings of ION GNSS,Long Beach, CA,2005:212-221.

[52] CHUNG C D. Differentially coherent detection technique for direct-sequence code acquisition in a rayleigh fading mobile channel[J]. IEEE Transactions on Communications, 1995. 43(234):1116-1126.

[53] TSUI J. Fundamentals of global positioning system receivers: a software approach, second edition [M]. Hoboken:John Wiley & Sons, 2005.

[54] LI X B, WANG Y K, CHEN J Y, et al. Rapid acquisition assisted by navigation data for inter-satellite links of navigation constellation[J]. IEICE Transactions on Communications, 2014, E97-B(4):917-922.

[55] DIGGELEN F V. A-GPS: assited GPS, GNSS and SBAS[M]. Norwood: Artech House Inc., 2009.

[56] KLEIN D, PARKINSON B W. The use of pseudolites for improving GPS performance[J]. Navigation, 1986, 27(2):165-167.

[57] 李献斌,王跃科,陈建云. 基于星历辅助的导航星座星间链路捕获初始信息求解算法[J]. 国防科学技术大学学报,2014,36(2):87-92.

[58] 李献斌,王跃科,陈建云. 导航星座星间链路信号捕获搜索策略研究[J]. 宇航学报,2014,35(8):946-952.

[59] ANANDA M P, BERNSTEIN H, CUNNINGHAM K E, et al. Global positioning system (GPS) autonomous navigation [C]//IEEE Position Location and Navigation Symposium,Las Vegas, 1990:20-23.

[60] MARAL G, BOUSQUET M. Satellite communications systems: systems techniques and technology [M]. Hokoben:John Wiley & Sons Inc., 2011.

[61] 李献斌,王跃科,周永彬. 导航星座星间链路信号自适应捕获方法[J]. 系统工程与电子技术,2015,37(1):12-16.

[62] MISRA P, ENGE P. Global positioning system, signal, measurement, and performance, second edition[M]. Massachusetts:Ganga-Jamuna Press, 2006.

[63] 朱俊. 基于星间链路的导航卫星轨道确定及时间同步方法研究[D]. 长沙:国防科学技术大学,2011.

[64] 刘经南,曾旭平,夏林元,等. 导航卫星自主定轨算法研究及模拟结果[J]. 武汉大学学报(信息科学版),2004,29(12):1040-1043.

[65] BETZ J W, KOLODZIEJSKI K R. Extended theory of early-late code tracking for a bandlimited GPS receiver[J]. Journal of Institute of Navigation, 2000, 47(3):211-226.

[66] GARDNER F M. Phaselock techniques [M]. 2nd ed. New York: Wiley, 1979.

第 4 章　导航星间链路抗干扰原理

4.1　星间链路精密测距中的抗干扰需求

扩频测距技术具有测距精度高、无模糊距离大和抗干扰性能强等优异特性，扩频测距技术已经成为现代卫星应用的重要基础，是卫星导航定位与授时、卫星测控定轨以及星间测距与时间同步的重要保障。随着航天事业的蓬勃发展，新的任务需求不断涌现，对扩频测距的性能要求也越来越高。星间链路是现代化 GNSS 的重要组成部分，GNSS 的自主定轨和星地联合定轨将成为常态，星间精密测距是星间链路建设的重要基础，国内外的研究结果表明，要实现米级的定轨精度，星间测距的精度要达到亚米级。一方面，测距精度需求由米级不断地向分米级和厘米级，甚至毫米级和微米级发展，另一方面，干扰环境日益复杂，强烈的电磁干扰会严重影响扩频信号解调和测距性能。研究扩频测距抗干扰技术，提高干扰环境中扩频测距系统的生存能力，保证精密测距性能，是扩频测距技术现代化应用的重要课题。对于全球导航卫星系统，精密扩频测距不仅是导航卫星测控定轨和用户定位授时的核心基础，而且是新一代 GNSS 的星间链路建设中的关键一环。在复杂电磁环境中实现精密扩频测距，能够保障 GNSS 的健康运行和正常应用，而 GNSS 不论在军事领域还是在民用领域都发挥着重要作用。

随着信息化时代的飞速发展，人类活动对卫星应用的依赖不断加强，电磁频谱资源也日益紧张，空间环境中充斥着越来越多的电视谐波信号、调幅调频电台广播信号、微波链路信号和雷达信号等不同类型和样式的电磁干扰。在现代战争中，电子对抗日益尖锐，随着军事科技的发展，各种大功率干扰机不断涌现，直接威胁到战场中精密测距设备的应用。无意干扰和有意干扰是扩频测距技术应用无论在民用领域还是军事领域都必然存在的问题，这对卫星导航定位、卫星测控定轨和星间精密测距提出了严峻挑战。测距链路的可靠性和精度成为现代扩频测距技术应用的一个焦点，在干扰环境中如何保证扩频测距的精度性能指标，是非常现实的问题。

扩频调制解调本身具有一定的处理增益，这在很大程度上增强了扩频接收机在干扰环境中的生存能力，使得接收机在相对较弱的干扰下仍能够保持伪码和载波相位的有效跟踪，实现测距功能。然而，在干扰环境中测距精度性能的恶化不可避免，尤其对于精度要求较高的场合，要能够准确评估测距精度性能，并且保证测距性能达到指标要求，就必须具备足够深入的理论研究基础。伴随着 GNSS 现代化的提出，导航信号不断优化升级,MITRE 公司的 J. W. Betz 首先提出了二进制偏移载波(BOC)调制信号[1-2],能够提高频谱利用率,并且可以提高抗干扰能力和扩频测距精度,从而在新一代 GNSS 信号中推广应用。由 BOC 调制衍生出的交替二进制偏移载波(AltBOC)、复合二进制偏移载波(CBOC)和时分复用二进制偏移载波(TMBOC)等信号调制方式[3-7],为测距信号体制设计注入了新的活力,但是也使得扩频测距精度性能和抗干扰性能评估面临新的课题。另外,现代化的 GNSS 信号均划分了导频通道和数据通道,来提高测距性能和通信质量[8]。导频通道仅有伪码扩频调制,没有导航数据调制,从而能够通过加长相干积分时间,提高弱信号下的伪码跟踪能力。导频通道是 GNSS 信号新体制的重要标志,但是导频通道对窄带干扰尤为敏感,窄带干扰不仅会增大随机误差,而且可能引入测距偏差,严重影响测距性能[9-11]。

对于中高轨道的 GNSS 用户[12-13],信号传输距离更远,路径损耗也更大,星上接收设备的抗干扰问题也更加突出。在 GNSS 现代化过程中,GPSⅢ和北斗二代均提出了建设 Ka 频段的星间链路,由于 MEO 卫星间的距离为 5000~60000km,传播损耗达到 195~215dB,与 GEO 卫星建立的星间链路传播损耗将更大,接收的信号也将更加微弱[14-16]。即使采用点波束指向性天线,星间链路依然可能受到地面干扰的威胁,即便考虑扩频信号的处理增益,接收机的干扰抑制能力需求仍达到 31.8~56.9dB[17-18]。

在干扰环境中扩频测距性能会恶化,并且当干扰强度超过系统的干扰容限时,测距系统将无法正常工作,增加抗干扰措施是提高测距系统在干扰下生存能力的必要手段。抗干扰主要包括两部分:干扰检测和干扰抑制。由于干扰信号种类繁多,不同干扰对扩频系统的影响机理不同,造成的后果也差异明显,并且针对不同的干扰类型所采用的抗干扰方法也有所不同。目前,一般按照干扰信号的带宽相对于扩频信号带宽的大小,将干扰信号划分为窄带干扰和宽带干扰。其中,窄带干扰的一种极限情况是由一个单频连续波信号构成,也称为单频干扰,经常被单独研究[10,11,19-20]。单频干扰和窄带干扰易产生且危害大,是最为常见的干扰类型,是扩频抗干扰研究的重点[14,21,22],相应的干扰检测与抑制方法也较多。然而,不同于通信系统关注的是误码率指标,测距系统需要更加关注测距精度指标。由于干扰抑制措施可能导致信号幅度畸变和相位畸变,这将增加测距随机误差,甚至引入测距偏差,导致测距性能严重恶化,因此测距抗干扰的设计不仅要抑制干扰,提高输出信噪比,而且要减小扩频信号失真,保证测距精度。另外,星上测距载荷或手持测距终端,在很多情况下受到计算资源和功耗的约束,在满足测距性能的前提下,需要尽可能简化干扰检测和抑制算法,降低测距抗干扰的计算资源消耗。

综上所述,抗干扰是精密扩频测距不可回避的问题,对于干扰环境中的测距系统设计至关重要。测距抗干扰不简单地是对干扰进行抑制进而提高输出信噪比,而且需要分析评估干扰和抗干扰对测距系统的影响,合理设计干扰检测与干扰抑制方法,以较低的代价保证电磁干扰下的测距系统功能正常且性能优良。

4.2 星间链路单频干扰测距特性及性能

4.2.1 伪码扩频信号与跟踪环路模型

伪码信号和跟踪环路的精细模型是分析单频干扰下扩频测距性能的基础。不同于随机干扰信号只会引起测距随机误差,单频干扰是一个确定信号,会引入测距偏差。基于离散频谱模型的测距误差分析仅针对离散谱线上干扰导致的误差特性展开研究,对于单频干扰不位于离散谱线上的情况,不能给出有效分析。同时,输入信号被接收机的积分清零器所截断,跟踪环路每次处理的信号是有限时长的,其频谱是连续的。即基于随机信号模型或离散频谱模型,并不能准确解释单频干扰下的扩频测距性能,需要构建精确的伪码扩频信号和跟踪环路模型。

4.2.1.1 伪码扩频信号模型

目前,扩频测量系统的导频通道中仍大量采用短周期伪码。虽然伪码扩频信号为周期信号,但是在相关解扩时积分清零器对接收信号进行了截断,每次相关积分仅采用一段有限时长的接收信号,因此有必要研究不同积分时间情况下的伪码信号频谱特性。

理想伪码信号 $s_0(t)$ 可以看作伪码序列信号 $c(t)$ 和脉冲调制波形 $p(t)$ 的卷积[23],且

$$s_0(t) = c(t) * p(t) \tag{4.1}$$

式中:$*$ 为卷积运算。

对于周期伪码,$c(t)$ 可表示为

$$c(t) = \sum_{n=-\infty}^{\infty} c_n \delta(t - nT_c) = \left[\sum_{n=-\infty}^{\infty} \delta(t - nT_0) \right] * \left[\sum_{l=0}^{L-1} c_l \delta(t - lT_c) \right] \tag{4.2}$$

式中:$\delta(t)$ 为狄拉克函数;L 为一个周期的伪码长度;T_c 为码片时宽,并且 $T_0 = LT_c$。另外,对于周期伪码,$c(t)$ 的频谱是离散的谱线,谱线频率为伪码周期倒数的整数倍。

脉冲调制波形 $p(t)$ 因不同的调制类型而不同,目前应用最为广泛的是二进制相移键控(BPSK)调制和二进制偏移载波(BOC)调制,其他绝大部分调制方式的设计是以这两种调制方式为基础的。

对于 BPSK 调制,$p(t)$ 是矩形脉冲信号,可以表示为

$$p(t) = \text{rect}[(t - T_c/2)/T_c] = \begin{cases} 1 & 0 \leq t < T_c \\ 0 & \text{其他} \end{cases} \tag{4.3}$$

同时,矩形脉冲调制信号的频谱为

$$P(f) = T_c \text{sinc}(\pi f T_c) e^{-j\pi f T_c} \tag{4.4}$$

对于 BOC 调制,$p(t)$ 可以视为矩形脉冲信号和一个方波副载波信号的乘积,其

时域波形可以表示为

$$p(t) = \text{sgn}[\sin(2\pi f_s t + \varphi)]\text{rect}[(t - T_c/2)/T_c] \quad (4.5)$$

式中:sgn 为正负号函数(参量为正时取 1,参量为负时取 -1);f_s 为方波副载波频率;φ 为所选相角。同时,定义 $T_s = 1/(2f_s)$ 表示频率为 f_s 的方波的半周期。典型情况下,在一个扩频符号内的方波半周期数为整数,即 $k = T_c/T_s, k \in \mathbf{Z}^+$。

由于理想伪码信号的特性主要是由伪码序列和脉冲调制类型决定的,并且伪码序列的频谱是离散的谱线,那么理想伪码的频谱也是离散的,谱线频率为伪码周期倒数的整数倍。然而,在伪码信号的相关解扩中,接收信号是以一定的时宽(预相关积分时间 T)被截取后再进行处理的,即

$$s_T(t) = s_0(t) \cdot \text{rect}[(t - T/2)/T] \quad (4.6)$$

由于信号时宽有限,在测距系统中采用的伪码信号并不具有离散频谱特性,而是受积分时间的影响呈现出连续频谱特性。

在绝大部分扩频测距应用中,积分时间取伪码周期的整数倍,即 $T = MT_0 = MLT_c, M \in \mathbf{Z}^+$。那么,以 BPSK 调制为例,利用式(4.1)至式(4.3)和式(4.6),可以得到在时间间隔 $0 \leq t < T$ 上的伪码信号 $s_T(t)$ 为

$$s_T(t) = \left\{\left[\sum_{n=-\infty}^{\infty}\delta(t - nT_0)\right] \cdot \text{rect}\left(\frac{t - T/2 + T_0/2}{T}\right)\right\} * \\ \left[\sum_{l=0}^{L-1}c_l\delta(t - lT_c)\right] * \text{rect}\left(\frac{t - T_c/2}{T_c}\right) \quad (4.7)$$

进一步对 $s_T(t)$ 做傅里叶变换,有

$$S_T(f) = P(f) \cdot X(f) \cdot A(f) \quad (4.8)$$

式中

$$X(f) = \sum_{l=0}^{L-1}c_l e^{-j2\pi f l T_c} \quad (4.9)$$

$$A(f) = M\sum_{n=-\infty}^{\infty}\text{sinc}[\pi M(fT_0 - n)]e^{-j\pi(M-1)(fT_0-n)} \quad (4.10)$$

从式(4.8)可以看出,截断的伪码信号的频谱由三部分组成:$P(f)$ 代表脉冲调制类型;$X(f)$ 代表伪码变换;$A(f)$ 代表周期信号的截断特性。信号频谱的基本形状是由 $P(f)$ 决定的,其幅度随频率的分布比较平滑。伪码的非理想随机特性会导致信号频谱幅度的波动,不同伪码信号的频谱幅度波动特性是由 $X(f)$ 决定的。另外,积分时间的长短影响着信号频谱趋于离散化程度,当积分时间趋于无穷大时信号频谱趋于离散谱,而当积分时间等于伪码周期时,即 $M = 1$,信号频谱特性比较平滑。信号频谱特性是研究干扰下伪码跟踪特性的重要基础,以速率为 10.23Mchip/s 码为例,伪码信号的幅频特性如图 4.1 所示。

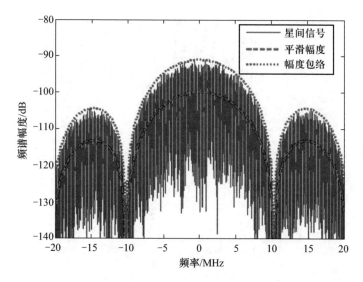

图 4.1　星间链路伪码信号的幅度谱（见彩图）

为展示频谱特性的细节特征，信号在 5.067MHz 附近的幅频特性和相频特性分别如图 4.2 和图 4.3 所示。

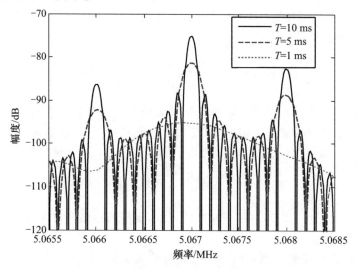

图 4.2　不同积分时间下的信号幅频特性

可以发现，不同积分时间条件下的伪码信号频谱幅度和相位特性差异较大。当积分时间为 1ms（即 $T=T_0$）时，信号频谱特性相对平滑。当积分时间增大时，在伪码周期倒数的整数倍处（$f=n/T_0, n\in \mathbf{Z}$）的频谱幅度随之增大，而除此之外的积分时间倒数的整倍数处（$f=m/T$ 且 $f\neq n/T_0, m,n\in \mathbf{Z}$）的频谱幅度随之减小，而且这些频率点间的频谱幅度和相位是连续变化的。

我们首先研究积分时间倒数的整倍数处的信号频谱特性，本书把这些频率点定

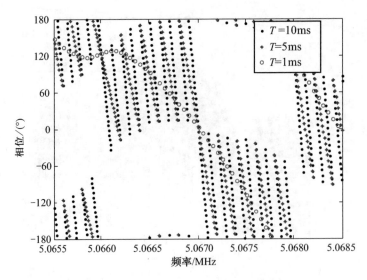

图 4.3 不同积分时间下的信号相频特性（见彩图）

义为无信号多普勒情况下的特征频点，即 $f=m/T, m\in \mathbf{Z}$。由于 $T=MT_0$，特征频点数量是理想伪码谱线频点数量的 M 倍，并且谱线频点也是特征频点。为便于分析，信号频谱在 n/T_0 处的幅度简记为 S_n，信号频谱在该处的相角简记为 α_n，那么，在特征频点上，以幅度和相角的形式可以将式(4.8)简写为

$$S_T(m/T) = \begin{cases} S_n \mathrm{e}^{\mathrm{j}\alpha_n} & m/T = n/T_0, m, n \in \mathbf{Z} \\ 0 & \text{其他} \end{cases} \quad (4.11)$$

式(4.8)和式(4.11)表明，改变积分时间，频谱幅度不为零的特征频点位置并没有改变，仍是理想伪码的离散谱线频率点，并且这些频率点上的 α_n 是相同的，然而 S_n 在积分时间不同时会发生变化。记 $T=T_0$ 时的 S_n 为 S_{0n}，可得

$$S_n = \frac{T}{T_0} S_{0n} = M S_{0n} \quad (4.12)$$

式(4.11)和式(4.12)说明，在特征频点上，信号的频谱幅度与积分时间成正比，如图 4.2 中所示。

为进一步分析信号幅频特性，以 $T=T_0$ 时的频谱幅度 S_0 为基准，将 S_0 划分为两部分：平滑幅度 S_0^{ave} 和幅度波动 Δ_0，那么

$$S_0(f) = \Delta_0(f) \cdot S_0^{\mathrm{ave}}(f) \quad (4.13)$$

一方面，当伪码趋向于理想随机码时，伪码信号的谱幅度波动为零，以此来研究伪码的平滑幅度。理想伪码信号的功率谱 $G_s(f)=|P(f)|^2/T_c$，并且 $G_s(f)=\lim_{T_0\to\infty}\{|S_{T_0}(f)|^2/T_0\}$，因此，当 T_0 足够大时，有

$$S_0^{\mathrm{ave}}(f) = |S_{T_0}(f)| = \sqrt{L}|P(f)| \quad (4.14)$$

那么,特征频点上的频谱平滑幅度记为

$$S_{0n}^{\text{ave}} = \left| S_{T_0}\left(\frac{n}{T_0}\right) \right| = \sqrt{L} \left| P\left(\frac{n}{T_0}\right) \right| \quad (4.15)$$

另一方面,实际采用的伪码并非理想的随机码,这导致信号频谱在平滑幅度附近波动。由式(4.8)、式(4.13)和式(4.15)可以得到

$$\Delta_{0n} = \frac{1}{\sqrt{L}} \left| X\left(\frac{n}{T_0}\right) \right| \quad (4.16)$$

星间链路信号特征频点上的幅度波动的分布特性如图 4.4 所示。可以看出,频谱幅度波动分布在 -35~+10dB 范围内,最大的幅度波动达到了 8.73dB,这表明信号频谱幅度波动不可忽略,平滑幅度谱并不能完全代表信号频谱的幅度特性。

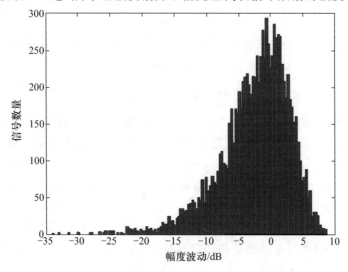

图 4.4 特征频点上的频谱幅度波动(星间链路信号)

考虑最大的幅度波动,星间链路码信号的幅度波动如图 4.5 所示。

伪码非理想随机特性导致的频谱幅度最大波动量达到 8.63~10.22dB,这将影响干扰环境中的伪码跟踪性能。尤其在单频干扰下,扩频信号频谱局部频段出现较大的幅度会导致扩频测距精度明显降低。

另外,由于不同伪码的最大幅度波动量和发生的频率位置不尽相同,为便于评估,这里给出伪码信号的频谱幅度包络

$$S_0^{\text{env}}(f) = \Delta_{0,\max} S_0^{\text{ave}}(f) \quad (4.17)$$

式中:$\Delta_{0,\max}$ 为所有特征频点上的最大幅度波动。基于式(4.14)和式(4.17),图 4.1 展示了星间链路信号伪码信号的频谱平滑幅度和幅度包络。

4.2.1.2 伪码跟踪环路模型

伪码跟踪本质上是伪码相位的估计,通过相位计算信号传播时延,实现扩频测

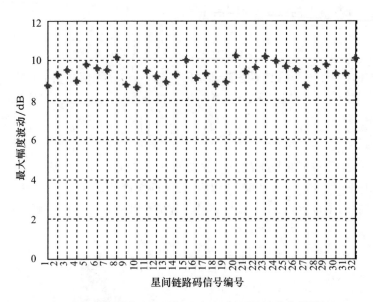

图 4.5 特征频点上的最大幅度波动(星间链路信号码)

距[24]。那么,伪码跟踪误差,即为时延估计误差,也体现了扩频测距误差。针对时延估计,典型伪码跟踪环路的信号处理流程如图 4.6 所示。实际信号的发射、传输和接收仅占用有限频带,可以等效为原始信号经过通道滤波器 $h_r(t)$,有效带宽为 B。接收的中频信号 $r_{IF}(t)$ 经过正交下变频剥离载波频率和相位,成为零中频的基带信号 $r(t)$。基于粗略伪码时延估计 ε_k,伪码发生器产生本地伪码副本 $s_0[a(t+\varepsilon_k+\tau/2)]$ 和 $s_0[a(t+\varepsilon_k-\tau/2)]$,其中 τ 为码环超前滞后间隔,并与接收信号进行相关解扩,最后通过码环鉴相器和环路滤波器得到新的时延估计 ε_{k+1}。

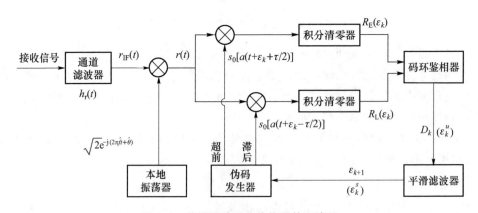

图 4.6 伪码跟踪环路的信号处理流程

已有较多的文献[23-26]分析了随机噪声对伪码跟踪的影响,随机噪声或干扰只会引起随机误差,而单频干扰会引入测距偏差,为重点研究这个系统误差,接收信号仅考虑伪码扩频信号和单频干扰。假定通道滤波器为理想的带通滤波器,滤波器中心频率为 f_0,通带带宽为 B。接收的中频信号可以表示为

$$r_{\text{IF}}(t) = \sqrt{2C_s}s_1(at)\cos[2\pi(f_0+f_d)t+\theta_0] + \sqrt{2C_i}\cos[2\pi(f_0+f_i)t+\theta_i] \tag{4.18}$$

式中:C_s 为有用信号功率;$s_1(at)$ 为经过通道带限滤波器的伪码信号,a 为由多普勒效应导致的信号伸缩,并且 $a = 1+f_d/f_r$,f_d 为载波多普勒频率;θ_0 为有用信号载波的初始相位;C_i 为单频干扰的信号功率;f_i 为干扰频率;θ_i 为干扰初始相位;f_r 为信号射频发射频率。

本地振荡器利用载波频率估计 $\hat{f}$ 和相位估计 $\hat{\theta}$,产生复信号 $\sqrt{2}\mathrm{e}^{-\mathrm{j}(2\pi\hat{f}t+\hat{\theta})}$ 对接收信号的载波频率和相位进行剥离。本书重点考虑伪码跟踪环路的性能,认为载波频率和相位已准确剥离,即 $\hat{f} \approx f_0+f_d$ 和 $\hat{\theta} \approx \theta_0$。那么在单频干扰环境中,零中频的基带接收信号模型为

$$r(t) = x(t) + i(t) \tag{4.19}$$

其中,有用信号部分为

$$x(t) \approx \sqrt{C_s}s_0(at) * h_{r0}(t) \tag{4.20}$$

干扰信号部分为

$$i(t) \approx \sqrt{C_i}\mathrm{e}^{\mathrm{j}[2\pi(f_i-f_d)t+\theta_i-\theta_0]} * h_{r0}(t) \tag{4.21}$$

由于积分清零器和环路滤波器具有低通滤波特性,这里忽略了高频谐波分量。同时,通道滤波器 $h_r(t)$ 在基带等效为一个理想的低通滤波器 $h_{r0}(t)$,传递函数 $H_{r0}(f) = \mathrm{rect}(f/B)$。

部分文献[19,24,26-27]将积分清零器简单地等效为低通滤波器,然而单频干扰信号并不是随机信号,需要具体考虑干扰信号经过积分清零器的输出特性。实际上积分清零器对接收信号进行了截断处理,每次相关解扩中仅截取了一定时宽的信号。也就是说,每次积分清零器采用的信号是有限时宽的,时宽为积分时间 T。

考虑信号多普勒时,实际积分时间 $T' = T/a$。那么,在第 k 次相关积分中的有用信号为

$$x_k(t) = x[t+(k-1)T'] = x(t) \quad 0 \leq t < T' \tag{4.22}$$

可以得到 $x_k(t)$ 的傅里叶变换为

$$X_k(f) = \sqrt{C_s}\int_0^{T'} s_0(at)\mathrm{e}^{-\mathrm{j}2\pi ft}\mathrm{d}t \cdot H_{r0}(f) =$$

$$\frac{\sqrt{C_s}}{a}\int_{-\infty}^{\infty} s_T(t)\mathrm{e}^{-\mathrm{j}2\pi \frac{f}{a}t}\mathrm{d}t \cdot H_{r0}(f) =$$

$$\frac{\sqrt{C_s}}{a} S_T\left(\frac{f}{a}\right) H_{r0}(f) \qquad (4.23)$$

式中

$$s_T(t) = s_0(t) \cdot \text{rect}[(t - T/2)/T] \qquad (4.24)$$

同时，在第 k 次相关积分中的干扰信号为

$$i_k(t) = i[t + (k-1)T'] = i(t) e^{j2\pi(f_i - f_d)(k-1)T'} \quad 0 \leqslant t < T' \qquad (4.25)$$

可以得到 $i_k(t)$ 的傅里叶变换为

$$I_k(f) = \sqrt{C_i} e^{j[2\pi(f_i - f_d)(k-1)T/a + \theta_i - \theta_0]} \delta[f - (f_i - f_d)] H_{r0}(f) \qquad (4.26)$$

式(4.26)表明，仅当 $f_i = am/T + f_d, m \in \mathbf{Z}$ 时，每次相关积分中使用的干扰信号才是不变的。文献[10]和文献[19]仅考虑了载波多普勒 f_d 为零且积分时间 T 等于伪码周期 T_0 的情况，即 $f_i = n/T_0$，此时干扰与伪码谱线重合，这仅是单频干扰下的一种特例，并不能全面反映不同积分时间和不同频率位置的干扰对伪码跟踪的影响。本章基于这里构建的信号和系统模型，对单频干扰下扩频测距特性进行更加细致的研究，根据干扰频率的不同位置分两种情况：①$f_i = am/T + f_d, m \in \mathbf{Z}$，干扰频率与载波多普勒的差值为实际积分时间倒数的整数倍，本书将这些频率点定义为特征频点，此时每次相关积分中截取的干扰信号相同，干扰引入的测距误差是静态的；②$f_i \neq am/T + f_d, m \in \mathbf{Z}$，即非特征频点，此时每次相关积分中采用的干扰信号随时间变化，干扰引入的测距误差是动态的。

4.2.2 特征频点干扰测距误差

4.2.1 节指出，单频干扰的频率在特征频点上时，每次相关积分截取的信号特性不随时间变化。本节重点分析这种情况下干扰对扩频测距精度的影响，针对相干超前减滞后鉴相和非相干超前减滞后鉴相两种码环鉴相方式展开研究，给出静态测距误差。同时，分析了不同干扰初始相位导致的测距误差特性，给出了指定频率干扰下的最大静态测距误差。

当干扰位于特征频点上时，由式(4.22)和式(4.25)可得每次相关积分中的有用信号部分和干扰信号部分分别为

$$x_k(t) = x(t) \quad 0 \leqslant t < T' \qquad (4.27)$$

$$i_k(t) = i(t) \quad 0 \leqslant t < T' \qquad (4.28)$$

那么，超前和滞后两个支路的积分清零器输出为

$$R_E(\varepsilon) = R_E^X(\varepsilon) + R_E^I(\varepsilon) \qquad (4.29)$$

$$R_L(\varepsilon) = R_L^X(\varepsilon) + R_L^I(\varepsilon) \qquad (4.30)$$

式中

$$R_E^X(\varepsilon) = \frac{1}{T'}\int_0^{T'} x(t)s_0[a(t+\varepsilon+\tau/2)]\mathrm{d}t \qquad (4.31)$$

$$R_L^X(\varepsilon) = \frac{1}{T'}\int_0^{T'} x(t)s_0[a(t+\varepsilon-\tau/2)]\mathrm{d}t \qquad (4.32)$$

$$R_E^I(\varepsilon) = \frac{1}{T'}\int_0^{T'} i(t)s_0[a(t+\varepsilon+\tau/2)]\mathrm{d}t \qquad (4.33)$$

$$R_L^I(\varepsilon) = \frac{1}{T'}\int_0^{T'} i(t)s_0[a(t+\varepsilon-\tau/2)]\mathrm{d}t \qquad (4.34)$$

利用式(4.23)和式(4.31),将 $x(t)$ 的频谱代入 $R_E^X(\varepsilon)$ 可以得到

$$R_E^X(\varepsilon) = \frac{1}{T'}\int_0^{T'}\int_{-B/2}^{B/2} \frac{\sqrt{C_s}}{a}S_T\left(\frac{f}{a}\right)\mathrm{e}^{\mathrm{j}2\pi ft}\mathrm{d}fs_0[a(t+\varepsilon+\tau/2)]\mathrm{d}t \qquad (4.35)$$

交换积分顺序,得到

$$R_E^X(\varepsilon) = \int_{-B/(2a)}^{B/(2a)} \sqrt{C_s}S_T(f)\frac{1}{aT'}\int_0^{aT'} s_0[t+a(\varepsilon+\tau/2)]\mathrm{e}^{\mathrm{j}2\pi ft}\mathrm{d}t\mathrm{d}f =$$

$$\sqrt{C_s}\int_{-B/(2a)}^{B/(2a)} \frac{1}{T}S_T(f)S_T^*(f)\mathrm{e}^{-\mathrm{j}2\pi af(\varepsilon+\tau/2)}\mathrm{d}f \qquad (4.36)$$

当积分时间较长时,$G_s(f) = |S_T(f)|^2/T$,式(4.36)变为

$$R_E^X(\varepsilon) \approx \frac{\sqrt{C_s}}{a}\int_{-B/2}^{B/2} G_s\left(\frac{f}{a}\right)\mathrm{e}^{-\mathrm{j}2\pi f(\varepsilon+\tau/2)}\mathrm{d}f \qquad (4.37)$$

同时,以同样的方式利用式(4.26)和式(4.33),可以得到

$$R_E^I(\varepsilon) = \frac{1}{T'}\int_0^{T'}\int_{-B/2}^{B/2} \sqrt{C_i}\mathrm{e}^{\mathrm{j}(\theta_i-\theta_0)}\delta[f-(f_i-f_d)]\mathrm{e}^{\mathrm{j}2\pi ft}\mathrm{d}fs_0[a(t+\varepsilon+\tau/2)]\mathrm{d}t =$$

$$\int_{-B/2}^{B/2} \sqrt{C_i}\mathrm{e}^{\mathrm{j}(\theta_i-\theta_0)}\delta[f-(f_i-f_d)]\frac{1}{T'}\int_0^{T'} s_0[a(t+\varepsilon+\tau/2)]\mathrm{e}^{\mathrm{j}2\pi ft}\mathrm{d}t\mathrm{d}f =$$

$$\sqrt{C_i}\frac{1}{T}S_T^*[(f_i-f_d)/a]\mathrm{e}^{\mathrm{j}[-2\pi(f_i-f_d)(\varepsilon+\tau/2)+\theta_i-\theta_0]} \qquad (4.38)$$

在特征频点上,$(f_i-f_d)/a = m/T, m \in \mathbf{Z}$,同时由式(4.11)可知,当且仅当$(f_i-f_d)/a = n/T_0, n \in \mathbf{Z}$ 时,有用信号频谱幅度不为零。也就是说,在特征频点上,仅需要考虑 $f_i = an/T_0 + f_d, n \in \mathbf{Z}$ 的情况,此时式(4.38)简化为

$$R_E^I(\varepsilon) = \sqrt{C_i}\frac{S_{0n}}{T_0}\mathrm{e}^{\mathrm{j}[-2\pi(\varepsilon+\tau/2)na/T_0+\theta_i-\theta_0-\alpha_n]} \qquad (4.39)$$

同理,有

$$R_L^X(\varepsilon) = \frac{\sqrt{C_s}}{a}\int_{-B/2}^{B/2} G_s\left(\frac{f}{a}\right)\mathrm{e}^{-\mathrm{j}2\pi f(\varepsilon-\tau/2)}\mathrm{d}f \qquad (4.40)$$

$$R_L^I(\varepsilon) = \sqrt{C_i}\frac{S_{0n}}{T_0}e^{j[-2\pi(\varepsilon-\tau/2)na/T_0+\theta_i-\theta_0-\alpha_n]} \tag{4.41}$$

4.2.2.1 测距误差分析

1) 相干鉴相测距误差

相干超前减滞后鉴相器的输出为

$$D(\varepsilon) = \mathrm{Re}\{R_E(\varepsilon) - R_L(\varepsilon)\} \tag{4.42}$$

利用式(4.37)、式(4.39)、式(4.40)、式(4.41)和式(4.42),可以将鉴相器的输出表示为

$$D(\varepsilon) = D^X(\varepsilon) + D^I(\varepsilon) \tag{4.43}$$

式中:有用信号部分为

$$\begin{aligned}D^X(\varepsilon) &= \mathrm{Re}\{R_E^X(\varepsilon) - R_L^X(\varepsilon)\} = \\&\frac{\sqrt{C_s}}{a}\mathrm{Re}\left\{\int_{-B/2}^{B/2}G_s\left(\frac{f}{a}\right)e^{-j2\pi f\varepsilon}(-2j)\sin(\pi f\tau)\mathrm{d}f\right\} = \\&-\sqrt{C_s}\frac{2}{a}\int_{-B/2}^{B/2}G_s\left(\frac{f}{a}\right)\sin(\pi f\tau)\sin(2\pi f\varepsilon)\mathrm{d}f\end{aligned} \tag{4.44}$$

干扰信号部分为

$$\begin{aligned}D^I(\varepsilon) &= \mathrm{Re}\{R_E^I(\varepsilon) - R_L^I(\varepsilon)\} = \\&\sqrt{C_i}\mathrm{Re}\left\{\frac{S_{0n}}{T_0}e^{j(-2\pi\varepsilon na/T_0+\theta_i-\theta_0-\alpha_n)}(-2j)\sin[\pi(f_i-f_d)\tau]\right\} = \\&2\sqrt{C_i}\frac{S_{0n}}{T_0}\sin(-2\pi\varepsilon na/T_0+\theta_i-\theta_0-\alpha_n)\sin\left(\pi\frac{na}{T_0}\tau\right)\end{aligned} \tag{4.45}$$

可以看出,单频干扰在鉴相器输出中引入一个确定的误差项 $D^I(\varepsilon)$,从而改变鉴相特性,如图 4.7 所示。不同于随机干扰信号,单频干扰将导致鉴相曲线过零点的伪码相位值不为零,即单频干扰会引入测距偏差。

为计算码环鉴相曲线畸变后的测距偏差,在小误差条件下可以假定鉴相曲线在过零点附近是线性的,那么鉴相器输出可以表示为一阶泰勒级数展开式,即

$$D(\varepsilon) \approx D(0) + D'(0) \cdot \varepsilon \tag{4.46}$$

分别对有用信号和干扰信号部分进行泰勒级数展开,由式(4.44)和式(4.45)可得

$$D^X(\varepsilon) \approx -\sqrt{C_s}\frac{2}{a}\int_{-B/2}^{B/2}G_s\left(\frac{f}{a}\right)\sin(\pi f\tau)2\pi f\mathrm{d}f \cdot \varepsilon \tag{4.47}$$

$$\begin{aligned}D^I(\varepsilon) \approx\ & 2\sqrt{C_i}\frac{S_{0n}}{T_0}\sin(\theta_i-\theta_0-\alpha_n)\sin\left(\pi\tau\frac{na}{T_0}\right) - \\&2\sqrt{C_i}\frac{S_{0n}}{T_0}\cos(\theta_i-\theta_0-\alpha_n)2\pi\frac{na}{T_0}\sin\left(\pi\frac{na}{T_0}\tau\right) \cdot \varepsilon\end{aligned} \tag{4.48}$$

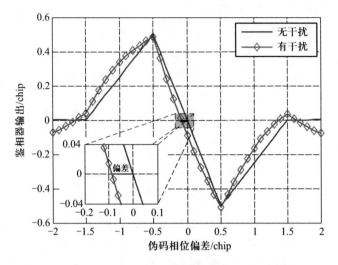

图4.7 码环鉴相特性

将式(4.47)和式(4.48)代入式(4.46),可得

$$D(0) = 2\sqrt{C_i}\frac{S_{0n}}{T_0}\sin(\theta_i - \theta_0 - \alpha_n)\sin\left(\pi\frac{na}{T_0}\tau\right) \quad (4.49)$$

$$D'(0) = -2\sqrt{C_s}\frac{1}{a}\int_{-B/2}^{B/2}G_s\left(\frac{f}{a}\right)\sin(\pi f\tau)2\pi f df - $$
$$2\sqrt{C_i}\frac{S_{0n}}{T_0}\cos(\theta_i - \theta_0 - \alpha_n)2\pi\frac{na}{T_0}\sin\left(\pi\frac{na}{T_0}\tau\right) \quad (4.50)$$

当跟踪环路工作在稳态时,鉴相器输出为零。那么,扩频测距误差为

$$\varepsilon = -D(0)/D'(0) = $$

$$\frac{\sqrt{\dfrac{C_i}{C_s}}\dfrac{S_{0n}}{T_0}\sin\left(\pi\dfrac{na}{T_0}\tau\right)\sin(\theta_i - \theta_0 - \alpha_n)}{\dfrac{1}{a}\int_{-B/2}^{B/2}G_s\left(\dfrac{f}{a}\right)\sin(\pi f\tau)2\pi f df + \sqrt{\dfrac{C_i}{C_s}}\dfrac{2\pi na S_{0n}}{T_0^2}\sin\left(\pi\dfrac{na}{T_0}\tau\right)\cos(\theta_i - \theta_0 - \alpha_n)}$$

(4.51)

式(4.51)表明,单频干扰下的测距偏差与多个参量有关,除了接收机设计参量外,信号功率、频谱幅度、干扰频率和初始相位都将对测距偏差产生直接的影响。当相位项 $\theta_i - \theta_0 - \alpha_n = 0$ 或者 $\pi\tau n/T_0 = k\pi, k \in \mathbf{Z}$ 时,式(4.51)的分子为零,即测距偏差为零。另一方面,干扰会改变鉴相器斜率导致测距性能发生变化。式(4.51)分母中的第一项是无干扰情况下的鉴相器斜率,在部分文献中定义为带限均方根带宽[24,26],对伪码跟踪特性产生重要影响。分母中的第二项为干扰导致的鉴相器斜率变化,并且这一项与初始相位有关。

为便于分析,整理式(4.51)得到

$$\varepsilon = \frac{\sqrt{\frac{C_i}{C_s}}\frac{S_{0n}}{T_0}\sin\left(\pi\frac{na}{T_0}\tau\right)}{\frac{1}{a}\int_{-B/2}^{B/2}G_s\left(\frac{f}{a}\right)\sin(\pi f\tau)2\pi f df} \cdot \frac{\sin(\theta_i - \theta_0 - \alpha_n)}{1 + \mu\cos(\theta_i - \theta_0 - \alpha_n)} \quad (4.52)$$

式中:定义损耗因子 μ 为

$$\mu = \frac{\sqrt{\frac{C_i}{C_s}}\frac{2\pi na S_{0n}}{T_0^2}\sin\left(\pi\frac{na}{T_0}\tau\right)}{\frac{1}{a}\int_{-\frac{B}{2}}^{B/2}G_s\left(\frac{f}{a}\right)\sin(\pi f\tau)2\pi f df} \quad (4.53)$$

损耗因子 μ 表示单频干扰下鉴相器斜率的最大相对变化,可以认为 μ 是由干扰引起的解调损耗,该参量不受初始相位的影响,并且在码环稳定跟踪时 $|\mu|<1$。当干信比 C_i/C_s 较小时,损耗因子 μ 将趋于零,即干扰对鉴相器斜率的影响较小,此时测距偏差随相位项的变化特性接近正弦函数。而当干信比 C_i/C_s 较大时, μ 值也较大,测距偏差随相位项的变化特性呈现为近似正弦变化。

2) 非相干鉴相测距误差

非相干超前减滞后鉴相器的输出为

$$D(\varepsilon) = |R_E(\varepsilon)|^2 - |R_L(\varepsilon)|^2 \quad (4.54)$$

将式(4.29)和式(4.30)代入式(4.54),可得

$$D(\varepsilon) = |R_E^X(\varepsilon)|^2 - |R_L^X(\varepsilon)|^2 + |R_E^I(\varepsilon)|^2 - |R_L^I(\varepsilon)|^2 + 2\mathrm{Re}\{R_E^X(\varepsilon)[R_E^I(\varepsilon)]^* - R_L^X(\varepsilon)[R_L^I(\varepsilon)]^*\} \quad (4.55)$$

这里将鉴相器的输出划分为三部分进行分析。第一部分是有用信号部分,利用式(4.37)和式(4.40)可得

$$D_1(\varepsilon) = |R_E^X(\varepsilon)|^2 - |R_L^X(\varepsilon)|^2 =$$
$$-\frac{4C_s}{a^2}\int_{-B/2}^{B/2}G_s\left(\frac{f}{a}\right)\cos(2\pi f\varepsilon)\cos(\pi f\tau)\mathrm{d}f \cdot$$
$$\int_{-B/2}^{B/2}G_s\left(\frac{f}{a}\right)\sin(2\pi f\varepsilon)\sin(\pi f\tau)\mathrm{d}f \quad (4.56)$$

由于 $G_s(f)$ 是偶对称的,并且当 ε 很小时,有

$$D_1(\varepsilon) \approx D_1'(0) \cdot \varepsilon \quad (4.57)$$

式中

$$D_1'(0) = -\frac{4C_s}{a^2}\int_{-B/2}^{B/2}G_s\left(\frac{f}{a}\right)\cos(\pi f\tau)\mathrm{d}f\int_{-B/2}^{B/2}G_s\left(\frac{f}{a}\right)\sin(\pi f\tau)2\pi f df \quad (4.58)$$

第二部分是干扰信号部分,且

$$D_2(\varepsilon) = |R_E^I(\varepsilon)|^2 - |R_L^I(\varepsilon)|^2 \tag{4.59}$$

将式(4.39)和式(4.41)代入式(4.59),发现

$$D_2(\varepsilon) = 0 \tag{4.60}$$

第三部分是干扰信号与有用信号的互相关项,利用式(4.37)、式(4.39)和式(4.40)、式(4.41)可得

$$D_3(\varepsilon) = 2\mathrm{Re}\{R_E^X(\varepsilon)[R_E^I(\varepsilon)]^* - R_L^X(\varepsilon)[R_L^I(\varepsilon)]^*\} =$$

$$\frac{2\sqrt{C_s C_i}}{aT_0}\mathrm{Re}\left[\int_{-B/2}^{B/2} G_s\left(\frac{f}{a}\right) e^{-j2\pi f\left(\varepsilon+\frac{\tau}{2}\right)} df S_{0n} e^{-j(\theta_i-\theta_0-\alpha_n)} e^{j\pi(2\varepsilon+\tau)na/T_0} - \right.$$

$$\left. \int_{-B/2}^{B/2} G_s\left(\frac{f}{a}\right) e^{-j2\pi f\left(\varepsilon-\frac{\tau}{2}\right)} df S_{0n} e^{-j(\theta_i-\theta_0-\alpha_n)} e^{j\pi(2\varepsilon-\tau)na/T_0} \right] \tag{4.61}$$

在小误差条件下,对互相关项进行一阶泰勒级数展开,式(4.61)变为

$$D_3(\varepsilon) = D_3(0) + D_3'(0) \cdot \varepsilon \tag{4.62}$$

式中

$$D_3(0) = \frac{4\sqrt{C_s C_i}}{aT_0} S_{0n} \sin(\theta_i - \theta_0 - \alpha_n) \sin\left(\pi \frac{na}{T_0}\tau\right) \int_{-B/2}^{B/2} G_s\left(\frac{f}{a}\right) \cos(\pi f\tau) df \tag{4.63}$$

$$D_3'(0) = -\frac{4\sqrt{C_s C_i}}{aT_0} S_{0n} \cos(\theta_i - \theta_0 - \alpha_n) \left[\cos\left(\pi \frac{na}{T_0}\tau\right) \int_{-B/2}^{B/2} G_s\left(\frac{f}{a}\right) \sin(\pi f\tau) 2\pi f df + \right.$$

$$\left. \sin\left(\pi \frac{na}{T_0}\tau\right) \frac{2\pi na}{T_0} \int_{-B/2}^{B/2} G_s\left(\frac{f}{a}\right) \cos(\pi f\tau) df \right] \tag{4.64}$$

综合鉴相器输出的三个部分,得到

$$D(\varepsilon) \approx D_3(0) + (D_1'(0) + D_3'(0)) \cdot \varepsilon \tag{4.65}$$

可以看出,基于非相干鉴相环路,单频干扰同样会影响鉴相器斜率,而且在 $D_3(0) \neq 0$ 时会引入测距偏差

$$\varepsilon = \frac{-D_3(0)}{D_1'(0) + D_3'(0)} =$$

$$\frac{\sqrt{\dfrac{C_i}{C_s}}\dfrac{S_{0n}}{T_0}\sin(\theta_i - \theta_0 - \alpha_n)\sin\left(\pi \dfrac{na}{T_0}\tau\right)\int_{-B/2}^{B/2} G_s\left(\dfrac{f}{a}\right)\cos(\pi f\tau)df}{\left[\dfrac{1}{a}\int_{-B/2}^{B/2} G_s\left(\dfrac{f}{a}\right)\cos(\pi f\tau)df \int_{-B/2}^{B/2} G_s\left(\dfrac{f}{a}\right)\sin(\pi f\tau)2\pi fdf + \right.}$$

$$\sqrt{\dfrac{C_i}{C_s}}\dfrac{S_{0n}}{T_0}\cos(\theta_i - \theta_0 - \alpha_n)\cos\left(\pi \dfrac{na}{T_0}\tau\right)\int_{-B/2}^{B/2} G_s\left(\dfrac{f}{a}\right)\sin(\pi f\tau)2\pi fdf +$$

$$\sqrt{\dfrac{C_i}{C_s}}\dfrac{2\pi na S_{0n}}{T_0^2}\cos(\theta_i - \theta_0 - \alpha_n)\sin\left(\pi \dfrac{na}{T_0}\tau\right)\int_{-B/2}^{B/2} G_s\left(\dfrac{f}{a}\right)\cos(\pi f\tau)df\right]$$

$$\tag{4.66}$$

单频干扰致使码环鉴相器输出有一个固定偏差,最终导致了扩频测距偏差,式(4.66)提供了这个偏差的计算方法。单频干扰引入的偏差与非常多的参量有关,相对于相干模式,基于非相干鉴相器的测距误差更加复杂,并不利于分析和发现单频干扰下的测距误差特性。

参考相干模式下的测距偏差形式,整理式(4.66)得到非相干模式下的测距偏差为

$$\varepsilon = \frac{\sqrt{\frac{C_i}{C_s}}\frac{S_{0n}}{T_0}\sin\left(\pi\frac{na}{T_0}\tau\right)}{\frac{1}{a}\int_{-B/2}^{B/2} G_s\left(\frac{f}{a}\right)\sin(\pi f \tau) 2\pi f df} \times \frac{\sin(\theta_i - \theta_0 - \alpha_n)}{1 + \mu\cos(\theta_i - \theta_0 - \alpha_n)} \quad (4.67)$$

式中

$$\mu = \sqrt{\frac{C_i}{C_s}}\frac{S_{0n}}{T_0}\left[\frac{2\pi\frac{na}{T_0}\sin\left(\pi\frac{na}{T_0}\tau\right)}{\frac{1}{a}\int_{-B/2}^{B/2} G_s\left(\frac{f}{a}\right)\sin(\pi f\tau)2\pi f df} + \frac{\cos\left(\pi\frac{na}{T_0}\tau\right)}{\frac{1}{a}\int_{-B/2}^{B/2} G_s\left(\frac{f}{a}\right)\cos(\pi f\tau)df}\right]$$

(4.68)

从式(4.52)、式(4.53)、式(4.67)和式(4.68)可以看出,单频干扰引入的测距偏差在相干模式和非相干模式下可以统一为同一形式,仅仅是损耗因子 μ 不同。对于相干模式,μ 主要是由干扰引起的解调损耗。对于非相干模式,除干扰引起的解调损耗外,μ 还包含了非相干鉴相导致的平方损耗,即式(4.68)中的第二项。

4.2.2.2 数值分析与实验验证

前面的理论分析表明特征频点上干扰引起的静态测距误差与多个参量密切相关,其中包括干扰信号特征参量(干信比、干扰频率和初始相位),伪码信号特征参量(伪码速率、伪码长度、脉冲调制类型、伪码频谱和码多普勒)和接收机设计参量(前端带宽和超前滞后间隔)等。这里为研究不同参量对扩频测距误差影响的一般规律,先采用平滑幅度 S_{0n}^{ave} 代替 S_{0n},并假定 α_n 为零,然后再考虑伪码非理想随机特性导致的信号频谱幅度波动,即基于真实频谱分析测距误差的具体特性。

(1) 损耗因子的特性。

从前面的分析可知,基于相干鉴相模式和非相干鉴相模式的测距误差的区别可以通过损耗因子来体现。在干信比为15dB而频率位置不同的单频干扰下,基于两种模式的损耗因子如图4.8所示,其中信号采用BPSK调制方式,伪码速率选取10.23Mchip/s,前端带宽为40MHz。可以发现非相干模式下的损耗因子略大于相干模式下的损耗因子,这是由于在非相干模式下不仅有干扰引入的解调损耗,还有平方损耗。尤其在干扰靠近信号中心频率时(即在低频段),干扰引入的解调损耗接近于零,损耗因子主要由平方损耗组成;而在干扰远离信号中心频率时(即在高频段),平方损耗很小,损耗因子主要是由干扰引入的解调损耗组成。总体来看:干扰位于伪码

速率一半的奇数倍附近时,损耗因子较大,即干扰对鉴相器斜率的影响较大,并且当干扰在伪码信号副瓣内时,鉴相器斜率仍会产生较大的变化,这在超前滞后间隔较小时更加明显;干扰位于伪码速率的正偶数倍附近时,损耗因子接近于零。

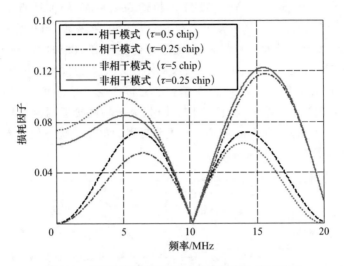

图 4.8　损耗因子随干扰频率的变化特性(见彩图)

以干扰频率为 5MHz 为例,并选取超前滞后间隔为 0.25chip,损耗因子随干信比的变化特性如图 4.9 所示。非相干模式的损耗因子总是大于相干模式的损耗因子,并且随着干信比的增大,损耗因子的增加会越来越快,基于两种模式的损耗因子的差别也越来越大,会导致更大的测距误差,其对测距精度影响的定量分析将在 4.2.3 节展开。

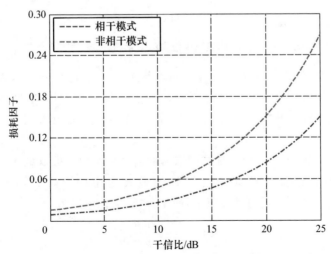

图 4.9　损耗因子随干信比的变化特性

（2）测距偏差随初始相位的变化特性。

式(4.67)表明,相位项 $\theta = \theta_i - \theta_0 - \alpha_n$ 中的三个相位参量对跟踪性能的影响并不独立,这里作为一个参量分析。在不同干信比条件下,测距偏差随相位的变化特性如图4.10所示,其中前端带宽为40MHz,超前滞后间隔为0.25chip,干扰频率为5MHz。从图中可以看出,测距偏差近似呈相位项的正弦函数,当相位在90°和-90°附近时,单频干扰导致最大的测距偏差,而当相位在0°和180°时,单频干扰不会引入测距偏差。随着干信比(ISR)的增大,最大测距偏差发生的位置将偏离90°或-90°,而零偏差点的位置不改变。同时,测距偏差的分布特性并不是两侧对称,而是关于零偏差点(0°和180°)呈奇对称,当干信比较小时,分布特性接近两侧对称,但随着干信比的增大,这个不对称特性更加明显。这主要是因为单频干扰不仅引入测距偏差,还会对鉴相器斜率产生一定的影响。

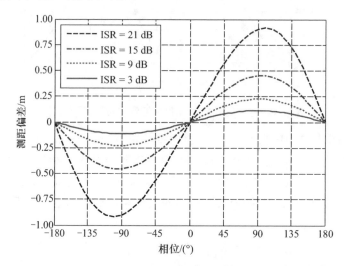

图4.10 测距偏差随相位项的变化特性(干信比不同)

取干信比为15dB,在不同超前滞后间隔条件下,可以得到类似的结论,如图4.11所示。干信比和超前滞后间隔都会对测距偏差产生较大的影响,但是对测距偏差随相位的变化特性影响较小。也就是说,最大测距偏差的位置主要是由相位项决定的。

在工程实践中,同一单频干扰被截取后的信号初始相位可以是任意值,因此有必要研究不同初始相位的单频干扰导致的最大测距偏差。实际上只需要研究式(4.67)中第二个因子项的最大值,为便于分析,简记该项为

$$g(\theta) = \frac{\sin\theta}{1 + \mu\cos\theta} \tag{4.69}$$

求解 $g(\theta)$ 的最大值,需要首先得到满足 $\partial g(\theta)/\partial \theta = 0$ 的点,这是 $g(\theta)$ 取得极值的必要条件。同时,根据极值存在的充分条件[28],必须保证 $g(\theta)$ 的二阶导数在这些

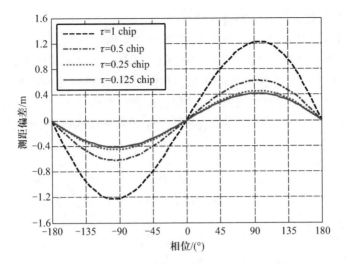

图 4.11 测距偏差随相位项的变化特性

点不为零。

$g(\theta)$ 对 θ 的一阶导数为

$$\frac{\partial g(\theta)}{\partial \theta} = \frac{\cos\theta + \mu}{(1+\mu\cos\theta)^2} \tag{4.70}$$

令 $\partial g(\theta)/\partial \theta = 0$,可以得到 $\cos\theta = -\mu$。

$g(\theta)$ 对 θ 的二阶导数为

$$\frac{\partial^2 g(\theta)}{\partial \theta^2} = \frac{-\sin\theta(1-\mu\cos\theta-2\mu^2)}{(1+\mu\cos\theta)^3} \tag{4.71}$$

当 $\cos\theta = -\mu$ 时,有

$$\left|\frac{\partial^2 g(\theta)}{\partial \theta^2}\right|_{\cos\theta=-\mu} = \frac{1}{(1-\mu^2)^{\frac{3}{2}}} \neq 0 \tag{4.72}$$

总之,当 $\partial g(\theta)/\partial \theta = 0$ 时,$\cos\theta = -\mu$ 并且 $\partial^2 g(\theta)/\partial \theta^2 \neq 0$。那么,由式(4.67)可以得到,不同初始相位情况下,单频干扰引入的最大偏差为

$$\varepsilon_{\max \text{ or min}} = \frac{\pm 1}{\sqrt{1-\mu^2}} \cdot \frac{\sqrt{\frac{C_i}{C_s}} \frac{S_{0n}}{T_0} \sin\left(\pi \frac{na}{T_0}\tau\right)}{\frac{1}{a}\int_{-B/2}^{B/2} G_s\left(\frac{f}{a}\right) \sin(\pi f \tau) 2\pi f \mathrm{d}f} \tag{4.73}$$

式中

$$-\mu = \cos(\theta_i - \theta_0 - \alpha_n) \tag{4.74}$$

最大正偏差和最大负偏差发生的位置关于相位 $\theta_i - \theta_0 - \alpha_n = 0$ 对称,并且偏差的绝对值相等。需要说明的是,当式(4.73)中第二项为零时,干扰引起的测距偏差恒

为零,可以作为上述分析的一种特殊情况。

利用式(4.73)和式(4.74),可以得到不同损耗因子情况下,最大偏差发生的相位及最大偏差的相对变化值,如图 4.12 所示。随着损耗因子的增大,最大测距偏差发生的相位位置和偏差数值均单调增大。其中,最大偏差点相位的变化特性近似呈线性,而最大偏差的数值则加剧增大。同时,即便损耗因子达到 0.5,其对最大测距偏差的影响也小于 16%,这在一些应用场合可以忽略损耗因子对最大测距偏差的影响。

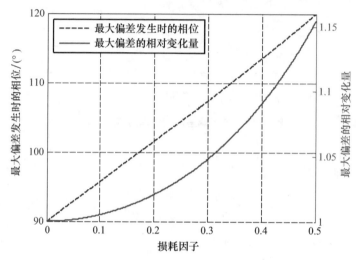

图 4.12　最大测距偏差随损耗因子的变化特性

(3) 最大测距偏差随干扰频率的变化特性。

前面分析了某一特定频率不同初始相位下的最大测距偏差,这里研究测距偏差随干扰频率的变化特性。理论分析指出在特征频点上的单频干扰,当且仅当干扰频率与理想伪码谱线频率相同时($f_i = n/T_0$),干扰会引入测距偏差。我们仅考虑这些频点,利用式(4.73),不同频率点上的干扰导致的最大测距偏差如图 4.13 所示。可以看出,最大测距偏差随干信比的增大而增大,并且不同干信比条件下最大测距偏差随干扰频率的变化特性是一致的。当干扰频率接近 5MHz 时(伪码速率的一半),最大测距偏差最大,而当干扰频率为 0 或 10.23MHz 时(伪码速率的整数倍),最大测距偏差几乎为零。

取干信比为 15dB,图 4.14 展示了不同超前滞后间隔的条件下,最大测距偏差随干扰频率的变化特性。当超前滞后间隔减小时,最大测距偏差相应减小,尤其是在干扰位于伪码信号的主瓣内时($[0,1/T_c]$)。但是当干扰位于伪码信号的旁瓣内($[1/T_c,2/T_c]$)时,最大测距偏差并不随超前滞后间隔的减小而减小。同时,伪码信号旁瓣内的干扰引起的最大测距偏差小于主瓣内的干扰引起的最大测距偏差,即当单频干扰位于主瓣内且偏离中心载频伪码速率一半附近时,干扰会引入更大的最大

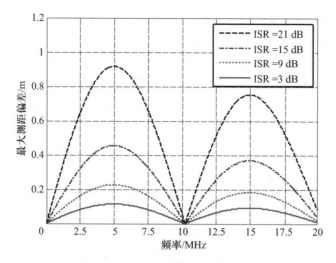

图 4.13　最大测距偏差随干扰频率的变化特性(干信比不同)

测距偏差。这里将其定义为全局最大测距偏差,它代表了一定干信比条件下的单频干扰引起的最大测距误差。

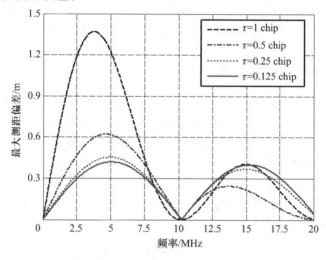

图 4.14　最大测距偏差随干扰频率的变化特性(超前滞后间隔不同)

(4) 全局最大测距偏差随接收机设计参量的变化特性。

扩频测距接收机设计中需要考虑的参量很多,但在单频干扰下影响测距精度的设计参量主要是前端带宽和超前滞后间隔。在干信比为 15dB 的单频干扰下,全局最大测距偏差与这两个参量的关系如图 4.15 所示。采用较小的超前滞后间隔,全局最大测距偏差将变小,这在前端带宽很大时更加明显。但是当 $\tau < 1/B$ 时,通过减小超前滞后间隔并不能明显减小全局最大测距偏差。而对于前端带宽,当 $B \leqslant 2/\tau$ 时,采用较大的前端带宽可以有效减小全局最大测距偏差。但是当 $B > 2/\tau$ 时,增加前端带宽并不能减小全局最大测距偏差,此时随着前端带宽的增大,测距偏差围绕一个特定值波动。同时,较大的全局最大测距偏差发生在 $B\tau \approx 4k, k \in Z^+$ 时,而较小的全局最大测距偏差发生在 $B\tau \approx 4k-2$。总体来看,通过增加前端带宽和减小超前滞后间隔,并保持 $B\tau \approx 1$,可以减小单频干扰对测距精度的影响。

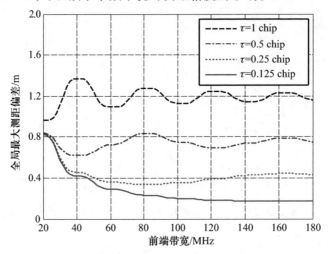

图 4.15 全局最大测距偏差随设计参量的变化特性

4.2.3 非特征频点干扰测距误差

4.2.2 节中分析了单频干扰位于特征频点上时,引起固定的测距偏差。然而,当单频干扰在非特征频点上时,每次相关积分中截取的信号随时间变化,从而导致伪码跟踪误差也随时间变化,同时环路滤波器也将发挥重要作用,本节将重点研究非特征频点上干扰引起的动态测距误差特性。

4.2.3.1 测距误差分析

当干扰位于非特征频点上时,由式(4.22)和式(4.25)可得每次相关积分中超前和滞后两个支路的积分清零器输出为

$$R_E(\varepsilon_k) = R_E^X(\varepsilon_k) + R_E^I(\varepsilon_k) \tag{4.75}$$

$$R_L(\varepsilon_k) = R_L^X(\varepsilon_k) + R_L^I(\varepsilon_k) \tag{4.76}$$

式中

$$R_E^X(\varepsilon_k) \approx \frac{\sqrt{C_s}}{a} \int_{-B/2}^{B/2} G_s\left(\frac{f}{a}\right) e^{-j2\pi f\left(\varepsilon_k + \frac{\tau}{2}\right)} df \tag{4.77}$$

$$R_L^X(\varepsilon_k) \approx \frac{\sqrt{C_s}}{a} \int_{-B/2}^{B/2} G_s\left(\frac{f}{a}\right) e^{-j2\pi f\left(\varepsilon_k - \frac{\tau}{2}\right)} df \tag{4.78}$$

$$R_E^I(\varepsilon_k) = \sqrt{C_i}\frac{1}{T}S_T^*\left[(f_i - f_d)/a\right] e^{j\left[-2\pi(f_i - f_d)(\varepsilon_k + \tau/2) + \theta_i - \theta_0\right]} \tag{4.79}$$

$$R_L^I(\varepsilon_k) = \sqrt{C_i}\frac{1}{T}S_T^*[(f_i-f_d)/a]e^{j[-2\pi(f_i-f_d)(\varepsilon_k-\tau/2)+\theta_i-\theta_0]} \quad (4.80)$$

4.2.2 节的分析指出,在小误差条件下单频干扰引起的损耗因子比较小,即码环鉴相器斜率主要是由有用信号部分决定,干扰对鉴相器斜率的影响很小,并且基于相干鉴相和非相干鉴相的测距性能差异不大,因此这里忽略单频干扰对鉴相器斜率的影响并基于相干鉴相器进行分析。

那么,对于相干鉴相,鉴相器输出为

$$D_k(\varepsilon_k) = \mathrm{Re}\{R_E(\varepsilon_k) - R_L(\varepsilon_k)\} = D_k^X(\varepsilon_k) + D_k^I(\varepsilon_k) \quad (4.81)$$

式中:有用信号部分为

$$\begin{aligned}D_k^X(\varepsilon_k) &= \mathrm{Re}\{R_E^X(\varepsilon_k) - R_L^X(\varepsilon_k)\} = \\ &-2\sqrt{C_s}/a\int_{-B/2}^{B/2}G_s(f/a)\sin(\pi f\tau)\sin(2\pi f\varepsilon_k)\mathrm{d}f\end{aligned} \quad (4.82)$$

干扰信号部分为

$$\begin{aligned}D_k^I(\varepsilon_k) &= \mathrm{Re}\{R_E^I(\varepsilon_k) - R_L^I(\varepsilon_k)\} = \\ &\sqrt{C_i}\frac{1}{T}\mathrm{Re}\{S_T^*[(f_i-f_d)/a]e^{j\{2\pi(f_i-f_d)[(k-1)T/a-\varepsilon_k]+\theta_i-\theta_0\}}(-2j)\sin[\pi(f_i-f_d)\tau]\} = \\ &2\sqrt{C_i}\frac{1}{T}\mathrm{Im}\{S_T^*[(f_i-f_d)/a]e^{j\{2\pi(f_i-f_d)[(k-1)T/a-\varepsilon_k]+\theta_i-\theta_0\}}\sin[\pi(f_i-f_d)\tau]\}\end{aligned}$$
$$(4.83)$$

为便于分析,将有用信号的频谱记为

$$S_T(f) = |S_T(f)|e^{j\angle S_T(f)} \quad (4.84)$$

由此,式(4.83)简化为

$$\begin{aligned}D_k^I(\varepsilon_k) = &2\sqrt{C_i}\frac{1}{T}|S_T[(f_i-f_d)/a]|\sin[\pi(f_i-f_d)\tau] \cdot \\ &\sin\{\theta_i-\theta_0-\angle S_T[(f_i-f_d)/a]+2\pi(f_i-f_d)[(k-1)T/a-\varepsilon_k]\}\end{aligned}$$
$$(4.85)$$

那么,对鉴相器输出进行一阶泰勒级数展开,有

$$D_k(\varepsilon_k) \approx D_k(0) + D_k'(0) \cdot \varepsilon_k \quad (4.86)$$

式中

$$\begin{aligned}D_k(0) &= D_k^I(0) = \\ &2\sqrt{C_i}\frac{1}{T}|S_T[(f_i-f_d)/a]|\sin[\pi(f_i-f_d)\tau] \cdot \\ &\sin\{\theta_i-\theta_0-\angle S_T[(f_i-f_d)/a]+2\pi(f_i-f_d)(k-1)T/a\}\end{aligned} \quad (4.87)$$

$$D_k'(0) \approx D_k^X(\varepsilon_k)/\varepsilon_k = -\sqrt{C_s}\frac{2}{a}\int_{-B/2}^{B/2}G_s\left(\frac{f}{a}\right)\sin(\pi f\tau)2\pi f\mathrm{d}f \quad (4.88)$$

当伪码跟踪环路工作于稳态时,鉴相器输出的期望为零。由此,可以得到扩频测距误差为

$$\varepsilon_k^u = -\frac{D_k(0)}{D'_k} = \frac{\sqrt{\frac{C_i}{C_s}}\frac{1}{T}|S_T[(f_i-f_d)/a]||\sin[\pi(f_i-f_d)\tau]|}{\frac{1}{a}\int_{-B/2}^{B/2}G_s(f/a)\sin(\pi f\tau)2\pi f df} \cdot$$

$$\sin\{\theta_i - \theta_0 - \measuredangle S_T[(f_i-f_d)/a] + 2\pi(f_i-f_d)(k-1)T/a\} \quad (4.89)$$

式中:上标 u 表示未经环路滤波器的测距误差。

为简化分析,重写式(4.89),有

$$\varepsilon_k^u = A(f_i) \cdot \sin[\theta + 2\pi(f_i-f_d)(k-1)T/a] \quad (4.90)$$

式中

$$A(f_i) = \frac{\sqrt{\frac{C_i}{C_s}}\frac{1}{T}|S_T[(f_i-f_d)/a]||\sin[\pi(f_i-f_d)\tau]|}{\frac{1}{a}\int_{-B/2}^{B/2}G_s\left(\frac{f}{a}\right)\sin(\pi f\tau)2\pi f df} \quad (4.91)$$

$$\theta = \theta_i - \theta_0 - \measuredangle S_T[(f_i-f_d)/a] \quad (4.92)$$

由式(4.90)可以看出,当且仅当 $f_i = f_{i,n} = na/T + f_d, n \in \mathbf{Z}$ 时,即干扰位于特征频点上时,扩频测距误差是一个确定的偏差。否则,测距误差呈正弦变化,变化频率为

$$\Delta f_{i,n} = \langle(f_i-f_d)T/a\rangle/(T/a) \quad (4.93)$$

式中:〈·〉表示计算临近的整数。

那么,记 $f_i = f_{i,n} + \Delta f_{i,n}$,并且 $|\Delta f_{i,n}| \leq a/(2T)$,式(4.90)变为

$$\varepsilon_k^u = A(f_i) \cdot \sin[\theta + 2\pi\Delta f_{i,n}(k-1)T/a] \quad (4.94)$$

这说明非特征频点上的干扰影响分析可以以最临近的特征频点为参考,基于偏差频率 $\Delta f_{i,n}$ 进行分析。

前面指出特征频点上干扰引起的扩频测距误差是静态的,而由式(4.94)可以看出非特征频点上的测距误差是随时间因子 k 变化的,因此还需要考虑环路的滤波特性。需要说明的是,在单频干扰下,测距误差并不是随机信号,此时环路滤波不能简单地等效为低通滤波器,需要具体考虑环路滤波的细节特征。

对于一个典型的扩频接收机,伪码跟踪环路有三种类型[26-33]:一阶环路、二阶环路和三阶环路。跟踪环路传递函数及典型系数如表4.1所示,其中 ω_0 表示特征角频率。环路滤波特性可以通过跟踪环路的系统传递函数表征,主要参量有环路阶数、特征角频率和传递函数系数。基于传递函数的典型系数,码环滤波特性主要由环路阶数和噪声带宽这两个参量决定。

表 4.1　扩频接收机跟踪环路特性与典型系数

环路阶数	系统传递函数 $H(s)$	噪声带宽 B_n	典型系数
一阶	$\dfrac{\omega_0}{s+\omega_0}$	$0.25\omega_0$	—
二阶	$\dfrac{a_2\omega_0 s+\omega_0^2}{s^2+a_2\omega_0 s+\omega_0^2}$	$\dfrac{1+a_2^2}{4a_2}\omega_0$	$a_2=1.414$
三阶	$\dfrac{b_3\omega_0 s^2+a_3\omega_0^2 s+\omega_0^3}{s^3+b_3\omega_0 s^2+a_3\omega_0^2 s+\omega_0^3}$	$\dfrac{a_3 b_3^2+a_3^2-b_3}{4(a_3 b_3-1)}\omega_0$	$a_3=1.1,b_3=2.4$

为统一分析环路滤波器的影响,将伪码跟踪环路的传递函数记为 $H(f)=|H(f)|\mathrm{e}^{\mathrm{j}\sphericalangle H(f)}$,并且约定 $H(0)=1$。那么,结合式(4.94)可以得到经过环路滤波的测距误差,即测距平滑误差

$$\varepsilon_k^s = A(f_i)|H(\Delta f_{i,n})|\cdot\sin[\theta+\sphericalangle H(\Delta f_{i,n})+2\pi\Delta f_{i,n}(k-1)T/a] \quad (4.95)$$

式(4.95)表明,码环环路滤波将改变测距偏差的幅度和相位,但是不影响其变化频率。总体来看,非特征频点上的干扰引入的测距误差随时间呈正弦变化,变化的频率仅受干扰频率和积分时间的影响,而测距误差的幅度则与较多参量有关,相对于特征频点上干扰引入的静态测距误差,动态测距误差的幅度还与积分时间和环路滤波特性有关。

4.2.3.2　数值分析与实验验证

对比特征频点和非特征频点上干扰引入的测距误差,可以发现静态测距误差是动态测距误差的一种特殊情况,即干扰频率与特征频点的偏差频率 $\Delta f_{i,n}$ 为零。因此,动态测距误差受干信比、干扰频率、伪码频谱、前端带宽和超前滞后间隔等参量的影响与静态误差类似,这里不再分析。与静态测距误差不同的是,在某个特征频点附近的干扰引入的动态测距误差与积分时间和环路滤波特性密切相关,这里将重点予以分析。

仍以星间链路信号为例(伪码速率 10.23Mchip/s,码长 10230),设定接收机的前端带宽为 20MHz,超前滞后间隔为 0.5chip,采用三阶环路且噪声带宽为 5Hz,积分时间为 1ms。假定信号多普勒为零,当干信比为 15dB 且干扰频率临近 5.067MHz 时,单频干扰引起的动态测距误差随时间变化如图 4.16 所示。可以看出,当干扰偏离特征频点时(即 $\Delta f_{i,n}$ 增大时),测距误差幅度逐渐减小,同时测距误差的频率逐渐增大。总体来看,动态测距误差的变化特性可以主要由测距误差频率和幅度两个参量描述。

一方面,利用式(4.93),动态测距误差的频率特性如图 4.17 所示。在特征频点附近($[f_{i,n}-1/(2T),f_{i,n}+1/(2T)]$),测距误差频率与 $\Delta f_{i,n}$ 呈线性关系,同时测距误差的最大频率受积分时间倒数的限制,积分时间越长,测距误差的最大频率越小。也就是说测距误差的频率仅由干扰频率和积分时间决定,与超前滞后间隔和环路滤波器等参量无关。

另一方面,动态测距误差的幅度与环路阶数、噪声带宽和积分时间等参量有关,

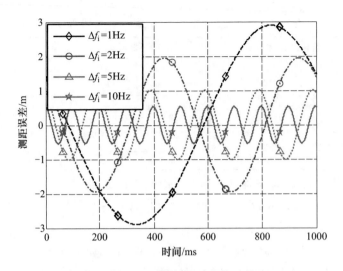

图 4.16 动态测距误差随时间的变化特性

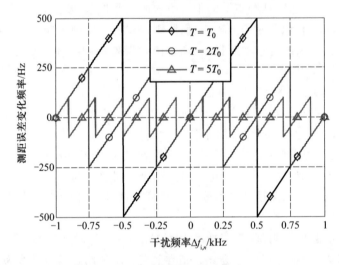

图 4.17 动态测距误差的频率特性

下面分别予以分析。

首先,基于不同阶数码环的单频干扰导致的动态测距误差幅度如图 4.18 所示。

可以看出,由于所有伪码跟踪环路都具有低通特性,当干扰偏离特征频点较多时,单频干扰对测距精度的影响明显减小。当干扰在特征频点附近时,环路传递函数特性的差异导致测距误差幅度的不同。对于一阶环路,最大的误差幅度发生在干扰处于特征频点时,而对于二阶和三阶环路,当干扰略微偏差特征频点时可能引起更大的测距误差。这主要是因为后两个环路的幅频特性在零频附近存在一个正的幅度增益,如二阶环路在 1.2Hz 附近有一个 2.1dB 的幅度过冲,三阶环路在 0.72Hz 附近有一个 4.7dB 的幅度过冲。相对于特征频点上的测距误差,二阶和三阶环路的幅频特

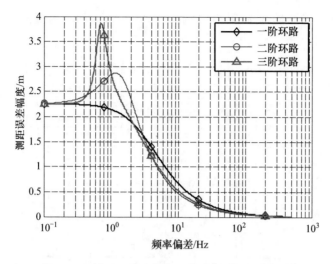

图 4.18　基于不同阶数码环的动态测距误差幅度

性过冲分别导致测距误差增大 27.4% 和 71.8%。由于单频干扰下的测距误差对环路的细节幅频特性非常敏感，尤其是环路幅频特性的过冲将导致严重的测距性能恶化，因此环路设计中应该尽量减小幅频特性的过冲。

其次，基于三阶环路，不同噪声带宽条件下的动态测距误差如图 4.19 所示。

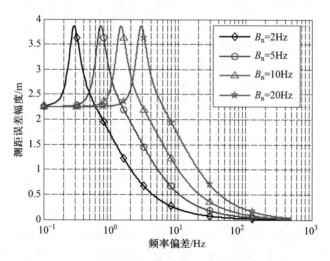

图 4.19　不同噪声带宽条件下的动态测距误差幅度

可以看出，噪声带宽对测距误差的最大值几乎没有影响，然后会影响最大测距误差发生的干扰频率。同时，较大的噪声带宽导致干扰偏离特征频点时测距误差的衰减减缓，也就是说，当噪声带宽较大时，更大频率范围内的干扰将对测距误差产生严重影响，这个易被干扰的频率范围与噪声带宽近似呈正比，可以用来评估单频干扰下的测距性能。

最后,基于三阶环路并选用噪声带宽为5Hz,积分时间对测距误差幅度的影响如图4.20所示。

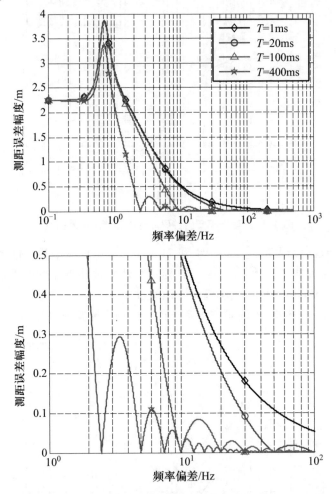

图4.20 不同积分时间条件下的动态测距误差幅度(下图为局部放大)

可以看出,积分时间对测距误差幅度的影响较小,仅在积分时间非常大时,测距误差的幅度才有所减小。随着积分时间的增长,理想伪码谱线间的特征频点增多,并且仅理想伪码谱线频点及其附近的干扰引起的测距误差较大,其他特征频点及其附近的干扰对测距精度的影响较小。这主要是因为积分时间增长后,非谱线频点的特征频点上的伪码信号频谱幅度很小,此处的单频干扰引入的测距误差就较小。

总体来看,由于环路滤波器一般具有低通特性,同时积分时间增大时信号频谱趋向于离散谱,因此干扰临近理想伪码谱线频点时对伪码跟踪精度的影响将更大。当干扰偏离谱线频点时,干扰对测距精度的影响将减弱。积分器和环路滤波都相当于低通滤波器,两者共同影响着谱线频点附近干扰引入的动态测距误差。即减小环路滤波器噪声带宽，或者增大积分时间，能够减小伪码跟踪对单频干扰的敏感区间。

为进一步验证理论分析成果，采用三阶环路，环路噪声带宽为5Hz，积分时间为1ms，基于软件接收机仿真实验平台，得到5.067MHz附近单频干扰引入的测距误差幅度的仿真实验结果如图4.21所示。可以看出，理论分析值与仿真结果非常吻合，两者之间的差异不超过15%，本书的理论成果能够有效支撑单频干扰下的测距特性分析，直接指导干扰环境中扩频测距系统的性能分析评估以及抗干扰设计。

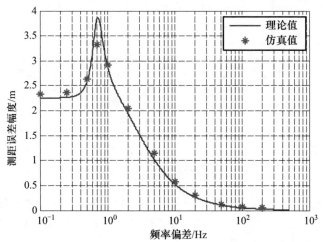

图4.21 动态测距误差幅度的理论值与仿真值对比

4.3 星间链路窄带干扰测距特性及性能

4.3.1 测距性能评估指标

伴随着无线电技术的成熟和推广，射频干扰对精密扩频测距技术的应用构成了严峻挑战。全面准确地评估干扰下的扩频测距性能，能对测距系统的研制和改进提供必要的指导。对于扩频测距系统的干扰影响评估，需要考虑两个方面。一方面，如何评估干扰对测距系统稳定性能的影响？另一方面，如何评估干扰对测距系统精度性能的影响？总体上，干扰环境中的测距性能与非常多的参量有关，本节将从稳定性能和精度性能两个方面对扩频测距性能评估指标展开研究。

4.3.1.1 稳定性能载噪比门限

保持稳定是系统功能正常和性能达标的前提，扩频测距系统的稳定性是指对扩频信号的稳定跟踪。扩频信号的跟踪主要由两部分组成：载波/相位跟踪环路和伪码跟踪环路，如图4.22所示。典型情况下，一般采用锁相环(PLL)和延迟锁定环(DLL)分别对载波相位和伪码相位进行持续跟踪。那么，实现测距信号的稳定跟踪，就是要保证载波相位跟踪环路和伪码跟踪环路的稳定性。

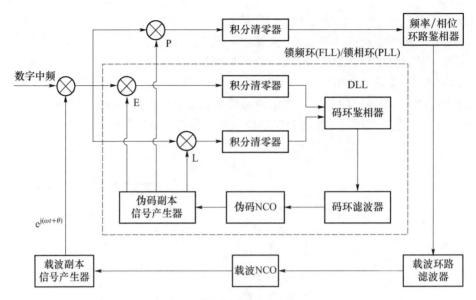

图 4.22 扩频信号的典型跟踪环路

对于伪码跟踪环路,在高斯白噪声环境中,DLL 的跟踪误差源主要是噪声导致的伪码跟踪误差和动态应力误差。DLL 保持稳定的经验门限是,伪码跟踪误差的 3σ 值不超过码环鉴相器牵引范围的一半[26],即

$$3\sigma_{DLL} = 3\sigma_{t\_D} + R_e \leqslant dT_c/2 \tag{4.96}$$

式中: σ_{t_D} 为高斯白噪声引起的伪码跟踪误差; R_e 为码环的动态应力误差; d 为码环超前滞后间隔; T_c 为码片周期。

一般情况下,测距精度指标远小于 dT_c,其要求高于上述 DLL 稳定门限,同时伪码跟踪环路比载波相位跟踪环路更加容易保持稳定[23,26,33],因此 PLL 是扩频信号跟踪环路稳定性能分析的关键,PLL 的稳定性能决定了测距系统的稳定性能。

对于载波相位跟踪环路,在高斯白噪声环境中,PLL 的跟踪误差源主要是噪声导致的载波相位跟踪误差和动态应力误差。其中,载波相位跟踪误差为

$$\sigma_{t\_P} = \sqrt{\frac{B_{n\_P}}{C_s/N_0}\left(1 + \frac{\lambda}{2TC_s/N_0}\right)} \tag{4.97}$$

式中: C_s 为有用信号功率; N_0 为热噪声功率谱密度; B_{n_P} 为 PLL 噪声带宽; T 为积分时间。式(4.97)圆括号中的部分表示 PLL 的平方损耗:当无数据比特调制时,可采用相干锁相环(如四象限反正切锁相环),此时 PLL 无平方损耗,即 $\lambda = 0$;当有数据比特调制时,一般采用非相干锁相环(如科斯塔斯环),此时 PLL 有平方损耗,即 $\lambda = 1$。

PLL 稳定跟踪门限设置的一种经验方法[26]是跟踪误差的 3σ 值不超过 PLL 鉴相器相位牵引范围的 $1/4$。对于相位牵引范围为 2π 的相干锁相环,σ 的经验门限 $\sigma_{thd\_S} = \pi/6$,对于相位牵引范围为 π 的非相干锁相环,σ 的经验门限 $\sigma_{thd\_S} = \pi/12$。

在绝大多数应用场合,扩频接收机的动态特性范围是确定的,并且动态应力误差一般小于相位跟踪误差。若用惯导系统[34-35]或星历信息[36]来估计测距系统的运动,动态应力误差将是非常小的数值,这里予以忽略。

噪声导致的相位跟踪误差是 PLL 的主要误差源,由式(4.97)可以得到高斯白噪声环境中的 PLL 稳定跟踪的载噪比门限为

$$(C_s/N_0)_{thd\_S} = \frac{B_{n\_P}}{2\sigma_{thd\_S}^2}\left(1 + \sqrt{1 + \frac{2\lambda\sigma_{thd\_S}^2}{B_{n\_P}T}}\right) \tag{4.98}$$

那么,当载噪比大于式(4.98)中的门限值时,PLL 才能保持对载波相位的稳定跟踪,即测距系统保持稳定[37-40]。

4.3.1.2 稳定性能抗干扰品质因子

为进一步分析干扰下的 PLL 稳定跟踪门限,可以利用文献[24]定义的等效载噪比的概念,即虚拟一个白噪声功率谱密度,使得相关器的输出信噪比与实际的混合高斯白噪声和干扰导致的输出信噪比相同。本书将其命名为稳定性能等效载噪比,即

$$\left(\frac{C_s}{N_0}\right)_{eff\_S} = \frac{C_s}{N_0}\left(1 + \frac{C_i}{N_0}\frac{\kappa}{\alpha}\right)^{-1} \tag{4.99}$$

其中

$$\alpha = \int_{-B/2}^{B/2} G_s(f) df \tag{4.100}$$

$$\kappa = \int_{-B/2}^{B/2} G_i(f) G_s(f) df \tag{4.101}$$

式中:C_i 为干扰功率;$G_s(f)$ 为扩频信号归一化功率谱密度;$G_i(f)$ 为干扰归一化功率谱密度;B 为接收机前端带宽。

在式(4.99)中,仅等式右边括号中的第二项与干扰参量有关,为定量评估干扰对稳定性能的影响[41],可以定义稳定性能抗干扰品质因子 Q_S 为

$$Q_S = \frac{\alpha}{R_c \kappa} \tag{4.102}$$

式中:R_c 表示码片速率,且 $R_c = 1/T_c$。对于不同的扩频信号调制类型和干扰样式,Q_S 可以用来评估其稳定性能。窄带干扰指带宽仅占扩频信号功率谱主瓣很小一部分的高斯干扰,当干扰位于信号功率谱主瓣的最大值处时,干扰对系统的稳定性能影响最大,此时的 Q_S 最小。带限白噪声干扰指覆盖扩频信号功率谱主瓣的高斯白噪声干扰,匹配谱干扰指与扩频信号具有相同功率谱密度的干扰[42-46]。不论对于哪种调制信号,窄带干扰对稳定性能的影响最为严重,匹配谱干扰次之,带限白噪声的影响最小。总体来看,窄带干扰下 Q_S 约为宽带干扰(包括带限白噪声干扰和匹配谱干扰)下 Q_S 的一半,这说明窄带干扰下的测距稳定性能比宽带干扰的测距稳定性能恶化

约3dB。通过指标$(C_s/N_0)_{thd\_S}$反映高斯白噪声条件下的系统稳定性能,再利用指标Q_s表征干扰对稳定性能的影响,这为测距系统的稳定性能的定量评估带来了极大的便利。

4.3.2 测距精度性能评估指标

测距精度是扩频测距系统的核心指标之一,接收机需要保持较小的伪码跟踪误差以满足测距精度指标。对于精密测距接收机,即便有干扰存在,也需要达到较高的伪码跟踪精度[47]。那么,对干扰环境中的扩频测距精度进行定量评估是很有必要的。这里借鉴稳定性能评估指标的研究思路,首先研究高斯白噪声环境中的伪码跟踪精度问题,给出满足精度性能要求的载噪比门限,然后再分析干扰对伪码跟踪精度的影响,给出测距精度性能的定量评估指标。

4.3.2.1 精度性能载噪比门限

相对于相干伪码跟踪,非相干跟踪会引入一个平方损耗[31],并且这个平方损耗仅在载噪比低于25dBHz时才比较明显[26]。在绝大部分应用场合,扩频信号载噪比远大于此值,相干处理和非相干处理的性能基本一致,因此这里基于相干DLL展开研究。

在高斯白噪声环境中,DLL的跟踪误差源主要是噪声导致的伪码跟踪误差和动态应力误差。由于伪码跟踪环路可采用三阶环路,并且基于载波环辅助码环技术可以有效去除码环的动态,即只要载波环路保持稳定,码环经受的动态应力可忽略。同时,伪码跟踪误差为[24]

$$\sigma_{t\_D}^2 = \frac{B_{n\_D}(1-0.5B_{n\_D}T)\int_{-B/2}^{B/2}G_s(f)\sin^2(\pi fdT_c)df}{(2\pi)^2\dfrac{C_s}{N_0}\left[\int_{-B/2}^{B/2}fG_s(f)\sin(\pi fdT_c)df\right]^2} \quad (4.103)$$

式中:B_{n_D}为DLL环路噪声带宽。

为便于分析,记

$$\beta = \int_{-B/2}^{B/2}G_s(f)\sin^2(\pi fdT_c)df, \quad \gamma = 2\pi\int_{-B/2}^{B/2}fG_s(f)\sin(\pi fdT_c)df$$

并假定测距精度指标为σ_{thd_M},即$\sigma_{t\_D} \leqslant \sigma_{thd\_M}$,那么利用式(4.103)可以得到伪码跟踪的载噪比门限

$$(C_s/N_0)_{thd\_M} = \frac{dB_{n\_D}(1-0.5B_{n\_D}T)}{2\mu R_c^2\sigma_{thd\_M}^2} \quad (4.104)$$

式中:μ表示测距质量因子,并定义为

$$\mu = \frac{d\gamma^2}{2\beta R_c^2} \quad (4.105)$$

对比PLL与DLL的载噪比门限,后者更加复杂,不仅与接收机参量和精度指标

有关,而且与扩频信号特性密切相关。载噪比门限的计算由于涉及复杂的三角函数和定积分计算,而基于测距质量因子 μ 则很容易得到高斯白噪声条件下的载噪比门限,可确保测距精度满足要求。

无量纲的测距质量因子 μ 能够反映不同信号调制类型和接收机参量对测距性能的影响,以便于研究伪码跟踪误差特性的一般规律,并利于定量的比较分析[48-51]。图 4.23 和图 4.24 分别以 BPSK-R(1) 和 $BOC_s(2,1)$ 两种信号调制类型为例,展示了测距质量因子 μ 随超前滞后间隔和前端带宽的变化特性。可以发现,μ 值围绕一个基准值波动,并且随着前端带宽的增加,μ 趋向于这个基准值。对于 BPSK-R(1),这个基准值为 1;对于 $BOC_s(2,1)$,这个基准值为 7。这意味着要实现同样的测距精度,BPSK-R(1) 调制信号的 $(C_s/N_0)_{thd\_M}$ 比 $BOC_s(2,1)$ 调制信号的 $(C_s/N_0)_{thd\_M}$ 约高 8.45dB。

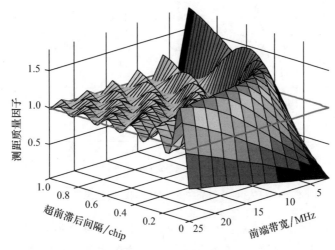

图 4.23　测距质量因子(BPSK-R(1))变化特性(见彩图)

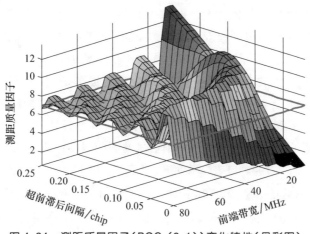

图 4.24　测距质量因子($BOC_s(2,1)$)变化特性(见彩图)

测距质量因子 μ 与超前滞后间隔和前端带宽的乘积具有特殊的关系,以 BPSK-R(1)为例,超前滞后间隔分别取 1chip、0.5chip 和 0.25chip 时,不同前端带宽条件下的 μ 值如图 4.25 所示。当 $BdT_c < 2$ 时,随着前端带宽的增加,μ 值不断增大,并且在 $BdT_c < 2$ 时,μ 取得最大值。总体来看,在 $BdT_c = 1$ 时 μ 值约为 1,此后随着前端带宽的增加 μ 值围绕常数 1 波动,波动峰值的位置为 $BdT_c = 4k - 2, k \in \mathbf{Z}^+$,波动谷值的位置为 $BdT_c = 4k$。

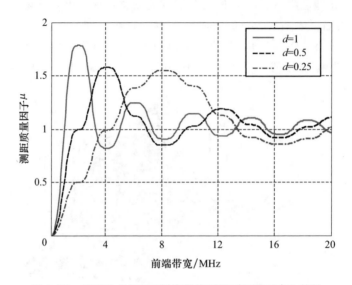

图 4.25 BPSK-R(1)调制信号的测距质量因子变化特性

其他调制类型的信号具有上述相同的性质,仅仅是测距质量因子基准值有所不同。考虑几种常见的调制类型,在前端带宽趋于无穷大时,相应的测距质量因子 μ 如表 4.2 所示。μ 值与伪码速率并不直接相关,仅与副载波频率与伪码速率的比值有关,并且副载波频率越高 μ 值越大。由于测距质量因子直接反映了不同调制类型信号的测距性能,因此能够很大程度上简化扩频测距精度性能的分析评估。

由于测距质量因子表征的是基于不同功率谱形状的宽带测量信号的测距精度特性,其中并没有包含伪码速率的直接影响,也就是说对于 BPSK-R(1) 和 BPSK-R(10)调制信号均属于 BPSK-R(n)调制类型,两者的测距质量因子基准值相同。完整的测距精度性能可以利用载噪比门限 $\sigma_{\text{thd\_M}}$ 进行评估,$\sigma_{\text{thd\_M}}$ 与伪码速率的平方成反比,由此可以分析不同扩频调制信号的测距精度性能。例如,基于相同的接收机参量,利用式(4.104)和表 4.2 可以得到 BPSK-R(10)调制信号的 $\sigma_{\text{thd\_M}}$ 比 $\text{BOC}_s(6,1)$ 调制信号的 $\sigma_{\text{thd\_M}}$ 小 $10\lg(10^2/23) \approx 6.38\text{dB}$,也就是说,要达到同样的测距精度,BPSK-R(10)调制信号所需的 C_s/N_0 比 $\text{BOC}_s(6,1)$ 调制信号所需的 C_s/N_0 少 6.38dBHz。

表 4.2　不同调制类型信号的测距质量因子基准值

调制类型	测距质量因子 μ	调制类型	测距质量因子 μ
BPSK-R(n)	1	BOC$_s$($4n,n$)	15
BOC$_s$(n,n)	3	BOC$_s$($5n,n$)	19
BOC$_s$($2n,n$)	7	BOC$_s$($6n,n$)	23
BOC$_s$($3n,n$)	11	BOC$_s$($7n,n$)	27

4.3.2.2　精度性能抗干扰品质因子

进一步分析干扰下的 DLL 跟踪精度性能门限,文献[24]给出了干扰下的伪码跟踪误差

$$\sigma_{t\_D}^2 = \frac{B_{n\_D}(1-0.5B_{n\_D}T)\beta}{\gamma^2 C_s/N_0}\left(1+\frac{C_i\chi}{N_0\beta}\right) \qquad (4.106)$$

式中:$\gamma = 2\pi\int_{-B/2}^{B/2}fG_s(f)\sin(\pi fdT_c)df$;$\beta = \int_{-B/2}^{B/2}G_s(f)\sin^2(\pi fdT_c)df$;$C_s$ 表示有用信号功率;N_0 表示热噪声功率谱密度。

$$\chi = \int_{-B/2}^{B/2}G_i(f)G_s(f)\sin^2(\pi fdT_c)df \qquad (4.107)$$

借鉴前面稳定性能的分析思路,定义精度性能等效载噪比

$$\left(\frac{C_s}{N_0}\right)_{eff\_M} = \frac{C_s}{N_0}\left(1+\frac{C_i\chi}{N_0\beta}\right)^{-1} \qquad (4.108)$$

比较式(4.103)和式(4.106),这里虚构了一个白噪声谱密度,使得新的载噪比条件与实际噪声和干扰条件产生的伪码跟踪误差相同。这样基于精度性能等效载噪比就可以利用高斯白噪声条件下的伪码跟踪性能分析成果。

另外,从式(4.108)可以发现仅等式右边括号中的第二项与干扰参量有关,为定量评估干扰对精度性能的影响,可以定义精度性能抗干扰品质因子为

$$Q_M = \frac{\beta}{\chi R_c} \qquad (4.109)$$

Q_M 与干扰类型和信号调制类型密切相关,能够有效反映干扰对测距精度性能的影响。Q_M 越大,表明干扰引入的测距误差越小,那么 M_M 也就越大。另外,通过比较 Q_S 和 Q_M,可以发现 Q_S 中的信号功率谱 $G_s(f)$ 在 Q_M 中变为 $G_s(f)\sin^2(\pi fdT_c)$,由于后者还受超前滞后间隔的影响,因而 Q_M 更加复杂。

与稳定性能抗干扰品质因子 Q_S 的分析类似,这里主要分析窄带干扰(NBI)、带限白噪声干扰(BWI)和匹配谱干扰(MSI)这三种常见的干扰样式。由于窄带干扰下的抗干扰品质因子还与干扰频率位置有关,在 Q_S 的分析中,当干扰位于功率谱 $G_s(f)$ 的最大值处 Q_S 值最小,而对于 Q_M,当干扰位于功率谱项 $G_s(f)\sin^2(\pi fdT_c)$ 的最大值处时,干扰对系统的测距精度影响最大,此时 Q_M 最小。在前端带宽趋于无穷大时,

BPSK 调制信号和 BOC 调制信号的测距抗干扰品质因子随超前滞后间隔的变化特性分别如图 4.26 和图 4.27 所示。总体上看,超前滞后间隔越大,测距抗干扰品质因子 Q_M 越小,在超前滞后间隔大于其上限值的一半时测距抗干扰品质因子基本不再变化[52]。比较这三种干扰下的 Q_M 值,可以发现窄带干扰下的 Q_M 值最小,即窄带干扰对测距性能的影响最大。图 4.26 表明对于 BPSK 调制信号,带限白噪声干扰和匹配谱干扰下的 Q_M 值相近,说明这两种干扰对测距精度性能的影响差异不大。而图 4.27 表明,相对于带限白噪声干扰,匹配谱干扰对 BOC 调制信号的测距精度性能影响更大,Q_M 值更小。

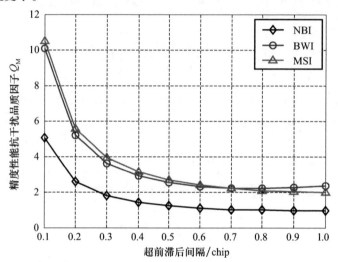

图 4.26 精度性能抗干扰品质因子(BPSK-R(1))变化特性

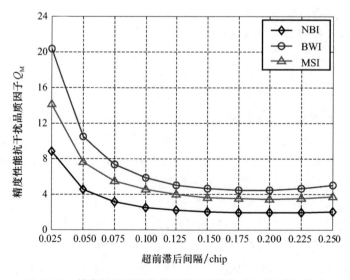

图 4.27 精度性能抗干扰品质因子($BOC_s(2,1)$)变化特性

需要说明的是,扩频信号的自相关函数的主峰宽度因信号调制类型不同而有所差异,工程应用中采用的超前滞后间隔一般不超过主峰宽度的一半。例如:对于 BPSK 调制信号,相关函数主峰宽度为 2chip,那么超前滞后间隔的上限为 1chip;对于 $BOC_s(2,1)$ 调制信号,相关函数主峰宽度为 0.5chip,那么超前滞后间隔的上限为 0.25chip。考虑最差情况,即超前滞后间隔接近于各自的上限时,对于不同的调制信号,窄带干扰、带限白噪声干扰和匹配谱干扰下的测距抗干扰品质因子,BOC 调制信号在这三种干扰类型下的测距抗干扰品质因子均大于 BPSK 调制信号的测距抗干扰品质因子,并且随着 BOC 调制信号副载波频率的增大,Q_M 逐渐增大,但是当副载波频率超过伪码速率的 2 倍时 Q_M 值的变化不再明显。同时,窄带干扰对测距精度性能的影响最大,匹配谱干扰次之,带限白噪声干扰的影响最小。总体来看,窄带干扰下的 Q_M 值约为宽带干扰(包括带限白噪声干扰和匹配谱干扰)下的 Q_M 值的二分之一,这说明窄带干扰对测距精度性能的影响比宽带干扰大,相差约 3dB。

通过指标 μ 和 $(C_S/N_0)_{thd\_M}$ 反映不同调制类型的扩频信号在高斯白噪声条件下的测距精度性能,再利用指标 Q_M 表征干扰对精度性能的影响,这为测距系统的精度性能分析带来了极大的便利。

4.3.3 窄带干扰下的测距特性

前面基于扩频信号的平滑谱分析了随机干扰下测距性能的一般规律,并指出窄带干扰对测距性能的威胁更为严重。由于实际扩频信号应用中大量采用的短周期伪码并不具有理想随机特性,以及积分清零器对接收信号的截断,都会导致信号功率谱不再平滑,而且存在非常大的幅度波动[53-57]。在分析窄带干扰的影响时,这一点尤为重要,因此这里首先构建伪码扩频信号的精细功率谱模型,在此基础上对不同带宽的窄带干扰下的测距特性展开研究。

基于第 2 章中建立的扩频信号时域模型,利用式(4.7)和式(4.8)可以得到周期伪码扩频信号在有限信号带宽条件下的功率谱为

$$G_s(f) = G_P(f) \cdot G_X(f) \cdot G_A(f) \quad -B/2 \leqslant f \leqslant B/2 \quad (4.110)$$

式中

$$G_P(f) = T_c^2 \mathrm{sinc}^2(\pi f T_c) \quad (\text{BPSK 调制信号}) \quad (4.111)$$

$$G_X(f) = \frac{1}{L} \left| \sum_{l=0}^{L-1} c_l \mathrm{e}^{-\mathrm{j}2\pi f l T_c} \right|^2 \quad (4.112)$$

$$G_A(f) = \frac{T}{T_0} \left| \sum_{n=-\infty}^{\infty} \mathrm{sinc}\left[\pi T\left(f - \frac{n}{T_0}\right)\right] \mathrm{e}^{-\mathrm{j}\pi\left(f - \frac{n}{T_0}\right)(T-T_0)} \right|^2 \quad (4.113)$$

可以看出周期伪码信号的功率谱由三部分组成:第一部分 $G_P(f)$ 表示脉冲调制信号的功率谱,决定了功率谱的基本形状,即伪码扩频信号的平滑功率谱,式(4.111)给出了 BPSK 调制信号的功率谱;第二部分 $G_X(f)$ 体现了伪码非理想随机特

性对功率谱的影响,对于理想随机码,$G_X(f)=1$;第三部分 $G_A(f)$ 反映了积分清零器以不同的积分时间截断接收信号从而对功率谱细节特征的影响,当 $T=T_0$ 时,$G_A(f)=1$。

对于理想随机码,$G_s(f)=G_P(f)$。对于伪随机码,以星间链路信号为例,其归一化功率谱密度如图 4.28 所示,$G_X(f)$ 导致的信号功率谱幅度波动达到 8.73dB,这在窄带干扰的影响分析中是不可忽略的因素。接收机的积分清零器在相关解扩处理中会对接收信号进行截断,不同的积分时间同样会导致信号功率谱幅度波动特性的差异。在不同的积分时间下,信号功率谱的细节特征如图 4.29 所示,较长的积分时间使得信号功率谱向理想伪码谱线频率点附近集中,积分时间越长,功率谱幅度波动越大[58]。

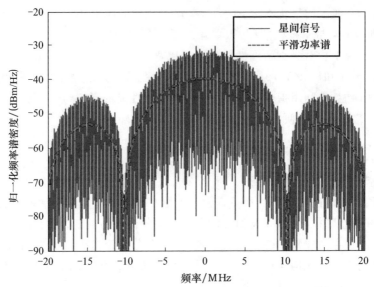

图 4.28 星间链路信号的功率谱(见彩图)

同时,由于窄带干扰是一个定义比较宽泛的干扰类型,具有不同功率谱的窄带干扰对测距性能的影响也不同,尤其在考虑伪码的非理想随机特性时,干扰信号的功率谱形状和带宽在测距性能的分析中扮演非常重要的角色。本书重点研究信号带宽不超过扩频信号主瓣宽度 10% 的随机干扰,即 $B_i \leq 0.2/T_c$。假定干扰是高斯型的,功率谱是带限且带内平坦的,即窄带干扰的归一化功率谱模型为

$$G_i(f) = \begin{cases} \dfrac{1}{B_i} & |f-f_i| \leq B_i/2 \\ 0 & 其他 \end{cases} \quad (4.114)$$

式中:B_i 为干扰带宽;f_i 为干扰中心频率。

总体上,从式(4.110)、式(4.111)、式(4.112)和式(4.113)可以看出,决定伪码扩频信号功率谱形状的三个重要参量:码片时宽 T_c、伪码周期 T_0 和积分时间 T,且有

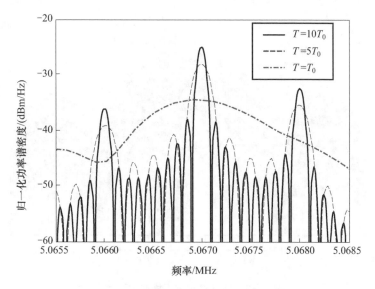

图 4.29 不同积分时间下的信号功率谱特性

$T = MT_0 = MLT_c, M \in \mathbf{Z}^+$。这三个参量分别表征了伪码扩频信号三部分的时频特征尺寸:$G_P(f)$ 的特征频宽为 $1/T_c$,$G_X(f)$ 的特征频宽为 $1/T_0$,$G_A(f)$ 的特征频宽为 $1/T$。本节根据干扰带宽 B_i 与这三个参量的关系,将窄带干扰划分为四类进行研究。

4.3.3.1 第一类窄带干扰

当 $200/T_0 < B_i \leqslant 0.2/T_c$ 时,本书将这类干扰划为第一类窄带干扰,如图 4.30 所示。由于目前在一些扩频测距应用中伪码长度较大,伪码谱线频点密集,干扰带宽远大于 $1/T_0$ 和 $1/T$,因此第一类窄带干扰覆盖非常多的伪码谱线频点,伪码功率谱幅度波动在很大程度上得到了平滑。也就是说,此类干扰下的测距性能主要与 $G_P(f)$ 有关,$G_X(f)$ 和 $G_A(f)$ 对测距性能的影响很小,可以忽略。

于是,在测距稳定性能方面,结合式(4.101)和式(4.110)可得

$$\kappa = \int_{f_i - B_i/2}^{f_i + B_i/2} \frac{1}{B_i} G_P(f) G_X(f) G_A(f) \mathrm{d}f \approx$$

$$\frac{1}{B_i} \int_{f_i - B_i/2}^{f_i + B_i/2} G_P(f) \mathrm{d}f \tag{4.115}$$

进而由式(4.102)可得稳定性能抗干扰品质因子

$$Q_S \approx \frac{\int_{-B/2}^{B/2} G_P(f) \mathrm{d}f}{R_c \dfrac{1}{B_i} \int_{f_i - B_i/2}^{f_i + B_i/2} G_P(f) \mathrm{d}f} \tag{4.116}$$

同时,在测距精度性能方面,结合式(4.107)、式(4.109)和式(4.110)可得

$$\chi = \int_{f_i - B_i/2}^{f_i + B_i/2} \frac{1}{B_i} G_P(f) G_X(f) G_A(f) \sin^2(\pi f d T_c) \mathrm{d}f \approx$$

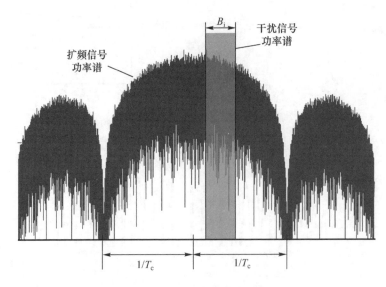

图 4.30 第一类窄带干扰功率谱特性

$$\frac{1}{B_i}\int_{f_i-B_i/2}^{f_i+B_i/2} G_P(f)\sin^2(\pi fdT_c)\,df \qquad (4.117)$$

将式(4.117)代入式(4.107)可以得到精度性能抗干扰品质因子为

$$Q_M \approx \frac{\int_{-B/2}^{B/2} G_P(f)\sin^2(\pi fdT_c)\,df}{R_c \dfrac{1}{B_i}\int_{f_i-B_i/2}^{f_i+B_i/2} G_P(f)\sin^2(\pi fdT_c)\,df} \qquad (4.118)$$

那么,对于第一类窄带干扰,由于干扰带宽相对于信号谱的特征频宽仍较大,稳定性能抗干扰品质因子和精度性能抗干扰品质因子主要与信号脉冲调制类型有关,伪码扩频信号功率谱幅度波动(包括伪码信号的非理想随机特性和不同积分时间的信号截断特性等因素)对两个抗干扰品质因子的影响很小,可以忽略。实际上,对于第一类窄带干扰,基于平滑功率谱和精细功率谱分析得到的测距性能相近。

4.3.3.2 第二类窄带干扰

当 $1/T_0 < B_i \leq 200/T_0$ 时,本书将这类干扰划为第二类窄带干扰,如图 4.31 所示,及其局部放大展示如图 4.32 所示。此时,干扰带宽远小于 $G_P(f)$ 的特征频宽,在干扰覆盖的频带内 $G_P(f)$ 基本不变。另外,窄带干扰覆盖多个伪码谱线频点,但干扰带宽与 $G_X(f)$ 的特征频宽相近,不足以忽略 $G_X(f)$ 的影响。同时,干扰带宽仍远大于 $G_A(f)$ 的特征频宽,可以忽略 $G_A(f)$ 的影响。

那么,在测距稳定性能方面,由式(4.101)和式(4.110)可得

$$\kappa \approx G_P(f_i)\frac{1}{B_i}\int_{f_i-B_i/2}^{f_i+B_i/2} G_X(f)\,df \qquad (4.119)$$

进而由式(4.102)可得稳定性能抗干扰品质因子

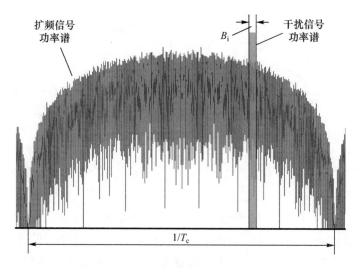

图 4.31 第二类窄带干扰功率谱特性

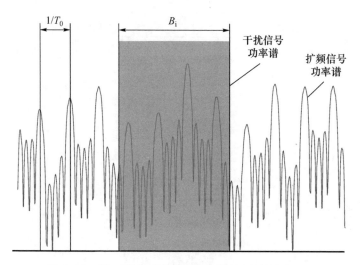

图 4.32 第二类窄带干扰功率谱特性(局部放大图)

$$Q_S \approx \frac{\int_{-B/2}^{B/2} G_P(f) \mathrm{d}f}{R_c \frac{1}{B_i} G_P(f_i) \int_{f_i-B_i/2}^{f_i+B_i/2} G_X(f) \mathrm{d}f} \tag{4.120}$$

同时,在测距精度性能方面,由式(4.107)和式(4.110)可得

$$\chi \approx G_P(f_i) \sin^2(\pi f_i d T_c) \frac{1}{B_i} \int_{f_i-B_i/2}^{f_i+B_i/2} G_X(f) \mathrm{d}f \tag{4.121}$$

将式(4.121)代入式(4.109)可以得到精度性能抗干扰品质因子为

$$Q_M \approx \frac{\int_{-B/2}^{B/2} G_P(f) \sin^2(\pi f d T_c) \, df}{R_c \frac{1}{B_i} G_P(f_i) \sin^2(\pi f_i d T_c) \int_{f_i - B_i/2}^{f_i + B_i/2} G_X(f) \, df} \quad (4.122)$$

那么,对于第二类窄带干扰,由于干扰带宽介于 $G_P(f)$ 和 $G_X(f)$ 的特征频宽之间,稳定性能抗干扰品质因子和精度性能抗干扰品质因子不仅与信号脉冲调制类型有关,而且受到伪码非理想随机特性导致的谱幅度波动的影响,另外不同积分时间的信号截断的影响仍可忽略。以基于平滑功率谱的 Q_S 和 Q_M 值为基准,第二类窄带干扰下的 Q_S 和 Q_M 值的相对变化系数相同,均为 $B_i \Big/ \int_{f_i - B_i/2}^{f_i + B_i/2} G_X(f) \, df$。

4.3.3.3 第三类窄带干扰

当 $2/T < B_i \leqslant 1/T_0$ 时,本书将这类干扰划为第三类窄带干扰,如图 4.33 所示。此时干扰带宽远小于 $G_P(f)$ 的特征频宽,且小于 $G_X(f)$ 的特征频宽,但是大于 $G_A(f)$ 的特征频宽。也就是说,第三类窄带干扰仅覆盖一个伪码谱线频点,同时能够完整覆盖 $G_A(f)$ 的主瓣。

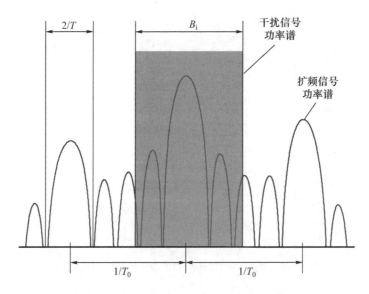

图 4.33 第三类窄带干扰功率谱特性

为便于分析,定义伪码谱线频点 $f_{i,n} = n/T_0$,干扰中心频率可以写成 $f_i = f_{i,n} + \Delta f_{i,n}$,$\Delta f_{i,n} \leqslant 1/2T_0$。那么,在测距稳定性能方面,由式(4.101)和式(4.110)可得

$$\kappa \approx G_P(f_{i,n}) G_X(f_{i,n}) \frac{T}{B_i T_0} \int_{\Delta f_{i,n} - B_i/2}^{\Delta f_{i,n} + B_i/2} \mathrm{sinc}^2(\pi f T) \, df \quad (4.123)$$

在较大的伪码谱线附近,当干扰完全覆盖某一伪码谱线频点附近 $G_A(f)$ 信号的主瓣时,干扰对测距性能的影响最大。考虑最差情况,$\Delta f_{i,n} = 0$,那么

$$\kappa \approx \frac{1}{B_i T_0} G_P(f_{i,n}) G_X(f_{i,n}) \qquad (4.124)$$

进而由式(4.102)可得稳定性能抗干扰品质因子

$$Q_S \approx \frac{\int_{-B/2}^{B/2} G_P(f) \mathrm{d}f}{R_c \frac{1}{B_i T_0} G_P(f_{i,n}) G_X(f_{i,n})} \qquad (4.125)$$

同时,在测距精度性能方面,由式(4.107)和式(4.110)可得

$$\chi \approx G_P(f_{i,n}) G_X(f_{i,n}) \sin^2(\pi f_{i,n} dT_c) \frac{T}{B_i T_0} \int_{\Delta f_{i,n}-B_i/2}^{\Delta f_{i,n}+B_i/2} \mathrm{sinc}^2(\pi f T) \mathrm{d}f \approx$$
$$\frac{1}{B_i T_0} G_P(f_{i,n}) G_X(f_{i,n}) \sin^2(\pi f_{i,n} dT_c) \qquad (4.126)$$

将式(4.126)代入式(4.109)可以得到精度性能抗干扰品质因子为

$$Q_M \approx \frac{\int_{-B/2}^{B/2} G_P(f) \sin^2(\pi f dT_c) \mathrm{d}f}{R_c \frac{1}{B_i T_0} G_P(f_{i,n}) G_X(f_{i,n}) \sin^2(\pi f_{i,n} dT_c)} \qquad (4.127)$$

那么,对于第三类窄带干扰,由于干扰带宽介于 $G_X(f)$ 和 $G_A(f)$ 的特征频宽之间,当干扰中心频率位于伪码谱线频率附近时,两个抗干扰品质因子最小。以基于平滑功率谱的 Q_S 和 Q_M 值为基准,此时 Q_S 和 Q_M 值的相对变化系数相同,可达 $B_i T_0 / G_X(f_{i,n})$。

4.3.3.4 第四类窄带干扰

当 $B_i \leqslant 2/T$ 时,本书将这类干扰划为第四类窄带干扰,如图4.34所示。

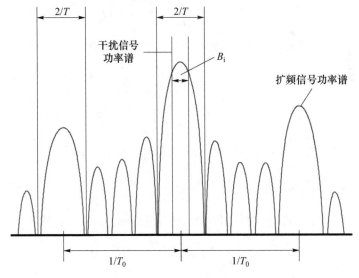

图4.34 第四类窄带干扰功率谱特性

此时,干扰带宽较小,已不能完全覆盖 $G_A(f)$ 信号的主瓣。由于较大的积分时间导致扩频信号功率谱向理想伪码谱线频率附近集中,不同频率位置干扰下的测距性能差异会非常大,当窄带干扰位于谱线频率附近时,测距性能恶化最为严重。

在测距稳定性能方面,由式(4.101)和式(4.110)可得

$$\kappa \approx G_P(f_{i,n}) G_X(f_{i,n}) \frac{1}{B_i} \int_{f_i - B_i/2}^{f_i + B_i/2} \frac{T^2}{T_0} \mathrm{sinc}^2[\pi T(f - f_{i,n})] \mathrm{d}f =$$

$$G_P(f_{i,n}) G_X(f_{i,n}) \frac{T}{B_i T_0} \int_{\Delta f_{i,n} - B_i/2}^{\Delta f_{i,n} + B_i/2} \mathrm{sinc}^2(\pi fT) \mathrm{d}f \qquad (4.128)$$

当干扰信号能量集中在理想伪码谱线附近时,κ 值较大,对稳定性能影响也较大。即 $\Delta f_{i,n} = 0$ 时,

$$\kappa \approx G_P(f_{i,n}) G_X(f_{i,n}) \frac{T}{B_i T_0} \int_{-B_i/2}^{B_i/2} \mathrm{sinc}^2(\pi fT) \mathrm{d}f \qquad (4.129)$$

由式(4.102)可以得到稳定性能抗干扰品质因子

$$Q_S \approx \frac{\int_{-B/2}^{B/2} G_P(f) \mathrm{d}f}{R_c \frac{T}{B_i T_0} G_P(f_{i,n}) G_X(f_{i,n}) \int_{-B_i/2}^{B_i/2} \mathrm{sinc}^2(\pi fT) \mathrm{d}f} \qquad (4.130)$$

进一步分析发现,随着干扰带宽的减小,κ 值不断增大,当 $B_i \ll 1/T$ 时 κ 取得最大值,也就是说此时可以得到 Q_S 的最小值

$$\min\{Q_S\} \approx \frac{\int_{-B/2}^{B/2} G_P(f) \mathrm{d}f}{R_c \frac{T}{T_0} G_P(f_{i,n}) G_X(f_{i,n})} \qquad (4.131)$$

同时,在测距精度性能方面,由式(4.107)和式(4.110)可得

$$\chi \approx G_P(f_{i,n}) G_X(f_{i,n}) \sin^2(\pi f_{i,n} d T_c) \frac{1}{B_i} \int_{f_i - B_i/2}^{f_i + B_i/2} \frac{T}{T_0} \mathrm{sinc}^2[\pi T(f - f_{i,n})] \mathrm{d}f =$$

$$G_P(f_{i,n}) G_X(f_{i,n}) \sin^2(\pi f_{i,n} d T_c) \frac{T}{B_i T_0} \int_{\Delta f_{i,n} - B_i/2}^{\Delta f_{i,n} + B_i/2} \mathrm{sinc}^2(\pi fT) \mathrm{d}f \qquad (4.132)$$

由于 χ 值与 κ 值在局部频段上有相似的特性,当 $\Delta f_{i,n} = 0$ 时,

$$\chi \approx \frac{T}{B_i T_0} G_P(f_{i,n}) G_X(f_{i,n}) \sin^2(\pi f_{i,n} d T_c) \int_{-B_i/2}^{B_i/2} \mathrm{sinc}^2(\pi fT) \mathrm{d}f \qquad (4.133)$$

将式(4.133)代入式(4.109)可以得到精度性能抗干扰品质因子

$$Q_M \approx \frac{\int_{-B/2}^{B/2} G_P(f) \sin^2(\pi f d T_c) \mathrm{d}f}{R_c \frac{T}{B_i T_0} G_P(f_{i,n}) G_X(f_{i,n}) \sin^2(\pi f_{i,n} d T_c) \int_{-B_i/2}^{B_i/2} \mathrm{sinc}^2(\pi fT) \mathrm{d}f} \qquad (4.134)$$

与 Q_S 的特性相似,在 $B_i \ll 2/T$ 时,可以得到 Q_M 的最小值

$$\min\{Q_M\} \approx \frac{\int_{-B/2}^{B/2} G_P(f) \sin^2(\pi f dT_c) df}{R_c \frac{T}{T_0} G_P(f_{i,n}) G_X(f_{i,n}) \sin^2(\pi f_{i,n} dT_c)} \quad (4.135)$$

那么,对于第四类窄带干扰,测距性能与扩频信号谱的局部细节特征密切相关,较大的积分时间和伪码谱幅度波动不仅会减小稳定性能抗干扰品质因子,而且会减小精度性能抗干扰品质因子。以基于平滑功率谱的分析为基准,Q_S 和 Q_M 值的相对变化为 $B_i T_0 / \left[T G_X(f_{i,n}) \int_{-B_i/2}^{B_i/2} \text{sinc}^2(\pi fT) df \right]$,最小可达 $T_0 / [TG_X(f_{i,n})]$。

综上所述,在这四类窄带干扰下,基于平滑谱的抗干扰品质因子及基于精细谱的抗干扰品质因子相对变化系数归纳如表 4.3 所列。

表 4.3 四类窄带干扰下的抗干扰品质因子

干扰分类	基于平滑谱		基于精细谱的 Q 值相对变化系数
	Q_S	Q_M	
第一类 $(200/T_0 < B_i \leq 0.2/T_c)$	$\dfrac{\int_{-B/2}^{B/2} G_P(f) df}{\dfrac{R_c}{B_i} \int_{f_i - B_i/2}^{f_i + B_i/2} G_P(f) df}$	$\dfrac{\int_{-B/2}^{B/2} G_P(f) \sin^2(\pi f dT_c) df}{\dfrac{R_c}{B_i} \int_{f_i - B_i/2}^{f_i + B_i/2} G_P(f) \sin^2(\pi f dT_c) df}$	1
第二类 $(1/T_0 < B_i \leq 200/T_0)$	$\dfrac{\int_{-B/2}^{B/2} G_P(f) df}{R_c G_P(f_i)}$	$\dfrac{\int_{-B/2}^{B/2} G_P(f) \sin^2(\pi f dT_c) df}{R_c G_P(f_i) \sin^2(\pi f_i dT_c)}$	$\dfrac{B_i}{\int_{f_i - B_i/2}^{f_i + B_i/2} G_X(f) df}$
第三类 $(2/T < B_i \leq 1/T_0)$	$\dfrac{\int_{-B/2}^{B/2} G_P(f) df}{R_c G_P(f_{i,n})}$	$\dfrac{\int_{-B/2}^{B/2} G_P(f) \sin^2(\pi f dT_c) df}{R_c G_P(f_{i,n}) \sin^2(\pi f_{i,n} dT_c)}$	$\dfrac{B_i T_0}{G_X(f_{i,n})}$
第四类 $(B_i \leq 2/T)$	$\dfrac{\int_{-B/2}^{B/2} G_P(f) df}{R_c G_P(f_{i,n})}$	$\dfrac{\int_{-B/2}^{B/2} G_P(f) \sin^2(\pi f dT_c) df}{R_c G_P(f_{i,n}) \sin^2(\pi f_{i,n} dT_c)}$	$\dfrac{B_i T_0/T}{G_X(f_{i,n}) \int_{-B_i/2}^{B_i/2} \text{sinc}^2(\pi fT) df}$

总体来看,窄带干扰的带宽越小,稳定性能抗干扰品质因子和精度性能抗干扰品质因子受伪码信号功率谱局部特征的影响越大,并且以各自基于平滑谱的分析为基准,两个抗干扰品质因子的相对变化系数相同。对于带宽相对较大的第一类干扰,基于平滑谱的 Q_S 和 Q_M 值与基于精细谱的计算值相近;随着干扰带宽的减小,当干扰属于第二类窄带干扰时,伪码非理想特性导致的谱幅度波动开始对抗干扰品质因子产生影响,由于此时干扰仍能够覆盖多个伪码谱线频点,谱幅度波动在一定程度上得到平滑;干扰带宽进一步减少到第三类窄带干扰的范围内时,干扰仅能覆盖一个伪码

谱线频点,谱幅度波动对抗干扰品质因子产生直接影响;最后对于第四类窄带干扰,测距性能与干扰位置密切相关,当干扰位于伪码谱线频点附近时,抗干扰品质因子的变化最为明显,并且随着干扰带宽的减小抗干扰品质因子总体上是不断减小的。

以平滑谱的抗干扰品质因子分析为基准,基于精细谱的抗干扰品质因子相对变化系数随干扰带宽变化特性的如图 4.35 所示,这里主要研究伪码谱幅度的正向波动的情况,即 $G_X(f_{i,n}) > 1$。干扰带宽越大,基于平滑谱和基于精细谱分析的抗干扰品质因子越接近。从第一类窄带干扰到第四类窄带干扰,相对变化系数逐渐减小,最小可达 $T_0/[TG_X(f_{i,n})]$,表明了伪码功率谱幅度波和积分时间对抗干扰品质因子的最大影响。

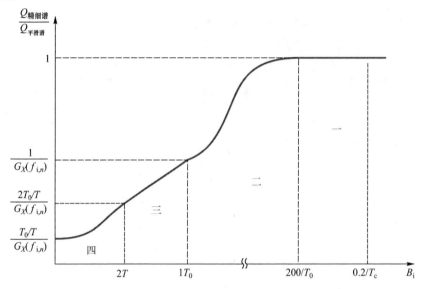

图 4.35 抗干扰品质因子的相对变化系数

需要说明的是,在个别应用场合这四类情况不一定都会存在。譬如当伪码序列长度较短时,如 $T_0 < 1000T_c$,第一类窄带干扰不会出现,由于约定了窄带干扰的带宽上限为 $0.2/T_c$,那么伪码谱幅度波动的影响就不可忽略。另外,当 $T = T_0$ 时,信号功率谱在伪码谱线频点间相对平滑,第三类窄带干扰不再存在。

4.3.4 窄带干扰下的测距干扰容限

4.3.4.1 测距干扰容限

前面已经给出了扩频测距性能评估指标和窄带干扰下的测距特性,这里进一步对于扩频测距系统的抗干扰性能展开研究,需要考虑两个方面。一方面,测距系统在干扰环境中的稳定性能如何?即在多大的干信比条件下系统仍能够保持稳定跟踪,本书将其定义为测距稳定性能容限。另一方面,测距系统在干扰环境中的精度性能如何?即在多大的干信比条件下系统仍能够满足测距精度指标,本书将其定义为测距精度性能容限。本节将从这两个方面对扩频测距系统的抗干扰性能进行定量评估。

为保持系统稳定跟踪,所能容忍的最大干信比是在干扰环境中的$(C_s/N_0)_{eff\_S}$低至$(C_s/N_0)_{thd\_S}$时,系统的测距稳定性能容限为

$$M_S = Q_S R_c \left[\frac{1}{(C_s/N_0)_{thd\_S}} - \frac{1}{C_s/N_0} \right] \quad (4.136)$$

将式(4.104)代入式(4.136)得到

$$M_S = Q_S R_c \left[\frac{2\sigma_{thd\_S}^2}{B_{n\_P}\left(1 + \sqrt{1 + \frac{2\lambda\sigma_{thd\_S}^2}{B_{n\_P}T}}\right)} - \frac{1}{C_s/N_0} \right] \quad (4.137)$$

利用式(4.127),可以直接由接收机参量、扩频信号和干扰信号参量计算系统的测距稳定性能容限。

同时,在干扰环境中,要满足测距精度指标,必须有$(C_s/N_0)_{eff\_M} \geq (C_s/N_0)_{thd\_M}$。利用式(4.98),可以得到测距系统所能容忍的最大干信比,这里定义为测距精度性能容限

$$M_M = \max\left\{\frac{C_i}{C_s}\right\} = Q_M R_c \left[\frac{1}{(C_s/N_0)_{thd\_M}} - \frac{1}{C_s/N_0} \right] \quad (4.138)$$

将式(4.104)代入式(4.138)得到

$$M_M = Q_M R_c \left[\frac{2\mu R_c^2 \sigma_{thd\_M}^2}{dB_{n\_D}(1 - 0.5B_{n\_D}T)} - \frac{1}{C_s/N_0} \right] \quad (4.139)$$

基于接收机参量、扩频信号和干扰信号特征参量,测距精度性能容限M_M可以直接由式(4.139)计算。其中Q_M值和μ值的计算相对复杂,与前端带宽和超前滞后间隔密切相关,在满足$BdT_c \geq 1$的条件下减少超前滞后间隔d,不仅可以提高无干扰条件下的测距精度(体现为载噪比门限的降低),而且可以增加精度性能抗干扰品质因子Q_M,由此能够一定程度上增加测距干扰容限,但是过小的超前滞后间隔和过大的前端带宽将给接收机带来复杂的设计问题。在评估某一调制类型的扩频测距系统的抗干扰特性时,可以基于前端带宽趋于无穷大和表4.3中的数据得到保守的测距精度性能容限。

从总体上分析,评估测距系统的抗干扰能力需要考虑系统稳定性能和测距精度性能这两个方面。扩频测距系统在干扰环境中保持系统的稳定是先决条件,同时满足测距精度指标也是必要条件。在这两个条件均得到保障时,系统所能容忍的最大干信比,定义为测距干扰容限为

$$M_{SM} = \min\{M_S, M_M\} \quad (4.140)$$

当扩频信号载噪比超过载噪比门限10dBHz时,是大载噪比条件,此时热噪声对测距性能的影响非常小[23,26],即在大载噪比条件下热噪声对干扰容限的影响可忽

略。由于绝大部分应用场合中的扩频信号载噪比满足这个条件,那么,式(4.137)和式(4.139)式可以简化为

$$\begin{cases} M_S \approx \dfrac{2Q_S R_c \sigma_{thd\_S}^2}{B_{n\_P}(1 + \sqrt{1 + 2\lambda \sigma_{thd\_S}^2/(B_{n\_P}T)})} \\ M_M \approx \dfrac{2\mu Q_M R_c^3 \sigma_{thd\_M}^2}{dB_{n\_D}(1 - 0.5 B_{n\_D} T)} \end{cases} \quad (4.141)$$

前文基于载波跟踪环路的稳定性分析给出了系统稳定性能容限,基于伪码跟踪精度的分析给出了测距精度性能容限。测距干扰容限基于这两个性能容限,经过梳理可以得到测距干扰容限与接收机参量、扩频信号和干扰信号特征参量等的关系如图4.36所示,图中的箭头表示函数关系。由前文的分析可知,系统的稳定性能主要由 PLL 环路的稳定特性决定,测距精度性能主要由 DLL 环路的跟踪精度决定,在干扰环境中,两者性能特性的差异导致干扰容限分布特性的差异。而测距干扰容限 M_{SM} 联合考虑这两个方面,取两个容限的较小值,能够既保证干扰下的系统稳定性,又能满足测距精度指标要求。

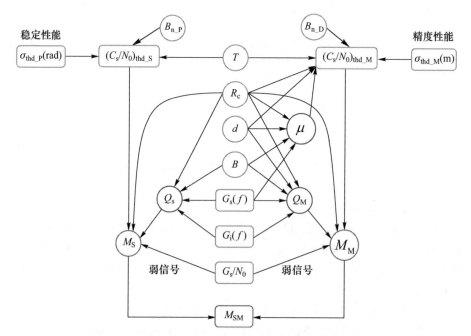

图 4.36 测距干扰容限与各参量间的关系图(见彩图)

在绝大多数应用场景中,接收机参量与扩频信号参量是确定且已知的,而干扰特征参量是不确定的。对于窄带干扰,主要有干扰中心频率和干扰带宽两个参量,这里首先基于扩频信号平滑谱研究不同频率位置的窄带干扰下几个容限的特性,其分析参量如表4.4所列。

表 4.4 容限分析参量表

参量	符号	数值	参量	符号	数值
调制方式	—	BPSK	PLL 噪声带宽	B_{n_P}	15Hz
伪码速率	R_c	10.23Mchip/s	PLL 跟踪门限	σ_{thd_P}	$\pi/12$
伪码长度	L	10230	DLL 噪声带宽	B_{n_D}	2Hz
载噪比	C_s/N_0	54dBHz	DLL 超前滞后间隔	d	1
前端带宽	B	40MHz	测距精度指标	σ_{thd_D}	1.5m
积分时间	T	1ms	干扰带宽	B_i	200kHz

利用式(4.137)、式(4.139)和式(4.140),不同频率位置的窄带干扰下的干扰容限如图 4.37 所示。

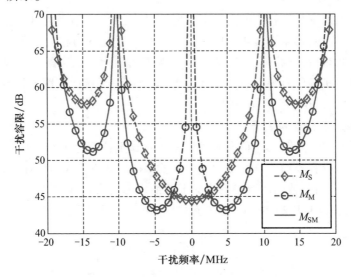

图 4.37 不同频率位置的窄带干扰下的干扰容限(见彩图)

对于 BPSK 调制信号,当窄带干扰对准扩频信号主瓣中心频率时,系统稳定性能下降最严重,M_S 最小;当干扰位于伪码速率一半的频率位置附近时,测距精度下降最明显,M_M 最小。这个差别的本质原因是稳定性能抗干扰品质因子 Q_S 中的信号功率谱 $G_s(f)$ 在精度性能抗干扰品质因子 Q_M 中变为 $G_s(f)\sin^2(\pi f dT_c)$。同时,可以发现在干扰位于 10.23MHz(伪码速率的整倍数)附近时,两个干扰容限均较大,这是由于此频率位置的信号功率谱密度很小,干扰与测量信号的相关性很弱,即干扰对测距性能的影响较小,干扰容限就比较大。

进一步考虑扩频信号功率谱幅度波动时,可以知道干扰带宽越窄对测距性能的恶化越严重。4.3.3 节的分析指出,基于伪码扩频信号的精细功率谱,不同带宽干扰下的 Q_S 值和 Q_M 值是以相同比例变化的。同时,虽然测距质量因子 μ 值也与扩频信号功率谱相关,但是由其定义可知 μ 是在很宽的频带内积分得到的,信号功率谱幅度波动对 μ

值的影响可忽略不计。那么,扩频信号功率谱幅度波动对测距干扰容限的影响可通过 Q_S 值和 Q_M 值的变化得以体现。以第四类窄带干扰为例,相对于基于扩频信号平滑谱的分析值,Q_S 值和 Q_M 值的相对变化系数均为 $B_i T_0 / [TG_X(f_{i,n}) \int_{-B_i/2}^{B_i/2} \text{sinc}^2(\pi f T) df]$,最差情况是当 $B_i \ll 2/T$ 时,这个系数为 $T_0 / [TG_X(f_{i,n})]$,即 M_S 和 M_M 的相对变化系数为 $B_i T_0 / [TG_X(f_{i,n}) \int_{-B_i/2}^{B_i/2} \text{sinc}^2(\pi f T) df]$,最小可达 $T_0 / [TG_X(f_{i,n})]$。总体来看,当干扰带宽很窄时($B_i \ll 2/T$),伪码谱幅度波动和有限积分时间导致的测距干扰容限可减小 $10\lg\{T_0 / [TG_X(f_{i,n})]\}$ dB。前面分析指出星间链路伪码的功率谱幅度波动可达 8.63~10.22dB,并且在接收机设计中为提高检测灵敏度而增长积分时间,都将导致测距干扰容限的明显下降。

综上所述,对窄带干扰下的测距干扰容限进行分析,可以首先计算基于扩频信号平滑谱的干扰容限,再基于表 4.4 所列的不同带宽干扰下的相对变化系数对干扰容限值进行调整,最后得到不同带宽的窄带干扰下的测距干扰容限。比较四类窄带干扰,相对于基于扩频信号平滑谱的干扰容限,最终扩频系统的测距干扰容限最多可减小 $10\lg\{T_0 / [T\max\{G_X(f_{i,n})\}]\}$ dB。

4.3.4.2 容限参考因子

前文分析指出,测距干扰容限的计算需要对稳定性能容限和精度性能容限分别计算,这两个干扰容限均涉及信号功率谱细节特征的分析。为简化计算,并定量描述系统稳定性能和测距精度性能在系统抗干扰能力分析中的相对关系,这里定义容限参考因子 η,由式(4.102)、式(4.109)和式(4.141)可以得到

$$\eta = \frac{M_S}{M_M} = \eta_0 \frac{\chi}{\kappa} \qquad (4.142)$$

式中

$$\eta_0 = \frac{\alpha \sigma_{\text{thd\_S}}^2 dB_{n\_D}(1 - 0.5 B_{n\_D} T)}{\mu \beta R_c^2 \sigma_{\text{thd\_M}}^2 B_{n\_P} \left(1 + \sqrt{1 + \frac{2\lambda \sigma_{\text{thd\_S}}^2}{B_{n\_P} T}}\right)} \qquad (4.143)$$

那么,测距干扰容限可以表述为

$$M_{SM} = \begin{cases} M_S & \eta \leq 1 \\ M_M & \eta > 1 \end{cases} \qquad (4.144)$$

容限参考因子能够直接反映系统稳定性能和测距精度性能在接收机设计中的相对重要性。当 $\eta \leq 1$ 时,系统的稳定性能比较重要,测距干扰容限由稳定性能容限决定;当 $\eta > 1$ 时,系统的精度性能更为重要,测距干扰容限由精度性能容限决定,η 越大,表明测距精度要求越高。

前面已指出,对于较窄的窄带干扰,如第三类和第四类窄带干扰,测距性能恶化更为严重,这里重点考虑这种情况。此时

$$\eta \approx \eta_0 \sin^2(\pi f_i dT_c) \tag{4.145}$$

式(4.145)表明,容限参考因子 η 随干扰中心频率的变化呈正弦函数的平方变化,并且正弦函数的频率仅与超前滞后间隔和码片时宽有关,与调制类型等因素无关。因此,对于窄带干扰只要知道干扰分布的中心频点,就可以得到容限参考因子,从而直接计算测距干扰容限。需要说明的是,由于扩频信号功率谱幅度波动对 Q_S 和 Q_M 的影响相同,所以对 η 值无影响,也就是说基于精细谱和基于平滑谱计算的 η 值相同,这在很大程度上可以简化 η 值的分析,也给测距干扰容限的计算带来极大的便利。

在不同的应用场合,系统稳定性能和测距精度要求不同,两个方面的干扰容限差异也会较大。这里根据容限参考因子分三种情况,如图4.38所示。

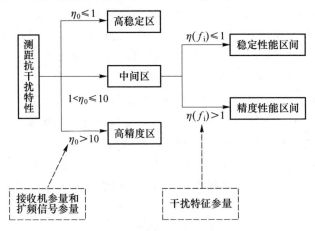

图4.38 测距抗干扰特性的性能区间划分

第一种情况:$\eta_0 \leq 1$。那么 $\eta \leq 1$,稳定性能容限总是小于或等于精度性能容限,系统稳定性能决定了测距干扰容限,此时认为接收机工作在高稳定区。

第二种情况:$1 < \eta_0 \leq 10$。在不同的频率位置,容限参考因子既可能大于1也可能小于1,系统稳定性能容限和测距精度性能容限共同决定了系统的测距干扰容限,此时认为接收机工作在中间区。同时,根据干扰频率位置,这种情况可以进一步划分为两个区间:稳定性能区间($\eta(f_i) \leq 1$)和精度性能区间($\eta(f_i) > 1$)。由式(4.145)可以得到稳定性能区间和精度性能区间的边界为

$$\begin{cases} \eta(f_i) \geq 1 & f_i \in \left[\dfrac{2\pi k + \arcsin(\sqrt{1/\eta_0})}{\pi dT_c}, \dfrac{2\pi k + \pi - \arcsin(\sqrt{1/\eta_0})}{\pi dT_c} \right] \\ \eta(f_i) < 1 & \text{其他} \end{cases} \tag{4.146}$$

式中:$k \in \mathbf{Z}$。

第三种情况:$\eta_0 > 10$。那么在绝大部分频率位置 $\eta > 1$,稳定性能容限大于精度性能容限,测距精度性能基本决定了测距干扰容限,此时认为接收机工作在高精度区。

那么,基于接收机参量和扩频信号参量计算得到的参量 η_0,成为性能区间划分的重要依据。在绝大多数工程应用中,接收机参量和扩频信号参量是确定且已知的,测距接收机的抗干扰性能就可以通过参量 η_0 进行定性评估,判断影响系统抗干扰特性的主要因素。在稳定性能和精度性能对抗干扰性能的影响相当时,可进一步根据式(4.146)快速判断不同干扰位置的抗干扰特性。总体来看,在高稳定区和稳定性能区间,测距干扰容限由稳定性能所约束;在高精度区和精度性能区间,测距干扰容限主要由精度性能容限所决定。

以 BPSK-R(5)、BPSK-R(10)、$BOC_s(6,1)$ 和 $BOC_s(10,5)$ 这四种常见的调制方式为例,不同测距精度要求下的 η_0 如表 4.5 所列,相关参量见表 4.4,其中伪码超前间隔取各自调制类型的上限。可以看出,对于不同的信号调制类型,η_0 值差异明显,体现了各自应用场景中系统稳定性能和测距精度性能的相对重要性。随着测距精度指标的减小,η_0 值不断增大,测距干扰容限更多地由精度性能容限决定。基于当前参量,精度指标小于 0.1m 时,这四种调制信号的 η_0 值远大于1,此时测距干扰容限基本由精度性能容限决定。在同一测距精度指标要求下,η_0 值从左到右逐渐减小,说明这四种调制方式中,BPSK-R(5)调制信号的抗干扰能力更容易受测距精度性能的约束,而 $BOC_s(10,5)$ 调制信号的干扰容限则倾向于受系统稳定性能的约束。基于当前参量,精度指标为 0.5m 时,BPSK-R(5)调制信号的 η_0 值大于10,其测距干扰容限由精度性能容限决定,而此时 $BOC_s(10,5)$ 调制信号的 η_0 值小于1,说明稳定性能对其更为重要,其测距干扰容限则完全由稳定性能容限决定,仅当测距精度指标低于 0.1m 时,$BOC_s(10,5)$ 调制信号的测距干扰容限才由精度性能容限决定。

表 4.5　容限参考因子幅度 η_0

测距精度指标/m	η_0			
	BPSK-R(5)	BPSK-R(10)	$BOC_s(6,1)$	$BOC_s(10,5)$
3.0	1.86	0.52	0.10	0.02
1.5	7.45	2.09	0.39	0.07
0.5	67.07	18.77	3.50	0.64
0.2	419.19	117.30	21.88	3.99
0.1	1676.75	469.20	87.51	15.96

关于性能区间的划分,以 BPSK-R(10)调制信号为例,当测距精度指标为 3m 时,$\eta_0 \leq 1$,系统处于高稳定区,测距干扰容限主要是由稳定性能容限决定;当测距精度指标为 1.5m 时,$1 \leq \eta_0 \leq 10$,此时系统处于中间区,测距干扰容限由稳定性能容限和测距精度性能容限共同决定;当测距精度指标低于 0.5m 时,$\eta_0 \gg 1$,此时系统处于高精度区,测距干扰容限主要由精度性能容限决定。

进一步,当测距精度指标为 1.5m,系统处于中间区时,$\eta_0 = 2.09$,可以依据频率位置对中间区进行细分,如图 4.39 所示。当干扰中心频率位于 [-17.97,-12.72]MHz、

[−7.74,−2.49]MHz、[2.49,7.74]MHz 和[12.72,17.97]MHz 这四个频率段时,系统处于稳定性能区间,测距干扰容限可由稳定性能容限计算得到;当干扰中心频率位于(−20,−17.97)MHz、(−12.72,−7.74)MHz、(−2.49,2.49)MHz、(7.74,12.72)MHz 和(17.97,20)MHz 这五个频率段时,系统处于精度性能区间,测距干扰容限可由精度性能容限计算得到。

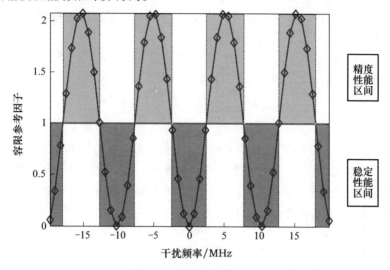

图 4.39 容限参考因子

那么利用容限参考因子,窄带干扰下的测距特性评估可以分三步:

第一步,在确定的应用场合中,基于伪码信号平滑功率谱,利用已知的接收机参量和扩频信号参量计算容限参考因子,定量描述系统稳定性能和测距精度性能的权重关系,确定接收机工作的性能区间,明确系统抗干扰性能的制约因素。

第二步,依据接收机工作的性能区间,只需计算稳定性能容限或精度性能容限其中之一。当接收机处于高精度区和精度性能区间时只需计算精度性能容限,当接收机处于高稳定区和稳定性能区间时仅计算稳定性能容限。

第三步,利用表 4.5 中的相对变化系数修改容限值,得到基于伪码信号精细功率谱的容限值,即为窄带干扰下的测距干扰容限。由于窄带干扰的带宽越窄,干扰对测距性能的影响会越大,考虑最差情况,对基于伪码信号平滑谱得到的测距干扰容限的最大修正量为 $10\lg\{T_0/[T_{\max}\{G_X(f_{i,n})\}]\}$ dB。

4.4 扩频抗干扰技术分类

4.4.1 时域干扰抑制技术

时域自适应干扰抵消技术是充分利用干扰和信号特性的差异,依据某一准则,如最大信噪比准则或最小均方误差准则等,提取自适应干扰抑制所需要的参数,推导自适应滤波器控制权值,不断调整自身结构,实现自适应干扰抵消、跟踪信号的目的[58-62]。在直扩系统中,应答机接收到的信号主要包括直扩信号、应答机背景噪声及各种干扰,由于窄带干扰具有强相关性,可以从其前后相邻的取样值估计出当前窄带干扰的取样值,而直扩信号和背景噪声是宽带过程,近似不相关,其当前值不能估计。因此,能够采用自适应处理将具有强相关性的窄带干扰从当前接收的信号中抵消掉,而有用信号由于其不相关则不能抵消。

图 4.40 为自适应干扰抵消原理框图。虚线框内为自适应干扰抵消器。两个输入端分别输入接收信号与参考信号。接收信号为

$$x(k) = s(k) + j(k) + n(k) \tag{4.147}$$

式中:$s(k)$为有用信号;$j(k)$为窄带干扰;$n(k)$为应答机背景噪声。参考信号$j_0(k)$与干扰信号$j(k)$相关、而与有用信号不相关。$j_0(k)$输入到自适应滤波器 AF 的输入端,依照某种算法准则调整自适应滤波器的参数,使得自适应滤波器的输出逐渐逼近接收信号中的干扰信号$j(k)$,此时,接收信号减去该分量得到的误差信号e_j就近似等于有用信号$s(k)$,从而达到了干扰抵消的目的。自适应滤波器的实现主要分为线性预测和非线性预测两大类。

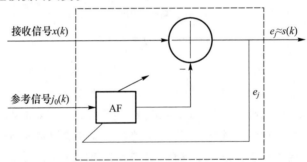

图 4.40　自适应干扰抵消原理框图

1) 线性预测算法

线性滤波器可以通过线性预测滤波器、双边抽头横向滤波器及格型滤波器来实现。采用线性预测的干扰抑制算法是将干扰模拟成白噪声,通过一个全极点滤波器,用线性预测器来估计全极点模型的相关系数,如图 4.41 所示。

设按 chip 速率采样后的接收信号如式(4.147)所示。设$j(k)$的统计特性平稳,则可从$x(k-1),x(k-2),\cdots,x(k-m)$中预测到$j(k)$,且

$$j(k) = \sum_{l=1}^{m} a_l x(k-l) \tag{4.148}$$

式中:a_l为线性预测器的系数。因为是以速率采样,可以认为$s(k)$与$s(k-l)$不相关。在式(4.148)中系数a_l由$x(k)$和$j(k)$的均方误差决定,该均方误差$\varepsilon(m)$为

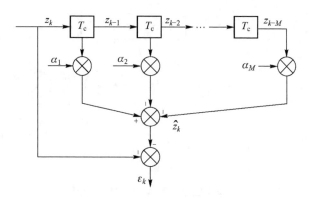

图 4.41　线性预测滤波器

$$\varepsilon(m) = E[x(k) - j(k)]^2 = E\left[x(k) - \sum_{l=1}^{m} a_l x(k-l)\right]^2 \quad (4.149)$$

由 $\varepsilon(m)$ 的最小化,得到一系列线性等式:

$$\sum_{l=1}^{m} a_l x(k-l) = R(k) \quad k = 1,2,3,\cdots,m \in p(伪码序列长度) \quad (4.150)$$

式中

$$R(k) = E[x(m)x(k+m)] \quad (4.151)$$

为信号 $x(k)$ 的自相关函数。式(4.151)称为 Yule-Walker 等式,表示成矩阵形式为

$$\boldsymbol{R}_m \boldsymbol{a}_m = \boldsymbol{b}_m \quad (4.152)$$

式中:$\boldsymbol{R}_m$ 为 $m \times m$ 阶自相关函数;$\boldsymbol{a}_m$ 为滤波器系数矢量;$\boldsymbol{b}_m$ 为自相关函数的 $R(k)$ 的一个矢量,$1 \leq k \leq m$。

系数 $\boldsymbol{a}_m$ 可由 Levinsom-Durbin 算法、Burg 算法及正反向线性最小二乘法求出。对于以上几种算法都需要知道干扰及信号的自相关函数。另一种算法以 Widrow-Hoff LMS 算法为代表,可直接由接收信号得到预测系数。

2) 非线性预测算法

在直扩系统中,直接扩频序列是独立同分布的二进制序列,这种序列是非高斯的。由信号滤波理论可知,在非高斯和高斯背景下的最优滤波是非线性的。在非高斯噪声条件下信号滤波首先由 Sorenson 和 Alapanch 提出,他们假设喜好状态矢量密度为一系列高斯随机变量之和。由于高斯背景下的最优滤波为 Kalman-Bucy 滤波,因此在非高斯条件下的滤波估计是一系列 Kalman-Bucy 滤波输出加权和。由于这种算法比较复杂,不适于应用,因此 Masreliez 提出一种渐进条件均值(ACM)滤波方法。与线性 kalman-Bucy 滤波相比,ACM 滤波具有优良的性能。因此,Vijayan 和 Poor[63] 将 ACM 滤波的非线性函数应用到自适应最小均方(LMS)横向滤波器,得到了自适应非线性 LMS 滤波结构,如图 4.42 所示。

$x(k)$ 如式(4.147),则带干扰信号的预测值 $\hat{x}(k)$ 为

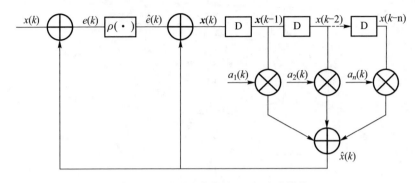

图 4.42　自适应非线性 LMS 滤波结构

$$\hat{x}(k) = \sum_{i=1}^{m} a_i(k)\boldsymbol{x}(k-i) = \sum_{i=1}^{m} a_i(k)\left[\boldsymbol{x}(k-i) + \rho(e(k-i))\right] \quad (4.153)$$

$$\boldsymbol{x}(k-i) = \hat{x}(k-i) + \rho(e(k-i)) \quad (4.154)$$

与线性滤波不同,预测误差通过一个非线性函数 $\rho(\cdot)$ 后再返回预测器。$e(k)$ 为预测误差,它由背景噪声项、干扰剩余项组成。背景噪声与干扰剩余项之和可以认为是高斯随机变量。$\rho(\cdot)$ 计算如下:

$$\rho(e(k)) = e(k) - \tanh\frac{e(k)}{\sigma^2(k)} \quad (4.155)$$

假设 Δ_k 为误差信号 $e(k)$ 的方差,则 $\sigma^2(k)$ 可用下式来递推估计:

$$\sigma^2(k) = \Delta_k - 1 \quad (4.156)$$

$$\Delta_k = (1-r)\Delta_{k-1} + |e(k)|^2 \cdot r \quad (4.157)$$

式中:r 为遗忘因子,$0 < r < 1$。

Vijayan 和 Poor 采用两种抽头跟新方法:基于线性预测的 LMS 算法和基于非线性梯度算法。仇佩亮、王坤杰,等在文献[63-64]中,对抽头算法提出了更新。

线性滤波算法与非线性滤波算法都是在时域采用自适应滤波器来消除窄带干扰,是由自适应滤波器算法驱动由横向滤波器构成的陷波器来确定干扰的位置,将具有强相关性的窄带干扰从弱相关的扩频信号中抵消掉。这种方法实现简单,抑制平稳的窄带干扰和单音干扰效果好,但自适应算法需要及格过迭代达到稳定状态,它不能像简单的阈值处理算法一样对快变的干扰做出反应。当干扰个数增多时,特别是干扰功率升高时,由于输入自相关矩阵的特征值的离散程度迅速增加,采用时域自相关算法的系统性能会迅速恶化。

4.4.2　变换域抵消技术

鉴于时域抵消算法收敛速度慢、对快变的干扰抑制效果差、不能同时滤除多个干扰的特点,基于变换域的干扰抵消算法有许多优点:收敛率独立于干扰的数目,因而更适合多个干扰抑制,并且变换域自适应滤波器便于高阶滤波器的实现,实现复杂度小。高阶滤波器对于实现多个干扰抑制、提供尖锐的陷波滤波,保持对扩频信号尽可能小的损伤具有优势,这些特点都是时域干扰抑制难以达到的。采用变换域处理抑制窄带干扰抑制的基本思路是,选定一种变换,将信号映射到变换域,根据窄带干扰可扩频信号及背景噪声在变换域上的不同特性,在变换域上进行干扰抵消,再将抵消后的信号变换到时域,进行解扩处理。必须指出的是,这种变换必须是唯一的,并且是非歧义性的,这样才能保证逆变换或逆映射的存在。

变换域处理原理框图如图 4.43 所示。

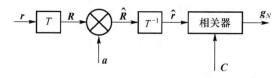

图 4.43 变换域处理原理框图

图 4.43 中,r 为输入矢量信号,R 为 r 的离散傅里叶变换,T、T^{-1} 分别为任意的 M 点正变换与逆变换,a 为权值矢量,对变换域系数进行干扰处理。经逆变换后得干扰抑制后信号 $\hat{r}$,与本地扩频码 C 相关后的判决变量 g_N。

变换域干扰抑制可以分为离散傅里叶变换(DFT)、离散余弦变换(DCT)、重叠变换(LT)、子带变换(ST)、小波包变换(WPT)等多种方法。变换域干扰抑制的性能取决于变换域上干扰相对于有用信号的分布和压缩特性。不同的变换域处理算法的主要区别在于:变换基的选取、干扰检测算法和干扰滤除算法[40]。在变换域处理中,最基本的概念是寻找一种合适的变换能把干扰能量限制在有限变换域子带中,同时是使有用信号的频谱尽可能地扩散在整个变换域上。在直扩系统中,由于离散傅里叶变换(DFT)可以通过高效的快速傅里叶变换(FFT)实现,因此,在工程实践中得到了广泛的应用。

4.4.3 基于 FFT 的频域干扰抑制技术

4.4.3.1 原理分析

与时域自适应滤波不同,实时频域滤波不需要收敛过程,而是通过频域直接加权将干扰滤除,避免了干扰抵消在收敛速度与稳定性间的矛盾。应用实时频域滤波来滤除窄带干扰的思想是:分析接收信号的功率谱分布,根据直扩信号与噪声的特性设定阈值,根据它对接收信号的功率谱进行判断,将超过阈值的部分认为是干扰,通过干扰抑制算法将干扰抑制掉。基于 FFT 的频域干扰抑制原理框图如图 4.44 所示。

图 4.44 中,$r = [r(1), r(2), \cdots,$

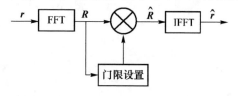

图 4.44 基于 FFT 的频域干扰抑制原理框图

$r(N)]^T$ 为输入矢量,设 FFT 运算的点数为 N,输入矢量的离散傅里叶变换 $\boldsymbol{R}$ 的第 k 个分量 $\boldsymbol{R}_k$ 为

$$\boldsymbol{R}_k = \sum_{i=0}^{N-1} r_l \exp(-j2\pi lk/N) \quad k = 0,1,2,\cdots,N-1 \tag{4.158}$$

假设门限阈值为 threshold,则令

$$\hat{\boldsymbol{R}}_k = \begin{cases} \boldsymbol{R}_k & \text{当 } |\boldsymbol{R}_k| \leqslant \text{threshold} \\ 0 & \text{当 } |\boldsymbol{R}_k| > \text{threshold} \end{cases} \tag{4.159}$$

再对 $\hat{\boldsymbol{R}}$ 做离散傅里叶逆变换,得 $\hat{r}$ 的第 l 个分量为

$$\hat{r}_l = \frac{1}{N}\sum_{k=0}^{N-1} \hat{\boldsymbol{R}}_k \exp(j2\pi lk/N) \quad l = 0,1,2,\cdots,N-1 \tag{4.160}$$

$\hat{r}$ 就是窄带干扰抑制后的信号。

但基于 FFT - IFFT 的频域干扰抑制算法也有其局限性。首先,离散傅里叶变换的窗函数为矩形窗,其旁瓣能量较大,频谱泄漏比较严重,会造成对信号频谱的错误估计。通常对信号进行加窗处理使信号变得平滑用以减小频谱泄漏,常用的窗函数有汉明(Hamming)窗、汉宁(Hanning)窗、布莱克曼(Blackman)窗等,但加窗却又会带来额外的信噪比损耗[63]。重叠加窗可以在一定程度上降低加窗信噪比损耗,但又存在数据合成输出问题。另外还要求窗函数满足完全重构(PR)条件。

通常采用加窗后数据重叠相加输出的频域干扰抑制方法,该方法有效降低了加窗对信噪比的影响。图4.45 给出了 1/2 重叠加窗算法流程图。

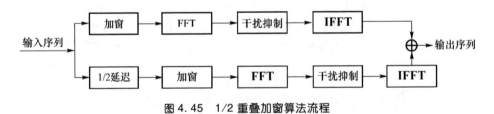

图 4.45 1/2 重叠加窗算法流程

文献[9]给出了经频域干扰抑制后经相关器解扩后的输出信噪比为

$$\text{SNR} = \frac{\left(\dfrac{\sum\limits_{k=1}^{N} w_k}{N}\right)^2 \left|\sum\limits_{k=1}^{N} a_k\right|^2 S}{d_1 + d_2 + d_3} \tag{4.161}$$

$$d_1 = \frac{\sum\limits_{k=1}^{N} w_k^2}{N} \left\{ S \left[\sum_{k=1}^{N} a_k^2 - \frac{\left|\sum\limits_{k=1}^{N} a_k\right|^2}{N} \right] \right\} \tag{4.162}$$

$$d_2 = \frac{\sum_{k=1}^{N} w_k^2}{N} \{ \sigma^2 \sum_{k=1}^{N} a_k^2 \} \tag{4.163}$$

$$d_3 = \frac{1}{N} \sum_{k=1}^{N} |\Theta_k a_k|^2 \tag{4.164}$$

式(4.161)~式(4.164)中：N 为 FFT 阶数；S 为扩频信号功率；σ^2 为高斯白噪声功率；w_k 为窗函数系数；a_k 为 DFT 后每根谱线相应的加权值；Θ_k 为 NBI 经 DFT 后所处的第 k 根谱线；d_1 是"自噪声"，由干扰处理方式决定；d_2、d_3 代表残余的宽带高斯白噪声与窄带干扰。可见，基于 DFT 的变换域干扰抑制技术受窗函数、干扰特征参数影响较大，实际应用中应仔细考量。式(4.162)中的分子式体现了扩频信号功率、扩频增益与窗函数对信噪比的贡献。

4.4.3.2 加窗与重叠分析

在频域干扰抑制算法中，在对输入数据分段进行 FFT 时，分段数据周期延拓后的非连续性会导致频谱泄漏现象，加窗的目的在于减小频谱泄漏，准确地估计信号频谱，然而却会使输入信号发生畸变，从而带来额外的信噪比损耗。设 $x(k)$ 是接收信号的样本序列：

$$x(k) = Ap(k) + n(k) \tag{4.165}$$

式中：$p(k)$ 为等概率取值 ± 1 的 PN 码序列，其长度为 N；$n(k)$ 是均值为零、方差为 σ_n^2 的高斯白噪声序列；A 为信号幅度。对 $x(k)$ 进行加窗(窗函数为 $w(k)$)处理得到

$$x_w(k) = Ap(k)w(k) + n(k)w(k) \tag{4.166}$$

对 $x_w(k)$ 进行长度为 N 的相关解扩并积分，得

$$z = \sum_{k=1}^{N} x_w(k)p(k) = \sum_{k=1}^{N} Aw(k) + \sum_{k=1}^{N} w(k)n(k)p(k) \tag{4.167}$$

其相应输出的信噪比为

$$\text{SNR}_w = \frac{A^2 \left[\sum_{k=1}^{N} w(k) \right]^2}{\sigma_n \sum_{k=1}^{N} w^2(k)} \tag{4.168}$$

同样的方法，不加窗时相关输出信噪比为

$$\text{SNR}_0 = NA^2/\sigma_n \tag{4.169}$$

则加窗信带来的额外的信噪比损耗可以表示为

$$L = \left[\sum_{k=1}^{N} w(k) \right]^2 / N \sum_{k=1}^{N} w^2(k) \tag{4.170}$$

由式(4.170)可以看出，相对变化信噪比与窗函数的长度和类型有关。

假设分段数据长度为 N，窗函数为 $w(k)$，重叠的比例因子为 $r(0 < r < 1)$。当

$0 < r < 0.5$ 时,重叠加窗后的窗函数为

$$w_{add}(k) = \begin{cases} w(k) + w((1-r)N+k) & 1 \leq k \leq rN \\ w(k) & rN < K < (1-r)N \\ w(k) + w(k-(1-r)N+1) & (1-r)N \leq k \leq N \end{cases} \quad (4.171)$$

当 $0.5 < r < 1$ 时,重叠加窗后的窗函数随 r 的变化不尽相同。这里给出 $r = 2/3$ 时重叠后的窗函数为

$$w_{add}(k) = \begin{cases} w(k) + w\left(\frac{1}{3}N+k\right) + w\left(\frac{2}{3}N+k\right) & 1 \leq k \leq rN \\ w(k) + w\left(k-\frac{1}{3}N\right) + w\left(\frac{1}{3}N+k\right) & rN < k < (1-r)N \quad (4.172) \\ w(k) + w\left(k-\frac{1}{3}N\right) + w\left(k-\frac{2}{3}N\right) & (1-r)N \leq k \leq N \end{cases}$$

则重叠加窗带来的额外信噪比损耗可以表示为

$$L_{add} = \frac{\left[\sum_{k=1}^{N} w_{add}(k)\right]^2}{N \sum_{k=1}^{N} w_{add}(k)} \quad (4.173)$$

一般情况下(矩形窗除外),重叠比例越大,加窗损耗越小,但是重叠比例增大意味着计算量增大。选择汉宁窗作为窗函数为例,选用 1/2 数据重叠相加法作为数据重叠方式,通过 Matlab 仿真,画出了输入序列的波形图(图 4.46(a)),输入序列在 1024 点汉宁窗加窗 FFT 之后恢复得到的波形图(图 4.46(b))和输入序列在 1024 点海明窗加窗 1/2 重叠相加 FFT 之后恢复得到的波形图(图 4.47)。对比图 4.46 和图 4.47 可以看出,无重叠情况下,恢复得到的信号相对于输入信号波形产生严重的失真。在不考虑频域处理的情况下,这种失真主要是由于时域加窗产生的。图 4.47 为存在重叠的情况下得到的恢复信号的失真程度大大减小。

4.4.3.3 干扰抑制算法

阈值滤波的干扰抑制性能取决于阈值的大小。当阈值偏大时,不能将干扰完全去除;而阈值偏小时,将会把有用信号的成分去除,降低有用信噪比。因此,选择合适的阈值是阈值滤波的关键。当干扰为时变干扰时,固定阈值将不能适应干扰的变化,因此提出根据信号的特性自适应确定阈值,即自适应阈值滤波。

对于 BPSK 调制,接收端接收信号由于经过 PN 码扩频码扩频之后的序列 $s(k)$ 相关性很小,即 $s(k)$ 与 $s(k-1)$ 相互独立,可以近似看成白噪声。接收信号中的噪声分量 $n(k)$ 也是服从高斯分布的白噪声。文献[10]可以证明:无窄带干扰情况下,接收序列经过 FFT 之后得到的 N 根谱线的幅度平方服从参数为 λ 指数分布,其指数分布的数字特征:

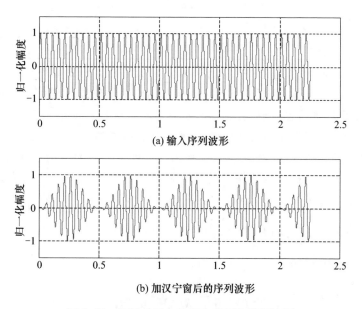

图 4.46　原始信号与加汉宁窗后的信号波形

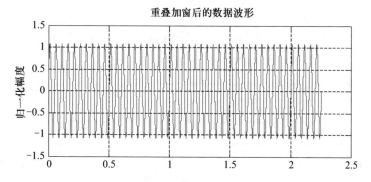

图 4.47　输入序列在海明窗加窗 1/2 重叠相加恢复的波形图

$$E(|S(k)+N(k)|^2) = \frac{1}{\lambda} \quad (4.174)$$

$$\text{var}(|S(k)+N(k)|^2) = \frac{1}{\lambda^2} \quad (4.175)$$

式中：$S(k)$、$N(k)$ 分别为信号 $s(k)$ 与噪声 $n(k)$ 的 N 点 FFT；$\lambda = 1/(2\sigma)^2$，$\sigma^2 = N(\sigma_N^2 + \sigma_S^2)$，$N$ 为 FFT 点数，σ_N^2、σ_S^2 分别为变换后噪声和信号的方差。假定我们在频域干扰检测时取门限 TH，记 $|S(k)+N(k)|^2$ 不超过该门限的概率为

$$P(|S(k)+N(k)|^2) = 1 - \int_{TH}^{+\infty} \lambda e^{-\lambda x} dx = P \quad (4.176)$$

分别取 TH $= n/\lambda$，其中 $n = 1,2,3,4,5$ 可以得到所示的结果，如表 4.6 所列。

表4.6 谱线幅度平方分布表

TH	$1/\lambda$	$2/\lambda$	$3/\lambda$	$4/\lambda$	$5/\lambda$
P	0.6321	0.8647	0.9502	0.9817	0.9933

由表4.6可知:指数分布中$|S(k)+N(k)|^2$大于$5/\lambda$的概率非常小,可以近似认为是不可能发生的小概率事件,因此认为所有幅度平方值超过阈值$5/\lambda$的谱线不符合指数分布,可以进行置零或衰减处理,然后重新对新的序列进行统计分析。置零将对信号带来较大的信噪比损失和失真,一般采用比例衰减法对干扰进行抑制。

当FFT的点数N超过256时,可以用谱线幅度平方和的平均值作为平均值$1/\lambda$的估计。频域进行干扰检测的问题转化为检测N根谱线模的平方分布是否服从指数分布的问题。为了利于在FPGA中实现,自适应阈值滤波算法如下:

(1) 计算$\hat{u} = \sum_{k=1}^{N}|X(k)^2|/N$,作为对$1/\lambda$的估计;

(2) 计算$TH = 5\hat{u}$;

(3) 计算

$$\hat{X}(k) = \begin{cases} X(k) & 0 < |X(k)|^2 \leq TH \\ 1/8 X(k) & TH < |X(k)|^2 \leq 8TH \\ 1/64 X(k) & 8TH < |X(k)|^2 \leq 64TH \\ 1/512 X(k) & 64TH < |X(k)|^2 \leq 512TH \\ 1/4096 X(k) & 其他 \end{cases} \quad (4.177)$$

式中:$X(k)$为输入数据的FFT的第k根谱线的值。图4.48给出自适应阈值滤波原理框图。

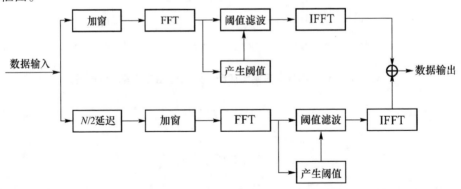

图4.48 自适应阈值滤波原理框图

4.4.4 基于时频域相结合的干扰抑制技术

综合对以上三种干扰抑制技术的分析,时域干扰抑制技术主要是利用了有用信号信息和干扰信号的频谱特点,对接收信号检测滤波。虽然时域预测技术能更彻底地抑制干扰,但需要大量的先验信息和计算,并且星载设备计算容量有限,算法收敛速度慢,只适用于慢变干扰。而且时序陷波器不管是线性的或者是非线性的陷波器,总是存在收敛速度与控制稳定性的矛盾。故时域干扰抑制技术不适用于卫星短时星间测控业务。变换域干扰抑制技术主要是利用单频干扰与扩频信号频谱特性有明显区别,容易分辨滤除窄带干扰。通过简单的消除,可以对单频干扰起到很好的抑制作用。故变换域干扰抑制技术较适用于卫星测控链路。但由于干扰抑制在变换域中进行,会因变换引入一些其他分量,干扰抑制不够彻底。虽然变换域干扰抑制技术不需要利用先验信息,大大节省了计算量,但是信号从时域变换到变换域需要大量计算,再将信号反变换到时域,两次变换需要占用大量计算资源。前面研究的"FFT-IFFT干扰抑制处理"的方法,是一种比较成熟的在工程上广泛使用的窄带干扰抑制技术。但是,输入信号由时域变换到频域的过程中,由于引入了窗函数,将对信号产生"截断"效应,使得其对应频谱具有较大的旁瓣,导致很难将干扰完全去除,而且加窗之后的信号再经过 IFFT 后会产生失真。码辅助技术则只适宜于抑制低速数字干扰。

本节利用频域陷波不需要先验信息、频点估计准确、时域陷波更能彻底陷除干扰的优点,远离频域陷波各种频谱泄漏数据截断的缺点、时域陷波稳定性与收敛性的矛盾,提出时频域相结合的干扰抑制算法。利用频域变换估计出干扰频点,用以配置可调参数的陷波器,达到滤除窄带干扰的目的。

只利用 FFT 找到窄带干扰的频率和带宽,不利用 IFFT 还原信号,而是直接对干扰频率进行时域陷波,这样不仅可以避免由于 IFFT 带来的信号失真,还可以减少由于重叠 FFT 增加的计算量,节省 FPGA 计算资源。基于这种思想本节采用一种基于 DFT 的时频域相结合的干扰抑制技术,其原理框图如图 4.49 所示。

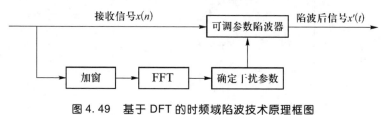

图 4.49 基于 DFT 的时频域陷波技术原理框图

图 4.49 中,将经过 ADC 采样的数据分两路,上面一路送入时域陷波器进行时域陷波处理,下面一路送入干扰检测模块精确检测出干扰所在频带位置然后配置陷波器参数,从而结合时域与变换域的优点达到去除干扰的目的。

可调参数陷波器本节选用二阶无限长冲激响应(IIR)陷波器。IIR 数字滤波器的传递函数如式(4.178)所示,将复变量 z 用 $e^{j\omega}$ 代替之后就得到了 IIR 数字滤波器的频率特性 $H(e^{j\omega})$ 如式(4.179)所示:

$$H(z) = \sum_{j=1}^{M} b_j z^{-1} \bigg/ 1 - \sum_{k=1}^{N} a_k z^{-k} \qquad (4.178)$$

$$H(\mathrm{e}^{j\omega}) = H(z)\big|_{z=\mathrm{e}^{j\omega}} = A \frac{\prod_{j=1}^{M}(\mathrm{e}^{j\omega}-c_j)}{\prod_{k=1}^{N}(\mathrm{e}^{j\omega}-z_k)} \mathrm{e}^{j(N-M)\omega} \quad (4.179)$$

如对 ω_0 点进行陷波,即当 $\omega = \omega_0$ 时 $|H(\mathrm{e}^{j\omega})| = 0$,则取零点 $z = \mathrm{e}^{\pm j\omega}$,同时,为了保证 $\omega \neq \omega_0$ 时 $|H(\mathrm{e}^{j\omega})| \approx 0$,取极点 $z = \alpha \mathrm{e}^{\pm j\omega_0}$,从而得到 IIR 陷波器的传递函数如下:

$$H(z) = \frac{(1-\mathrm{e}^{j\omega_0}z^{-1})(1-\mathrm{e}^{-j\omega_0}z^{-1})}{(1-\alpha\mathrm{e}^{j\omega_0}z^{-1})(1-\alpha\mathrm{e}^{-j\omega_0}z^{-1})} \quad (4.180)$$

将式(4.180)的分子分母的乘积因式展开得到如下表达式:

$$H(z) = \frac{1-2\cos(\omega_0)z^{-1}+z^{-2}}{1-2\alpha\cos(\omega_0)z^{-1}+\alpha^2 z^{-2}} \quad (4.181)$$

根据系统稳定性判定依据:一个线性时不变系统是稳定的充要条件是所有的极点都位于 z 平面单位圆以内,参数 α 的值决定极点的位置,因此 α 的值应小于 1 而接近 1,这样才能保证稳定性的前提下获得比较好的选择性。陷波归一化角频率 $\omega_0 = 2\pi f_0/f_s$,其中 f_0 为陷波频率,f_s 为采样频率。即在整个传递函数中 f_0 确定陷波的频点,α 确定陷波的宽度。对于固定陷波位置 f_0,不同的参数 α 确定不同的陷波宽度。假设陷波频率 $f_0 = 8\mathrm{MHz}$,采样速率 $f_s = 40\mathrm{MHz}$,于是求得陷波归一化角频率为 $\omega_0 = 2\pi \cdot 8/40 = 0.4\pi$。分别取 $\alpha = 0.99$、$\alpha = 0.95$ 和 $\alpha = 0.90$,由式(4.181)计算出陷波器的参数,其幅频特性如图 4.50 所示。

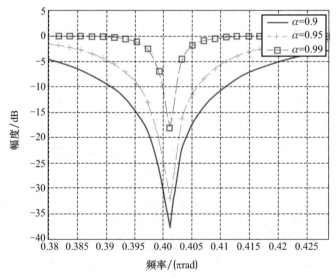

图 4.50 陷波器幅频特性图(见彩图)

由图 4.50 可以看出,陷波宽度和陷波深度都会随着 α 值的增大而减小,当 $\alpha = $

0.9 时陷波深度为 37.78dB,当 $\alpha=0.99$ 时陷波深度为 31.98dB,当 $\alpha=0.95$ 时陷波深度为 18.24dB。可以通过调整 ω_0 改变陷波频点,调整 α 改变陷波频度。但是 α 值应该接近于 1,又不能太靠近 1,否则会引起系统不稳定。这里选择陷波器参数 $\alpha=0.95$。

FFT 算法多种多样,按数据组合排列方式不同一般可以分为按时间抽取和按频率抽取,按数据抽取方式的不同又可分为基-2,基-4 等。Winograd 快速傅里叶变换算法(WFTA)和素因子算法(PFA)是将 DFT 转变为卷积,利用计算卷积的计算方法;Cooley-Tukey 算法、Rader-Brenner 算法和分裂基算法等则是递归型算法,将一维 DFT 化为更容易计算的二维或多维 DFT,这个过程可以重复。相比较而言,PFA 和 WFTA 在运算量上更占优,用的乘法器比 Cooley-Tukey 算法少,但控制复杂,控制单元实现相对复杂,在硬件实现中,需要考虑的不仅仅是算法运算量,更重要的是算法的复杂性、归整性和模块化。控制简单、实现规整的算法在硬件系统实现中要优于仅仅在运算量上占优的算法。

参考文献

[1] BETZ J W. The offset carrier modulation for GPS modernization[C]//ION 1999 National Technical Meeting, Institute of Navigation, San Diego,CA,1999: 639-648.

[2] BETZ J W. Binary offset carrier modulations for radionavigation[J]. Navigation, 2001, 48(4): 227-246.

[3] PRATT A R, OWEN J I R. BOC modulation waveforms[C]//International Technical Meeting of the Satellite Division of the Institute of Navigation, Portland,2003: 1044-1057.

[4] REBEYROL E, MACABIAU C, LESTARQUIT L, et al. BOC power spectrum densities[C]//The 2005 National Technical Meeting of the Institute of Navigation, San Diego,2005: 769-778.

[5] AVILA-RODRIGUEZ J A, HEIN G W, WALLNER S, et al. The MBOC modulation: the final touch to the Galileo frequency and signal plan[J]. Navigation, 2008, 55(1): 15-28.

[6] FANTINO M, MULASSANO P, DOVIS F, et al. Performance of the proposed Galileo CBOC modulation in heavy multipath environment[J]. Wireless Personal Communications, 2008, 44(3): 323-339.

[7] USA&EU. Joint statement on galileo and GPS signal optimization by the european commission (EC) and the united states (US) [R]. Brussels, 2006.

[8] 谢钢. 全球导航卫星系统原理[M]. 北京: 电子工业出版社,2013.

[9] MOTELLA B, SAVASTA S, MARGARIA D, et al. An interference impact assessment model for GNSS signals[C]//Proceedings of International Technical Meeting of the Satellite Division of the Institute of Navigation, Savannah,GA,2008.

[10] MOTELLA B, SAVASTA S, MARGARIA D, et al. Method for assessing the interference impact on GNSS receivers[J]. IEEE Transactions on Aerospace & Electronic Systems, 2011, 47(2): 1416-

1432.

[11] JANG J, PAONNI M, EISSFELLER B. CW interference effects on tracking performance of GNSS Receivers[J]. IEEE Transactions on Aerospace & Electronic Systems, 2012, 48(48): 243-258.

[12] WARD P W. GPS receiver RF interference monitoring, mitigation, and analysis techniques[J]. Navigation, 1994, 41(4): 367-392.

[13] WINER B, MASON W, MANNING P, et al. GPS receiver laboratory RFI tests[C]//Proceedings of the 1996 National Technical Meeting of the Institute of Navigation, Santa Monica, CA, 1996: 669-676.

[14] VOLPE J A. Vulnerability assessment of the transportation infrastructure relying on the Global positioning system[R]. National Transportation Systems Center, 2001.

[15] CARROLL J V. Plenary session: vulnerability assessment of the transportation infrastructure relying on GPS[C]//Proceedings of the 2002 National Technical Meeting of the Institute of Navigation, San Diego, CA, 2002: 1-18.

[16] 蔡晓霞,李廷军,金慧琴,等. GPS 的对抗技术[J]. 航天电子对抗,2003(3): 8-10.

[17] 谢学东. 导航星座星间链路的干扰抑制技术研究[D]. 长沙:国防科学技术大学,2011.

[18] 韩其位,聂俊伟,刘文祥,等. Ka 频段星间链路干扰强度及可行性分析[J]. 中南大学学报(自然科学版),2014,45(3): 769-773.

[19] LIU Y, RAN Y, KE T, et al. Code tracking performance analysis of GNSS signal in the presence of CW interference[J]. Signal Processing, 2011, 91(4): 970-987.

[20] QU Z, YANG J, CHEN J. Continuous wave interference effects on ranging performance of spread spectrum receivers[J]. Wireless Personal Communications, 2015, 82(1): 473-494.

[21] BALAEI A T, DEMPSTER A G, LO PRESTI L. Characterization of the effects of CW and pulse CW interference on the GPS signal quality[J]. IEEE Transactions on Aerospace & Electronic Systems, 2009, 45(4): 1418-1431.

[22] BORIO D, O'DRISCOLL C, FORTUNY J. GNSS jammers: effects and countermeasures[C]// Proceedings of the 6th ESA Workshop on Satellite Navigation Technologies and European Workshop on GNSS Signals and Signal Processing (NAVITEC), Netherlands, 2012: 1-7.

[23] MISRA P, ENGE P. Global positioning system: signals, measurements, and performance (revised second edition)[M]. Lincoln: Ganga-Jamuna Press, 2015.

[24] BETZ J W, KOLODZIEJSKI K R. Generalized theory of code tracking with an early-late discriminator part I: lower bound and coherent processing[J]. IEEE Transactions on Aerospace & Electronic Systems, 2009, 45(4): 1538-1556.

[25] PARKINSON B W, ENGE P, AXELRAD P, et al. Global positioning system: theory and applications[M]. Washington DC: American Institute of Aeronautics and Astronautics, 1996.

[26] KAPLAN E D, HEGARTY C. Understanding GPS: principles and applications[M]. 2nd ed. Norwood: Artech House, 2006.

[27] VAN DIERENDONCK A J, FENTON P, FORD T. Theory and performance of narrow correlator spacing in a GPS receiver[J]. Navigation, 1992, 39(3): 265-283.

[28] 叶其孝,沈永欢. 实用数学手册[M]. 2 版. 北京:科学出版社,2006.

[29] 瞿智.星座星间链路测试验证关键技术研究[D].长沙:国防科学技术大学,2010.

[30] 唐银银.星间精密测距系统性能分析与测试[D].长沙:国防科学技术大学,2013.

[31] BETZ J W, KOLODZIEJSKI K R. Generalized theory of code tracking with an early-late discriminator part Ⅱ: noncoherent processing and numerical results[J]. IEEE Transactions on Aerospace &Electronic Systems, 2009, 45(4): 1557-1564.

[32] QU Z, YANG J, YANG J. Effects of continuous wave interference on pseudorandom code tracking error under large error conditions[J]. Journal of Electronics and Information Technology, 2016, 38(1): 222-228.

[33] 谢钢. GPS 原理与接收机设计[M]. 北京:电子工业出版社,2012.

[34] 唐康华,吴美平,胡小平. MEMS IMU 辅助的高性能 GPS 接收机设计[J]. 测绘学报,2008,37(1):128-134.

[35] 吕鹏,陆明泉,冯振明. 一种惯导辅助卫星导航三阶载波 PLL 算法[J]. 计算机仿真,2013,30(12):13-16.

[36] 李献斌. 导航星座星间精密测距关键技术研究[D]. 长沙:国防科学技术大学,2015.

[37] VIHAYAN R. POOR H V, Nonlinear technique for interference suppression in spread-spectrum systems[J]. IEEE Trans Commun,1990,38(7):1060-1065.

[38] 仇佩亮,郑树生,姚庆栋. 扩频通信中干扰抑制的自适应非线性滤波技术[J],通信学报,1995(02):20-28.

[39] 王坤杰,周祖成,姚彦. 直扩通信中非线性窄带干扰抑制滤波器的性能分析[J],电子学报,1998:26(2):77-79.

[40] LOPS M, RIEEI G, TULINO A M. Narrow-band interference suppression in multiuser CDMA systems[J]. IEEE Tram. Commun, 1998,46(9):1163-1175.

[41] DIPIETRO R C. An FFT based technique for suppressing narrow-band interference in PN spread spectrum communications system[C]//International Conference on Acoustics, Speech, and Signal Processing, May 23-26, Glasgow, UK, 1989.

[42] 张春海,卢树军,张尔扬. 基于加窗 DFT 的 DSSS 系统变换域窄带干扰抑制技术[J]. 解放军理工大学学报(自然科学版),2004,5(4):11-15.

[43] ABDIZADEH M. GNSS signal acquisition in the presence of narrowband interference[D]. Calgary: University of Calgary, 2013.

[44] BUTLER L. Introduction to the super heterodyne receiver[J]. Amateur Radio, 1989,3.

[45] DUMAN T M. Analog and digital communications [M]. 2nd ed. Boca Raton: CRC Press, 2005.

[46] 付江志. 直扩测控系统中的窄带干扰抑制技术研究[D]. 哈尔滨:哈尔滨工程大学,2010.

[47] ILTIS R A, RITCEY J A, MILSTEIN L B. Interference rejection in FFH systems using least squares estimation techniques [J]. Communications IEEE Transactions on, 1990, 38(12): 2174-2183.

[48] OPPENHEIM A V, SCHAFER R W, BUCK J R. 离散时间信号处理:第 2 版[M]. 刘树棠,等译. 西安:西安交通大学出版社,2001.

[49] MONTLOIN L. Impact of interference mitigation techniques on a GNSS receiver[D]. Toulouse: EcoleNationale de l'Aviation Civile, 2010.

[50] AZAM A, SASIDARAN D, NELSON K, et al. Single-chip tunable heterodyne notch filters implemented in FPGA's[C]//Proceedings of the 43rd IEEE Midwest Symposium on Circuits and Systems, Lansing, MI, 2000:860-863.

[51] 潘仲明.信号、系统与控制基础教程[M].北京:高等教育出版社,2012.

[52] KAY S M. 统计信号处理基础——估计与检测理论[M].罗鹏飞,等译.北京:电子工业出版社,2012.

[53] 朱祥维,李垣陵,雍少为,等.群时延的新概念、测量方法及其应用[J].电子学报,2008,36(9):1819-1823.

[54] 张明友,吕明.信号检测与估计[M].2版.北京:电子工业出版社,2005(7):196,205-207.

[55] 许勇勇.卫星导航接收机高精度建模、分析及优化设计研究[D].长沙:国防科技大学,2008.

[56] 江涛.变频信道群时延特性研究[D].南京:南京理工大学,2006.

[57] 邸帅,张国华,冯克明.频率变换器件群时延测量方法的探讨与分析[J].宇航计测技术,2007,27(1):1-5.

[58] Agilent Technologies. Microwave PNA series network analyzers (Mixer conversion-loss and group-delay measurement techniques and comparisons),1408-2[R]. Santa Clara:Agilent Technologies, 2005.

[59] 沙海.卫星导航系统传输信道的群时延测量方法研究与应用[D].长沙:国防科技大学,2009.

[60] 胡建平,黄成芳.设备时延测量的新方法[J].电讯技术,2003(3):67-70.

[61] 赵业福.比相测距系统的天、地零值校准(上)[J].飞行器测控学报,2001,20(1):27-35.

[62] 赵业福.比相测距系统的天、地零值校准(下)[J].飞行器测控学报,2001,20(2):22-28.

[63] VIJAYAN R, POOR H V. Nonlinear techniques for interference suppression in spread-spectrum systems[J]. IEEE Transactions on Communications, 1990, 38(7):1060-1065.

[64] 仇佩亮,郑树生,姚庆栋.扩频通信中干扰抑制的自适应非线性滤波技术[J].通信学报,1995(02):20-28.

[65] 王坤杰,周祖成,姚彦.直扩通信中非线性窄带干扰抑制滤波器的性能分析[J].电子学报,1998(02):77-79.

第5章 星间链路接入与时隙规划原理

5.1 星间链路网络接入模型

在导航卫星系统领域,导航星座通过星间链路所组成的卫星网络与 LEO 通信卫星系统的网络有很大的不同。导航卫星星间链路网络除了要具有一般卫星网络的数据传输功能外,还要具有高精度的星间测距功能,并且导航卫星星座一般都处于中高地球轨道,比 LEO 卫星星座拥有更长距离的星间链路[1]。导航星座内的卫星都是提供用户定位功能,星座内的每颗卫星在本质上是对等的,这使得导航卫星网络是一个无中心网络,可以将导航卫星星间链路网络看成是一个具有大数量对等节点的无线网络。

考虑到导航卫星星间链路网络的特点,如何将星间链路网络中的每个卫星节点接入到卫星网络中,以便达到最大的资源共享就成为星间链路工作体制设计中的一个重要问题[2]。目前卫星网络系统中的常见多址接入模式有时分多址(TDMA)、频分多址(FDMA)、码分多址(CDMA)和空分多址(SDMA)等,其优缺点对比如表 5.1 所列。

表 5.1 多址接入模式优缺点对比

多址接入模式	主要分配资源	优点	缺点
时分多址(TDMA)	时隙	单一载波工作,组网灵活,技术成熟	对时间同步要求精度高,同步机制复杂
频分多址(FDMA)	频带	设备简单,发送接收灵活,技术成熟	容易产生互相干扰,不适合大规模组网
码分多址(CDMA)	码字	接收方便,抗干扰能力强,保密性好	码间互干扰大,捕获比较复杂
空分多址(SDMA)	空间	可以提高频带利用率,有效增加系统容量	对天线设备要求高,系统控制复杂

参考目前已成功进行星间链路组网的 GPS 和 Iridium 系统的组网策略及公布的性能指标,对照表 5.1 中各种多址接入模式的优缺点,便会发现 TDMA 和 SDMA 更适合于导航卫星星间链路网络的接入模式。其中,因 TDMA 接入模式所具备的单一频点的工作频率、星载设备的频率配对简单,不需要复杂的硬件设计且设备之间具有良好的可互换性和维护性等特点,TDMA 更加适合无中心扁平组网,同时降低了对星间

链路设备设计和实现的要求,具有作为导航卫星星间链路网络接入模式的较大优势[3]。SDMA 接入模式因其具备的较高的频带利用率和系统容量,更加适合高频率、点波束天线的星间链路,而这也是未来导航卫星星间链路的发展趋势。

时分多址和空分多址相结合的时分空分多址接入(STDMA)[4]模式。既具备空分模式时,使用指向性点波束天线实现对空域的复用,提高了频带利用率和抗干扰能力,又具备时分模式下,星座内多颗卫星同时进行测量与通信的优点,提高了整网的性能。这样在每一个固定的拓扑状态下,信号发射卫星和接收卫星可以有效地建立星间链路,并且不会对其他卫星间的星间链路产生干扰。另外,点波束天线的灵活指向性与可操作性也保证了 STDMA 星间链路体制下的星间链路网络系统在支持其他应用上具有更好的灵活性和可行性。

卫星网络星间链路的工作频率正在向 Ka 频段及更高频段发展,星间链路的频率选择又决定着天线的选择、天线波束的辐射范围,信号的带宽、抗干扰性等网络性能。

1)宽波束广播式天线

GPS ⅡR 卫星及后来的 GPS ⅡF(ⅡF 批次)卫星已经成功实现并使用 UHF 频段建立星间链路,GPS 星间链路网络采用的是时分多址接入方式,即在每一时刻,有且只有一颗卫星处于信号发射状态,其他卫星处于信号接收状态[5-7]。之所以采用这种体制方式,是因为 UHF 频段的信号具有广播性,并且以这种方式建立的星间链路比较容易实现。但是采用这种广播式天线建立的星间链路网会给星间通信带来不便,由于每颗卫星只有在自己的时隙内才能发送信号,当需要信息传输时,卫星只能等待自己的发射时隙才能进行发送。从拓扑上看,每个时刻星间网络都是非联通状态,只有经过一定的时间积累才认为网络是联通的,如图 5.1 所示。

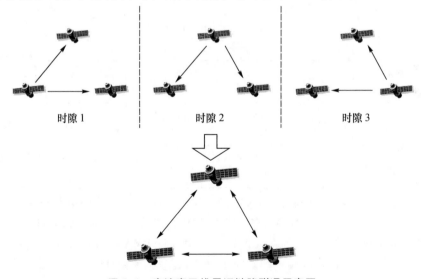

图 5.1 宽波束天线星间链路联通示意图

2)点波束指向性天线

随着频率的升高,天线波束辐射的范围也在变窄,在 GPS Ⅲ 建设计划中,将会使用 Ka 或 V 频段点波束天线建立星间链路,这种天线具有精确的指向性,能够满足星间精密测距和高速数据传输的需求。与 UHF 频段下的星间链路网络所不同的是,高频段下的天线波束非常窄,通常 Ka、V 频段的波束宽度小于 3°,具有很强的指向性,如图 5.2 所示,这种情况下,两颗卫星若要建立星间链路需要天线进行精确对准。而 UHF 频段下的星间链路则没有这些问题,基本上处于几何可视范围内的卫星都能接收到信号。但是,采用点波束天线建立星间链路还需解决一个重要的问题,那就是星间链路切换的问题。通常情况下,一副天线的波束数量小于该卫星的可见性数目,若不进行切换,该卫星获得的星间观测量最大就等于其天线波束的数量,远远小于宽波束广播式天线下的能获得的星间观测量[8]。而若要进行链路切换,又如何进行链路分配,以保证在获得足够的星间观测量的同时,又能实现网络通信的功能,这也就是星间链路网络需要解决的链路分配问题。

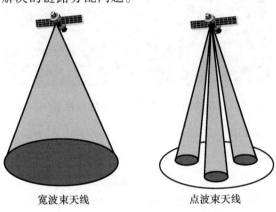

图 5.2　宽波束与点波束天线示意图

3)宽波束天线与点波束天线的优缺点对比

根据上面的分析,对比宽波束广播式天线和点波束指向性天线的特点,对比结果如表 5.2 所列。

表 5.2　天线类型的优缺点对比

天线类型	优点	缺点
宽波束广播式天线	链路建立容易,星间观测简单,拓扑处理简单	通信速率低,抗干扰性差
点波束指向性天线	星间精密测距,抗干扰能力强,通信速率高	链路建立难度大,天线控制复杂,拓扑处理复杂

导航星间链路优选采用并发时分空分体制。并发是指整个导航星座中同时存在多条链路;时分是指一颗卫星在不同时隙与不同的目标建链,通过时分的方式实现多

址;空分是指星间链路采用指向性天线建立窄波束链路,以此实现整个空间域的复用。在同一个时隙内,两颗卫星建立星间链路,完成星间双向单程测量和星间通信。

导航星间链路是双向单程测量系统,每个时隙中相互建链的两颗卫星轮流向对方发射信号,完成双向单程测距及互相通信[9-10]。星间连接关系由预先规划好的时隙表确定,时隙表规定了每个时隙中每颗卫星与整个星座中的其他卫星以及其他需要与其建链的目标之间的连接关系。卫星导航系统星间链路连接示意图如图5.3所示。

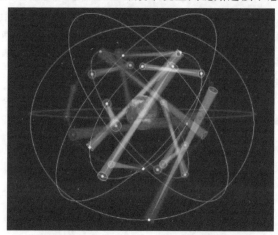

图5.3 卫星导航系统星间链路连接示意图(见彩图)

STDMA 既采用空分模式使用指向性天线形成窄波束切换指向来实现对整个空域的复用,提高了链路增益和抗干扰能力,还采用时分方式来实现与多颗卫星的测量通信,提高了整体网络性能。这样每颗卫星在各自的拓扑状态下,可以有效地与目标卫星进行星间链路的建立,且同时不会对其他星间链路产生干扰。同时,窄波束天线的捷变能力也保证了 STDMA 星间链路体制星间链路系统在支持其他应用上具有更强的灵活性和可行性。

时隙(slot)是时分多址下的基本时间单位,也是其最重要的节点资源。每颗卫星在每个时隙中都有各自不同的建链对象,又由于空分多址的存在,在 STDMA 模式下,每颗卫星在每个时隙中有且仅有一个建链对象,即每颗卫星最多同时仅有一条星间链路存在[11]。在1个时隙之中,星间链路的拓扑状态是不会发生变化的,只有当时隙发生变化的时候,星间链路的拓扑状态才有可能随之改变。

若干个固定量的时隙之和称为超帧,在 STDMA 模式下,1个时隙反映了1颗卫星的一次建链,那么1个超帧则反映了所含的所有建链之和,称为一次建链周期。超帧内的时隙的建链对象的改变与超帧之间规律的变化称为建链规划,也称为时隙划分。

图5.4为某卫星的时隙示意图,假设超帧的大小为3个时隙,那么可以看出,该卫星的时隙变化情况为前两个超帧是一样的,而到了第三个超帧,其时隙划分发生了

改变。该卫星在第一个超帧内分别先后与卫星 S_A、S_B、S_C 相连,在第二个超帧内与第一个超帧完全相同,与这 3 颗卫星重复建链,到了第三个超帧内,3 个时隙分别连接的卫星则分别变成卫星 S_B、S_D、S_E。

	超帧1			超帧2			超帧3		
建链对象	S_A	S_B	S_C	S_A	S_B	S_C	S_B	S_D	S_E
时隙编号	时隙1	时隙2	时隙3	时隙4	时隙5	时隙6	时隙7	时隙8	时隙9

图 5.4 某卫星的时隙示意图

在 STDMA 模式下,所有的卫星节点都按照超帧内所分配好的时隙进行建链,每个节点在一个时隙最多同时只会存在一条链路,如图 5.5 所示,源卫星分别在 5 个不同的时隙中与其他 5 颗卫星建链,且当 5 个时隙即一个超帧过后,轮询至第一个时隙再遍历一遍,图中虚线箭头的方向反映了时隙的变迁。

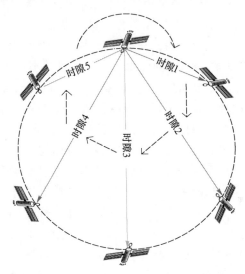

图 5.5 STDMA 模式下的时隙接入示意图

5.2 星间链路拓扑代价模型

在星间链路网络中,拓扑结构是指网络的几何形状示意图,形成网络的拓扑模型是构建网络的物理基础。一个网络的物理拓扑结构是实际的节点与节点间的连接的几何布局。在卫星星间链路网络中,节点即组成星座的所有卫星,而节点之间的连接即星间链路。在传统通信网络中,常见的网络拓扑结构包括总线型结构、环型结构、星型结构、网型结构等,其结构图如图 5.6 所示。由于地面网络实时性的特点,这些拓扑结构仅包含节点空间上的连接关系。

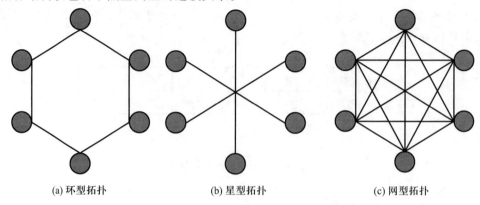

(a) 环型拓扑　　　　(b) 星型拓扑　　　　(c) 网型拓扑

图 5.6　常见网络拓扑结构图

　　导航星座的星间测量功能主要用于在有地面站支持的正常运行状态下改善观测几何并提供更多观测值,提升广播星历精度,提高导航系统服务性能,以及在无地面站支持时实现自主导航。而北斗系统要为全球提供服务,尤其是 MEO 卫星,超过 60% 弧段处在地面站不可见范围内。在这种条件下,如果没有星间链路,这些卫星进入这一弧段时将处在"失联"状态,同时由于观测弧段的不足,导航星历的精度受限,无法满足全球导航的服务性能指标[12-14]。因此,可以说星间链路是北斗卫星导航系统当前阶段功能实现的唯一技术手段。因此星间测量也是星间链路的首要功能。从广播星历生成的角度,要求尽可能多的有效观测值参与到计算中来。在这一需求下,需要导航卫星在尽可能短的时间内与尽可能多的目标建立星间链路,获取尽可能多的观测值。对某一颗卫星而言,也即在确定的时间长度内,与更多不同目标建链。

　　导航星座的星间通信功能主要用于地面站不可见卫星星上遥测数据下传地面,以及地面站对其不可见卫星的遥控指令的发送。也就是说,星间链路的通信功能主要用于满足星地通信。对于地面站可见卫星,可以直接与地面联系,显然是不需要星间链路的,而对于地面站不可见卫星,也就是处于地面站不可见弧段的卫星,星地通信需要利用星间链路与地面站可见卫星建立联系,通过地面站可见卫星的中转来完成。

　　在不考虑星间可见性的情况下,单从数量上分析,需要地面站可见卫星的数量大于等于地面站不可见卫星的数量,才能保证地面站可见卫星与不可见卫星的一一匹配,当地面站可见卫星数量少于地面站不可见卫星数量时,就无法保证这种一一匹配关系,多出来的地面站不可见卫星无法保证时刻都有地面站可见卫星作为中转卫星与地面通信[15]。而在考虑到星间可见性的情况下,需要的地面站可见卫星数量要大于等于不考虑星间可见性的情况。

　　一般来说卫星导航系统中地面站可见卫星的数量不满足任意时刻都能与地面站不可见卫星的一一匹配关系。在这种条件下,无法保证地面站与其不可见卫星之间的通信可以在 1 个时隙内完成,就需要合理规划星间链路在每个时隙的星间连接关系,使任意时隙地面站与不可见卫星之间的通信时延尽可能短。

本书研究的是基于 STDMA 的网络系统,除了在空间上与这些拓扑结构有着空间隔离的相似之处外,节点在不同时间所连接的目标也是不一样的。以某一个轨道面的卫星为例,假设这些节点卫星之间两两是可见的,图 5.7 描述了这些卫星在 TDMA 接入模式下的环型与星型结合的一种网络拓扑结构。图中的 A、B 和 C 标示的线分别表示 3 个不同的时隙下,卫星之间不同的链路连接情况。

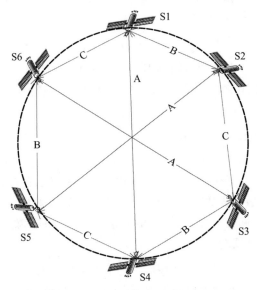

图 5.7　STDMA 模式下的部分网络拓扑结构示意图

在 STDMA 星间链路网络中,节点的连接对象与顺序直接决定了星间链路所能完成的任务及其性能,因此不同的拓扑模型必然会对星间链路的传输质量产生影响,其对星间性能的影响主要反映在两个方面:通信质量与测量精度。对于 n 个节点的卫星网络而言,拓扑模型所带来的损耗为地面站与所有卫星通信损耗的平均值,那么其代价方程为

$$\begin{cases} \overline{C}_{\text{trans}} = \sum_{j=1,j\neq i}^{n} C_{\text{trans}}(i,j)/(n-1) \\ \overline{C}_{\text{msr}} = \sum_{j=1,j\neq i}^{n} C_{\text{msr}}(i,j)/(n-1) \end{cases} \tag{5.1}$$

式中:$C_{\text{trans}}(i,j)$ 为 i 星至 j 星的通信成本;$C_{\text{msr}}(i,j)$ 为 i 星至 j 星的测量成本;n 为全网卫星节点的个数。

5.2.1　星间链路通信拓扑代价模型

星间通信拓扑代价模型就是从通信质量的角度来分析星间链路网络拓扑模型的

优劣。一颗卫星的星间链路通信损耗可以分为三个主要部分:路径损耗、发射损耗和协议开销。对于单颗卫星,其损耗方程为

$$C_{trans}(i,j) = (C_{path} + C_{antenna}) \times C_{protocol} \tag{5.2}$$

式中:C_{path}为路径损耗;$C_{antenna}$为发射损耗;$C_{protocol}$为协议开销。本书将通信损耗的三个部分均转换至通信时延的角度进行分析。

1) 路径损耗

路径损耗指的是数据在通信过程中传播带来的时间延迟和在中继卫星上所等待的时延,其方程可写为

$$C_{path} = t_{path} + t_{wait} \tag{5.3}$$

式中:t_{path}为链路长度所带来的时间延迟;t_{wait}为数据在中继星上所等待的时间。假设数据在空中传播的总距离为d,那么数据在真空中的传播时延为

$$t_{trans} = d/c \tag{5.4}$$

式中:c为真空中的光速,$c = 3 \times 10^8$ m/s。

2) 发射损耗

发射损耗主要指的是天线的发射功率以及信号到达目的端的载噪比大小所带来的数据误码概率,在数据误码率高的情况下,通信时延必然加大。星间链路的链路预算可以很好地反映空间信号在传输上的损耗[16]。信号的载噪比反映了信号在空间中传播的质量,其表达式为

$$C/N_0 = EIRP - L_f - L_r - k + G_r/T_s \tag{5.5}$$

式中:EIRP为发射天线全向辐射功率;L_f为自由空间传播损耗;L_r为天线角度损耗与馈线损耗之和;k为玻耳兹曼常数;T_s为接收机噪声温度;G_r/T_s为接收机品质因素。

微波在自由空间传播,其传输损耗主要取决于传播距离的远近,距离越远,损耗越大,反之则越小。微波的自由空间传输损耗表达式为

$$L_f = 10\lg(4\pi df/c)^2 \tag{5.6}$$

式中:d为信号传播距离;f为载波频率;c为光速。

除了微波在自由空间传输的损耗以外,星间链路的俯仰角决定了微波发射与接收方向与天线最大功率方向的夹角,因此俯仰角的大小也会对微波传输起到一定的损耗作用。假设角度损耗与角度大小呈线性关系,且卫星天线因俯仰角大小而获得的损耗为0.05dB/(°),天线的馈线损耗始终为2dB,由于发射天线与接收天线都存在损耗,那么L_r可写为

$$L_r = L_e + L_k = 0.05(e_1 + e_2) + 4 \tag{5.7}$$

式中:L_e为天线角度损耗;L_k为天线的馈线损耗;e_1和e_2分别为发射卫星与接收卫星相对的俯仰角度大小。

EIRP与发射天线功率大小的关系为

$$\text{EIRP} = P_\text{t} + G_\text{t} \tag{5.8}$$

式中：P_t 为发射天线单通道功率；G_t 为发射天线增益。由于星间链路使用的是窄波束天线，因此发射天线功率可以认为高于普通的宽波束天线功率。

假设星间链路在进行数据传输时，其通信速率为 $R_\text{b}(\text{bit/s})$，那么其 1bit 的信号功率与 1Hz 内的噪声功率之比为

$$E_\text{b}/N_0 = C/N_0 - 10\lg R_\text{b} \tag{5.9}$$

本章假设采用的是 LDPC 编码，设编码增益为 G_code，那么在 BPSK 调制方式下的星间链路数据误码率为

$$P_\text{BER} = Q(2\sqrt{(G_\text{code} + E_\text{b}/N_0)}) \tag{5.10}$$

式中：$Q(x)$ 为误差补函数；P_BER 为比特误码概率。取载噪比最小值 42.5dB，则通信速率与误码率的关系如图 5.8 所示。

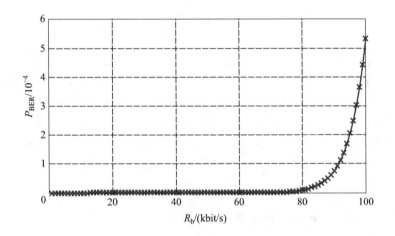

图 5.8 载噪比最小值下通信速率 R_b 与误码率 P_BER 的关系

而对于一帧 1024bit 的数据而言，其数据误帧概率为

$$P_\text{error} = 1 - (1 - P_\text{BER})^{1024} \tag{5.11}$$

数据的误码会带来数据的重传，每次重传需要重传定时器的超时，假设定时器的超时时间为 t_c，那么发射损耗可以表示为由于数据误码所带来的平均时延，其表达式为

$$C_\text{antenna} = t_\text{error} = P_\text{error} \cdot t_\text{c} \tag{5.12}$$

3）协议开销

协议开销反映了每帧数据中有效数据占了总长度的多少，协议开销的表达式为

$$C_\text{protocol} = \frac{1}{1 - \eta_\text{p}} \tag{5.13}$$

式中：η_p 为通信协议长度占总帧长度的比例。

综上所述，星间链路的通信损耗由路径损耗、发射损耗与协议开销三个部分组成。以下对如图 5.7 的拓扑模型星间链路网络进行计算分析，假设此时的境内卫星只有 2 颗卫星 S1 和 S2，其余卫星均需要通过 S1 和 S2 进行中继转发，星间链路时隙划分按照图中 A—B—C—A 的顺序进行。表 5.3 为网型拓扑结构下的拓扑代价预算（这里分析的是地面站上注至卫星的代价）。

表 5.3 部分网型拓扑结构下的拓扑代价预算

卫星编号	C_{path}	$C_{antenna}$	C_{trans}
S1	0	0	0
S2	0	0	0
S3	1586.7ms	7.5ms	1644.4ms
S4	1673.3ms	5.9ms	1731.1ms
S5	1673.3ms	5.9ms	1731.1ms
S6	1586.7ms	7.5ms	1644.4ms
平均	1086.7ms	4.5ms	1124.9ms

从表 5.3 中可以得知，由于 S1 和 S2 为境内卫星，因此地面上注不存在任何星间链路方面的开销；卫星 S4 和 S5 由卫星 S1 和 S2 从时隙 A 转发，等待时延为 1 个时隙，传播时延约为 170ms；卫星 S3 和 S6 分别由 S1 和 S2 从时隙 C 转发，等待时延为 1 个时隙，传播时延约为 160ms；由于这些链路的链路预算都比较大，因此发射损耗在此都比较小，均为 10ms 以下，因此最终得到的通信时延主要为路径损耗带来的时延，平均约为 1125ms。

5.2.2 星间链路测量拓扑代价模型

卫星天线扫描角度的约束直接影响着可见卫星的数量，也就是影响着一颗卫星所能获得的星间观测的最大数量，从而影响着利用星间测距进行轨道确定的精度与性能。目前还没有统一的性能指标来评估天线扫描角度对轨道确定的影响，但是借助定位的思想，可以将轨道确定看作是长期对卫星定位的过程，因此可以借用定位中的评估指标对星间链路的定轨性能进行分析[17]。因此星间链路测量拓扑代价模型需要引入星间链路位置精度衰减因子（PDOP）这个指标，将卫星看作是需要定位的用户，对星座中每颗卫星进行 PDOP 计算，以星座中的平均 PDOP 作为星间链路的定轨评估指标。一般情况下，如果卫星能够获得三维坐标系下各个方向的观测信息时，它的 PDOP 值就能达到最小，解算出的位置坐标也就最准确，从而转换为轨道参数也最精确。

星间链路的测量任务是为卫星轨道和钟差估计提供测量值。目前精度最好、比较成熟、得到广泛应用的是卫星双单向测量方法，基本的测量量是信号传播时延。星间链路的双单向测量由两颗卫星交替进行相互之间的伪码相位测距过程和测量结果相互传递过程组成,它包含了两个单向伪距测量过程。

在导航星座的星间链路中,存在影响星间测距精度的多种误差源,主要包括卫星钟差、相对论效应误差、天线相位中心偏移误差以及系统随机误差[18],因此星间观测伪距 $\rho^{(n)}$ 的表达式为

$$\rho^{(n)} = r^{(n)} + c\delta t + \delta\rho_{rel}^{(n)} + \delta\rho_{off}^{(n)} + \delta\rho_{ran}^{(n)} \tag{5.14}$$

式中:$r^{(n)}$ 是卫星 n 在被测卫星接收机处的观测矢量的长度,此时卫星 n 即卫星 A,$r^{(n)}$ 为卫星 A、B 之间的几何距离;$c\delta t = c(\delta t^A - \delta t^B)$ 为卫星 A、B 之间的钟差等效距离,δt^A 为卫星 A 的钟差;δt^B 为卫星 B 的钟差;$\delta\rho_{rel}^{(n)}$ 为卫星 A、B 之间相对运动引起的相对论效应误差;$\delta\rho_{off}^{(n)}$ 为天线相位中心偏移误差;$\delta\rho_{ran}^{(n)}$ 为系统随机误差。其中相对论效应、天线相位中心偏移等影响都可以通过成熟的数学模型进行计算,系统随机误差可通过双向测量校正,因此,式(5.15)可以改写为

$$r^{(n)} + c\delta t = \rho_c^{(n)} \tag{5.15}$$

式中:$\rho_c^{(n)}$ 为经过相对论效应、天线中心偏移及系统随机 h 误差修正后的伪距观测值;$r^{(n)}$ 是接收机到卫星 n 的几何距离,即

$$r^{(n)} = \| \boldsymbol{q}^{(n)} - \boldsymbol{q} \| = \sqrt{(x^{(n)} - x)^2 + (y^{(n)} - y)^2 + (z^{(n)} - z)^2} \tag{5.16}$$

式中:$\boldsymbol{q} = [x, y, z]^T$ 为被测的卫星接收机位置,是未知量;$\boldsymbol{q}^{(n)} = [x^{(n)}, y^{(n)}, z^{(n)}]^T$ 为卫星 n 的位置坐标矢量。因此,考虑到钟差 δt 这个未知量,那么至少需要 4 个观测方程才能解算出被测卫星的位置,即

$$\begin{cases} \sqrt{(x^{(1)} - x)^2 + (y^{(1)} - y)^2 + (z^{(1)} - z)^2} + c\delta t = \rho_c^{(1)} \\ \sqrt{(x^{(2)} - x)^2 + (y^{(2)} - y)^2 + (z^{(2)} - z)^2} + c\delta t = \rho_c^{(2)} \\ \vdots \\ \sqrt{(x^{(N)} - x)^2 + (y^{(N)} - y)^2 + (z^{(N)} - z)^2} + c\delta t = \rho_c^{(N)} \end{cases} \tag{5.17}$$

式(5.17)是一个四元非线性方程组,可以采用伪距定位中的最小二乘法进行迭代计算求解方程组。在求解方程组的过程中,首先需要进行线性化处理,即对等式两边求偏导有

$$\frac{\partial r^{(n)}}{\partial x} = \frac{-(x^{(n)} - x)}{\sqrt{(x^{(n)} - x)^2 + (y^{(n)} - y)^2 + (z^{(n)} - z)^2}} = \frac{-(x^{(n)} - x)}{r^{(n)}} \tag{5.18}$$

式中:$r^{(n)}$ 为卫星 n 在被测卫星接收机处的观测矢量的长度;$(x^{(n)} - x)$ 为此观测矢量的 x 方向的分量,于是 $(x^{(n)} - x)/r^{(n)}$ 就等于单位观测矢量 $\boldsymbol{I}^{(n)}$ 的 x 分量 $I_x^{(n)}$,即

$$\frac{\partial r^{(n)}}{\partial x} = \frac{-(x^{(n)} - x)}{r^{(n)}} = \frac{-(x^{(n)} - x)}{\| \boldsymbol{q}^{(n)} - \boldsymbol{q} \|} = -|I_x^{(n)}| \tag{5.19}$$

类似地,可以求出函数 $r^{(n)}$ 分别对 y 和 z 的偏导值,它们分别也等于单位观测矢

量 $\boldsymbol{I}^{(n)}$ 的 y 和 z 分量的方向,即

$$\begin{bmatrix} \dfrac{\partial r^{(n)}}{\partial x} \\ \dfrac{\partial r^{(n)}}{\partial y} \\ \dfrac{\partial r^{(n)}}{\partial z} \end{bmatrix} = \dfrac{-1}{r^{(n)}} \begin{bmatrix} x^{(n)} - x \\ y^{(n)} - y \\ z^{(n)} - z \end{bmatrix} = \dfrac{-(\boldsymbol{q}^{(n)} - \boldsymbol{q})}{\| \boldsymbol{q}^{(n)} - \boldsymbol{q} \|} = -\boldsymbol{I}^{(n)} = \begin{bmatrix} -I_x^{(n)} \\ -I_y^{(n)} \\ -I_z^{(n)} \end{bmatrix} \quad (5.20)$$

如果用 k 表示当前历元正在进行的牛顿迭代次数,那么 $k-1$ 表示在当前历元已经完成的迭代次数,而 $k=1$ 表示第一次迭代。又因为式(5.17)中各个方程式已经是关于 δt 的线性函数,也就是说各个方程的左边对 δt 的偏导值为 1,因此方程组可在 $[q_{k-1}, \delta t_{k-1}]$ 处线性化,即

$$\boldsymbol{G} \begin{bmatrix} \Delta x \\ \Delta y \\ \Delta z \\ \Delta \delta t \end{bmatrix} = \boldsymbol{b} \quad (5.21)$$

式中:Δx、Δy、Δz、$\Delta \delta t$ 为对应的变化量。

$$\boldsymbol{G} = \begin{bmatrix} -I_x^{(1)}(q_{k-1}) & -I_y^{(1)}(q_{k-1}) & -I_z^{(1)}(q_{k-1}) & 1 \\ -I_x^{(2)}(q_{k-1}) & -I_y^{(2)}(q_{k-1}) & -I_z^{(2)}(q_{k-1}) & 1 \\ \vdots & \vdots & \vdots & \vdots \\ -I_x^{(N)}(q_{k-1}) & -I_y^{(N)}(q_{k-1}) & -I_z^{(N)}(q_{k-1}) & 1 \end{bmatrix} \quad (5.22)$$

$$\boldsymbol{b} = \begin{bmatrix} \rho_c^{(1)} - r^{(1)}(q_{k-1}) - c\delta t_{k-1} \\ \rho_c^{(2)} - r^{(2)}(q_{k-1}) - c\delta t_{k-1} \\ \vdots \\ \rho_c^{(N)} - r^{(N)}(q_{k-1}) - c\delta t_{k-1} \end{bmatrix} \quad (5.23)$$

由式(5.22)可见,$\boldsymbol{G}$ 是一个 $N \times 4$ 的矩阵,只与各个卫星相对于被测卫星的几何位置有关,因而为几何矩阵。由矩阵 $\boldsymbol{G}$ 可以表示位置估算的质量。

$$\boldsymbol{H} = (\boldsymbol{G}^\mathrm{T} \boldsymbol{G})^{-1} \quad (5.24)$$

式中:$\boldsymbol{H}$ 为一个对角矩阵,则 PDOP 可表达为

$$\mathrm{PDOP} = \sqrt{H_{11} + H_{22} + H_{33}} \quad (5.25)$$

式中:H_{ii} 为矩阵 $\boldsymbol{H}$ 对角线上的第 i 个元素。

5.3 星间链路时隙规划的数学模型

星间链路的分配直接决定了导航卫星网络的性能。在星间测距与通信两方面的需求下,如何进行星间链路的分配是解决问题的关键。在 STDMA 模式下,星间网络资源的分配不仅是时隙的分配,还有卫星节点的分配。由星间可见性分析可知,每颗 MEO 卫星除去当前不可见的 MEO 卫星,再加上当前可见的 GEO/IGSO 高轨道卫星,平均总数大约为 20 颗[19]。

根据 GPS 导航卫星星间链路的设计方案,不妨设 TDMA 的时隙单位为 1.5s,那么每颗 MEO 卫星平均与所有可见卫星各建链一次的时间大约在 20 个时隙,若将每颗连接卫星的往返链路各设为 1 个时隙,那么一共为 40 个时隙,即 60s,因此本节将 TDMA 的超帧设置为 60s,如图 5.9 所示。除此之外,本书还假定在每分钟内,卫星之间的可见关系是不改变的。

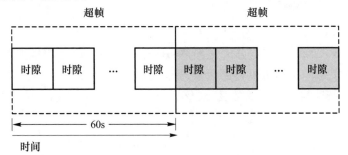

图 5.9　TDMA 超帧示设置

可以用一个二维矩阵 E 来表示每分钟的时隙划分:

$$E = \begin{bmatrix} a & d & \cdots & e \\ b & f & \cdots & g \\ \vdots & \vdots & & \vdots \\ c & h & \cdots & k \end{bmatrix} = [\chi_{ij}]_{30 \times 20} \quad (5.26)$$

矩阵 E 反映了每个超帧内星座所有卫星的连接关系。在矩阵 E 中:行数 i 表示卫星的序号,MEO11 ~ 38 卫星分别对应 E 矩阵的前 24 行,GEO1 ~ 3 卫星分别对应 E 矩阵的第 25 至 27 行,IGSO1 ~ 3 卫星分别对应 E 矩阵的第 28 至 30 行;列数 j 表示超帧内时隙的序号。

E 的每个元素 χ_{ij} 表示卫星 i 在一个超帧内的第 j 个时隙指向的卫星编号,若 χ_{ij} 为 0,则表示卫星 i 在第 j 个时隙无链路,由链路的双向性,易得

$$\chi_{\chi_{ij}j} = i \quad (5.27)$$

在每颗 MEO 卫星所有可见卫星中,卫星按照可见性可分为持续可见卫星和非持续可见卫星[20],其中有 8 颗卫星是在周期内与源卫星持续可见的,12 颗卫星是与源

卫星间歇可见的。表 5.4 为非时变与时变链路的比较情况。

表 5.4　时变与非时变链路比较

类型 特点	非时变链路	时变链路
可见性	持续可见	间歇可见
拓扑结构	基本固定	按照一定规律随时改变
链路数量	较少	多
性能比较	精度衰减因子(DOP)值变化小,链路可选择性弱	DOP 值变化大,链路可选择性强
结论	可为链路规划打下一定测量与通信基础	作为非时变链路的补充,优化链路规划性能

根据两种链路的特点,本书设计将非时变链路作为周期内链路规划的基础,在此之上用时变链路提升优化链路规划性能。那么将时变链路中的若干条链路安排在 20 个时隙前面,则时隙矩阵可以写成

$$E = [A \mid B(t)] = [\chi_{ij}]_{30 \times 20} \tag{5.28}$$

式中:A 为 $30 \times a$ 的非时变链路时隙矩阵;$B(t)$ 为 $30 \times b$ 的时变链路时隙矩阵。其中:a 为 MEO 卫星的持续可见链路数量,且 $a + b = 20$。A 和 B 的每一行代表着目标卫星的非时变链路与时变链路的变化情况,即

$$A = [A_1 \quad A_2 \quad \cdots \quad A_{29} A_{30}]^T \tag{5.29}$$

$$B(t) = [B_1(t) \quad B_2(t) \quad \cdots \quad B_{29}(t) \quad B_{30}(t)]^T \tag{5.30}$$

式中:每一个分块矩阵代表下标节点所对应卫星的建链情况。

5.4　星间链路时隙规划设计

5.4.1　静态链路数量的确定

由可见性分析可知,在卫星星座中,每颗 MEO 卫星共有 8 颗持续可见的卫星,这些卫星都可以作为静态链路的选择,下面将分析如何选择这些卫星作为矩阵 A 的元素。

由于 Walker 星座的对等性,每颗 MEO 卫星的空间特性与其他卫星都是一致的[21-22],下面不妨以第一轨道面的第一颗 MEO 卫星 MEO11 为例,分析在星座中与之持续可见卫星链路的特性。

在每颗 MEO 卫星的 8 颗持续可见的卫星中,有 4 颗与源卫星是同轨卫星,其余 4 颗平均分布在另外两个 MEO 卫星轨道上,以 MEO11 为例,与之持续可见的 MEO 卫星有 MEO13、MEO14、MEO16、MEO17、MEO21、MEO24、MEO35、MEO38。

在这些卫星中,取几颗作为星座的静态链路是本节将探讨的问题。下面从通信

性能与定位精度两个角度分别对不同数量的静态链路的性能进行分析,通信性能取境外卫星转发跳数作为衡量依据,定位精度取卫星的几何分布因子作为衡量依据。

1) 链路几何因子

PDOP 是衡量一个定位系统定位精度的重要标准之一[22]。当 PDOP 过大时,卫星定位时将有很大概率出现一个较大的定位误差。由于 PDOP 值与卫星的空间几何分布有着十分密切的关系,通常使用 PDOP 值的大小来衡量当前卫星是否有着较好的几何分布。

本节对 4 条静态链路和 8 条静态链路的 PDOP 值分别进行了计算,定位点取 MEO11 卫星,当 PDOP 值大于 100 时,此时的定位将视为无效处理。

从图 5.10 和图 5.11 可以看出,当静态链路仅取同轨和异轨中的各 2 条时,卫星的 PDOP 值大多情况下为 10~20,而在某些时刻,PDOP 值会迅速增加,这是由于 Walker 星座随时间规律性变化,在这些时刻刚好 4 颗卫星几乎处于同一水平面下造成的[23];而当静态链路取 8 条时,PDOP 值可以维持在 3~5,定位效率大幅增加。

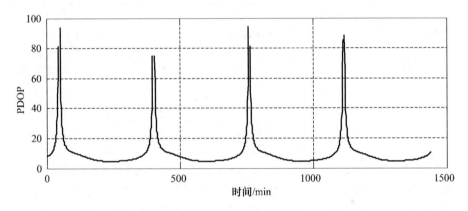

图 5.10　4 条静态链路(同轨 2 + 异轨 2)的 PDOP 值

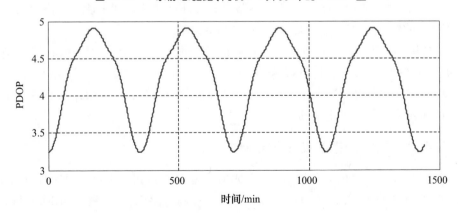

图 5.11　8 条静态链路(同轨 4 + 异轨 4)的 PDOP 值

2）境外星转发跳数

由于本节的星间链路的主要应用模式为地面站上注,星间链路转发,从通信角度来看,转发的次数越少,则数据在自由空间中传播的也就越少,数据丢失概率也会相应减少,且由于星载资源十分稀缺,转发次数增多势必会对其路由计算以及转发缓存带来更大的压力,因此认为星间转发次数越少,则链路设计越优。

分析对象为系统中的 Walker 星座的 24 颗 MEO 卫星,地面站采用双地面站,地面站仰角限制为 5°和 10°,仿真周期为一周。表 5.5 为 3/4/8 条静态链路下境内与境外卫星时间传递跳数百分比仿真结果。

从表 5.5 中可以看出,3 条静态链和 4 条静态链的平均跳数过高,两跳概率较大,且一旦地面站仰角限制增大,则两跳概率也会随之变大很多;而 8 条静态链在两个地面站的仰角限制均为 10°的情况下,均能达到 1% 以下的两跳概率,再加上动态链路的补充,8 条静态链可以做到一跳概率为 100%,而不受地面站仰角过多的限制。

表 5.5　3/4/8 条静态链路下境内至境外卫星时间传递跳数百分比

链路数 仰角	双地面站 （仰角限制 5°）		双地面站 （仰角限制 10°）	
3 条链 （2 条同轨 +1 条异轨）	一跳概率	两跳概率	一跳概率	两跳概率
	83.06%	16.94%	78.13%	21.87%
4 条链 （2 条同轨 +2 条异轨）	一跳概率	两跳概率	一跳概率	两跳概率
	92.94%	7.06%	89.817%	10.183%
8 条链 （4 条同轨 +4 条异轨）	一跳概率	两跳概率	一跳概率	两跳概率
	99.7%	0.3%	99.2%	0.8%

综上所述,无论是从通信还是定位精度角度出发,在不含动态链路的基础上,8 条静态链路都能给当前的网络拓扑带来一个比较好的性能,为星间链路的时隙划分提供一个优质的基础,相比之下,4 条链路和 3 条链路的选择则不能适应当前网络需要,因此,矩阵 A 的列数 a 取 8,A 表示链路连接情况。

但是从 PDOP 和最小跳数概率两者来看,静态链路的性能依旧不很理想,特别是 PDOP 值仍在 3 ~ 5 之间,对于达到导航卫星自主定轨的高精度双向测距功能仍有一定的距离;而在 10°仰角限制下的境外卫星两跳概率也接近 1%,因此动态链路矩阵 $B(t)$ 的加入依旧是很有必要的。

5.4.2　星间静态链路规划设计

由于 Walker 星座的对称性质,每颗 MEO 卫星的持续可见卫星是呈对称分布的,同轨的 MEO13 与 17、MEO14 与 16 呈现完全一样的链路属性,异轨的 MEO21 与 38、MEO24 与 35 的变化规律也基本一致。表 5.6 列举了 MEO11 卫星的持续可见链路的各项属性值。

表 5.6　MEO11 卫星持续可见链路属性一览

卫星编号	距离/km	俯仰角/(°)	同时存在境内概率 P
MEO13、17	37304	45.0	38%
MEO14、16	48740	67.5	10%
MEO21、38	29466～47562	34.1～64.4	34%
MEO24、35	32386～49225	38.0～69.4	25%

表 5.6 的最后一栏为 MEO11 卫星与目标卫星同时存在境内的概率,即两颗卫星同时存在于地面站的天线波束范围内。由于星间链路的最主要功能是完成地面站—境内卫星—境外卫星的数据转发功能,因此当两颗卫星同时存在于境内时,这样的星间链路对于数据的转发而言是没有必要存在的,其存在反而会对星间链路的效能造成一定负面的影响。因此对于概率 P 越大的链路而言,其使用的优先级应该要小于概率 P 较小的链路。

将这些链路进行分类,MEO11 与 MEO13、17 及其他 MEO 相应的链路称为链路 A,与 MEO14、16 及其他 MEO 相应的链路称为链路 B,与 MEO21、38 及其他 MEO 相应的链路称为链路 C,与 MEO24、35 及其他 MEO 相应的链路称为链路 D。图 5.12 反映了同轨链路 A 与 B 的拓扑情况。由图 5.12 不难看出,静态链路中的同轨链路 A(实线)和 B(虚线)均是比较典型的星型拓扑。图 5.13 为静态链路中的异轨链路拓扑图。

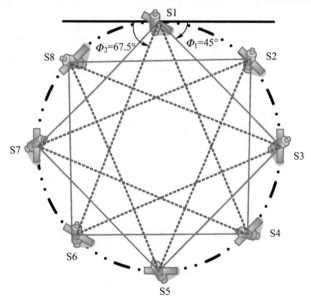

图 5.12　静态链路中的同轨链路拓扑图

秉承优质链路优先建链的原则,将这 8 条链路按照 BDCA 的顺序排入超帧的前 8 个时隙中去。由于这些链路一直存在,因此对于所有的超帧都可以按照该方式处理,那么可以得到分块矩阵 A 的第一行 A_1 为

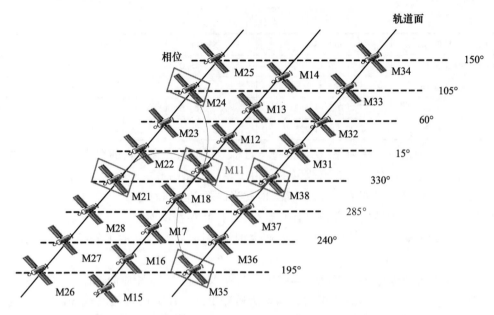

图 5.13 静态链路中的异轨链路拓扑图(M 即 MEO)(见彩图)

$$A_1 = \begin{bmatrix} M14 & M16 & M24 & M35 & M21 & M38 & M13 & M17 \end{bmatrix} \quad (5.31)$$

同理可以得到矩阵 A 的其他行,那么星间静态链路时隙规划如表 5.7 所列。

表 5.7 星间静态链路时隙规划表

时隙	时隙 1	时隙 2	时隙 3	时隙 4	时隙 5	时隙 6	时隙 7	时隙 8
MEO11	M14	M16	M24	M35	M21	M38	M13	M17
MEO12	M17	M15	M25	M36	M14	M18	M31	M22
MEO13	M16	M18	M37	M26	M11	M15	M23	M32
MEO14	M11	M17	M38	M27	M12	M16	M33	M24
MEO15	M18	M12	M28	M31	M17	M13	M25	M34
MEO16	M13	M11	M21	M32	M18	M14	M35	M26
MEO17	M12	M14	M33	M22	M15	M11	M27	M36
MEO18	M15	M13	M34	M23	M16	M12	M37	M28
MEO21	M24	M26	M16	M34	M23	M27	M11	M31
MEO22	M27	M25	M35	M17	M24	M28	M32	M12
MEO23	M26	M28	M36	M18	M21	M25	M13	M33
MEO24	M21	M27	M11	M37	M22	M26	M34	M14
MEO25	M28	M22	M12	M38	M27	M23	M15	M35
MEO26	M23	M21	M31	M13	M28	M24	M36	M16
MEO27	M22	M24	M32	M14	M25	M21	M17	M37

(续)

时隙	时隙1	时隙2	时隙3	时隙4	时隙5	时隙6	时隙7	时隙8
MEO28	M25	M23	M15	M33	M26	M22	M38	M18
MEO31	M34	M36	M26	M15	M33	M37	M12	M21
MEO32	M37	M35	M27	M16	M34	M38	M22	M13
MEO33	M36	M38	M17	M28	M31	M35	M14	M23
MEO34	M31	M37	M18	M21	M32	M36	M24	M15
MEO35	M38	M32	M22	M11	M37	M33	M16	M25
MEO36	M33	M31	M23	M12	M38	M34	M26	M17
MEO37	M32	M34	M13	M24	M35	M31	M18	M27
MEO38	M35	M33	M14	M25	M36	M32	M28	M11

由于高轨卫星并不存在与其他卫星的持续可见链路,因此在静态链路的时隙中,这些卫星都应处于闲置状态,即

$$A_x = 0 \quad x \in [25,30] \tag{5.32}$$

式中:A_x表示分块矩阵A的第x行。

5.4.3 星间动态链路规划设计

卫星的动态链路与静态链路比较,其主要区别仅在于静态链路永久存在,而动态链路只有周期中的部分时段有效[24],因而,对于动态链路而言,其可见的可能性的大小也是其关键评价因素之一。

同样以MEO11为例分析MEO卫星的非持续可见链路,如表5.8所列,不难发现,卫星双方同时存在境内的概率与其可见时间的变化规律基本一致,同时存在境内概率小的链路,其可见时间也就基本越长,也就是说链路的质量就高,反之则链路的质量越低。

表5.8 MEO11卫星非持续可见链路(MEO)属性一览

卫星编号	距离/km	俯仰角/(°)	同时境内概率	可见时间占比
MEO22、37	35974~51195	43.0~76.0	23%	75%
MEO23、36	36923~51195	44.5~76.0	20%	69%
MEO25、34	26378~43701	30.0~55.9	34%	67%
MEO26、33	26378~38667	30.0~47.1	45%	47%
MEO27、32	26378~37670	30.0~45.6	58%	44%
MEO28、31	26378~41676	30.0~52.2	48%	58%

通过以上分析可以得出,规划动态链路的方法可以与规划持续可见链路的方法相类似,遵循优质链路优先排列的原则,但由于动态链路并非时时可见,且变化速率快,不稳定,因此在此原则的基础上,还应加入不可见链路不能建链,以及尽量满足境

内星—境外星建链的原则。因此本章考虑在动态 MEO 链路的基础上加入高轨卫星链路,以增强星座的境内分布,这样当境内 MEO 卫星数量不足时,可以通过高轨卫星转发给境外 MEO 卫星。

综合考虑以上时隙划分的原则,具体的动态链路时隙划分的步骤如下:

步骤 1:按照与静态链路相同的方法,将每颗 MEO 卫星的 12 颗非持续可见 MEO 卫星排布进后 12 个时隙当中,得到固定阵列的动态链路阵 $\boldsymbol{B}$:

$$\boldsymbol{B} = \begin{bmatrix} M_1 & M_2 & M_3 & M_4 & M_5 & \cdots & M_{11} & M_{12} \\ \vdots & M_i & M_j & \cdots & M_k & \cdots & M_m & \vdots \\ \vdots & M_n & M_o & \cdots & \cdots & \cdots & \cdots & \vdots \end{bmatrix} \quad (5.33)$$

步骤 2:去除矩阵 $\boldsymbol{B}$ 中的不可见链路,以及境外星—境外星链路,并将原链路相应的卫星置入 0,意为待机,重新得到矩阵 $\boldsymbol{B}$:

$$\boldsymbol{B} = \begin{bmatrix} M_1 & M_2 & \cancel{M_3}0 & M_4 & M_5 & \cdots & \cancel{M_{11}} & M_{12} \\ \vdots & M_i & \cancel{M_j}0 & \cdots & M_k & \cdots & M_m & \vdots \\ \vdots & \cancel{M_n}0 & M_o & \cdots & \cdots & \cdots & \cdots & \vdots \end{bmatrix} \quad (5.34)$$

步骤 3:将高轨卫星(GEO/IGSO)排列进待机的 MEO 卫星序列中去,具体的排列方法为用可见的高轨卫星优先满足待机时隙最多的 MEO 卫星,根据待机时隙的多少来决定 MEO 排列高轨卫星的优先级,那么矩阵 $\boldsymbol{B}$ 可以变化为

$$\boldsymbol{B} = \begin{bmatrix} M_1 & M_2 & I(t) & M_4 & M_5 & \cdots & 0 & M_{12} \\ \vdots & M_i & G(t) & \cdots & M_k & \cdots & M_m & \vdots \\ \vdots & 0 & M_o & \cdots & \cdots & \cdots & \cdots & \vdots \end{bmatrix} \quad (5.35)$$

步骤 4:为了满足矩阵 $\boldsymbol{B}$ 中剩余的待机 MEO 卫星,再剔除矩阵中的境内星—境内星链路,并将原链路相应的卫星置入 0,则

$$\boldsymbol{B} = \begin{bmatrix} M_1 & \cancel{M_2}0 & I(t) & M_4 & M_5 & \cdots & 0 & M_{12} \\ \vdots & \cancel{M_i}0 & G(t) & \cdots & M_k & \cdots & \cancel{M_m}0 & \vdots \\ \vdots & 0 & M_o & \cdots & \cdots & \cdots & \cdots & \vdots \end{bmatrix} \quad (5.36)$$

步骤 5:将现矩阵 $\boldsymbol{B}$ 中的待机的境内卫星与境外卫星依次相连,剩余的待机卫星也尽可能多地连接起来,留下个别的待机卫星,这样可以得到最终的 $\boldsymbol{B}$ 矩阵:

$$\boldsymbol{B} = \begin{bmatrix} M_1 & M(t)_1 & I(t) & M_4 & M_5 & \cdots & M(t)_3 & M_{12} \\ \vdots & 0 & G(t) & \cdots & M_k & \cdots & M(t)_4 & \vdots \\ \vdots & M(t)_2 & M_o & \cdots & \cdots & \cdots & \cdots & \vdots \end{bmatrix} \quad (5.37)$$

综上所述,将得到的矩阵 $\boldsymbol{A}$ 与矩阵 $\boldsymbol{B}$ 拼接起来,就可以得到一个时隙内的链路规划表。

下面对设计的链路规划的性能进行仿真分析,主要从 PDOP 值和由 5.2 节分析

的通信时延两个角度对链路规划的性能进行评价,表5.9所示为链路规划仿真条件。

表5.9　链路规划仿真条件

条件	数值
仿真周期	7天
地面站选择	双地面站
地面站仰角限制	5°
规划方案	静态+动态/静态

1) PDOP 值

图5.14为"静态+动态"规划方案下的平均PDOP值仿真结果,可以发现,星座的平均PDOP值为1.1～1.5。而由图5.11可得,静态链路的PDOP值为3～5,因此"静态+动态"规划方案比仅静态链路的定位性能得到了较大幅度提升。

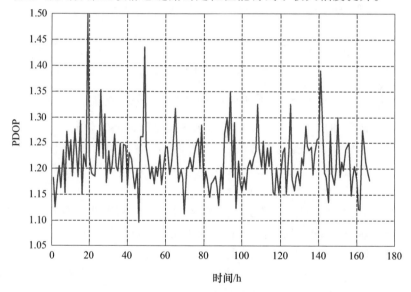

图5.14　"静态+动态"规划方案下的平均PDOP值仿真结果

2) 通信时延

图5.15为两种方案的地面站至境外卫星的平均通信时延对比,可以发现"静态+动态"规划方案比仅静态链路的平均通信时延降低了约30%左右,因此其通信性能也得到了较大幅度的提升。

5.4.4　兼顾星间测量与通信链路规划

经过对MEO卫星静态链路和动态链路的规划,能够基本实现境内星—境外星的通信与测量任务,但是规划矩阵中仍然存在着较多的空闲链路,并且GEO/IGSO卫星对混合型导航星座星间通信与测量的性能有较大的提升,因此,可以通过调整规划

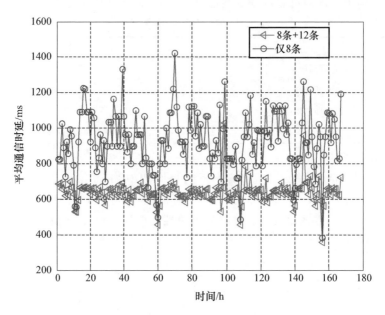

图 5.15 两种规划下的通信时延对比（见彩图）

矩阵中的空闲链路和加入 GEO/IGSO 卫星来优化星间链路的分配。

对链路分配的优化分为两个方面：一个方面是对星间测量的优化，另一方面是对境内星—境外星通信的优化，最后再通过加入 GEO/IGSO 卫星来提高整网的测量和通信的性能，分为以下三步进行：

第一步：星间测距的优化。轨道确定所需求的星间测距并没有对卫星观测顺序的要求，只要保证在一定的周期内有足够多、精度好的星间测距量即可。星间 PDOP 值作为星间观测的评价标准，可以用来计算卫星的每条星间链路对其 PDOP 的贡献。通过实验发现，在静态链路观测量的基础上，只需再保证有两条较好的动态链路观测，即可将 PDOP 值降至 3（GPS 的 PDOP 指标要求为小于 3）以下，从而能够获得较好的轨道确定精度。

如图 5.16 所示给出了 MEO11 卫星静态链路和增加动态后 PDOP 值，可以看出，如果在每一次规划周期中，在静态链路的基础上，增加观测好的动态链路，就能很好地控制星间 PDOP 值。因此，星间测距的优化就是保证在每个规划周期中，从每颗 MEO 卫星的可见星中选择出 PDOP 值好的卫星建立动态链路，保证不会在后面的优化中断开。

第二步：境内星—境外星通信的优化。星间 PDOP 的优化能够以最少的链路保证导航星座 PDOP 值的指标要求以及基本的境内星—境外星通信性能，但是并没有将通信性能提至最大化。这是因为在链路分配中不仅存在着境内星—境外星链路，还有部分境内星—境内星链路和境外星—境外星链路。以某地面站进行观测，某时

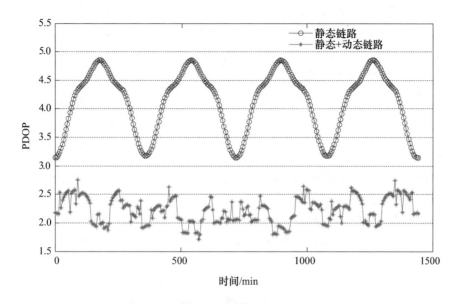

图 5.16　MEO11 卫星优化后的 PDOP 值

刻观测到的境内星有 MEO11、MEO12、MEO13、MEO24、MEO25、MEO32、MEO33 和 MEO34（即 1、2、3、12、13、18、19、20 号星）共 8 颗，则规划表中的境内星—境外星链路部分如图 5.17 所示，其中，灰色部分为境内星—境外星链路，只占所有 MEO 卫星链路的 41.25%。

时隙										
时隙1,2	[1, 4]	[2, 7]	[3, 6]	[5, 8]	[9, 12]	[10, 15]	[11, 14]	[13, 16]	[17, 20]	[18, 23]	[19, 22]	[21, 24]
时隙3,4	[1, 6]	[2, 5]	[3, 8]	[4, 7]	[9, 10]	[10, 13]	[11, 16]	[12, 15]	[17, 22]	[18, 21]	[19, 24]	[20, 23]
时隙5,6	[1, 12]	[2, 13]	[3, 23]	[4, 24]	[5, 16]	[6, 9]	[7, 19]	[8, 20]	[10, 21]	[11, 22]	[14, 17]	[15, 18]
时隙7,8	[1, 21]	[2, 22]	[3, 14]	[4, 15]	[5, 17]	[6, 18]	[7, 10]	[8, 11]	[9, 20]	[12, 23]	[13, 24]	[16, 19]
时隙9,10	[1, 10]	[2, 11]	[3, 12]	[4, 13]	[5, 19]	[6, 20]	[7, 21]	[8, 22]	[9, 18]	[14, 23]	[15, 24]	[16, 17]
时隙11,12	[1, 23]	[2, 24]	[3, 17]	[4, 18]	[5, 14]	[6, 15]	[7, 13]	[8, 16]	[9, 22]	[10, 19]	[11, 20]	[12, 21]
时隙13,14	[1, 11]	[2, 23]	[3, 13]	[4, 17]	[5, 15]	[6, 19]	[7, 9]	[8, 21]	[10, 20]	[12, 22]	[14, 24]	[16, 18]
时隙15,16	[1, 22]	[2, 12]	[3, 24]	[4, 14]	[5, 18]	[6, 16]	[7, 20]	[8, 10]	[9, 19]	[11, 21]	[13, 23]	[15, 17]
时隙17,18	[1, 13]	[2, 21]	[3, 15]	[4, 23]	[5, 9]	[6, 17]	[7, 11]	[8, 19]	[10, 22]	[12, 24]	[14, 18]	[16, 20]
时隙19,20	[1, 20]	[2, 14]	[4, 16]	[5, 24]	[6, 10]	[7, 22]	[8, 12]	[9, 21]	[11, 23]	[13, 15]	[17, 19]
时隙21,22	[1, 3]	[2, 8]	[4, 6]	[5, 7]	[9, 11]	[10, 12]	[13, 15]	[14, 16]	[17, 18]	[20, 22]	[21, 23]	[22, 24]
时隙23,24	[1, 9]	[2, 17]	[3, 11]	[4, 19]	[5, 13]	[6, 21]	[7, 15]	[8, 23]	[10, 18]	[12, 20]	[14, 22]	[16, 24]
时隙25,26	[1, 24]	[2, 10]	[3, 18]	[4, 12]	[5, 20]	[6, 14]	[7, 22]	[8, 16]	[9, 17]	[11, 19]	[13, 21]	[15, 23]
时隙27,28	[1, 14]	[2, 9]	[3, 22]	[4, 20]	[5, 12]	[6, 13]	[7, 24]	[8, 10]	[11, 18]	[15, 23]
时隙29,30	[1, 17]	[2, 18]	[3, 10]	[4, 11]	[5, 21]	[6, 22]	[7, 14]	[8, 15]	[9, 24]	[12, 19]	[13, 20]	[16, 23]
时隙31,32	[1, 15]	[2, 19]	[3, 9]	[4, 21]	[5, 11]	[6, 23]	[7, 13]	[8, 17]	[10, 24]	[12, 18]	[14, 20]	[16, 22]
时隙33,34	[1, 18]	[2, 16]	[3, 20]	[4, 10]	[5, 22]	[6, 12]	[7, 24]	[8, 14]	[9, 23]	[11, 17]	[13, 19]	[15, 21]
时隙35,36	[1, 16]	[2, 15]	[3, 19]	[4, 9]	[5, 10]	[6, 11]	[7, 23]	[8, 13]	[17, 23]	[18, 24]	[19, 21]	[20, 22]
时隙37,38	[1, 19]	[2, 20]	[3, 21]	[4, 22]	[5, 23]	[6, 24]	[7, 17]	[8, 18]	[9, 15]	[10, 16]	[11, 13]	[12, 14]
时隙39,40	[1, 7]	[2, 4]	[3, 5]	[6, 8]	[9, 22]	[10, 23]	[11, 24]	[12, 17]	[13, 18]	[14, 19]	[15, 20]	[16, 21]

图 5.17　境内星—境外星链路分析图

因此，境内星—境外星通信的优化具体是指：

（1）计算境内星集合；

（2）遍历规划矩阵中的动态链路部分，将除了第一步中选择的链路外的非境内星—境外星链路拆散,置为待机状态。

（3）依次遍历每个时隙中的待机卫星,将待机的境内星与境外星建立链路。

第三步:GEO/IGSO 卫星的加入。根据前面分析,平均每个时刻约有 8 颗境内 MEO 星,远少于 24-8=16 颗境外 MEO 卫星,而同时 GEO/IGSO 卫星能保持很好的境内可见性。因此,为了更进一步的提升境内星—境外星的通信性能,将经过第 2 步优化后的每个时隙中剩下的待机 MEO 卫星与境内 GEO/IGSO 卫星建立星间链路,并且将境内 GEO/IGSO 卫星优先与待机时隙多的 MEO 卫星建立星间链路。综上分析,导航卫星链路分配的优化流程如图 5.18 所示。

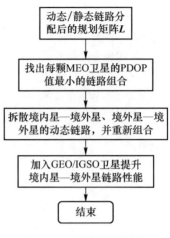

图 5.18　导航卫星链路分配的优化流程

5.5　星间转发路径规划

从前面设计的时隙规划表中可以发现,在某个超帧内,全星座的卫星并不是两两都可以互相连接的,当数据从一颗卫星到达另一颗不可直接观测的卫星时,就需要中继卫星来完成数据转发的工作。

对于星间的中继转发,其原理与地面网络中的路由节点是一样的。对于需要转发的数据而言,择取并优化适当的度量代价是选择转发策略的最关键因素。在地面网络中,通常优先选择最短路径的路由算法[25]。最短路径的度量可以是源节点与目标节点之间的物理链路的距离之和最短,也可以是转发跳数最少,除此之外,带宽、信息量、队列长度、边界条件等因素也会被考虑进去,通过修改不同的权重函数,以达到衡量最短路径的目的。

比较经典的最短路径算法有广度优先搜索算法、Dijkstra 算法和 Bellman-Ford 算法等。其中,Dijkstra 算法就是通过计算数据从源节点到达目的节点的最小跳数为标准来选择最短路径的。

由于星间链路承担的主要通信任务在星间中继转发方面,主要完成地面站—境内星—境外星或者卫星—可见卫星—不可见卫星的数据转发任务,当中继的跳数增加时,星间通信代价的增长是十分迅速的,因此这里采取简化的 Dijkstra 算法来作为星间转发路径的选择判据,以转发的跳数来作为星间中继的度量代价[26]。

首先分析星座中的各个节点与其他所有节点通信需要的最少跳数。对于境内站—境内星—境外星的中继链路,选择某地作为地面站的安置地点,对于地面站的天线而言,认为采用的是类似于星间链路的窄波束天线,其与卫星的建链可以是可见范围内的任意时刻,且不在星间链路的时分体制内,独立于星间链路的通信[27]。由于高轨卫星始终处于地面站的视线内,因此,这里主要分析 MEO 卫星在境外时,地面上注信息所需要的最少转发跳数。表 5.10 为星地可见性仿真条件。

境外卫星最少中继跳数仿真结果如图 5.19 所示。

表 5.10　星地可见性仿真条件

条件	数值
仿真周期	7 天
地面站选择	双地面站
地面站仰角限制	10°

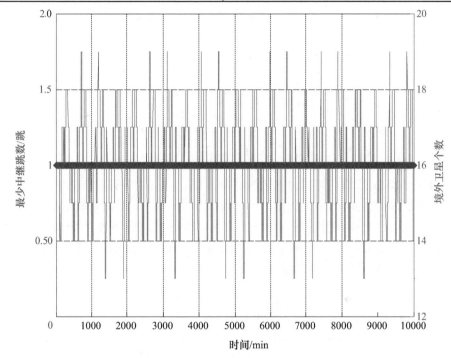

图 5.19　境外卫星最少中继跳数仿真结果

由图 5.19 可以看出,在整个周期内,境外卫星的数量从 13~19 不等,然而不论境内外卫星数量的多少,从地面站上注信息到境外 MEO 卫星接收,最少中继跳数只要一跳,即总是可以找到合适的地面站—境内星—境外星的链路来完成信息的传输。

如图 5.20 所示,对于境外星而言,每颗境外星其实可以同时观测到多颗境内卫星,因此作为中继卫星的境内卫星哪颗最优依旧需要通过度量来评价与选择。

地面站上注信息的时刻,与中继卫星将信息转发给目标卫星的时刻,通常并不是同时发生的,中间可能会有若干时隙的等待时间,称为上注时延。如图 5.21 所示,地面站产生数据并上注给所有中继卫星(S1,S2,S3)的时刻均为 t_0,目标节点为 S4,而

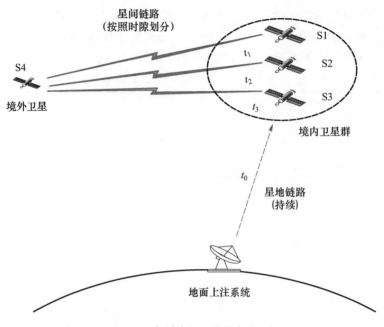

图 5.20　多颗中继卫星节点的选择

S1、S2、S3 与 S4 虽然均在超帧内有建链时隙,但存在先后顺序,不难发现,虽然 S1 与 S4 建链最早,但发生时刻早于数据产生时刻,需等待下一个超帧才能建链,等待时延 t_1 个时隙,而 S2 与 S3 的建链时刻在数据产生时刻之后,且 S2 先于 S3,S2 只需等待 t_2 个时隙而 S3 需要等待 t_3 个时隙,很明显存在 $t_1 > t_3 > t_2$,因此此时 S2 可以是在与 S4 建链的所有境内卫星中的最佳中继节点。

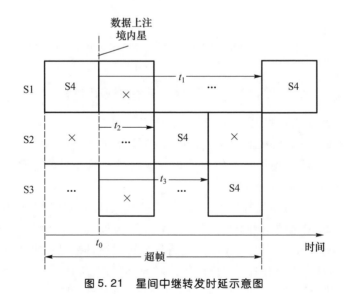

图 5.21　星间中继转发时延示意图

本书的路径选择方法在考虑简化的 Dijkstra 算法的最小跳数的基础上,增加的由数据产生时刻的等待时延的判定,可以称为基于最小跳数的等待时延优化路径算法,算法在境外卫星的所有 1 跳可达链路的基础上,选择中继卫星等待时延最小的链路作为数据的转发路径,可具体描述如下:

```
卫星 A:
if  卫星处于境外
then  遍历所有的时隙
     if  建链对象为境内
     then  上注时延 = 建链时刻 – 地面上注时刻
          if  上注时延 < 上一次上注时延
          then  中继节点 = 当前建链对象
          end
     end
end
```

5.6　卫星故障情况下的规划调整

卫星在运行过程中,会遇到多种多样问题的干扰,例如电子元件损坏、太阳能电池板失效、卫星偏离轨道、天线损坏等。在遇到这类问题时,若卫星已经不能正常工作,那么我们认为该卫星已经发生故障,不能正常应用于星间链路的建链过程。

在一张时隙规划表内,若某卫星已经被认定发生了故障,那么则与其相关的所有链路均做断路处理,所有原先可相连的卫星则全部在原时隙上置空,这样会对星间链路网络的效能造成很大影响[28]。那么此时,对链路作出相应的调整,是非常有必要的。

在发现有卫星发生故障后,本章对故障后的星间链路时隙规划的处理流程如下:
步骤 1:按照原格式排列静态链路和动态链路;
步骤 2:找到故障卫星,将故障卫星的所有时隙置为不可用,而所有链路与故障卫星在原先建链的时隙置为 0(待机);
步骤 3:对静态链路矩阵 A 中的待机时隙,按照 5.4.3 的步骤 3 的规则置入 IGSO/GEO 卫星;
步骤 4:对于 12 条动态链路矩阵 B,重复 5.4.3 中的步骤 2 ~ 步骤 5,完成卫星故障下的星间链路时隙规划。

5.7　基于动态任务触发的规划

导航星间链路网络系统为满足星座自身建设发展以及对特定目标提供天基服务时,会根据已完成的任务的数据处理结果,生成新的动态任务,插入到后续试验任务规划方案中。新任务的插入能够更好地满足动态环境下对不确定用户服务保障的需求。新任务的插入需要任务规划系统能够适应任务需求的动态增加,实现规划方案的快速调整。由于新任务的插入是一个动态过程,因而需要考虑动态任务插入情况下的资源规划重组。面向新任务插入的任务规划问题的解决方法一般可以分为两类:资源重新规划或局部调整[29]。

5.7.1 重新规划策略

重规划就是基于当前任务需求及星间链路时隙资源负荷度,重新建立完整的规划模型,采用各种规划算法重新规划,得到一个全局的优化解。使用重规划方法解决面向新任务插入的动态规划问题,得到的资源规划计划和原计划差异较大。如果原配置计划已经注入卫星,那么需要重新注入新的配置计划。配置计划的注入需要一定过程,只有当卫星和地面控制中心直接建立通信链路时才可以注入新的控制指令。如果新提交的任务时效性较强,可能新的控制指令来不及注入,任务已经过期。因此,这种规划方法适用于任务时效性要求不高的境况。

重规划和静态任务规划没有本质的区别,约束和目标函数是基本相同的。需要注意的是,重规划问题仍然属于动态任务规划问题,建模和求解之前需要重新明确需要规划的任务和当前时刻的可用资源。理论上,静态任务规划算法同样适用于重规划,但重规划对算法求解速度有一定要求,不仅关注解的质量,而且要求算法在较短的时间内能够给出一个满意解。

5.7.2 局部规划策略

局部规划是根据当前的资源状态和任务需求对原有的配置计划进行局部调整,使之满足新的任务需求。局部规划是建立在原有资源配置计划的基础之上,求解速度较快,对原有的配置计划影响较小。这种方法适用于原有任务和新提交的任务都具有较高的时效性。局部规划的过程中,除了考虑尽量插入用户提交的任务外,还应尽量使调整后的方案与初始方案的"差"最小。这是因为:

(1)卫星应用是一个复杂的过程,卫星工作指令需要专门的时间和设备进行上传。大规模的改变卫星工作指令需要一定过程,可能导致部分任务由于控制指令注入不及时而无法完成。

(2)当初始调度方案确定之后,相关用户根据初始方案中对自己需求的处理情况,可能会指定相应的进一步工作计划。一旦由于新任务的插入而造成的配置计划的大规模调整,势必影响用户的进一步行动,因此,应当将这种影响降到最低。

采用局部规划算法解决面向新任务插入的任务规划问题,同样需要重新确认当前时刻需要规划的任务需求和可选资源。至于各种约束表达同静态任务规划模型基本是相同的,目标函数需要增加保证资源配置计划调整最小的二级优化目标。

在解决面向新任务插入的任务规划问题时,采用哪种规划方法,需要根据任务要求决定。一般来说,如果任务时效性不强或资源配置计划尚未注入卫星,可以采用重规划方法得到较优的侦察计划,而当任务时效性较强,来不及大规模调整原有资源配置计划时,则应选择局部调整方法。

参考文献

[1] 吴光耀. 星间链路高效组网与网络传输协议研究[D]. 长沙:国防科学技术大学,2014.

[2] OLLIE L, LARRY B, ART G, et al. GPS Ⅲ system operations concepts[J]. IEEE Aerospace and Electronic Systems Magazine, 2005, 20(1):10-18.

[3] 吴光耀,陈建云,郭熙业,等.基于 TDMA 的星间链路时隙分配设计与仿真评估[J].计算机测量与控制,2014,22(12):4087-4090.

[4] Space Communication Achitecture Working Group. NASA space communication and navigation artchitecture recommendations for 2005-2030[R]. NASA, 2006:18-22.

[5] CHEN J Y, FENG X Z, LI X B, et al. GNSS software receiver sampling noise and clock jitter performance and impact analysis [C]//Precision Engineering Measurements and Instrumentation, Changsha,2015.

[6] 刘亚琼,杨旭海.GPS 星间链路及其数据的模拟方法研究[J]. 时间频率学报,2010,33(1):126-131.

[7] 王秉钧,王少勇.卫星通信系统[M]. 北京:机械工程出版社,2004:5-9.

[8] 秦勇,张军,张涛.TDMA 时隙分配对业务时延性能的影响[J]. 电子学报,2009,37(10):2277-2283.

[9] KAPLAN E D, HEGARTY C J. GPS 原理与应用[M]. 北京:电子工业出版社,2012:209-217.

[10] 杨霞,李建成.Walker 星座星间链路分析[J]. 大地测量与地球动力学,2012,32(2):113-147.

[11] 陈忠贵.基于星间链路的导航卫星星座自主运行关键技术研究[D]. 长沙:国防科学技术大学,2012.

[12] LI X B, WANG Y K, CHEN J Y. Time delay compensation of IIR notch filters for CW interference suppression in GNSS[C]//2013 IEEE 11th International Conference on Electronics Measurement and Instruments,Haerbin,106-109.

[13] 丁锐.SCPS-TP 协议在空间通信中的研究与仿真[D]. 成都:电子科技大学,2011:50-55.

[14] 李振东,何善宝,等.采用 Ka 频段的导航星座网络静态拓扑结构[C]//中国宇航学会学术年会,北京,2009.

[15] 任放,赵和平. CCSDS 邻近空间链路协议的初步探究[J]. 北华航天工业学院学报,2007,17(5):3-6.

[16] 王娜,张建华,张国华. 近距空间链路协议概述[J]. 空间电子技术,2011,8(1):51-5.

[17] 李雪,徐勇,王策,等.利用月面链路的月球车定位体制[J]. 北京航空航天大学学报,2008,34(2):183-7.

[18] 叶晓国. 空间通信协议 SCPS/CCSDS 研究综述[J]. 电信快报,2009,2:13-15.

[19] 陈振国,杨鸿文,郭文彬.卫星通信系统与技术[M]. 北京:北京邮电大学出版社,2003:5-45.

[20] 杨宁虎,陈力. 卫星导航系统星间链路分析[J]. 全球定位系统,2007(2):17-20.

[21] 何家富,姜勇,等. 一种具有异轨星间链路的Walker星座网络拓扑与路由生成方案[J]. 解放军理工大学学报(自然科学版),2009,10(5):409-413.

[22] KNOBLOCK E, KONANGI V, WALLETT T. Comparison of SAFE and FTP for the south pole TDRS relay system[C]//18th International Communications Satellite Systems Conference and Exhibit,Oakland,CA 2000.

[23] VERGADOS D J, SGORA A, VERGADOS D D, et al. Fair TDMA scheduling in wireless multi-hop networks[J]. Telecommunication Systems, 2012, 50(3):181-198.

[24] RYCROFT M J. Understanding GPS:principles and applications[J]. Journal of Atmospheric and Solar-Terrestrial Physics, 1996, 59(5):598-599.

[25] DUAN Z L, LIU H Y. Analysis on navigation receivers error sources[J]. Radio Engineering of china, 2009, 39(7): 37-40.

[26] 范丽. 卫星星座一体化优化设计研究[D]. 长沙:国防科学技术大学,2006.

[27] 瞿智. 星座星间链路测试验证关键技术研究[D]. 长沙:国防科学技术大学,2010.

[28] CHANG S, KIM B W, LEE C G, et al. FSA-based link assignment and routing in low-earth orbit satellite networks[J]. IEEE Transactions on Vehicular Technology, 1998, 47(3): 1037-1048.

[29] LEE J, KANG S. Satellite over satellite (SOS) network: a novel architecture for satellite network[J]. Proceedings of IEEE INFOCOM,2000 (1): 315-321.

第6章　导航星间链路网络传输协议

6.1　空间网络传输协议概述

在过去半个世纪中,信息网络从最初的若干台计算机互联实现实验数据共享发展到今天已经成为全球社会经济生活不可或缺的重要基础设施,满足人们获取信息、处理信息和分享信息的基本需求。随着信息技术的进步与业务需求的发展,传统地面信息网络也逐渐演化发展出无线自组织网络、移动互联网、物联网、网格、云、未来网络等各种各样不同的形式或分支,网络架构、协议体系与相关关键技术正不断发展演进。由各类卫星或各类航天器组成的实现信息获取、处理与传输的网络系统称为天基信息网络,是传统地面信息网络的重要补充。从信息网络发展之初,卫星一直发挥着至关重要的作用。由于卫星通信具有覆盖范围广、广播特性好等天然的优势,通信卫星始终是通信网络的重要形式,也是实现真正意义全球无缝覆盖的基本保障。另外,各类专用卫星系统,包括测绘、环境、气象、海洋、导航定位等,可以看作是一类特殊的传感器节点,能够提供在地球表面无法获得的信息。同时,随着小卫星(如Cubesat)、运载火箭(如 SpaceX)等空间技术的发展和普及,发射卫星获取空间信息的成本已大大下降,对于小型企业、机构甚至是个人不再是遥不可及的梦想。在可预见的未来,空间信息技术将不再仅仅服务于国家安全、应急救灾、环境气象等特殊行业,而将如同智能手机、导航定位等技术一样,催生各类创新应用和服务,推动经济产业快速发展,而为了保障空间信息实时高效可靠传输,各类空间信息系统需要天基信息网络的支持。此外,各类航天器,包括卫星、空间站、探测器、着陆器等,自身具有测控和信息获取、传输、处理、共享的需求,需要天基信息网络支持。然而,无论是在国内还是国外,各类卫星、航天器系统通常按照不同的功能需求独立发展,形成条块分割、自成体系的发展局面,导致一方面难以实现信息充分共享,信息需求无法得到充分满足,另一方面又造成大量设施重复建设、资源闲置的发展局面。当然,我们也应看到,受卫星平台技术、系统开发成本、行业划分等客观因素的影响,空间信息系统发展"烟囱林立"的局面有其必然性,各种专业空间信息系统难以统一整合替代。由于各类空间信息系统在信息获取、传输中具有不可替代的作用,未来信息网络发展必然要求突破当前以地面网络为主体的发展局面,形成未来天地一体化信息网络。目前,国际上在航天任务中研究和使用的网络协议主要有如下几类。

1) 基于地面 IP 标准的空间 IP 体系

TCP/IP 是当前地面互联网的主要形式,然而当把 TCP/IP 应用于卫星网络或天基信息网络时(仅考虑 GEO 以下的近地网络),面临以下四方面的主要挑战。一是较长的时延:GEO 1 跳的延时超过 256ms,较大的网络传播时延对 TCP 是一个巨大的挑战。二是空间节点运行中可能出现的中断,例如即使采用 GEO 覆盖,在两极区域仍会存在通信中断情况,TCP 难以保障中断后的通信自我恢复。三是由于 LEO 高速运动,与骨干网络的连接会造成拓扑的动态变化,包括 IP 地址的变化,会对 TCP/IP 造成比较大的困扰。四是 TCP 性能增强协议(PEP)通过 TCP 连接的分段在某种程度上克服长时延的影响,Mobile IP 等协议也可以在一定程度上解决动态接入问题,然而这类改进都将破坏原本协议分层的完整性,造成重大的安全隐患。因此,虽然商用 TCP/IP 已经开展过在轨实验,验证了其可用性,并且由于其较低的开发应用成本而受到欢迎,但是面向地面计算机互联开发的 TCP/IP 体系本身对于天基信息网络依然存在大量适应性改进的问题。

2) 基于空间数据系统咨询委员会(CCSDS)协议体系

1982 年,国际空间数据系统咨询委员会由全球主要航天组织机构联合成立,负责开发和建立适应航天测控和空间数据传输系统的各种通信协议和数据传输规范,旨在促进不同航天机构间的资源共享,增强系统的互联互通能力,减少航天发展的风险、时间、代价。为适应地面互联网的快速发展、与 TCP/IP 协议族兼容,CCSDS 针对空间通信协议相继进行了多次修改和升级,2012 年 9 月 CCSDS 发布了"IP over CCSDS Space Links"蓝皮书,允许在网络层使用地面互联网 IPv4 和 IPv6 数据包,并参考地面 IP 技术开发了一套涵盖网络层到应用层的空间通信协议规范:SCPS-FP(文件协议)、SCPS-TP(传输协议)、SCPS-NP(网络层协议)、SCPS-SP(安全协议)等,在其空间链路层协议(高级在轨系统(AOS)、遥控(TC)、遥测(TM)、Proximity-1)上实现 IP 数据分组的传输。CCSDS 协议体系的问题主要在于难以与地面互联网直接互操作,需要进行协议转换;静态路由支持能力强,但动态接入能力差。

3) 延迟容忍网络(DTN)

延迟/中断容忍网络是 JPL 针对星际互联网的研究提出的一种协议体系。它在应用层之下传输层之上引入了一个 Bundle 层(覆盖层),并通过使用存储转发方式克服网络的间歇中断问题。Bundle 层提供了类似于网关的功能,在各个底层协议之间(如 TCP/IP、CCSDS 等)提供互操作性,具有节点命名、保管传输、优先级划分等功能。DTN 通过存储转发方式解决了网络中存在的间断连接、长时延、数据传输速率不对称、误码率高等问题。存储转发方式将信息从一个存储节点传送到另一个节点,最终到达目的节点。由于空间飞行器运行轨迹通常是可预测的,在 JPL 星际覆盖网络的 DTN 实现中采用了连接图路由(CGR),利用已知的连接计划寻找最优的传播路径。DTN 协议体系目前还处于研究阶段,标准的制定刚刚起步,目前 Bundle 层协议无法解决可靠性问题,它没有面向错误探测,拒收破损的 Bundle 或 Bundle 元数据的校验的支持。同时 DTN 在拥塞控制方面的研究还比较缺乏。

6.2 CCSDS 协议标准

空间数据系统咨询委员会是一个国际性空间组织,成立于 1982 年,主要负责开发和采纳适合于空间通信和数据处理系统的各种通信协议和数据处理规范。到目前为止,参加该组织的有 11 个正式会员、28 个观察员和 140 个商业合作伙伴。11 个正式会员是意大利空间局(ASI)、英国国家空间研究中心(BNSC)、加拿大空间局(CSA)、法国国家太空研究中心(CNES)、德国航空航天研究院(DFVLR)、欧洲空间局(ESA)、巴西空间研究院(INPE)、美国国家航空航天局(NASA)、日本国家空间局(NASDA)、俄罗斯空间局(RCA)、中国国家航天局(CNSA)。国际上主要航天机构均参加了该组织,为该组织各项技术活动的开展提供支持。CCSDS 推出了一系列建议和技术报告,内容涉及分组遥测、遥控、射频、调制、时码格式、遥测信道编码、轨道运行、标准格式化数据单元、无线电外测和轨道数据等,反映了当前世界空间数据系统的最新技术发展动态。

CCSDS 目标是:主持制定和推广应用与空间信息有关的国际标准;指导各个空间组织的基础设施建设;获取最大的交互性;指导开发可扩展、集成快、成本低、满足不同用户交互操作的通用硬件与软件;实现支持空间飞行任务的合作与成果共享;将空间飞行任务信息系统与全球信息基础设施(GII)相结合。CCSDS 的 21 世纪战略目标是:建立和不断扩大空间飞行任务信息系统的配套交换能力,在整个太阳系建立一个国际性可交互的空间数据通信与导航基础设施;支持近地的、深空的以及飞向太阳系其他星体的飞行器,保证增强性、安全性和可靠性,减少任务成本和集成时间,提高空间信息的利用率。

CCSDS 推出的建议书具有显著的前瞻性和创新性。在至今为止的近百份建议书中,提出了大量的新概念系统和技术,引领着世界空间数据系统领域技术不断向前发展。20 世纪 80 年代,CCSDS 提出了以分包遥测、分包遥控为核心的常规在轨系统(COS),它以分包和虚拟信道动态调度的系统思想解决了中低速率异步数据流的传输问题,支持为多用户、多信源服务的开放式系统实现。目前已经成为世界航天器工程数据传输的主流体制。20 世纪 90 年代,CCSDS 以国际空间站需求为背景,提出了高级在轨系统(AOS),它是在 COS 基础上发展起来的,能够支持宽带数据传输,并提出了 8 种业务和 3 种业务质量等级。它把航天器的载荷数据和工程数据统一为一个数据流,改变了传统分离为两个数据流的做法,使系统更有效更开放。目前也已经成为大多数新航天器数据系统体制的首选方案,且 COS 可以兼容在 AOS 中。为了适应空间通信的特点,CCSDS 提出了空间通信协议规范(SCPS)和 CCSDS 文件传输协议(CFDP),它们都适用于使用大容量存储器的航天器,在空间进行大数据文件的可靠安全的传输与操作。针对空间航天器之间的邻近链路,CCSDS 开发了邻近链路协议,它是 CCSDS 的 COS 和 AOS 思想在邻近链路上的延伸,更能适应信号不弱、时延短、通信过程短和独立等邻近链路特点,提供了单工、半双工、全双工等灵活工作方式以及多频段的通信,采用先握手互设参数后通信的方法。由深空探测任务牵引,CCSDS 提出了下一代空间互联网的新概念,把地面互联网扩展到近空和深空。它不是简单地搬用地面互联网的做法,而是提出了建立动态利用空间链路的通信,整合端到端资源预留,实现移动 IP,保证安全等一系列措施。这些思想的实现,将不仅对深空,而且对近空空间飞行都会发生深刻的影响。除了对上述各类系统体制提出了许多新概念外,还对信道和调制技术、信息压缩技术、时间码格式等专项技术提出了不少新的方法,尤其对地面数据交换标准格式(SFDU)和交互支持方法做了大量标准化的规范研究,这些为未来国际广泛的空间合作打下了坚实的技术基础。

空间通信协议体系结构自下而上包括物理层、数据链路层、网络层、传输层和应用层。其中,每一层又包括若干个可供组合的协议。空间通信协议体系结构如图 6.1 所示。

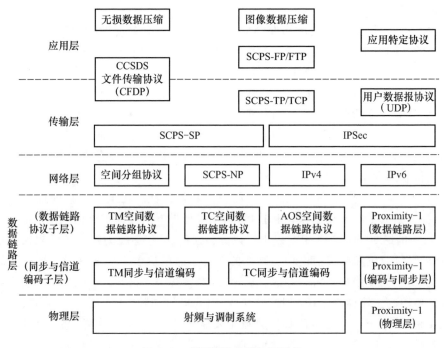

图 6.1 空间通信协议体系结构

1) 物理层

物理层标准包括两部分:无线射频和调制系统和 Proximity-1。无线射频和调制系统对星地之间使用的频段、调制方式等作出了定义。Proximity-1 是个跨层协议,规定了邻近空间链路物理层特性,包含物理层和数据链路层。物理层主要为同步和信道编码子层提供输入输出比特时钟和一些状态信息,如载波捕获信号。而数据链路层又包含五个子层:同步和信道编码子层、帧子层、媒体接入控制子层、数据服务子层和 I/O 子层。

2)数据链路层

CCSDS 数据链路层定义了数据链路协议子层和同步与信道编码子层。数据链路协议子层规定了传输高层数据单元的方法。数据链路层以传送帧(transfer frame)为传输单元。同步与信道编码子层规定了在空间链路上传送帧的同步与信道编码方法。

CCSDS 开发了数据链路层协议子层的以下四种协议:TM 空间数据链路协议、TC 空间数据链路协议、AOS 空间数据链路协议,以及 Proximity-1 空间链路协议的数据链路层。这些协议提供了在单条空间链路上的数据传输功能,统称为空间数据链路协议(SDLP)。与之相对应,CCSDS 还开发了数据链路层的同步与信道编码子层三个标准:TM 同步与信道编码、TC 同步与信道编码,以及 Proximity-1 空间链路协议的编码与同步层标准。TM 和 AOS 空间数据链路协议使用底层的 TM 同步与信道编码。TC 空间数据链路协议使用底层的 TC 同步与信道编码。Proximity-1 空间链路协议具有数据链路层和物理层的功能,其中,Proximity-1 空间链路协议的数据链路层使用底层的 Proximity-1 同步与信道编码。

3)网络层

网络层空间通信协议实现空间数据系统的路由功能。空间数据系统包括星上子网和地面子网两大部分。CCSDS 开发了两种网络层协议:空间分组协议(SPP)和 SCPS-NP。网络层的协议数据单元通过空间数据链路协议传输。路由是根据协议数据单元(PDU)的地址决定的。这两个协议都不提供重传功能,重传由高层协议保证。在某些情况下,空间分组协议(SPP)的数据单元的源和目的地址可以标识为相应的应用进程,此时,该协议既作为网络层协议,又作为应用层协议。为了同现有的地面网相兼容,网络层使用封装技术后,互联网的 IPv4 和 IPv6 分组也可以通过空间数据链路协议传输,可与 SPP、SCPS-NP 复用或独用空间数据链路。SCPS-NP 提供了可选择的路由方案与灵活的路由表维护方案,对空间网络动态拓扑的特点具有良好的适应性。SCPS-NP 主要的不足在于不支持与 IPv4 或者 IPv6 的互操作。若要将网络层基于 SCPS-NP 的网络与基于 IPv4 或者 IPv6 的网络互联,则需要将 SCPS-NP 头转换为 IPv4 或者 IPv6。然而这种转换必然会损失 SCPS-NP 的部分功能。

4)传输层

CCSDS 开发了传输层 SCPS-TP,向空间通信用户提供端到端传输服务。CCSDS 还开发了 CFDP,CFDP 既提供了传输层的功能,又提供了应用层文件管理功能。传输层协议的协议数据单元通常由网络层协议传输,在某些情况下,也可以直接由空间数据链路协议传输。互联网的传输控制协议(TCP)、用户数据报协议(UDP)可以基于 SCPS-NP、IPv4 或 IPv6。

作为一个传输层协议,SCPS-TP 也提供可靠的、面向字节的数据流传输服务。但与 Internet 的 TCP 相比,SCPS-TP 进行了如下几个方面的改进:使用 TCP 分离(TCP-splitting)技术,这使得 SCPS-TP 的可靠性是通过在端到端路径中各段的可靠性来获得的;SCPS-TP 使用选择性否定确认(SNACK),而不是 TCP 中使用的确认(ACK)。这样在 SCPS-TP 中就不用为每个发送的数据包都发送一个确认,而是发送方定期地要求接收方对它已经成功接收到的数据包进行确认,这样就减少了确认发送的数量,从而减轻了通信链路负载。此外,SCPS-TP 中没有重传定时器,也不在传输数据之前通过三次握手建立连接。

CFDP 是 CCSDS 的协议栈中最重要的协议之一,它不仅提供一般的文件传输功能,还具有文件管理功能;此外,CFDP 自身还具有可靠传输机制,并不需要通过下层协议来获得可靠性。CFDP 的重转机制具有以下特点:没有连接协议;不等收到一个传输数据单元的确认后再传其他的数据单元;重转缓冲区一般使用非易失性的存储器。目前的 CFDP 包括三种机制:文件处理机制、点到点的可靠传输机制和利用下层空间链路进行数据传输服务机制。

SCPS-SP 和互联网安全协议可以与传输协议结合使用,提供端到端数据保护能力。SCSP-SP 是 SCPS 协议簇中唯一涉及安全保障的协议,提供数据完整性检查、机密性机制、身份认证和接入控制服务,以防止数据受到攻击。

5)应用层

应用层空间通信协议向用户提供端到端应用服务,如:文件传输和数据压缩,CCSDS 开发了 SCPS 文件协议 SCPS-FP、无损数据压缩、图像数据压缩 3 个应用层协议。每个空间项目也可选用非 CCSDS 建议的特定应用协议,以满足空间项目的特定需求。应用层 PDU 通常由传输层协议传输,某些情况下,也可以直接由网络层协议传输。其中,CCSDS 文件传输协议(CFDP)具有传输层和应用层功能。制定无损数据压缩和无损图像压缩的目的都是为了能尽量多地传回有用的数据,同时尽量少地占用星上的存储资源和链路带宽。

对照 ISO/OSI 参考模型(RM),CCSDS 建议书规定了空间信息网的概念模型,即 CCSDS 用户驻地网(CPN)。CPN 由星载网、地面网以及空间链路子网(SLS)3 个子网组成(图 6.2),其中的核心是 SLS。地面网包括整个地面支持网络,既有航天专用网,也有公用网。它既包括地基系统,也包括通过通信卫星的中继系统。CCSDS 主网的概念模型(图 6.2)已经得到广泛认可,这是天地一体化的概念模型,是完整的能向用户提供端到端的数据流通的网络模型。通常所说的航天通信测控网主要是指航天专用网,是整个空间信息网的一部分。

CPN 提供了能够双向传输信息的 8 种业务,以支持不同类型的用户需求。它们分别是网间业务、路径业务、包装业务、多路复用业务、位流业务、虚拟信道访问业务、虚拟信道数据单元业务、插入业务。其中网间业务和路径业务是通过整个 CPN 的"端到端"数据传输业务,以异步方式穿越整个 CPN。也就是说,这两种业务需要

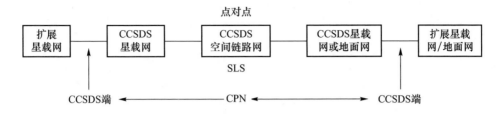

图 6.2　CPN 主网概念模型

SLS 和星载/地面网的支持,在星载/地面网中,将不再保持数据包的顺序性。其余 6 种业务仅在 SLS 内部提供"点到点"的应用,可以工作在等时或异步模式,而且 SLS 将保持数据包的顺序性。

CPN 的核心是空间链路子网,AOS 建议参照开放系统互连的层次模型,将 SLS 分为空间链路层和物理信道层,分别对应于 OSI 的数据链路层和物理层,如图 6.3 所示。

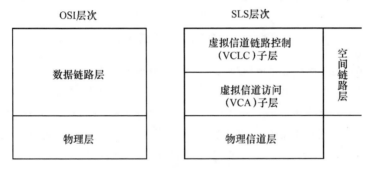

图 6.3　空间链路层与 OSI 层对应关系

空间链路层又由两个子层构成:虚拟信道链路控制(VCLC)子层和虚拟信道访问(VCA)子层,它们都位于物理信道层之上。在 SLS 的 6 种业务中,包装、复用、位流业务由 VCLC 子层提供,虚拟信道存取、虚拟信道数据单元、插入业务由 VCA 子层提供。

AOS 业务和数据流模型如图 6.4 所示。

(1) Internet 业务。

Internet 业务用于在 CPN 的星上和地面网络之间传输交互式数据,如文件传输、电子邮件、远程终端(RT)访问等,直接映射于 OSI-RM 中的网络层,采用的是无连接的工作模式。Internet 业务的业务数据单元长度可变,主要用于间歇性的数据传输,其数据速率相对较低,数据量属于低到中的水平。

(2) 路径业务。

路径业务主要用于在比较固定的源与目的地之间传输数据,例如有效载荷的测量数据或遥测数据等,其目的是便于常规系统与 AOS 的接轨。它的数据速率属于中到高,数据量较大。它采用 CCSDS 版本 1 的源包作为业务数据单元,长度可变,用户数据可以是已经封装好的源包,也可以是字节流(由 AOS 包装业务将其封装成源包)。

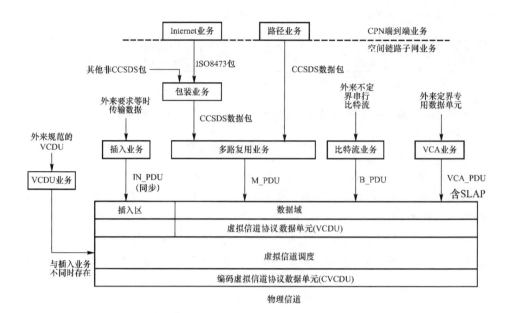

图 6.4 AOS 业务和数据流模型

与地面网络复杂多变的路由相比,路径业务的源与目的地之间的路由是固定的,而且由网络管理预先设计,不同的这种固定路由用"逻辑数据路径"(LDP)区分,每个需要穿越 CPN 的源包被贴上一个唯一的"路径标识符"标签,而并不需要标明完整的源和目的地址,路由时就根据这个路径标识符和由网络管理制定的路由表确定源包的下一个节点。这种相对静止的路由路径业务实现简单,适合于星-地的通信环境,能够为大容量遥测类数据提供高效服务。

(3)包装业务。

由于 CCSDS 建议,在空间链路子网(SLS)内,面向字节的 SLS 用户业务数据单元必须符合 CCSDS 版本 1 源包的格式,而上层业务,即 Internet 业务或者路径业务的业务数据单元并不全是版本 1 的源包,如 Internet 业务提供的是 IP 数据包,路径业务也有可能提供字节流型的数据。因此,需要在这些"非源包"进入 SLS 之前对它们进行包装。

在包装业务中,长度可变的字节流型的用户业务数据单元,或不符合 CCSDS 版本 1 源包格式的数据包被封装成适合于 SLS 传输的 CCSDS 版本 1 源包,这种版本 1 源包就是包装业务的协议数据单元。

包装业务与路径业务的协议数据单元都是版本 1 的源包,但是这两种业务不是在同一个层次上的,例如同是遥测数据,如果是在 SLS 同一子系统内,则由包装业务进行包装,如果是来自其他子系统通过本空间链路,则是路径业务。所以向路径业务提供数据的同时还需指定路径。

(4)多路复用业务。

多路复用业务使不同用户的业务数据单元可以在同一虚拟信道上传输。它可以接收包装业务和路径业务的数据单元,将这些长度可变、符合 CCSDS 版本 1 源包格式的业务数据单元集合在一起,组成长度固定,而且正好适合一个虚拟信道数据单元数据域长度的数据块。这些不同的业务数据单元由包导头中的应用过程标识符区分,在接收端,根据该标识符和包长度标志可以恢复出独立源包。

（5）比特流业务。

比特流业务面向的是比特流型的数据,这些数据的内部结构和划分对 CPN 是透明的。比特流业务将 SLS 用户的比特流型数据流划分成适合虚拟信道数据单元数据域长度的块,有时为了符合这种固定长度的要求,还需要填充一些数据,在接收端则需去除这些填充数据,这一过程对上层用户来说是透明的。不同用户的比特流数据不能多路复用在同一虚拟信道上传输。比特流业务一般采用异步或等时传输,将保持数据的顺序性,例如高速率图像数据的传输可以采用等时的比特流业务。

（6）VCA 业务。

VCA 业务用于传送专用业务数据单元,它的长度正好符合虚拟信道数据单元数据域大小,而其内部结构则不为 CPN 所知,CPN 要做的就是把这种业务数据单元直接填充进虚拟信道数据单元然后传送即可。这一访问业务也可服务于 CCSDS 之外的其他协议标准,其他协议格式的业务数据单元,如高级数据链路控制(HDLC),可以通过该访问业务使用 SLS 空间链路提供的服务。

（7）VCDU 业务。

虚拟信道协议数据单元(VCDU)业务通过 SLS 传输不同 SLS 用户的长度固定、面向字节的虚拟信道协议数据单元或是经过 RS 编码后的编码虚拟信道协议数据单元(CVCDU)。不同于星载网或者地面网上使用 SLS 服务的 Internet 业务和路径业务,使用虚拟信道数据单元业务的用户是另外的 CCSDS 授权了的安全的 SLS 用户,它们产生的协议数据单元具有和虚拟信道协议数据单元一样的格式和长度,可以直接通过 SLS 提供的虚拟信道复用到空间物理信道中进行传输。

（8）插入业务。

插入业务使专用字节型低速业务数据单元能够高效利用 SLS 信道进行等时传输。插入业务数据单元放在每一虚拟信道数据单元的插入域中,与其他类型的业务数据单元共用同一 VCDU 或 CVCDU 传输。CCSDS 建议:数据速率如果低于 10Mbit/s,可以考虑采用插入域进行等时传输;速率高于 10Mbit/s 的等时数据适合采用比特流业务用专门的虚拟信道进行传输。使用等时插入业务的典型例子有中等速率的话音数据的传输、远程操作控制等。

如果在一个物理信道上使用了插入业务,该信道上的所有虚拟信道数据单元都必须保留插入域。为了降低实现复杂度,CCSDS 还建议插入业务与虚拟信道数据单元业务不在同一物理信道上同时使用。

业务等级一要求有检错重发(ARQ)机制,需要双工信道,数据传输采用编码虚拟数据单元,数据单元编码为 RS 码,对可靠性极高的数据可以归为此类;业务等级二数据单元进行 RS 编码,数据传输采用 CVCDU,当误码率为 10^{-15} 时,经过编码纠错后可达到 10^{-12},满足一般数据传输要求;业务等级三依赖于物理信道特性可以没有差错控制,数据传输采用虚拟信道单元,头部有 RS(10,6) 纠错码控制,数据段循环冗余校验(CRC),要求 VCDU 丢失率小于 10^{-7}。

6.3 IP over CCSDS 协议标准

IP over CCSDS 的概念是在 CCSDS 的空间链路层协议(AOS、TC、TM、Proximity-1)上实现 IP 数据报的传递,亦即怎样在 CCSDS 链路上实现 IP 数据报的携带(包括压缩头 IP 数据报)、建立路由、交换方面的配置、空间 IP 网际元素的管理和端端的安全协议与技术,以及在工程运行、管理实践和可操作特性等方面的研究。当然还包括 PDU 的格式和传递业务基元。IP over CCSDS 将使空间和地面采用一致的网络协议,可以实现天基网络与地基网络的无缝连接。通常,IP 数据报通过 CCSDS 空间链路(空—空双向、空—地双向)协议进行传递的方法可以有几种选择。

(1)直接将 IPv4、IPv6 数据报置入一个或多个 CCSDS 数据链路帧之内或者以其他的 CCSDS 确认包来复用它们。这一选择使用了 CCSDS AOS 的虚拟信道包(VCP)、遥控 VCP、遥控复用器接入点(MAP)包的传递业务。

(2)利用用户提供的串联数据流封装 IPv4、IPv6 数据报。将要传递的 IPv4、IPv6 数据报作为串行 8 位字节数据流置入 CCSDS 空间链路帧内。这一选择使用了 CCSDS AOS 虚拟信道访问(VCA)或遥控 MAP 接入传递业务。

(3)利用 CCSDS 封装业务来传递 IPv4、IPv6 数据报。将要传递的 IPv4、IPv6 数据报——封装到 CCSDS 的封装包内,在一个或多个 CCSDS 空间数据链路帧中直接传递封装包。这一选择使用了 CCSDS 封装业务。

由于上述(2)、(3)都是封装操作,因而可合并成两种选择。第一种是 CCSDS 空间链路数据层协议能在 CCSDS 所有版本内直接支持 IPv4 数据报而无需任何中介融合层。CCSDS 已经定义了一个支持 IPv4 报在 CCSDS 空间链路上传递的业务表列。CCSDS 数据链路协议支持两类 IPv4 报的传递,即属于主信道的和虚拟信道的。由于用户只能用 CCSDS 虚拟信道复用不同的数据包类型,因而红皮书仅关心虚拟信道的传递。红皮书的主要目的就是推荐最适合于 IP over CCSDS 链路传递的业务(图 6.5)。本方法是将非压缩的 IPv4 数据报直接置入 CCSDS 传递帧内,通过 CCSDS 空间数据链传递。此时,仅使用 IPv4 数据报头未压缩的 IPv4 数据报。IPv4 数据报头的长度域是用于支持在传递帧之中来界定 IPv4 数据报。亦即在一个或多个 CCSDS 空间数据链路帧之内独立传递未经压缩的 IPv4 数据报或者以其他 CCSDS 确认包来复用未压缩的 IPv4 数据报。这一选择使用了 CCSDS AOS、TM、TC 或 Proximity-1 虚拟信道包业务或者 TC(遥控)复用器接入点包传递业务。第二种是将有压缩头的或非压缩 IPv4 数据报或 IPv6 数据报利用 CCSDS 封装服务——置入 CCSDS 封装包内。然后直接将封装包传递入一个或多个 CCSDS 空间数据链传递帧之内。本方法通过 CCSDS AOS、TM、TC 或 Proximity-1 虚拟信道包业务使用了 CCSDS 封装业务。对于压缩的 IPv4 数据报头由于其长度域不再能用于界定数据报,这样就只能选用本方法。因而,本方法要在封装包头部提供各封装包的长度。对于 IPv6,不管是否压缩本方法总能使用。这是因为 IPv6 数据报没有为 CCSDS 确认的包版本号(PVN)。然而,当项目为了简化而在全部压缩和非压缩的 RF 链路中均选择使用一个协议栈时,本方法就不能规避用户同时使用压缩的和非压缩的 IPv4 数据报。

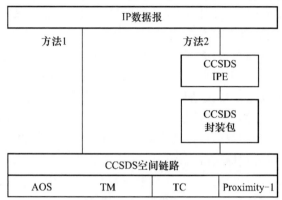

图 6.5　IP over CCSDS 数据链路的选择

最新的 IP over CCSDS 空间链路红皮书(CCSDS702.1-R-4)所推荐的是第二种选择。实现 IP over CCSDS 的方法是在各个 IP 数据报中预先考虑 CCSDS IP 延伸(IPE)字节(参见链路标识符 CCSDS135.0-B-4),再逐一封到 CCSDS 封装包中(参见封装业务 CCSDS133.1-B-2),并在一个或多个 CCSDS 空间数据链路传递帧之内直接传送这些封装包(图 6.6),这一方法推荐作为 CCSDS_IPE 标识与定义的全部 IP 数据报在 AOS、TC、TM 或 Proximity-1_VCP 业务中使用。例如:CCSDS 的封装业务是预先在要以 IP 报传递的有效载荷业务数据单元(SDU)加上一个头,当然 SDU 可以变长度也可不变长度。头长度可以是 1、2、4 或 8 字节并由 3、4、6 或 7 域所组成的。

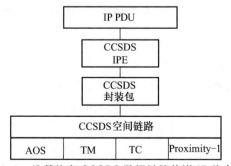

图 6.6　推荐的在 CCSDS 数据链路传递 IP 的方法

6.4 SCPS-TP 标准

在传统网络的通信中,TCP 自 1981 年提出后,得到了广泛的应用,并与 IP 一起,构成了互联网协议体系的核心。TCP 为数据两端提供了高可靠性的传输服务,其工作包括将即将发送的数据分成若干个小包,交给下层的网络层,并为数据设置一个用于数据重传的超时时钟,以及确认从网络层所接收数据的分组等[1]。TCP 为数据提供了高可靠性的端到端的服务,因此应用层即可忽略数据的可靠性保证的操作。而 UDP 则只是将数据直接从源端分发到目的端,并不会采取任何措施保证数据的可靠性,若要保证数据的可靠性,只能通过应用层采取更多的手段来保护数据。

描述数据通信协议的最通用和清晰的方式是参照 OSI 七层协议的标准。图 6.7 是 TCP/IP 结构与 OSI 七层协议结构的相关定位。如图 6.7 中所示,TCP/IP 是一个包含了主要的网络层功能,全部传输层功能和一部分会话层功能的协议集,它向下依靠低层的数据链路层和物理层协议提供的点对点数据包传输能力,向上通过标准的服务接口向上层应用协议提供端到端的数据块传输业务,这一数据块传输可以是面向连接的可靠传输,也可以是面向报文的非可靠传输。TCP 也完成会话层的一部分功能,支持端到端连接的建立、维持和拆除。总之,TCP/IP 遮掩了不同类型网络间数据转接的细节和不同数据终端设备的系统软硬件的差异。

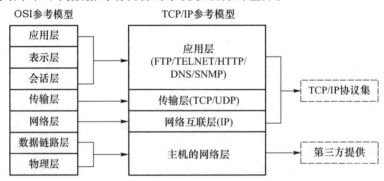

HTTP—超文本传输协议。

图 6.7 TCP/IP 结构与 OSI 七层协议结构的对比

利用 OSI 中对各层协议的定义,可以较简明地说明 TCP/IP 的主要功能:①IP 层协议,它实现网络层的寻址、路由和转接功能,将数据报文从源数据设备转发到目的设备,只面对独立报文,不面向连接,它支持报文的分解与重组,不保证报文传输的可靠和报文间的先后次序;②TCP 层协议,它实现源数据设备和目的数据设备间的可靠的数据块传送,支持数据拆、打包,差错控制(检错纠错),顺序控制,流量与拥塞控制等。

TCP 包含一系列机制,这些机制互相制约,以确保数据最终可以可靠地并以某种约定好的顺序从源端到达目的端。这些机制包括:TCP 使用信息确认字段、定时器与重传机制来确保数据的差错控制;TCP 中包含慢启动算法、拥塞避免算法、快速重传算法等以应对可能出现的网络拥塞状况;TCP 使用的滑动窗口机制可以完成对网络流量的控制,该机制会根据数据的确认以及重传情况来评估当前网络的状态,调节窗口大小以完成对网络流量的控制。TCP 拥塞控制的主要机制由慢启动和拥塞规避、快速重发和快速恢复策略组成。

1) 慢启动和拥塞规避策略

根据 TCP,发送端在建立连接后和错误恢复时使用慢启动来确定发送速率,并用"拥塞窗口"来控制速率。在慢启动过程中,发送端每接收到一个应答就将拥塞窗口增加一倍,直到拥塞窗口达到慢启动门限为止。不难看出慢启动时间随信道延时线性增加。而慢启动时间越长,TCP 的传输效率越低。"慢启动"过程中另一个造成信道传输能力浪费的因素是延迟应答。因为慢启动过程中发送端接收应答越快,拥塞窗口增加得也就越快,而延迟应答减少了应答的数量和速度。在"慢启动"结束后"拥塞规避"策略开始工作。在这个阶段,"拥塞规避"策略将以更加缓慢的速度增加"拥塞窗口"尺寸。在此期间,每接收到一个确认数据包,拥塞窗口增加的长度为当前"拥塞窗口"长度的倒数。

2) 快速重发和快速恢复策略

当 TCP 连接发生数据帧传输错误或者次序错误时,发送端将启动快速重发和快速恢复策略。这些策略在纠正错误和恢复传输的同时不需要过度减小发送窗口。接收端在接收到错误数据时向发送端重复应答。如果发送端收到 3 个重复的应答,就启动快速重发策略重发丢失的数据。在此之后,进入快速恢复阶段。在这个阶段,接收端对接收到的每个重发数据帧重复应答。发送端接收到重复应答后认为重发成功,开始发送新的数据,进入正常传输状态。快速重发的设计思想是,如果收到重复应答,表示数据帧能够通过网络传输到接收端,网络没有发生拥塞,因此不需要进入慢启动过程和减小信息传输速率。

在地面有线的通信网络中,由于有线传输的保证,数据的误码率以及通信往返时延(RTT)都非常的低,因此当有数据发生丢失时,TCP 会默认数据的丢失是由于网络拥塞引起的,并根据确认与重传的情况来实时调整滑动窗口,实现对流量与拥塞的控制[2-4]。因此在具有高误码率,往返时延远远大于地面网络的空间网络中,TCP 的应用将会受到制约,其效率将会严重下降[5-6],其在卫星网络中所面临的挑战主要有以下几个方面。

(1) 链路误码率高。卫星链路比地面有线链路具有更高的误码率。而且常会因射线、雨衰等自然条件随机因素造成突发错误。TCP 最初是按照链路误码率相对较低这种假定来工作的,即认为由链路误码造成的分组丢失可以忽略不计,若有分组丢失则说明链路上发生了拥塞。而在卫星网络环境下分组的丢失基本上都是由于链路误码引起的,TCP 无法区分是拥塞丢包还是链路恶化丢包,会默认是出现了拥塞故障,并自动采取拥塞控制机制,从而降低了 TCP 对网络可用带宽的利用率。

（2）往返时延（RTT）大。往返时延是指从发送一个 TCP 数据包到收到该数据包的 ACK 确认包所经历的时间间隔。主要由传播时延、传输时延和排队时延组成。例如在 GEO 系统中，往返时间为 540ms，这样大的延时使 TCP 的慢启动花费很长的时间。拥塞控制等机制也要花费好几个往返时间，无法高效率地运作。

（3）高带宽时延积（BDP）。卫星链路中的高时延现象也是造成网络带宽时延积（信道延时与带宽乘积）比较大的主要原因。TCP 传输的最大速率为：最大速率 = 最大发送窗口/RTT。为了有效地利用有限的卫星带宽资源，TCP 数据发送窗口必须达到一个较大值。但是，以大窗口发送数据不仅使 TCP 在拥塞阶段容易丢失更多的数据包，还使同一连接上丢失多个数据包的概率大大增加。

综上所述，由于卫星无线信道所具有的高误码率、大传播时延、高带宽时延积等特性，使得地面传统的 TCP 很难在卫星网络中体现出其优越性，空间网络与地面网络的特性区别如表 6.1 所列。

表 6.1 空间网络与地面网络的特性区别

网络分类 性能	地面网络	空间网络
数据往返时延（RTT）	小（平均约为 10ms 级别）	大（通常超过 1s）
数据误码率（BER）	极小（10^{-10} 以下）	大（$10^{-5} \sim 10^{-12}$）
链路连续性	持续性连接	间歇性连接
节点数据处理能力	高	低
数据吞吐率	高	平均吞吐率低
数据丢失原因	网络拥塞	数据误码、链路中断、网络拥塞

TCP 在卫星链路上的改进方案可以分为两类：一类是保持 TCP 的基本算法，通过优化参数和加入一些可选的增强机制来改善 TCP 在无线网络和同步卫星中继网络中的性能；另一类是针对网络特点和所存在的问题，对 TCP 拥塞控制算法进行相应改进或设计新的算法。

参数优化和增强机制选项，包括修改以下参数：

（1）增大初始窗口。如果使用较大的拥塞窗口初始值，就可以提高 TCP 连接建立初期时的吞吐量，缩短 TCP 加速所用的时间，有利于克服长时延、大带宽时延积对 TCP 拥塞控制带来的不利影响。

（2）窗口扩展。TCP 窗口大小最早为 16bit，在大带宽时延积的同步卫星中继网络中，这个值不足以使 TCP 充分利用链路带宽。RFC1323 将窗口扩展为 32bit，能够避免拥塞窗口 cwnd 的大小成为制约吞吐量的瓶颈。

（3）时间戳。采用时间戳选项能够区分 TCP 包的发送时间，有利于在大带宽时延积的同步卫星中继网络中使用窗口扩展后 TCP 包序号的重用,避免发生混淆。

(4) 路径最大传输单元(MTU)发现。RFC1191 中的路径最大传输单元发现机制允许 TCP 探测以及使用路径中最大可用的数据包尺寸,而避免使用 IP 分段。这样可以避免分段和重组的开销,而较大的数据包尺寸又有利于提高传输效率和加快 TCP 发送速率的增长。

(5) 业务传输控制协议(T/TCP)。RFC1644 提出减少 TCP 建立连接时的握手次数,以此缩短 TCP 连接建立所用的等待时间。这种机制对于同步卫星中继网络长时延条件下,数据量较小的传输业务作用尤为明显。

(6) 选择确认(SACK)。选择确认是针对 TCP 中的累积确认机制而提出的。它使得接收方能告诉发送方哪些报文段丢失,哪些报文段重传了,哪些报文段已经提前收到等信息。根据这些信息 TCP 就可以只重传那些真正丢失的报文段。选择确认可以进行有选择地确认和重传,使发送端只重传那些确实丢失的数据包,避免对已经接收的数据包进行不必要的重传,从而提高 TCP 性能。在同步卫星中继网络中,由于 TCP 发送窗口较大,而链路可靠性低,同一窗口内丢失多个数据包的概率相对较高。使用选择确认可以在一定程度上改善 TCP 在长时延网络中的性能。

对 TCP 算法的改进如下。

针对同步卫星中继网络长时延、高误码率等特点,国内外专家和学者提出了很多 TCP 的改进方法。其中最为著名的协议是由 CCSDS 提出的空间通信协议规范(SCPS)。SCPS-TP 可以根据实际应用情况,选择不采取拥塞控制,即在外部提供拥塞避免保证。如在为传输业务连接保留带宽的情况下,使用指定的发送速率,将丢包原因判断为链路错误,这样就不会因为丢包而减小发送速率。SCPS-TP 使用拥塞控制时,可以选择使用标准 TCP 拥塞控制机制或 TCP Vegas。TCP Vegas 可以估计网络的有效带宽,不会连续增大 cwnd,而是通过比较实际吞吐量和期望吞吐量来检测拥塞程度。当实际吞吐量和期望吞吐量之间的差值超过设定门限时,TCP Vegas 就减小发送速率;如果差值是可接受的,则按常规方式增大发送速率。因此,TCP Vegas 的发送速率能保持在最佳速率附近,而不会大幅震荡。

SCPS-TP 是基于 TCP 的扩展。它们之间最主要的区别就在于对数据丢包的不同处理策略上。传统的 TCP 中对丢包的处理都是默认由网络拥塞引起的。当数据包丢失时,系统启动拥塞控制算法,包括慢启动、拥塞避免、快速重传和快速恢复等算法,在新的传输开始或者重传定时器超时时激活慢启动机制[7]。慢启动进程一直运行到拥塞窗口 cwnd 大小赶上慢启动阈值 ssthresh 或者发生数据段丢失。当拥塞窗口 cwnd 大小达到慢启动阈值 ssthresh 时启动拥塞避免算法,此时 cwnd 由指数增长速率降为线性增长速率,直到 cwnd 的大小达到接收端通告的窗口大小或新的数据段丢失的发生。

TCP/IP 对数据丢包的处理机制将对空间传输性能产生严重影响。这是由于在 TCP/IP 中,数据丢包的原因都归结为网络拥塞的发生。当数据产生丢包后,TCP 为了缓解拥塞会降低数据发送的速率同时采用缓慢的恢复机制,这种方法对处理拥塞是比较有效的。但是在空间环境中,由于数据包丢包大多是误码造成的,而并非网络拥塞,则 TCP 采用的这种拥塞控制机制就会严重降低数据传输效率,导致端到端数据吞吐率的急剧降低。因此 TCP/IP 在卫星通信高误码率的环境下是不适用的[8-9]。

空间网络通信的数据丢失原因在地面网络中由于网络拥塞引起的情况的基础上,添加了数据误码与链路中断的情况,SCPS-TP 作为 TCP 的扩展,对数据包的丢包处理机制进行了改进。在空间通信中,数据包的丢失可能是由链路噪声等因素导致的通信质量恶化或者是网络拥塞等因素造成的,SCPS-TP 对这三种情况下的数据丢失均有不同处理办法。

(1) 网络拥塞。SCPS-TP 使用 RFC3168 定义的主动队列管理(AQM)与显式拥塞通知(ECN)机制来识别网络是否处于拥塞处理状态。当 AQM 显示网络当前即将可能出现网络拥塞时,ECN 将主动告知传输层当前网络即将发生拥塞。此时,传输层协议将通过自身的滑动窗口算法调整自身窗口大小,控制网络流量。

(2) 数据误码。SCPS-TP 使用 CRC 的校验和来判定数据是否在传输过程中发生误码。某通信数据的源端与目的端都会对该数据作出 CRC 的校验和判断,当二者不一致时,即判定当前数据发生误码,此时,目的端会修改回帧的 ACK 使源端重传数据。

(3) 链路中断。链路的意外中断也可能使正在发送的数据丢失,它主要发生在星地链路之间。当地面站判断当前链路状态发生中断时,它将向链路另一端的所有节点发送链路中断信息。在收到该信息之后,网络节点将暂停数据传输,在确认链路恢复后,重新开始通信。

鉴于空间资源十分有限,降低报文中的协议开销也是空间网络传输协议所必须考虑的重点之一。SCPS-TP 针对数据容量方面提供了以下两种不同方面的开销压缩办法。

(1) 头部压缩。由于空间网络状态的复杂性,SCPS-TP 的协议头部是可压缩可变长的,它会根据当前网络情况选择部分功能使用,其头部压缩技术可使头部长度减少大约 50%,极大地降低了协议的开销。

(2) 选择性否定确认(SNACK)。SCPS-TP 采用 SNACK 技术以压缩反向确认信息的大小。传统 TCP 的 ACK 报文最多只能同时反映一个丢失的数据块。而 SNACK 报文则可以在一个报文中同时反映多个丢失的数据块。这样不仅减少了反向确认信息的流量,还可以加速源端的重传速度,减小窗口压力。

空间网络链路的 RTT 通常达到数百毫秒甚至 1s 以上,是地面网络的百倍左右。若不恰当地使用 TCP,将会使网络陷入无休止的重传之中,会对网络的效率产生极大的威胁。SCPS-TP 据此提供了窗口缩放和修改定时器两种策略以使用空间链路的长往返时延。

(1) 窗口缩放。SCPS-TP 采用窗口缩放技术允许协议栈采用不同大小的窗口处理未收到应答的数据。由于数据丢失的主要原因是误码率高,因而采用更大的窗口将有利于提高网络传输效率,允许在数据的应答过程中还可以有新的数据进入。

（2）修改定时器。SCPS-TP 将 TCP 原有的重传定时器的超时时间修改到了秒级甚至小时级。SCPS-TP 将根据当前链路状态评估往返时延,并据此修改定时器的超时时间,避免反向确认信息仍在链路中时,定时器就已经超时并发生重传的情况。

表 6.2 列出了 SCPS-TP 与 TCP 的主要区别,从上面的对比可以看出,TCP 和 SCPS 在基本数据处理流程上是一致的,只是在对数据包发生丢包的情况下进行错误恢复时二者会采用不同的处理方式。在空间通信系统的高误码率环境下,由于通信信道质量导致的数据包的丢失,应该就是采用重传丢失的数据包方式来进行错误恢复,这种快速恢复机制不仅能保持端到端的高效信息传输,而且能提高信道利用率和信息传输效率[10],所以 SCPS-TP 在空间网络环境下的端到端吞吐率等性能方面较传统 TCP 明显要好。

表 6.2 SCPS-TP 与 TCP 的主要区别

协议分类 性能	SCPS-TP	TCP
提供服务	完全可靠至低可靠的可变服务	完全可靠
网络拥塞	AQM + ECN + 滑动窗口	滑动窗口
数据误码	CRC + 链路中断信息	CRC
链路中断	SCMP	无
确认机制	SNACK、SACK、ACK	ACK
头部压缩	可压缩至 TCP 的 50%	无
定时器	可从秒级至小时级不等	微秒级

由于 SCPS-TP 是基于通信卫星星座而对 TCP 所作的改进,考虑到指向性星间链路导航星座的特殊性:数据流量、数据类型在一定范围内可以预测。因此为了更好地提升导航星座的性能,我们不将 SCPS-TP 全盘运用在该星座上,而主要考虑 SCPS-TP 中的 SNACK 机制。

SCPS-TP 对 TCP 的一个重要的扩展就是 SNACK。SNACK 机制集合了 SACK 和负确认(NACK)机制的优点,为适应空间通信环境而提出的。SACK 选项提供接收端已经接收到并被排序的数据中非连续数据块的信息[11]。SACK 选项并没有改变原 TCP 包头中的 ACK 序列号的独立性。SACK 的目的就是让数据发送端利用 SACK 选项所提供的附加信息来更有效地重传丢失的数据报。SACK 选项包含一个成对的长度为 16bit 的可变长度链表。链表中每一对代表接收端的一个数据块。在空间通信环境下,SNACK 选项会产生两个难题:SACK 选项是基于高速网络环境的,因此它没有高效利用比特位;由于 TCP 包头限制在只能用于小于 40 个八位组,因此 SACK 选项在时间戳选项被使用时,它只能标注最多三个洞。NAK 选项是为卫星环境设计的,它比 SACK 更能有效利用带宽[12]。但 NAK 不是积极确认而是一种消极确认。NAK 也未改变 TCP 包头的内容,并不能影响传统 TCP 的 ACK 数据段的部分。SNACK 综合了两者的优点,不仅可以在带宽受限方面发挥作用,在应对数据丢失方面也是非常有用的。

SNACK 允许接收端通知数据发送端发送关于接收端乱序队列中的多个缺失或错误数据段的信息。而在不具备选择性确认信息的情况下,TCP 只可以利用 ACK 序号来识别接收端中至多一个缺失数据段。利用简单的累积确认以及快速重传算法,TCP 能够有效地恢复每个窗口的单一丢包。但由于接收端必须通过接收新数据来增加 ACK 序号,因此 TCP 需要最小一个 RTT 的时间来发送信号来告知该乱序队列中每个额外的缺失数据段。SNACK 选项可以对接收端缓存空间中的多个缺失数据段进行标识。通过快速提供更多的有关丢失数据段的信息,SNACK 选项能够加快数据恢复的速度以及避免发送端窗口受限,因此允许在等待获知丢失数据段信息时耗尽管道容量。在出现丢包时持续传输数据的能力是极其重要的,尤其当丢包是由误码而非拥塞引起时。在这种情况下,当确知是使用拥塞控制处理丢包时,SNACK 在保持通信管道容量饱和使用方面具有特殊的效力,并允许在丢包恢复过程中数据传输能够持续工作在满负荷的瓶颈状态下。

6.5 空分时分导航星间链路传输协议

传输层协议的目的是提供端到端的可靠服务,其功能主要包括数据的可靠性保证、流量与窗口的控制、服务的类型、数据虚拟信道的维护,等等。本节将结合 SCPS-TP 与 TCP,在 STDMA 模式的基础上,设计一套适用于星间链路的传输层协议。

6.5.1 半双工传输模式

一般的星间链路网络中,有一个很大的特点是前向链路与反向链路不对称。前向链路一般用于传输数据,反向链路一般用于传输应答信息。由于前、反向链路的不对称性,经常在星间网络中会产生反向链路拥塞概率过高的问题,这样会使网络效率急速下降[13]。本书为了避免由于链路不对称性所带来的不良影响,将星间链路设计成半双工的模式,即在一个时隙内,前半段时间用于前向链路,后半段时间用于反向链路,在一对连接的节点之间,同时只存在一个发端和一个收端。

如图 6.8 所示,每个黑色的格子代表一个时隙,前半部分(没有阴影)表示卫星 A 指向卫星 B 的单向链路,称为前向链路;后半部分(含阴影)表示卫星 B 指向卫星 A 的单向链路,称为反向链路。

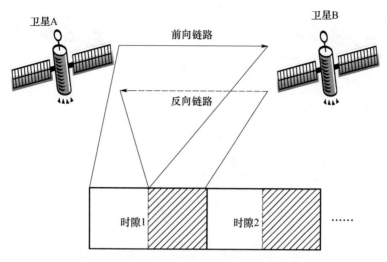

图 6.8　STDMA 模式下半双工链路示意图

6.5.2　确认应答机制

确认应答机制是传输层协议的重要组成部分。如何对收到的数据进行信息的反向确认在机制上决定了数据传输的可靠性。TCP 中最基础的 ACK 应答方式是对收到的连续的序列号的最后一帧进行确认。如图 6.9 所示,序列号分别为 1～4 的信息从源端(源节点)发送给目的端(目的节点),其中由于序列号为 3 的信息由于某种原因发生数据丢失,目的端只收到了序列号为 1、2、4 的 3 帧信息,那么目的端只会返回给源端应答号为 1 和 2 的数据,等待定时器超时后,序列号为 3 和 4 的数据将产生数据重传,以确保目的端能够正常接收所有数据。

这样做的缺点是若收到的序列号不连续,那么之后收到的序列号也都将无效化,这样会使重传序列大大增加,在数据丢失较为严重的空间网络中,很明显这样做会使网络效率大幅下降,是不可行的。

针对 6.5.1 节提出的半双工链路,本书参考 SCPS-TP 对确认应答机制作出了相应的改进,以适应星间链路的时分体制。

6.5.2.1　ACK 逐帧应答模式

逐帧应答模式即应答信息会对收到的每一帧 TCP 数据进行应答。在半双工模式下的星间链路,其前后链路的比例是完全对称的,因此反向链路的应答模式若采用逐帧应答,可以实现在低协议开销的情况下对所有收到的数据进行应答与确认[14-15]。图 6.10 所示为 ACK 应答选项。

如图 6.11 所示,序列号为 1～4 的数据从源端发至目的端,其中 3 号数据没有成功发送,那么此时目的端将依旧会给源端回帧,但其中并不包含任何应答信息。当定

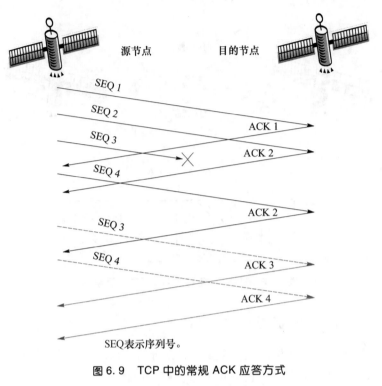

图 6.9 TCP 中的常规 ACK 应答方式

| ACK使能符
(1bit) | ACK应答位
(8bit) |

图 6.10 ACK 应答选项

时器超时以后,3 号数据将会发生重传,并不会对之后的 4 号数据产生任何影响。

下面分析逐帧应答模式下的网络效率。假设当前信号传输速率为 $V(\text{kbit/s})$,数据误码率为 P_{BER},那么对于每一帧数据(1024bit),其从源端发送给目的端的数据成功接收概率为

$$P_{\text{E}} = (1 - P_{\text{BER}})^{1024} \tag{6.1}$$

同样的,由于反向链路含有与前向链路完全相同的特性与误码概率,因此,该帧数据的应答帧被成功接收的概率 P_{A} 应与 P_{E} 相同,即

$$P_{\text{A}} = P_{\text{E}} \tag{6.2}$$

那么该帧数据将发生重传的概率为

$$P_{\text{re}} = 1 - P_{\text{E}}P_{\text{A}} \tag{6.3}$$

因此若假设当前网络负载为 100% 且数据未成功收到来自目的端的确认信息,则会在定时器超时后无限发生重传,那么在 t 时间内,该网络平均的数据吞吐率可以表达为

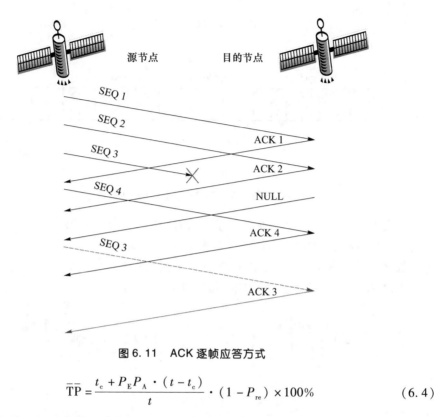

图 6.11 ACK 逐帧应答方式

$$\overline{TP} = \frac{t_c + P_E P_A \cdot (t - t_c)}{t} \cdot (1 - P_{re}) \times 100\% \qquad (6.4)$$

式中:t_c 为设置的重传定时器超时时间,且 $t \geqslant t_c$。

6.5.2.2 选择性应答模式

SCPS-TP 对 TCP 应答模式的改进中包含 SACK 模式与 SNACK 模式两种。

其中 SACK 模式就是针对 TCP 中的经典 ACK 应答模式只能应答连续收到的序列号进行的改进。SACK 可以确认在收到的数据包中序列号不连续的各帧。ACK 应答号(8bit)表示收到的连续序列号的各帧的最后一帧,SACK 应答号 1 和 2(各 8bit)分别表示不连续序列号之后的第一个连续包的第一帧与最后一帧,如图 6.12 和图 6.13 所示,这样就可以通过一帧应答信息表示出一系列数据包中的一个数据"空洞"的位置。

SACK使能符(1bit)	ACK应答号(8bit)
SACK应答号1(8bit)	SACK应答号2(8bit)

图 6.12 SACK 应答选项

图 6.14 表示 SACK 重传方式的流程图,序列号为 1~5 的数据从源端发送给目的端,当 1 和 2 号数据到达目的端时,由于收到的序列号连续,因此 SACK 应答号不会置入数据,当 3 号数据发生丢失时,目的端没有收到任何序列号,认为此时数据已

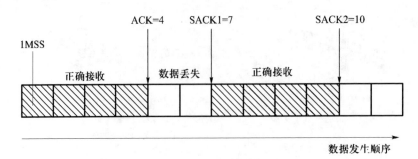

MSS—最大报文长度。

图 6.13 SACK 选项使用示例

经发送完毕,因此不会产生任何应答信息,而之后的 4 号数据到达时,目的端发现收到的序列号不连续,此时会启用 SACK 选项,在 SACK1 和 2 位同时写入 4,即表示不连续数据之后正确收到了 4 号数据,当 5 号数据也正常接收之后,由于收到的序列号并未再次发生异常,目的端将 SACK2 位修改为 5,表示已正确接收 4 和 5 号数据。

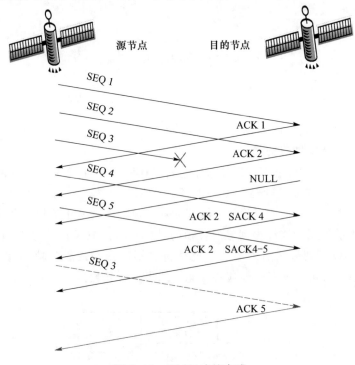

图 6.14 SACK 应答方式

下面分析在 SACK 模式下网络效率的情况。

在 SACK 模式下,当数据误码率没有发生变化时,数据成功被目的端接收的概率 P'_E 是不变的,即

$$P'_E = P_E \tag{6.5}$$

因此,应答帧被源端正确接收的概率 P'_A 也是不变的,即

$$P'_A = P_A \tag{6.6}$$

但在 SACK 模式中,每一帧数据被应答的次数不止一次,假设平均每帧数据被应答的次数为 N_{SACK},那么 N_{SACK} 是一个与 V、P_E 均相关的量,若 t_c 内双方建链次数为 n,即

$$N_{SACK} = f(V, P_E, n) \tag{6.7}$$

那么每一帧数据发生重传的概率为

$$P'_{re} = 1 - P_E [1 - (1 - P_A)^{N_{SACK}}] \tag{6.8}$$

因此,SACK 模式下的网络数据吞吐率可以表达为

$$\overline{TP} = \frac{t_c + P_E \cdot [1 - (1 - P_A)^{N_{SACK}}](t - t_c)}{t} \cdot (1 - P'_{re}) \times 100\% \tag{6.9}$$

式中:$t \geq t_c$。

6.5.2.3 基于 SNACK 改进的倒序 SNACK 模式

SNACK 模式是 SACK 的改进版,它融合了 SACK 与 NACK 两种不同应答模式的优点,可以在一帧应答帧中给出很长数据的应答信息[16]。NACK 是否定应答模式,与一般的 ACK 应答模式不同,NACK 的信息并不是收到了哪些帧,而是没有收到哪些帧。

图 6.15 为 SNACK 选项的各项含义。其中第一个空洞偏置量(hole1-offset)表示的是第一帧丢失数据相对于第一次正确接收数据的相对位移量,第一个空洞大小(hole1-size)表示的是从第一帧丢失数据开始,至下一次正确收到数据,两次数据之间的序列号之差,空隙矢量(bit-vector)则反映了从第一个空洞以后开始的第一帧之后的每一帧的数据接收情况,它的长度是可变的,每一位 bit 都反映了一帧数据的接收情况,1 为正确接收,0 为数据丢失。

SNACK 使能符 (1bit)	第一个空洞偏置量 (8bit)	第一个空洞大小 (8bit)
空隙矢量 (M bit)		

图 6.15 SNACK 选项

本书综合考虑协议开销与网络状况,将空隙矢量的长度 M 定位 16bit。图 6.16 为一次 SNACK 选项的使用示例图。长度为 22 帧数据的数据包从源端发送给目的端。其中数据 1~4 正确接收,序列号为 5 和 6 的数据在发送过程中丢失,7 号数据正确接收,那么数据 5 和 6 则可以认为是数据包中的第一个丢失"空洞",因此,空洞偏置量置为 4,空洞大小置为 2,而从 7 号数据开始的数据用空隙矢量来表示,最终得到该数据包的 SNACK 选项的表达形式,共使用 33bit 反映 22 帧数据接收情况。

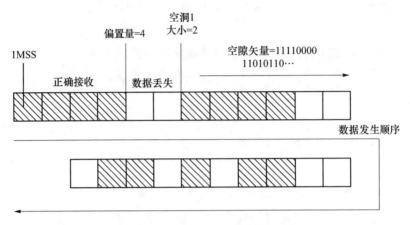

图 6.16 一次 SNACK 选项使用示例

对于 SNACK 而言,其作用原理与 SACK 是一致的,只是其在反向确认信息中的数据表达形式有所不同。

不难发现,每帧 SNACK 应答帧是可以包含大量应答数据的,但是当前网络帧速率过高时,SNACK 必须加大空隙矢量的长度才能维持一定的应答效率,否则 SNACK 的应答效率与 SACK 基本一致,这将使协议开销大幅度增加,给星间链路通信效率的压力加大。

为了保持在一定空隙矢量长度下,网络仍能在高帧速率下维持一定的应答效率,本书设计了一种倒序 SNACK 的应答模式。

图 6.17 为倒序 SNACK 选项,不难发现,其比 SNACK 选项只多了一个应答起点的数据编号。图 6.18 为倒序 SNACK 的使用示例图,数据的应答起点为收到的最后一帧有效数据,在图中即第 22 帧,第一个空洞偏置量从后往前数为 3,空洞大小为 3,空隙矢量为从空洞 1 之前的数据情况,从后往前数,分别为 1100001111001111。

倒序SNACK使能符 (1bit)	应答起点 (8bit)	第一个空洞偏置量 (4bit)	第一个空洞大小 (4bit)
空隙矢量 (Mbit)			

图 6.17 倒序 SNACK 选项

倒序 SNACK 的使用在原理上与 SNACK 一致,但 SNACK 在高速率的半双工 TDMA 链路中,不一定会表现出很好的性能,因为 SNACK 均为从第一帧往后观察数据的丢失情况的,若空洞出现得较早且空洞没有及时填补,则很有可能以后所有的 SNACK 均为前若干帧的应答信息,降低应答效率,影响网络性能[17-19];而倒序 SNACK 则是将当前帧从后往前数,每一帧应答帧在包含大量应答信息的同时,不会出现与 SNACK 一样的后期重复应答帧的情况,因此在高速率的情况下,倒序 SNACK

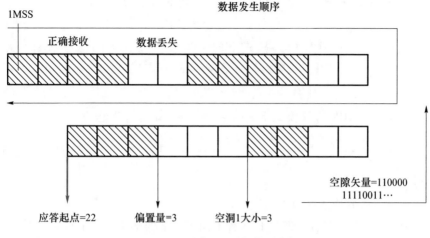

图 6.18 倒序 SNACK 使用示例

会表现出比 SNACK 更优质的性能。

图 6.19 为两种不同 SNACK 应答模式的对比图,从图中可以看出,此时的帧速率为 100 帧,数据 3、4、97 丢失,由于 4 和 97 间隔过大,SNACK 只能反映出 3 和 4 的丢失情况,97 的丢失情况无法获得,而倒序的 SNACK 模式则能够正确反映出所有错误帧的应答信息。

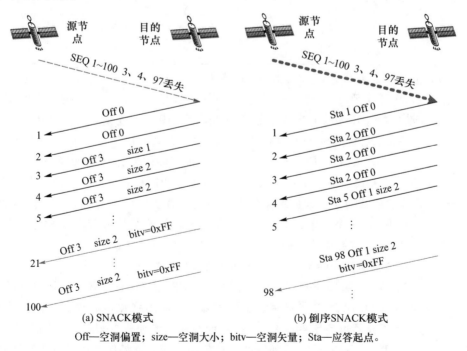

Off—空洞偏置;size—空洞大小;bitv—空洞矢量;Sta—应答起点。

图 6.19 两种 SNACK 应答模式对比(见彩图)

在倒序 SNACK 模式下,每一帧数据发生重传的概率为

$$P''_{re} = 1 - P_E [1 - (1 - P_A)^{N_{SNACK}}] \quad (6.10)$$

式中:N_{SNACK} 为倒序 SNACK 应答模式下的平均成功接收帧的应答次数。类似于 N_{SACK},N_{SNACK} 也是一个与 V、P_E 均相关的量,若 t_c 内双方建链次数为 n,则

$$N_{SNACK} = g(V, P_E, n) \quad (6.11)$$

那么,倒序 SNACK 应答模式下的网络数据吞吐率可以表达为

$$\overline{TP} = \frac{t_c + P_E \cdot [1 - (1 - P_A)^{N_{SNACK}}](t - t_c)}{t} \cdot (1 - P'_{re}) \times 100\% \quad (6.12)$$

式中:$t \geq t_c$。

6.5.2.4 应答模式仿真分析

为了确定 SACK 与倒序 SNACK 两种不同模式下的平均每帧的应答次数 N_{SACK} 与 N_{SNACK},本节使用 Matlab 工具对不同网络状态下的应答过程进行了仿真分析,仿真场景为双节点之间的理想传输,具体参数如表 6.3 所列。

表 6.3 应答模式仿真参数配置

仿真参数	范围
误码率 BER	$10^{-4} \sim 10^{-7}$
链路速率/(kbit/s)	10,50,100
重传次数	无限制
队列大小	无限制

(1) 仿真链路速率 10kbit/s,比特误码率 $10^{-4} \sim 10^{-7}$。

由图 6.20 可以看出,三种应答模式在低误码率($10^{-6} \sim 10^{-7}$)时,网络吞吐率都能保持较高的水准(98% 以上),但当误码率升高后(10^{-5}),逐帧应答模式下的网络吞吐率开始下滑,降低至约 95%,而 SACK 与倒序 SNACK 应答模式则影响不大;当误码率超过 10^{-4} 以后,ACK 应答模式下的网络性能下降较快,降低至约 60%,而倒序 SNACK 和 SACK 模式下的网络则仍保持有 90% 以上的网络吞吐率。由此可以看出,选择性否定应答模式对于高误码率条件下的网络有着良好的适应性,而在低误码率条件下的网络中,则三者没有太大区别,SACK 对于误码率的适应程度处于逐帧应答模式与倒序 SNACK 应答模式之间。

(2) 仿真链路速率 10 ~ 100kbit/s,比特误码率 10^{-4}。

从图 6.21 可得,在 10kbit/s 速率下,倒序 SNACK 与 SACK 模式下的网络吞吐率基本相同,维持在 90% 左右,当速率增加至 20kbit/s 时,SACK 应答模式下的网络性能有所下降,其网络吞吐率大约为 80% 左右,而当速率增加至 50kbit/s 以上时,SACK 应答模式下的网络则基本瘫痪,不能继续维持现用功能。逐帧应答由于其应答性质,其网络状态与速率无关,因此吞吐率不随链路速率的改变而改变。由此可以看出,倒

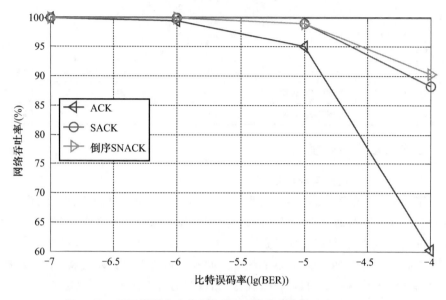

图 6.20 不同误码率下的网络吞吐率(仿真链路速率 10kbit/s)

序 SNACK 与逐帧应答模式对链路速率并不敏感,而在高速率的网络状态下,SACK 的网络吞吐率会急速下降。

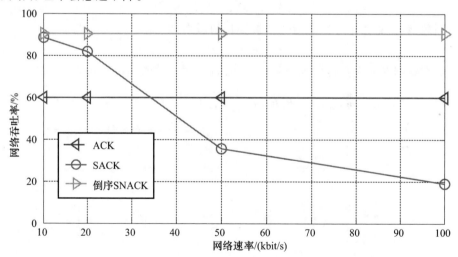

图 6.21 不同链路速率下的网络吞吐率(误码率 10^{-4})

表 6.4 反映了在不同网络状态下的应答模式选择情况,发现在低误码率状态下,为了减少网络开销,使用 ACK 逐帧应答模式;在高误码率低速率状态下,可以适用 SACK 选择性应答模式;在高误码率高速率状态下,则使用倒序 SNACK 应答模式来保证网络始终处于一定吞吐率水准。

表 6.4　不同网络条件下的应答模式选择

网络速率 \ 误码率	10^{-4}	10^{-5}	10^{-6}	10^{-7}
10kbit/s	SACK	SACK	ACK	ACK
50kbit/s	倒序 SNACK	倒序 SNACK	ACK	ACK
100kbit/s	倒序 SNACK	倒序 SNACK	ACK	ACK

6.5.3　重传与转发

6.5.3.1　重传次数与超时时间

为了确保数据的可靠性,传输层协议一般都会为高可靠性要求的数据设置一个超时时间可变的定时器。当定时器超时时,若数据的源端并未收到相应的应答帧,则该数据进入重传队列,等待重新发送[19-20]。

在不同的网络中,重传定时器的超时时间和数据的重传次数上限是不一样的,主要是由网络中正常情况下的最高往返时延和数据的时效性要求所决定的。

1) 重传次数

重传的成功率决定了数据重传的最大次数。假设采用的是最简单的逐帧应答模式,那么,数据重传一次且成功重传的概率为

$$P_1 = P_E(1 - P_E P_A) \tag{6.13}$$

同理,数据重传了 n 次之后成功被接收的概率为

$$P_n = P_E(1 - P_E P_A)^n \tag{6.14}$$

那么数据在 n 次重传内成功从源端到达目的端的总概率(图 6.22)为

$$P = P_E P_A + \sum_{i=1}^{n} P_E(1 - P_E P_A)^n \tag{6.15}$$

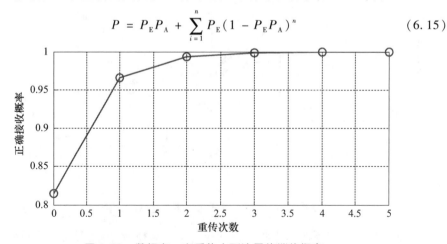

图 6.22　数据在 n 次重传内到达目的端的概率

由图 6.22 可得,在误码率 BER 为 10^{-4} 时,数据在两次重传内到达目的端的概率可达到约 99.5%,因此本书选择 2 次为重传次数上限。

2）定时器超时时间

在一个往返时延内,数据的源端若没有成功接收到该数据的应答帧,那么则可以认定该数据在传播过程中发生丢失,数据进入重传队列[21]。

本书研究的对象是基于 STDMA 模式下的星间链路网络,由第 2 章的可见性分析可知,每两个超帧的星间可见性是基本相同的,因此由第 3 章的链路规划设计可得相邻的两个超帧内的时隙变化也是基本一致的。因此每一对链路的重新建链时间基本不会超过一个超帧,即 30s。当链路重新连接完毕时,还需要一个时隙的建链时长即 1.5s,因此认为数据的往返时延的最大值应为 32s,因此这里将定时器的超时时间设置为 32s。

6.5.3.2 转发应答模式

当高可靠性数据需经过中继转发后才可从源端发送给目的端时,有端间应答和节点间应答两种不同的应答方式可供选择。

1）端间应答

如图 6.23 所示,端间应答指的是数据经过中继节点时不做任何处理,中继卫星只负责将数据透明转发,而目的端对数据作出应答时,需要重新寻觅一条合适的链路回传应答信息。这样做可使中继节点转发压力大大减小[22-24],但是在本章的 STDMA 系统中,C 节点若继续适用 B 链路将应答信息回传给 A,则会使 RTT 大幅度增加,影响网络效率,若重新寻找路径回传至 A,却由于本章的时分体制,很难会有直接连接的时隙或者较 B 更优的路径,因此该转发应答方式是不符合本章所设计的系统的。

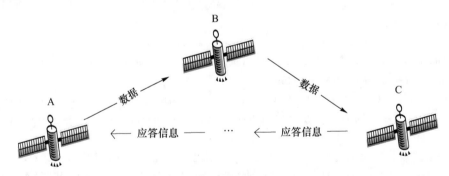

图 6.23 转发数据端间应答示意图

2）节点间应答

如图 6.24 所示,节点间应答是指中继节点 B 会对数据的源端作出应答,并在应答完毕之后,重新作为数据的源节点,将数据转发至节点 C。

转发数据节点间应答虽然会增加网络压力,但由前述可知,星间转发至多只会发生一跳,所以大部分情况下,节点间应答所带来的网络负载与端间应答是一样的。而在某一段数据丢失的情况下,数据能够快速恢复,不会对其他链路造成影响,而端间

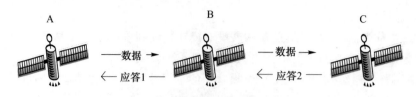

图 6.24 转发数据节点间应答示意图

应答则需要重新跑一次所有的链路,反而会使数据的时效性和网络性能大幅下降,因此,基于采用的 STDMA 模式,选择节点间应答模式来保证转发数据的可靠性。

参考文献

[1] NASA Glenn Research Center. A brief survey of media access control, data link layer, and protocol technologies for lunar surface communication: report of Thomas M. Wallett. [R]. Cleveland, Ohio: NASA, Glenn Research Center, 2009.

[2] 李宗利,孟欣,等. SCPS~TP SNACK 在卫星网络中的性能分析[J]. 网络与通信,2009,25(3):114-117.

[3] 王金苗,许鹏文. 卫星网络可靠传输协议 ACK 机制研究与性能分析[J]. 计算机科学,2011,38(10A):271-292.

[4] 周建华,杨龙,等. 考虑波束限制的改进导航星座星间链路方案[J]. 中国科学,2011,41(5):575-580.

[5] 李献斌,王跃科,陈建云. 导航星座间链路信号捕获搜索策略研究[J]. 宇航学报,2014,35(8):946-952.

[6] Li X B, WANG Y K, CHEN J Y. Time delay compensation of IIR notch filters for CW interference suppression in GNSS[C]//2013 IEEE 11th International Conference on Electronics Measurement and Instruments, Beijing, 2013: 106-109.

[7] BHASIN B, KUL, HACKENBERG W, et. al. Luna relay satellite network for space exploration: Architecture, Technologies[C]//24thAIAA International Communications Satellite Systems Conference (ICSSC), June, 11-14, 2006, San Diego, California, 2006.

[8] 杨霞,李建成. Walker 星座星间链路分析[J]. 大地测量与地球动力学,2012,32(2):113-147.

[9] 陈忠贵. 基于星间链路的导航卫星星座自主运行关键技术研究[D]. 国防科学技术大学,2012.

[10] 刘俊,王九龙,石军. CCSDS SCPS 网络层与传输层协议分析与仿真验证[J]. 中国空间科学技术,2009(6):59-64.

[11] 林金茂,杨俊,等. 基于矩阵变换的 GNSS 星间链路最优规划算法[C]//中国卫星导航学术年会,上海,2011.

[12] 荆帅. GNSS 星座自主完好性监测与维持技术研究[D]. 上海:上海交通大学,2013:36-40.

[13] 丁锐. SCPS-TP 协议在空间通信中的研究与仿真[D]. 成都:电子科技大学,2011:50-55.

[14] 李振东,何善宝,等. 采用 Ka 频段的导航星座网络静态拓扑结构[C]//中国宇航学会学术年会,北京,2009.

[15] 叶晓国.空间通信协议 SCPS/CCSDS 研究综述[J].电信快报,2009(2):13-15.
[16] KAPLAN E D, HEGARTY C J. Understanding GPS: principles and applications[M]. London: Artech House Inc. ,2006.
[17] 吴光耀.星间链路高效组网与网络传输协议研究[D].长沙:国防科学技术大学,2014.
[18] LEE J, KANG S. Satellite over satellite (SOS) network: a novel architecture for satellite network [C]//IEEE Infocom Conference on Computer Communications Nineteenth Joint Conference of the IEEE Computer & Communications Societies, 2002.
[19] 刘亚琼,杨旭海.GPS 星间链路及其数据的模拟方法研究[J].时间频率学报,2010,33(1):126-131.
[20] 秦勇,张军,张涛.TDMA 时隙分配对业务时延性能的影响[J].电子学报,2009,37(10):2277-2283.
[21] 王秉钧,王少勇.卫星通信系统[M].北京:机械工业出版社,2004.
[22] 杨宁虎,陈力.卫星导航系统星间链路分析[J].全球定位系统,2007(2):17-20.
[23] ERIC K, VIJAY K, THOMAS W. Comparison of safe and ftp for the south pole TDRSS relay system [C]//18th AIAA International Communication Satellite System Conference, Dakland, CA, 2000.
[24] VERGADOS D J , SGORA A , VERGADOS D D , et al. Fair TDMA scheduling in wireless multi-hop networks[J]. Telecommunication Systems, 2012, 50(3):181-198.

第7章 导航星间链路网络路由协议

7.1 卫星网络路由概述

导航星座的星间链路主要有三个作用：①实现星间测距、传递测距信息从而实现自主导航或星地联合定轨；②用来增加星历注入频度或转发测控信号实现间接测控；③用于传递时间同步信息、完好性检测信息等。这些功能，都需要整个星座任意两颗卫星之间能够相互通信，星座中各卫星之间通信路径的如何选择，就是路由问题。

传统的通信卫星都是处于地球静止轨道（GEO）上。GEO卫星采用弯管式转发器为地面两点之间的通信完成数据转发。这种形式是固定的，没有路由可言。早在20世纪90年代初期人们就开始了卫星网络路由技术的研究，直接推动力来自当时Iridium系统的建设计划。最开始大部分有关卫星网络路由的研究都集中于LEO卫星网络中的路由，典型的参考网络模型是Iridium和Teledesic网络。

在传统的地面网络中，路由器依据网络拓扑信息建立路由信息库并据此计算路由表。路由信息库的更新依赖于链路状态的改变和链路通断关系的改变，这种路由更新方式需要在全网范围内交换拓扑信息，导致网络协议开销大、收敛速度慢。但由于传统地面网络拓扑的变化频率低，当网络达到稳定状态以后不需要频繁更新路由表，同时路由器计算能力和存储能力都足以满足计算要求，因此现有路由协议能够很好地工作。然而，卫星网络拓扑结构具有高度的动态性和时变特性，并且受体积、功耗以及空间自然环境的限制，而且卫星的星上处理资源和存储资源非常有限。因此，各种应用于传统地面网络的路由算法或协议都不能直接用于卫星网络中。

随着星上处理技术和卫星星座组网技术的发展，使利用星间链路把各种类型的卫星连接在一起组成卫星网络（或卫星星座网络）成为可能。星间链路可以用来传输信号、网络管理信息以及数据流。由于星间链路的收发双方都是高速运动着的卫星，所以在星间链路的通信过程中，收发双方的相对位置会不断发生变化，不仅造成网络拓扑结构的时变性，还需要不断地重复寻找卫星、建立链路、维持链路和拆除链路。由于以上原因，如果将各种适用于地面网络的路由协议，如最短路径优先（SPF）[1]和路由信息协议（RIP）直接应用于卫星网络中，效率将极其低下。同时，卫星网络的动态拓扑结构（图7.1）具有周期性、可预知性和规则性，充分利用这些特点能够简化路由算法[2]，以适应卫星网络的特性和资源限制。另外受空间自然条件的影响，比如高强度的电离辐射和空间温度变化较大等，星上处理设备的性能和存储设备的容量都受到大大的限制,而且卫星一旦发射就很难进行硬件升级。所以,构建卫星网络的一个技术挑战是开发特殊的路由算法[3-5]。在具有星间链路的卫星网络中,实现动态适应性路由成为网络和卫星通信领域的一个研究重点。这种路由应该具有使用较小的通信开销和处理能力计算出最优路径,并能够适应网络拓扑结构动态变化等特点。

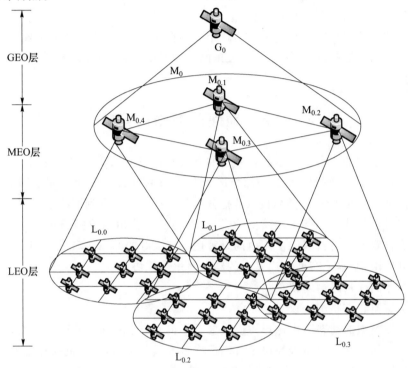

图 7.1 多层卫星网络动态拓扑结构

卫星网络与地面网络在特征上有着明显的区别[5],这是导致能很好运行于地面网络的路由算法不能适用于卫星网络的主要原因。其中卫星网络和地面网络的主要区别有以下三个方面。

(1) 由于卫星网络是由许多处于不同轨道运行的卫星组成的,每颗卫星时刻都在不停地运转着,所以卫星网络的拓扑结构无时无刻不在发生变化,而地面网络一旦建成其拓扑结构往往不会有较大的改变,基本上是静态不变的,这对于卫星网络来讲是一个显著的区别[6-8]。每颗卫星运行规律都遵循开普勒三大定律,它们都是沿着特定运行轨道不断绕地球运转着的,所以卫星网络的拓扑结构虽然是动态变化的,但其拓扑结构的变化是周期性改变的,因此是可预测的。

(2) 卫星网络一般由一系列运行在具有相似特征的轨道上的许多卫星构成,所以其星座的拓扑结构往往比较规则,有较好的规律性。而对于地面网络,网络的构成由于不同的地域、不同的组织机构等因素的影响,往往没有固定规律的网络拓扑结构,网络的拓扑结构具有较大的随意性。

(3)卫星网络是由太空上运行的卫星构成,卫星之间的距离以及卫星和地面关口站或地面终端之间的距离很大,因此在卫星之间、星地之间进行通信时,将具有较大的传播时延,基于卫星的通信一跳时延一般在几十毫秒到几百毫秒之间。而基于地面的网络,由于光纤的大量使用,通信的平均时延都较小,这对于路由算法的收敛性要求较在卫星网络上要宽松些。

以上说明了卫星网络和地面网络在拓扑结构、通信特性等方面的主要区别,因此利用卫星网络的这些特性,可以简化卫星网络的路由机制,设计出不同于现有地面网络的路由协议。

7.2 地面网络路由策略

地面网络中的路由器能以两种基本的方式进行路由选择。它们可以使用预先设置好的静态路由,或使用一种动态路由选择协议来动态地计算路由。路由器使用动态路由选择协议来发现路由,然后机械地把分组(或数据包)转发到那些路由上。

静态设置的路由不能发现路由,它们缺乏与其他路由器交换路由选择信息的机制。静态设置的路由器只能使用由网络管理员定义好的路由来转发分组[6-9]。除了静态规划路由,基本上有两种广义上的动态路由选择协议:

(1)距离矢量路由协议;

(2)链路状态路由协议。

这两种类型的动态路由选择协议主要的不同在于:它们发现和计算到目标新路由的方式不同。动态路由选择协议可以按许多方式分类,包括它们操作上的特征,例如它们使用的领域、到每个所支持的目标冗余的路由数等。把路由选择协议按其使用的领域来分,还可分为两个基本功能类:内部网关协议(IGP)和外部网关协议(EGP)。内部网关协议主要用于自治系统内部,而外部网关协议则用于自治系统之间。

7.2.1 距离矢量算法

在基于距离矢量算法(也称为 Bellman-Ford 算法)的路由选择中,该算法定期给直接相邻的网络邻居传送它们路由选择表的副本。每个接收者将一个距离矢量(即它自己的距离"值")加到表中,并转发给它的邻居。这个过程在直接相邻的路由器之间以全向的方式进行,这一步步的过程导致了每个路由器都能了解其他路由器的情况,并且形成了关于网络"距离"的累积透视图。

然后,这个累积透视图用来更新每个路由器的路由选择表。完成之后,每个路由器都大概了解了关于到网络资源的"距离"信息。但它并没有了解其他路由器任何专门的信息和网络的真正拓扑。

1) 距离矢量路由选择的优点

一般来说，距离矢量路由选择协议是非常简单的协议，它们很容易配置、维护和使用。因此，它们很适合非常小的网络，这些网络没有或者即便有也是很少的冗余路经，它们也没有严格的网络性能要求。典型的距离矢量路由选择协议有 RIP 等。

2) 距离矢量路由选择的缺点

在特定的环境下，距离矢量路由选择实际上能给距离矢量协议产生路由选择问题。例如，网络中的链路失效或其他变化，路由器要耗费一定的时间来"汇聚"对网络拓扑的一个新的理解。在汇聚过程中，网络面对不一致的路由选择会很脆弱，甚至会无限地循环下去。而且在汇聚的过程中，网络的性能会处于不稳定的危险状态。所以，纯粹的距离矢量协议不适合于大型、复杂的广域网(WAN)。

7.2.2 链路状态算法

链路状态路由选择算法支持着一个关于网络拓扑结构的复杂数据库。不像距离矢量协议，链路状态协议建立和维护了关于网络路由器以及它们是怎样互联的整体知识。这是通过与网络中其他路由器交换链路状态通告(LSA)来实现的。

每个交换 LSA 的路由器，使用所有收到的 LSA 建立一个拓扑结构的数据库。然后用 SPF 算法计算联网的目标的可到达性，用这个信息来更新路由选择表。这个过程可以发现由组件失效后网络增长引起的网络拓扑结构的变化。

事实上，交换 LSA 是由网络中的一个事件触发的，而不是定期进行的。这可以大大加快汇聚的过程，因为没有必要等待一系列定时器计时结束，网络路由器才可以开始汇聚。

1) 链路状态路由选择的优点

基于链路状态的路由选择协议主要有 SPF，通过链路状态方法来动态选择路由对任意大小的网络都相当有用。在一个设计良好的网络中，链路状态路由选择可以使网络很好地适应未预料到的拓扑变化。使用事件(例如变化)来驱动更新(而不是规定间隔的定时)，使汇聚可以在拓扑发生变化后很快开始。

如果适当地设计网络，可以使更多的带宽用于路由选择通信而不是网络的维护，避免了距离矢量路由选择协议频繁的、靠时间驱动的更新带来的系统开销。链路状态路由选择协议的带宽效率附带的一个好处是，同静态路由或距离矢量协议相比，可使网络更易于扩展。很容易看出，它们最好用于大型复杂的网络或必须具有高度可扩展性的网络。

2) 链路状态路由选择的缺点

尽管链路状态路由选择有这些特点和灵活性，但它还是存在一些问题。在初始的发现过程中，链路状态路由选择协议可能泛洪(flooding)，即由一点同时向多个方向发送，这将会大大降低网络传输数据的能力，虽然这种性能的降低是暂时的，但却是非常值得注意的。这个泛洪过程是否会明显妨碍网络的运行取决于两个因素：可用带宽值和必须交换路由选择信息的路由器数量。在大型的网络中,用相对小的链路(如帧中继网络的低带宽数据链路连接标识(DLCI))来泛洪,将比在小网络中用相对大的链路(如T3)更明显地妨碍网络的运行。

7.3 星座网络路由策略

尽管在卫星网络中实现路由存在诸多困难,但星座本身的运行特征也使得其具有一些有利于路由算法设计的因素,如周期性、可预测性等。基于上述特征,研究人员提出了多种路由算法和实现策略,分别应用于面向连接的网络和面向非连接的网络。在基于面向连接机制的网络中,为实现数据的有效传送,路由算法需要为数据预先建立连接表,依据一定规则从中选取一条连接传送数据;而在基于面向无连接机制的网络中,为实现数据的有效传送,路由需要为数据分组建立路由表,依据分组目的地址信息指定下一跳转发方向。路由算法的主要任务就是建立和维护这样的连接表或路由表。

7.3.1 面向连接的路由技术

以异步转移模式(ATM)为主的面向连接的网络技术在20世纪90年代得到了广泛研究和应用,并且曾一度被人们看作是构建未来宽带综合业务网的基本网络机制[9]。在这种背景下,最早的研究是从卫星链路上的ATM机制开始的,很多为LEO卫星网络开发的路由算法都假设卫星网络基于面向连接的机制。在通信网络中路由是一个决策的过程,其是指在一个给定网络中网络节点选择一条或几条信息传输的路径,使得信息能够顺利地传输,一直到达目的节点。进行路由算法研究的主要目的是设计一个快速高效决策过程,该过程能够以最小的代价完成路由节点的选择。代价可以用很多参数衡量,常用的参数如计算量、计算复杂度、端到端的时延、网络负载、信息吞吐量和可靠性等。对于一个卫星网络,其由 N 颗卫星节点构成,每颗卫星可以建立 L 条星间链路。网络可以表示为

$$G = (V, E), V = \{n_1, n_2, \cdots, n_N\}, \quad |V| = N \tag{7.1}$$

$$E \subseteq \{\{n_i, n_j\} \mid n_i, n_j \text{和} i \neq j\} \tag{7.2}$$

$$f: E \to \omega \quad \omega \geqslant 0 \tag{7.3}$$

网络中将每颗卫星看作一个顶点,每条星间链路对应于一条边,每个顶点 V 拥有 L 条边,每条边的权重是 ω,n_i 表示第 i 个节点。权重 ω 与传输时延紧密相关,甚至可以就用传输时延表示。在通信网络中,影响端到端的传输时延最大的是链路传播时延,还包括星上信息的处理时间和交换时间。经常在网络优化中选用的权重即为链路传播时延。信息从源用户传输到覆盖了的源卫星上,然后根据信号的目的地(目标用户的地理位置),卫星网络要决定哪颗邻近的卫星担负通信的任务,信息从一个节点传输到下一个节点,直到到达目标为止。为计算卫星网络中端到端时延,需

要进行如下定义:D_u表示上行链路时延,是信息从地面源节点传输到源卫星节点的传输时延;D_d表示下行链路时延,是信息从目标卫星节点传输到地面终端的传输时延;星间链路D_{ISL_ij}表示从卫星i到卫星j的星间链路传输时延;T_s表示卫星交换和在星上处理信息所需的时间;T_D表示传输信息时信息通过该条路径的传输总时延;n_s表示该条路径上的卫星数目;P表示所有可能的路径的集合,P包含V个节点,因此端到端时延计算如下:

$$\text{TD} = \sum_{i,j \in P} D_{ISL\_ij} + D_u + D_d + n_s * T_s \tag{7.4}$$

根据卫星的空间位置和地面信号源和目的地位置目标,按照时延最短路算法求出最小的传输时延及其对应的链路。这就是通信网络中的路由问题。最短路问题考虑的是有向或者无向网络$G = (V, E)$,其中边$(i, j) \in E$对应的权为ω_{ij},对于其中的两个顶点$s, d \in V$,以s为起点d为终点的路径称为$s-d$有向或无向路,其所经过的所边弧的权重之和称为该路径的权,所有$s-d$路径中权最小的一条称为$s-d$最短路。卫星通信网络中的最短路问题可以用线性规划描述如下:

$$\min \sum_{(i,j) \in A} \omega_{ij} x_{ij} \qquad x_{ij} \geq 0 \tag{7.5}$$

$$\text{s.t} \sum_{j:(i,j) \in A} x_{ij} - \sum_{j:(j,i) \in A} x_{ji} = \begin{cases} 1 & i = s \\ -1 & i = d \\ 0 & i \neq s, d \end{cases} \tag{7.6}$$

式中:决策变量x_{ij}表示弧(i,j)是否位于$s-d$路上,当$x_{ij}=1$时表示弧(i,j)位于$s-d$路上,当$x_{ij}=0$时表示弧(i,j)不在$s-d$路上。最短路计算可以使用Floyd、Dijkstra算法等。

7.3.1.1 基于虚拟拓扑的路由算法

基本思想是充分利用卫星星座运转的周期性和可预测性,把星座周期分为若干个时间片,在每个时间片内网络拓扑被看作是一个虚拟的固定拓扑,从而可以根据可预测的网络信息提前为各节点计算所有时间片内的连接表,如图7.2所示。

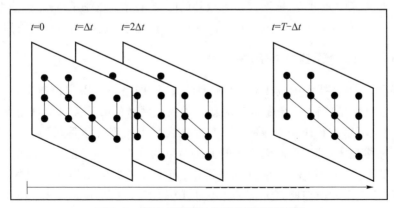

图7.2 基于虚拟拓扑的路由方法示意图

比较有影响的是 M. Werner, C. Delucchi 等提出的一种基于 ATM 卫星网络的路由算法,它是在原有 ATM 网络路由算法上进行修改。这种路由算法适用于具有星间链路的 LEO/MEO 卫星网络。在这种算法中,卫星星座的运行周期被等分成足够小的时间间隔,用于覆盖所有的拓扑变化。在每个时间间隔中,卫星节点执行三个步骤来发现和更新链路变化。这种路由算法由于执行了优化处理,能够较好地减少链路切换。H. S. Chang, B. W. Kim 等提出的基于有限状态机的链路分配算法也是静态算法的例子。这个算法的目的是使整体网络的流量能够均匀分配给每个链路,达到全局路由最优。在这种算法中,系统周期同样被等分成为足够小的间隔,在每个间隔中,卫星网络可以看作处于一个静止的状态。当一个间隔结束时,系统发生状态改变,执行相应的操作,包括分配链路,更新路由表。所有的操作和状态构成了一个有限状态自动机,该算法由此得名。基于虚拟拓扑的路由算法充分利用卫星网络的规律性,算法简单,不占用链路带宽,但是需要较大的内存用于存储路由表,而且不能处理卫星节点失效等意外情况。

7.3.1.2 基于覆盖域划分的路由

为解决因连接切换而引起的重路由问题,基于覆盖域划分的路由算法假设切换完全是由卫星移动引起的,让地面终端参与切换后新的源端卫星和目的端卫星的选择,在空间段不重新执行完全重路由操作的情况下,按照卫星覆盖域的邻接关系计算切换后的最优路径。覆盖域切换重路由协议(FHRP)[10]和平行冗余协议(PRP)均属于基于覆盖域划分的路由协议。这类路由算法的特点是:切换发生后,不用复杂的算法而根据卫星的覆盖域特性计算新的最佳路径。但是,在拓扑结构高度动态变化的卫星网络中,卫星的高速移动致使初始路径无法从根本上避免经历链路切换以及由此引起的一系列切换控制和重路由计算问题,从而致使基于面向连接的卫星网络路由计算开销大而且星上实现困难[11-13]。面向连接的路由算法星上存储开销大,不能处理卫星节点失效等意外情况,而且无法避免链路切换以及由此引起的一系列切换控制和路由重计算问题。此外,为实现与地面 IP 网络的融合,还需要经过协议转换、数据格式转换等中间过程,这不仅带来额外的时延开销和处理开销,而且使系统实现更趋复杂,为此研究者们将研究重点逐渐转向基于面向无连接的卫星网络路由。

7.3.2 面向无连接的路由技术

地面网络中 IP 技术的应用和推广促使卫星 IP 网络技术得到快速发展。在商业和军事卫星网络中传输 IP 流量成为对新一代卫星网络的必然需求。在卫星 IP 网络中,卫星节点可以被看作是 IP 路由器,独立地在星上实现分组逐跳转发。与面向连接的卫星网络相比,基于面向无连接的卫星网络的优点是可以把空间段的星间链路路由与 UDL(上下行链路)路由分开来讨论,而不必考虑因切换而引起的重路由问题。另外,由于当前地面网络大都采用基于 IP 的网络机制,因此在与地面网络融合和集成方面,基于面向无连接的卫星网络也有较大优势。基于面向无连接的卫星网络路由算法大致可以分为以下三类。

7.3.2.1 基于数据驱动的路由算法

针对面向无连接的卫星网络,最早的是 Tsai 和 Ma 提出的 Darting 路由算法[14],Darting 算法以降低拓扑频繁更新而引起的通信开销为设计目标,其基本思想是延迟拓扑更新信息的传输,直到需要更新时再传输更新信息。当数据报的到达触发拓扑更新时,Darting 算法进行两次更新。一次更新数据报要送达的下个节点的拓扑信息,一次更新数据报的上个节点的拓扑信息。Darting 算法并不阻止路由环路的产生,而是在环路产生时动态地检测并消除。仿真结果表明,Darting 在正常网络流量的情况下性能优于普通路由算法,但是当网络流量过大时,由于拓扑更新触发过于频繁,性能低于普通路由算法。

7.3.2.2 基于覆盖域划分的路由算法

在卫星网络运行的不同时刻,每颗卫星覆盖不同地面区域,地面用户也对应不同服务卫星。由于星上可保存整个网络的动态拓扑结构及彼此间的相对位置,而地面用户的位置具有随机性,如果数据分组能够携带地面用户所处的地理位置信息,那么将有利于到地面用户间通过卫星网络进行分组路由[15-16]。基于覆盖域划分的路由算法就是把地球表面覆盖域划分成不同区域,并给各个区域赋予不同的固定逻辑地址。在给定时刻,对于最靠近区域中心的卫星,其逻辑地址就是该区域的逻辑地址。卫星在运行过程中根据覆盖区域的变化动态改变其逻辑地址。卫星覆盖域划分如图 7.3 所示。

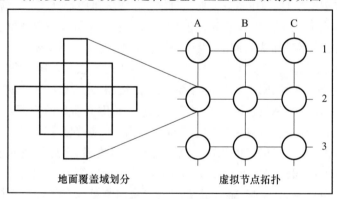

图 7.3 卫星覆盖域划分示意图

基于上述思想,Y. Hashimoto 等提出一种基于 IP 的卫星网络路由框架,该框架采用 IP 分层编址和移动 IP 的思想,根据卫星的覆盖域把地球表面分为一定数量的蜂窝(cell)和宏蜂窝(supercell),并对它们进行编号,地面终端在卫星网络中的地址按照其所属蜂窝的编号确定,从而把地面终端的位置和卫星的位置对应起来。在星上转发分组时,依据定义的编址规则,当前卫星节点依据分组头部所携带的目的终端地址确定下一跳的转发方向,直至分组被传送至目的端卫星。这种方法需要地面网关系统协同工作,由地面网关生成卫星分组头。卫星保存了整个网络系统的拓扑结构图,在任何时刻都知道自己及邻居卫星所在的地理位置,因此,使用卫星分组头中目的终端的地址信息,能够计算出下一跳的转发方向。基于覆盖域划分的路由算法充分利用了极轨道卫星星座运转的规则性,优点是实现简单。然而,这种类型的路由算法的缺陷在于如果网络拓扑的规则性假设被打破,就会出现路由失败,如基于覆盖域划分的路由算法在缝隙两侧、极地区域和在某些特定时刻会出现路由失败,因此算法健壮性比较差。

7.3.2.3 基于虚拟节点的路由算法

基于虚拟节点的路由算法属于基于覆盖域划分路由算法的改进方法。在这种方法中,卫星网络首先被模型化为一个由虚拟卫星节点组成的网络,每个虚拟节点都被分配给固定的地理坐标。在星座运行过程中,虚拟节点的坐标不发生改变,而真实卫星网络中的卫星节点依据其当前物理位置与虚拟节点地理坐标的距离关系,被映射到对应的虚拟节点之上,如果一颗卫星离某虚拟节点最近,则该卫星的位置就被认为是该虚拟节点的位置。在卫星切换时,路由表或链路队列等状态信息从当前卫星连续转移到其后续卫星上。通过从卫星真实位置到与地球表面相对静止的地理坐标的转化,屏蔽了卫星星座的动态性,卫星网络中的路由问题就转化为在一个由虚拟的静态地理坐标构成的逻辑平面内计算最短路由的问题[17]。E. Ekici 等提出的分布式路由算法(DRA)是基于虚拟节点路由算法的典型代表,该算法以分组传输时延最小化为优化目标,使用逻辑地址 $<P, S>$ 代表星座中的每颗卫星的地理坐标,其中 P 表示卫星所处轨道面在星座中的编号,S 表示卫星在本轨道内的编号。卫星在运行过程中动态改变其逻辑编址。DRA 分方向估计、方向修正和拥塞处理三个阶段计算最短路径。DRA 充分利用了极轨道星座本身的物理特性,通过引入虚拟逻辑节点解决了极地区域和缝隙区域的路由失效问题,设计的算法简单,基本上不需要星上处理开销和通信开销,其分布式实现方式使得卫星节点的路由决策时间很短。DRA 算法的不足是其健壮性较差,一旦网络中出现卫星节点失效或星际链路失效,算法性能就急剧下降。

综合上述,现有各种卫星网络路由算法,有如下几个不足的方面。第一,抗毁性和健壮性较差,一旦出现节点失效或链路失效,算法性能急剧下降;第二,对网络中流量负载情况考虑较少,甚至仅以跳数为路由计算代价度量,因此算法的最优性不能保证,尤其在高流量负载下对时延性能和负载均衡能力考虑不足。因此,其健壮性、自适应性以及通用性较差。尽管通过建立多层卫星网络可以有效提高系统的健壮性和抗毁性,但仅有的几种多层卫星网络路由机制都依赖具体的星座结构和层间卫星的强互联模型,缺乏有效的层间路由选择能力。因此,需要针对卫星网络不同发展阶段采用组网结构的特点设计新的、满足不同阶段需求的健壮、高效、通用性强的路由算法,保证在空间对抗及其他特殊时期卫星通信子网的抗毁能力和传输性能。

7.4 导航星间链路分布式路由算法

北斗全球卫星导航网络由空间段、地面段、用户段组成。其中空间段包括 MEO、

IGSO、GEO 星座,是多层卫星网络,如图 7.4 所示。

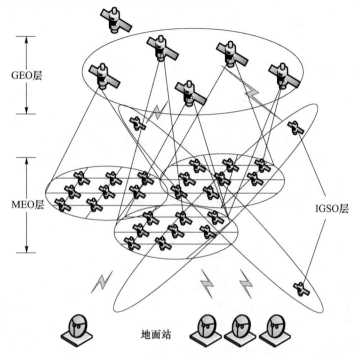

图 7.4　北斗全球卫星导航网络体系结构图

MEO 卫星轨道高度处于 LEO 卫星和 GEO 卫星之间,是性能优良的全球卫星轨道。MEO 卫星在空间段中卫星的数量占绝大多数,是为导航用户提供全球定位服务的主体,也是提供星座测控服务和星座互连服务的主体。MEO 卫星生成并发射包含导航综合信息和测距信息的复合导航信号,同时接收来自地面站的控制数据,实现对卫星的有效控制。

星间链路网络的路由协议从不同角度可以划分为不同的类型。按算法类型分类,可分为基于距离矢量路由、基于链路状态路由、基于源路由的路由和基于反向链路路由等;按网络的逻辑结构分类,可分为平面路由和分层路由;根据数据流动的方式分类,可以分为广播路由协议和单播路由协议;根据路由建立的方式分类,可以分表驱动(table driven)路由协议、按需驱动(on-demand driven)路由协议以及混合式路由协议;根据路由协议的功能分类,还可以分为 QoS 自适应路由协议、能量自适应路由协议等[18-23]。

导航星间链路物理层和链路层采用空分时分体制后,其无中心、扁平化特征与 Ad Hoc 网络非常相似,都具有移动、多跳等特点,同时这两种类型的网络中节点处理能力都非常有限。但在卫星网络中,星与星之间的距离远大于 Ad Hoc 网络中节点之间的距离,在设计路由算法或协议时,Ad Hoc 网络中可以忽略的链路传输时延在卫星网络中根本不能忽略,相反链路传输时延成为影响卫星网络中路由决策最重要的因素之一。另外卫星星座的运行具有一定的周期性和规律性,这点却是 Ad Hoc 网络所不具有的优势。因此 Ad Hoc 网络中已有的路由算法或协议可以借鉴和改进适用于卫星网络中。

7.4.1 星间链路最优链路状态路由协议

表驱动路由的路由发现策略与传统路由协议类似,节点通过周期性地广播路由信息报文,交换路由信息,主动发现路由。同时,节点必须尽可能地维护通往全网所有节点的路由信息。它的优点是当节点需要发送数据报文时,只要去往目的节点的路由存在即可立即发送,所需的延时很小。缺点是表驱动路由需要花费较大开销,以尽可能紧随当前拓扑结构的变化而更新路由。然而,动态变化的拓扑结构可能使得这些路由无法及时得到更新,而依旧使用陈旧的路由信息,从而使得路由协议始终处于不收敛状态[24]。

距离矢量路由(DSDV)协议是一种表驱动的路由协议,是对 Bellman-Ford 算法的一种改进,它采用了序列号机制用来分路由的新旧程度,防止可能产生的路由环路。在 DSDV 中,每个移动节点都需要维护一张路由表。路由表表项包括目的节点、跳数和目的地序列号,其中目的地序列号由目的节点分配,主要用于判别路由是否过时,并可防止路由环路的产生。每个节点周期性地与邻居卫星节点交换路由信息,并且根据路由表的改变来触发路由更新。路由表更新有两种方式:一种方式是全部更新(full dump),即拓扑更新消息中将包括整个路由表,主要应用于网络变化较快的情况;另一种方式是部分更新(incremental update),更新消息中仅包含变化的路由部分,通常适用于网络变化较慢的情况。在 DSDV 中只使用序列号最高的路由,如果两个路由具有相同的序列号,那么将选择最优的路由(如跳数最短)。它的缺点是不适应变化速度快的星间链路网络,不支持单向信道。

无线路由协议(WRP)是较早提出基于 DBF 算法基础的一个表驱动路由算法[25]。在 WRP 中,每个节点需要维护 4 个与路由表信息相关的表:距离表、路由表、链路开销表、分组重传表。节点的信息表是通过获得相邻节点的状态变化信息来维护的,收到来自相邻节点的信息后,要更改并保存到信息表,并通知相邻节点。如果节点没有更新信息需要转发,则要定期发送"HELLO"信息,以确保节点链路的连通性。如果节点不发"HELLO"信息,那么认为该节点的链路失效。新节点加入网络系统时,要发送"HELLO"信息,如果某个节点收到了新节点的"HELLO"信息,则把新节点的信息填入自己的路由信息表,并把自己的路由信息发给新节点。WRP 通过记录到目的节点的距离信息和先驱(predecessor)节点信息,解决路由环路问题[3-4]。所谓先驱节点是指所选的到目的节点的路由上,目的节点的前一个节点,也称为"倒数第二跳"节点。WRP 是一种链路状态(link state)算法,它对链路失效的情况有较好的适应性。但是,节点需要维护四张路由表,这会给节点带来负担,特别是节点较多的时候。由于需要利用"HELLO"信息保持连通性,所以不允许节点处于睡眠状态,这会加速能源的损耗,也会占用网络的带宽。

要维护通往其他所有节点的路由,它仅在路由表中没有通往目的节点路由的时候才"被动地"进行路由发现。因此,拓扑结构和路由表内容是反应式建立的,它可能仅仅是整个拓扑结构信息的一部分。它的优点是不需要周期性的路由信息广播,节省了一定的网络资源。缺点是发送数据分组时,如果没有去往目的节点的路由,数据分组需要等待因路由发现所引起的延时。按需路由协议通常由路由发现和路由维护两个阶段组成。当源节点发现没有通往目的节点的路由时,触发路由发现过程。它一般由路由请求报文和路由回复报文组成。当网络拓扑结构发生变化时,通过路由维护过程删除失效路由,并重新发起路由请求过程。路由维护通常依靠底层提供的链路失效检测机制进行触发。

SPF 算法是开放式最短路径优先协议的基础。SPF 算法有时也被称为 Dijkstra 算法,SPF 算法将每一个路由器作为根(root)来计算其到每一个目的地路由器的距离,每一个路由器根据链路状态数据库会计算出路由器的拓扑结构图,该结构图类似于一棵树,在 SPF 算法中,被称为最短路径树[26]。路由协议是随着网络规模、网络应用的扩大而发展起来的。路由协议的优劣将直接影响到整个通信网络的性能,在引入卫星网络的路由协议之前,首先对路由协议的一般设计目标进行说明。路由协议通常有下列设计目标。

1) 最优化

最优化是指路由协议有选择最佳路径位置的能力。Metrics 及其权值决定最佳路径。例如,路由协议可能考虑节点数和延迟,但计算时延迟更重要。自然地,路由协议必须严格地定义它们的 Metrics 计算算法。

2) 简单性

路由协议必须尽可能设计得简单。换句话说,路由协议必须以最少的软件和使用费用获得高效的功能。当路由协议由软件实现,并在物理资源受限制的计算机上运行时,效率是特别重要的。

3) 健壮性

路由协议必须是健壮的。换句话说,在异常或者无法预料的情况面前(诸如硬件失败、高负载条件和不正确的安装和使用),它们也能正确运行。因为路由器定位在网络连接点,故障时它们能导致严重的问题。好的路由协议经得住时间的考验,并被证明在各种网络条件之下能保证稳定工作。

4) 迅速收敛

路由协议必须快速收敛。收敛是指所有的路由器关于最佳的路由取得一致的过程。当一个网络拓扑发生改变时,路由器发送链路状态消息。更新消息泛洪网络,导致重新计算最佳路由,并最终使所有的路由器一致同意这些路由。路由协议收敛过慢会产生路由循环或网络损耗。

5）灵活性

路由协议也应具有灵活性。换句话说，路由协议应迅速和准确地适应各种各样的网络情况。例如，当网络的一部分失灵，多数路由协议在监测到这个问题时，要很快地为使用该段网络的路由选择次优的路径。路由协议应被设计成能够适应变化，不论网络带宽、路由器队列大小、网络延迟，或是别的变量。

这些设计目标是一个较好的路由协议的衡量标准，在设计卫星网络上的路由协议时也应遵循这些原则。同时鉴于卫星网络的特点，应设计一个使用资源尽可能少、收敛时间尽可能短的卫星网络路由协议。

针对卫星网络，路由协议的可扩展性主要体现在规模和性能两个方面。以开放式最短路径优先协议为代表的链路状态路由协议可以很好地支持大规模的地面网络，但如果直接将开放式最短路径优先协议运用于卫星网络中，卫星高速运转带来的链路频繁中断会导致链路状态路由协议更新泛洪开销的增大。同时，泛洪会导致路由器更新自己的链路状态数据库，并用 SPF 算法重新计算出各自的路由表，这对网络带宽和处理器的性能要求很高，但是，这对于星上资源本来就比较紧张的卫星网络来说却是不可取的。因此，提高链路状态路由协议的可扩展性，减少泛洪开销成为解决问题的关键。

7.4.1.1 基本原理

星间链路最优链路状态路由（ISL-最佳链路状态路由（OLSR））协议是为无中心类型星间链路网络而开发的，它是表驱动的主动路由运作协议，即与其他网络节点定期交换拓扑信息。每个节点选择一组其邻居卫星节点作为多点中继（MPR）。在星间链路最优链路状态路由协议中，仅选择 MPR 节点，负责转发控制流量，用于扩散到整个网络[27]。MPR 提供了有效的通过减少数量来控制流量的传输机制。

选择作 MPR 的节点在声明网络中的链路状态信息时也负有特殊责任。实际上，星间链路最优链路状态路由协议向所有目的地提供最短路径的唯一要求是 MPR 的节点为其 MPR 声明链路状态信息。可以利用附加的可用链路状态信息，用于冗余等方面。已被某些邻居卫星节点选为多点中继的节点在其控制消息中周期性地通告该信息。由此，节点向网络通告它已经到达已经选择它作为 MPR 的节点的可达性。在路由计算中，MPR 用于形成从给定节点到网络中任何目的地的路由。此外，该协议使用 MPR 来促进网络中控制消息的有效洪泛。

节点从其一个跳邻居中选择具有"对称"的 MPR，即双向链路。因此，通过 MPR 选择路由会自动避免与单向链路上的数据包传输相关的问题（例如，对于单播流量采用此技术的链路层，在每一跳上没有获得数据包的链路层确认的问题）。

星间链路最优链路状态路由协议继承自链路状态路由协议，为适应导航星座时分空分星间链路网络的特点，采用 MPR 机制对其进行了裁减和优化。在 MPR 机制中，只有 MPR 节点才负责向全网洪泛 TC（拓扑控制）消息和参加路由，同时在拓扑维护中仅仅只涉及 MPR 节点和其节点集节点之间的链路状态信息。这样就带来了两个优化：

（1）中继节点的减少。不是每一个节点都参加路由计算,仅仅只有 MPR 节点才对分组的转发负责,削减了整个网络中洪泛的 TC 控制消息的总数量和转发次数,降低了协议的开销。

（2）星间链路最优链路状态路由协议只利用部分的链路状态信息来建立最短路由,即只利用 MPR 的节点到其节点集节点之间的链路状态信息。每一个 TC 控制分组长度的缩短,带来了拓扑维护中需要发送、转发和接收的数据量的减少,从而减少了协议的开销。主要的两种控制消息分组:HELLO 分组和 TC 分组。HELLO 分组用来侦听邻居卫星节点的状态,分组在一跳范围内广播,不能被转发;在初始化阶段,节点 B 对外广播 HELLO 分组,当节点 A 收到这个分组时,A 将 B 放入自己的邻居卫星节点集中,并标记到 B 链路状态为非对称的,然后,A 对外广播 HELLO 分组时,在 HELLO 分组中就包含 B 是 A 的邻居卫星节点的信息,此信息指明从 B 到 A 的链路状态是非对称的,当 B 收到此分组时,会在邻居集中将 A 的状态更新为对称,同理,在 B 再次广播 HELLO 分组时,HELLO 分组中就包含了 A 是 B 邻居卫星节点并且是对称链路的信息,当 A 收到该分组时,A 就在邻居卫星节点集中将 B 的状态更新为对称。A、B 节点再分别计算自己的 MPR,后面交互的 HELLO 分组中包含各自的 MPR 信息。邻居卫星节点侦听如图 7.5 所示。

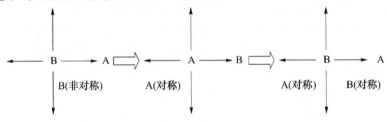

图 7.5　邻居卫星节点侦听

每个节点根据自己收到的 TC 分组和自己的邻居信息来计算出网络的拓扑。为了使得全网的节点建立起一张完整的网络拓扑,必须将包含网络拓扑消息的 TC 分组洪泛到全网。

如图 7.6 所示,星间链路最优链路状态路由协议采用 MPR 机制对路由控制消息进行选择性的洪泛,可以有效地减少整个网络范围内的路由控制消息数量。在节点密度大、数量多的大规模网络中采用 MPR 机制其优势会更加明显。网络中的每个节点都要选择一部分自己的对称邻居卫星节点作为通信的中继节点,即 MPR 节点,而该节点自身则成为节点集的节点。剩下的那些非 MPR 的节点也会接收和处理广播消息,但它们不会转发任何收到的控制消息。

路由计算:每个节点都有一张路由表。通过路由表寻找路径信息。一旦网络发生变化,例如节点增减等都会导致路由表的更新变化。计算路径采用 Dijkstra 的最短路径优先算法,跳数、链路带宽、时延、队列长度等都可以作为路径长度的判据。星间链路最优链路状态路由协议要完成它的路由功能需要这三方面的相互配合:①节

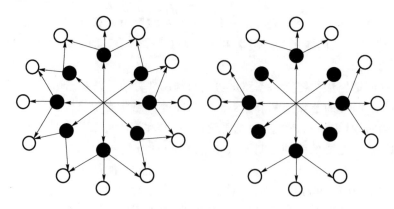

图 7.6　无选择性洪泛(左)和有选择性洪泛(右)

点之间要具有完备的控制信息的交互机制,以完成 MPR 节点选择及获取网络拓扑信息;②节点内部需要对掌握的邻居信息、链路状态、网络拓扑以及路由信息进行存储;③具备可靠的算法来保证节点间控制信息的获取和处理。

星间链路最优链路状态路由协议不依赖于任何中心控制,以一种全分布的方式运转。在无线通信条件下,因为通信冲突或者节点故障等原因,数据包的丢失在所难免。星间链路最优链路状态路由协议不要求下层提供可靠的数据分组传输,每个节点都周期性地发送控制分组,在一定程度上可以缓解因某一个控制分组丢失所造成的影响。

星间链路最优链路状态路由协议也不要求控制消息按序收发。控制消息都带有自己的序列号,每发一个消息,序列号便自增一;接收到分组的节点通过判断序列号的大小就可以知道该控制消息的新旧程度。

7.4.1.2　算法描述

星间链路最优链路状态路由协议对协议所使用的相关数据包使用了统一的格式。这样做的目的是促进协议的扩展性且不损害其反向兼容性。同时也提供了一种把背负不同种类信息的传输归到单一的传输的简便方式。每个分组封装了一个或多个消息,这些消息共用同一个头格式。星间链路最优链路状态路由协议分组的基本格式如图 7.7 所示。星间链路最优链路状态路由协议分组中各个域表示内容如下。

Packet Length:分组的长度,以 byte 计。

Packet Sequence Number:分组序列号(PSN),每当一个新的星间链路最优链路状态路由协议分组传送时,分组序列号必须增加 1。

Message Type:此域表明在"MESSAGE"域中将要被发现的是哪种类型的消息,消息类型范围在 0~127 之间。

Vtime:分组中所携带消息的有效期。

Message Size:消息的长度,以 byte 计,从消息类型的开始处计算直到下一个消息类型的开始处(若无,则到消息分组结束)。

Originator Address:此域包含产生该消息的节点的主地址,这里应避免与 IP 报头里的源地址混淆,后者要每次变更为中间重传消息节点的接口地址,前者在重传中永远不会变化。

Time to Live:消息被传送的最大跳数,在消息被重传之前,生存时间值(TTL)减一,当一个节点收到一个消息,其 TTL 为 0 或 1 时,这个消息在任何情况下都不应被重传,通过设置此域,一个消息的源地址可以限制消息的洪泛范围。

Hop Count:此域包含一个消息获得的跳数,在一个消息重传前,Hop Count 加 1,最初此域被消息源设为 0。

Message Sequence Number:产生一个消息时,源节点会对此消息分配一个唯一的标识号放在此域,每产生一次消息,此标识号加 1,消息序列号用来保证一个消息不会被任何节点重传两次。

Packet Length		Packet Sequence Number
Message Type	Vtime	Message Size
Originator Address		
Time to Live	Hop Count	Message Sequence Number
Message		
Message Type	Vtime	Message size
Originator Address		
Time to Live	Hop Count	Message Sequence Number
Message		
Etc…		

图 7.7　星间链路最优链路状态路由协议分组的基本格式

在星间链路最优链路状态路由协议中,主要采用了两种控制分组:HELLO 分组和 TC 分组。HELLO 分组消息执行链路检测、邻居发现的功能。TC 分组消息执行 MPR 信息声明功能。这两种分组都作为基本分组格式中的 MESSAGE 部分。概括来说,整个星间链路最优链路状态路由协议就是通过 HELLO 分组的周期性交互,执行链路检测、邻居发现的功能;通过 TC 分组的周期性交互执行 MPR 信息声明功能。最终以这些分组所建立起来的拓扑结构为基础,进行基于 MPR 的路由计算。

1) HELLO 分组消息

HELLO 分组消息用于建立一个节点的邻居表,其中包括邻居卫星节点的地址以及本节点到邻居卫星节点的延时和开销,星间链路最优链路状态路由协议采用周期性的广播 HELLO 分组来侦听邻居卫星节点的状态和无线链路的对称性。节点之间无线链路的状态包括非对称链路、对称链路、连接 MPR 的链路。但星间链路最优链路状态路由协议只关心对称链路,同时 HELLO 分组只在一跳的范围内广播,不能被转发。

2) TC 消息

拓扑控制(TC)消息的洪泛具有十分重要的意义。在使用星间链路最优链路状态路由协议的网络中,每个节点都周期性发送 TC 分组。当一个节点接收到 TC 消息时,就进入拓扑信息维护模块。收到 TC 消息必要时进行转发(实现拓扑泛洪);如果得到网络中一条有效的链路(拓扑),则将其添加到拓扑表中,用以计算路由。当检测到拓扑表发生变化时,就要转到路由建立与维护模块,重新计算路由。当收到数据包时,对其进行转发。

如图 7.8 所示,节点 B、C、D 和 E 是节点 A 的邻居卫星节点,其中节点 B、C 和 D 又是节点 A 的 MPR 节点。当节点 B、C、D 和 E 收到节点 A 发送来的 TC 控制消息时:首先,它们都需要判断自己是不是节点 A 的 MPR 节点;节点 B、C 和 D 发现自己是节点 A 的 MPR 节点,它们再判断 TC 消息是否是最新的,如果是,则转发该 TC 消息,否则丢弃该 TC 消息;而节点 E 发现自己不是节点 A 的 MPR 节点,则不转发该 TC 消息。

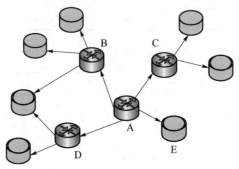

图 7.8　节点和它的 MPR 节点

图 7.9 所示为 TC 消息数据包头部结构。MSSN:MPR Selector 序列号,与 MPR Selector 集相对应的序列号,每当节点检测到 MPR Selector 集发生变化时,就增加该序列号的值。节点收到 TC 分组时,根据 MSSN,决定有关发送者的 MPR Selector 的信息是否比已有的要新。Reserved:保留字段,设置为"0000000000000000000000"。MPR Selector Address:MPR 节点的地址。包含的是产生该 TC 分组的节点的 MPR Selector 的地址。

MSSN(16bit)	Reserved(16bit)
MPR Selector Address(32bit)	
MPR Selector Address(32bit)	

图 7.9　TC 消息数据包头部结构

3) 邻居表

每个节点根据接收和发送 HELLO 分组获得关于其两跳以内的邻居的信息,维护着一个一跳邻居表,一跳邻居表中邻居表项的格式如图 7.10 所示。

N_neighbor_main_addr:节点 i 的一跳邻居地址。

N_status:节点 i 与其一跳邻居之间的链路状态,取值可为 ASYM LINK、SYM

N_neighbor_main_addr	N_status	N_willingness

图 7.10　邻居表格式

LINK 或 MPR LINK。链路状态 MPR LINK 意味着与邻居节点 N_neighbor_main_addr 的链路是对称的且节点被选择为 MPR。

N_willingness：表示邻居卫星节点为其他节点转发分组的意愿程度。

节点存储一个两跳邻居表，描述邻居卫星节点与对称两跳邻节点间的对称链路。格式如图 7.11 所示。

N_neighbor_main_addr	N_2hop_addr	N_time

图 7.11　两跳邻居表格式

N_neighbor_main_addr：表示邻节点的地址。

N_2 hop_addr：表示与 N_neighbor_main_addr 有对称链路的两跳邻节点的地址。

N_time：表示表项到期必须被移除的时间。

4）MPR Selector 表

节点为判断转发哪些控制消息，需要维护关于其 MPR Selector 的信息。根据接收到的 HELLO 分组，节点就可以构造自己的 MPR Selector 表。MPR Selector 表的格式如图 7.12 所示。

MS_main_addr	MS_time

图 7.12　MPR Selector 表格式

MS_main_addr：MPR Selector 节点的地址。

MS_time：该 MPR Selector 集表项的保持时间，当 MPR Selector 集过期时要及时删除。

5）拓扑表

网络中每一个节点都维护一张拓扑表，表中记录了从 TC 分组获得的网络拓扑信息。节点根据这一信息计算路由表。节点将网络中其他节点的 MPR 的信息作为拓扑表项记录在拓扑表中：

T_dest：MPR 选择节点的地址，表示该节点已经选择节点 T_last 作为其 MPR。

T_last：被 T_dest 选为 MPR 的节点的地址。

T_seq：表示 T_last 已经发布了它保存的序列号为 T_seq 的 MPR Selector 集合的控制信息。

T_time：表项的保持时间，过期后就失效，必须被删除。

6）路由表

网络中每个节点维护一个路由表，表中保存了节点到网络中所有可达目的节点的路由，对于路由已知的网络中的每一个目的地，表项被存储在路由表中，所有路由未到达或部分已知的表项不被记录在表中。表项格式如图 7.13 所示。

| R_dest_addr | R_next_addr | R_dist | R_iface_addr |

图 7.13　路由表格式

R_dest_addr:路由目的节点地址。
R_next_addr:路由的下一跳节点地址。
R_dist:本节点到目的节点的距离。
R_iface_addr:表示下一跳节点通过本地接口 R_iface_addr 到达。

概括来说,整个星间链路最优链路状态路由协议就是通过 HELLO 分组的周期性交互,执行链路检测、邻居发现的功能;通过 TC 分组的周期性交互执行 MPR 信息声明功能。最终以这些分组所建立起来的拓扑结构为基础,进行基于 MPR 的路由计算。导航星间链路按需距离矢量路由协议的算法操作主要包括以下流程。

(1) 链路感知。

每个节点都要探测与其邻节点间的链路,由于无线传播的不确定性,某些链路可能会被认为是单向的。因此,所有链路必须双向验证才被认为是可用的。链路感知是通过 HELLO 分组的周期性交互实现的。本地链路信息表存储了该节点到邻居卫星节点的链路信息。节点发送 HELLO 分组时,本地链路信息表作为消息的内容。节点收到 HELLO 分组,更新本地链路信息表。操作过程如下。

① 接收到一个 HELLO 分组,如果不存在如下的链路表项:
L_neighbor_iface_addr = = HELLO 分组的 originator address;
则建立一个新的表项如下:
L_neighbor_iface_addr = = HELLO 分组的 originator address;
L_local_iface_addr = = 接收 HELLO 分组的接口地址;
L_SYM_TIME = = 当前时间 -1(过期);
L_TIME = = 当前时间 + 有效时间;
② 若存在前述的链路表项,则修改如下:
L_ASYM_TIME = = 当前时间 + 有效时间;
如果接收信息的接口地址在 HELLO 分组链路信息中,则修改如下:
如果链路类型为 LOST_LINK:L_SYM _TIME = = 当前时间 -1(过期);
如果链路类型为 SYM_LINK 或 ASYM_LINK:L_SYM_TIME = = 当前时间 + 有效时间;
L_TIME = = L_SYM _TIME + NEIGHB_HOLD_TIME;
L_TIME = = MAX(L_TIME,L_ASYM_TIME);
其中,有效时间必须通过消息头的 Vtime 来计算。

(2) 邻居侦听。

每个节点必须检测它与哪些邻节点间具有双向链路。节点周期性地广播 HELLO

分组,它携带了其邻节点的信息和链路状态。HELLO 分组只在一跳范围内传输。通过 HELLO 分组的周期性交互,节点生成了邻居信息库。邻居侦听具体操作过程如下。

如果分组的 Originator Address 是邻居集中一个邻居表项的 N_neighbor_main_addr,则邻居集更新如下:N_willingness 更新为 HELLO 消息中的 willingness。

从一个对称邻居中接收到一个 HELLO 分组,节点应更新其两跳邻居集,注意 HELLO 分组不被转发,也不被存储在副本集。"validity time"需要根据 HELLO 分组中的 Vtime 域来计算。如果链路集中的一个链路表项的 L_neighbor_iface_addr 是消息的 Originator Address 且 L_SYM_TIME 大于等于当前时间(即 HELLO 源地址是一个对称邻节点),则两跳邻居集更新如下。

对 HELLO 消息中列出的每个具有 SYM_NEIGH 或 MPR_NEIGH 邻居类型的地址(即相对应于接收 HELLO 分组的节点的两跳邻居):

① 如果两跳邻居的主地址等于接收节点的地址,丢弃这个两跳地址(即节点不是自身的两跳邻节点)。

② 否则一个如下的两跳邻居表项生成:

N_neighbor_main_addr = = HELLO 分组的 originator address;

N_2hop_addr = = HELLO 分组相应邻居的地址,即接收 HELLO 分组节点的两跳邻居;

N_time = = 当前时间 + 有效时间;

这一表项有可能替代一个具有相同 N_2hop_addr 和 N_neighbor_main_addr 的相似表项。

对于 HELLO 消息中列出的每个具有 NOT_NEIGH 邻居类型的两跳节点,如下的两跳邻居表项必须被删除:

N_neighbor_main_addr = = HELLO 分组的 Originator Address;

N_2hop_addr = = HELLO 分组中相应的邻居地址。

(3) MPR 选择。

网络中的每个节点独立地选择自己的 MPR 集。选择 MPR 集的目的就是使得通过该 MPR 的转发,节点发送的控制分组可以被传送到其他所有的两跳邻居。计算 MPR 集需要知道自身一跳和两跳邻居的信息。星间链路最优链路状态路由协议使用本地发送 HELLO 分组来获取一跳邻居信息。对于节点 i 的一跳邻居卫星节点 j 而言,i 的一跳邻节点就是节点 j 的两跳邻节点。节点 i 发送 HELLO 分组的同时附上它自己的一跳邻居列表,当节点 j 收到节点 i 发送的 HELLO 分组时,就可以知道节点 i 的一跳邻节点的信息,对于节点 j 来说,就获得了节点 j 的两跳邻节点信息。

计算 MPR 集的要求是:节点与 MPR 节点之间必须是双向对称链路,节点所发送的分组通过 MPR 的中继,能够到达所有的严格两跳邻居卫星节点,如果能够满足这两点,那么 MPR 节点就能有效地进行 TC 分组的转发。同时,应该使 MPR 集尽量的小。

（4）TC 分组处理。

拓扑表中的表项是根据 TC 分组中的拓扑信息建立的。在 TC 分组重复记录表中登记了 TC 分组后，就在拓扑表中记录相关信息，步骤如下：

① 如果拓扑表中存在某个表项，其 T_last 对应于 TC 分组发送源节点地址且其 T_seq 大于收到消息中的 MSSN 的值，那么，就不再对 TC 分组做进一步处理，丢弃该 TC 分组。

② 删除拓扑表中所有 T_last 对应于 TC 分组发送源节点地址，且其 T_seq 小于收到分组中 MSSN 的值的表项。

③ 对从 TC 分组中接收到的每个 MPR Selector 的地址：如果拓扑表中存在某个条目，其 T_dest 对应于 TC 分组中的 MPR Selector 地址，且其 T_last 对应于 TC 分组中初始发送节点地址，则更新该条目的保持时间 T_time；

否则，就在拓扑表中记录新的拓扑条目。

（5）路由表计算。

每个节点维护一张保存到每个目的节点的路由表。路由表的计算是基于节点存储的拓扑结构的。接收到 TC 分组的节点，分析并存储[last_hop,node]连接对，其中"node"是在发送 TC 分组列表中发现的节点地址。简单来说，为了找到从给定源节点到较远节点 R 的路径，必须找到连接对(X,R)，然后找到连接对(Y,X)，以此类推，直到发现节点 Y 就是源节点的邻居卫星节点时结束连接对的查找。

为了使得到的路径是最优的，转发节点仅选择最小路径上的连接对。路径选择算法在拓扑图的基础上采用了多重 Dijkstra 算法。当邻居表和拓扑表发生变化或路由失效时都需要更新路由表。

在星间链路最优链路状态路由协议标准协议中，协议根据最小跳数建立每个节点的路由表。任意一个节点路由表的添加过程可分为三部分：首先，添加自己的邻节点进入路由表，即跳数 $h=1$；其次，添加自己的两跳邻节点进入路由表，即 $h=2$；最后，循环添加跳数等于 $h+1$（$h=2$ 开始）的节点进入路由表。不考虑多接口时，具体过程描述如下：

① 首先清除现有路由表中的所有表项。

② 将具有对称链路的邻居作为目的地址，一个如下的新的表项加入路由表：

R_dest_addr = = 邻节点地址；

R_next_addr = = 邻节点地址；

R_dist = = 1；

R_iface_addr = = 本地地址；

③ 对于任意两跳邻居，其两跳邻居集中必然存在着这样一个表项，其中 N_neighbor_main_addr 等于本地的一个一跳邻居且其 willingness 不为 WILL_NEVER。则将每个两跳邻居加入路由表如下：

R_dest_addr = = 两跳邻居地址；

R_next_addr＝＝已有的具有如下特征的路由表表项的 R_next_addr:其 R_dest_addr 为该两跳邻居表项的 N_neighbor_main_addr;

R_dist＝＝2_R_iface_addr＝＝已有的具有如下特征的路由表表项的 R_iface_addr:其 R_dest_addr 为该两跳邻居表项的 N_neighbor_main_addr;

④ 将目的地为 $h+1$ 跳的路由表项记录在路由表,对于 h 的每个值,下面的程序必须被执行,h 从 2 开始,每次加 1,在迭代中没有新表项被记录时,执行停止。对于拓扑集中的每个拓扑表项,如果其 T_dest_addr 不符合于路由表中任何表项的 R_dest_addr且其 T_dest_addr 符合于一个 R_dist 为 h 的路由表项的 R_dest_addr,则一个新的路由表项被记录如下:

R_dest_addr＝＝T_dest_addr;

R_next_addr＝＝已有的具有如下特征的路由表表项的 R_next_addr:其中 R_dest_addr＝＝T_last_addr,R_dist＝＝$h+1$,R_iface_addr＝＝已有的具有如下特征的路由表表项的 R_iface_addr。其中 R_dest_addr＝＝T_last_addr 计算路由表之后,为节约内存空间,要删除没用于计算的拓扑表中的表项。否则,这些表项将会提供到同一目的节点的多条路由。

7.4.2 导航星间链路按需距离矢量路由协议

导航星间链路按需距离矢量路由(算法)(ISL-ODV)[28-30]协议是一种基于按需距离矢量协议的路由协议,它综合了动态源路由(DSR)协议和 DSDV 的优点,处理过程和存储开销都很小,而且可以对星间链路的变化做出快速的反应。

7.4.2.1 基本原理

导航星间链路按需距离矢量路由协议属于按需路由协议,只有当源节点需要向目标节点发送数据时,才在节点之间建立路由,源节点通过产生路由请求报文 RREQ(路由请求)建立反向路由,中间节点首次收到请求报文 RREQ 后进行广播转发,利用请求报文 RREQ 中节点序列号避免路由环的产生。目的节点在收到报文 RREQ 后产生路由应答报文 RREP(路由应答)建立正向路由[22],断路节点产生路由错误报文 RRER 更新路由信息、上一跳地址和跳数。中间节点收到报文 RREQ。

导航星间链路按需距离矢量路由算法的主要步骤包括路由发现过程和路由恢复过程。

1) 路由发现过程

当源节点 S 有数据需要发送时,首先查找自己的路由表,当路由表中存在到目的节点 D 的有效路由时立刻发送数据,当不存在有效路由时则发起路由请求过程。源节点 S 创建一个路由请求报文 RREQ,并向邻节点广播,报文 RREQ 包括目的节点地址、目的节点序列号、广播序列号、源节点地址、源节点序列号、上一跳地址和跳数。中间节点收到报文 RREQ 时,首先判断是否已经收到过相同目的节点的报文 RREQ 请求信息,如果已经收到过,则丢弃本次收到的 RREQ 请求信息,否则根据该报文

RREQ 提供的信息建立到上一跳收到的反向路由;接着查找自己的路由表,如果存在到该目的节点的有效路由,则通过已建立的反向路由返回路由应答 RREP,包括源节点地址、目的节点地址、目的节点序列号、跳数和生存时间,否则向邻节点继续播报 RREQ,并沿已建立的反向路由发送给源节点。当同一个报文 RREQ 有若干不同的报文 RREP 时,源节点 S 将选择目的节点 D 的序列号最大的路由,或者在目的节点 D 的序列号相同时选择跳数最小的路由。

2) 路由维护过程

由于自组网节点的移动性,已经建立的拓扑结构会随着节点的移动发生改变,加上无线通信的固有点,链路的连通性也动态地变化着,因此,在自组网中对链路进行监测和维修并进行路由维护一直是路由协议的关键技术之一,从而确保所需的路由的连通性。导航星间链路按需距离矢量路由协议通过诸多手段来进行路由的维护,包括定期发送 HELLO 报文检测本地连接,链路本地修复及链路本地修复失败后,向源节点发送报文 RERR(路由错误)以通知该链路断开。HELLO 报文维护本地连接,即节点通过侦听来自邻居卫星节点的 HELLO 报文来确定其连接性。如果节点收到了一个来自邻居卫星节点的 HELLO 报文,然后在一个固定时间段内,没有接收到来自该邻居卫星节点的任何报文,则认为该节点已经与该邻居卫星节点断开连接,将自己路由表中所有以该邻居卫星节点为下一跳节点的路由都设为失效状态。导航星间链路按需距离矢量路由协议允许进行本地连接修复,当链路出现失效时,上一级节点将启动路由发现过程,广播报文 RREQ 以便重新建立路由,如果在给定的时间内能重新建立有效路由,就接着发送数据,如果建立路由不成功,则向上游节点发送一个关于该目的节点的报文 RERR。路由失败后先进行本地连接恢复可以减少数据传送的延时,提高数据包的发送率。

导航星间链路按需距离矢量路由协议相对于传统的距离矢量路由机制:思路简单易懂;支持中间节点应答,能使源节点迅速获得路由,有效减少广播数量;节点只储存需要的路由,减少了内存要求和不必要的复制;使用目的序列号机制避免了路由环路,解决了传统的基于距离矢量路由协议存在的无限计数问题。协议的缺点是:需要的建立路由时间延迟比较长,而且不适合单向通信;中间节点可能会出现过期路由。

7.4.2.2 算法描述

一个节点收到一个信息包时,会按照图 7.14 所示流程对其进行处理。

1) 管理序列号

每一个节点的每一个路由表项必须包含关于目的节点(路由表就是为此而维护的)IP 地址的序列号的最新可用信息。这个序列号叫作"目的序列号"。如果在任何时候一个节点接收到了新的(即未失效的)信息,而这个信息是跟 RREQ、RREP 或者 RERR 消息(这些消息跟目的节点可能有关系)中的序列号有关的话,目的序列号就会更新。导航星间链路按需距离矢量路由协议要求在网络中的每一个节点都要拥有并维护其目的序列号,以保证朝向这个目的节点的所有路由路径都是无环路的。存

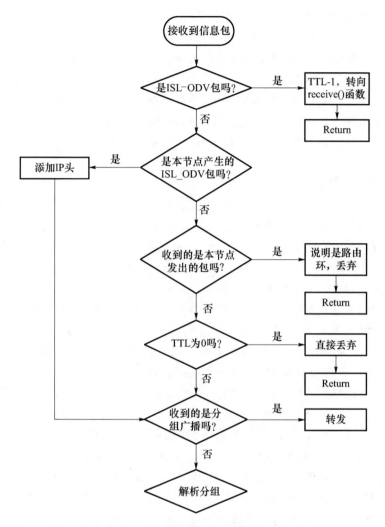

图 7.14　卫星节点信息处理流程

在下面情况时,目的节点会增加它自己的序列号:

在一个节点发起一个路径发现的请求之前,必须增加它自己的序列号。这样,对于已经建立好了的朝向 RREQ 消息发起者的反向路由来说,可以防止本次请求与其相冲突。

2) 路由表维护

当一个节点从它的邻居接收到一条导航星间链路按需距离矢量路由协议控制包时,以及为某个特定的目的节点或目的子网创建或更新它的路由表的时候,它就会去检查它的路由表里是否有一个表项对应到那个目的。当没有相关的表项时,新的表项就会被创建。序列号要么就是从导航星间链路按需距离矢量路由协议控制消息里提取的,要么就干脆在路由表项里"序列号有效"这个位置标明"无效"。仅在新的序列号满足下列三种条件时路由会更新：

(1) 新序列号要比路由表里原目的序列号大。

(2) 序列号相等，但是新信息里包含的跳数加一还要比原来的跳数小。

(3) 新序列号是未知的。

对每个放在路由表项里的有效路由，节点还会维护一张先驱表，这些先驱可能会沿着这条路由转发数据包。当检测到下一跳断开时，这些先驱就会从本节点收到通知。路由表项里的先驱列表包含的都是本节点的相邻节点，路由回复信息将会被发送到这些节点。

3）生成路由请求

当一个卫星节点无法找到一个可用的到某个卫星节点的路由时，它就会广播一条 RREQ 消息。出现这种情况可能是由于这个节点以前并不知道有这么一个目的节点，也可能是由于以前到该目的节点的有效路由过期了，或是被标记为无效。RREQ 消息应当包含最近一次获得的该节点的目的节点序列号，这个序列号直接就从路由表复制过去。如果尚未获得任何目的节点序列号，则"序列号未知"标志必须被置位。发起节点自己的序列号，在把它放入 RREQ 消息里时，它得先自增 1。消息里"RREQ ID"则是将当前节点以前用过的 RREQ ID 加 1。每个节点只维护一个 RREQ ID。在广播 RREQ 消息之前，发起节点会将消息的 RREQ ID 和 Originator IP address（就是它自己的 IP 地址）缓存一段时间，当这个节点从邻居那里收到具有相同 RREQ ID 和 Originator IP Address 的 RREQ 消息时，它将会认为这是一个发回来的包而将它丢弃。一个发起节点总是想和目的节点建立双向的通信，即，仅仅是发起节点有到目的节点的路由还不够，目的节点还必须拥有回到发起节点的路由。为了尽力有效地实现这个特性，每个中间节点在生成 RREP 回发给发起节点的同时，还必须执行某种操作，用于告知目的节点一条返回发起节点的路由。当广播出去一个 RREQ 消息后，它会等待 RREP 消息（或其他带有目的节点的当前路由信息的控制消息）。如果路由信息在设定的时间内还没被收到，这个节点就可以尝试着发送一个新的 RREQ 消息来再次寻找路由。最多可以以最大的 TTL 值发送 RREQ_RETRIES 次请求。每次发送新的 RREQ 都必须将 RREQ ID 加 1。IP 头里的 TTL 值由一定的法则来确定，用来控制 RREQ 消息的散布范围。

等待路由的数据包（比如在送出 RREQ 消息后还在等待 RREP 消息）应当被存在缓冲区里。缓冲应当遵循"先进先出"原则。如果一个路由寻找过程已经在最大的 TTL 值下尝试次数达到了限定值而还没有收到 RREP，则所有被缓冲的待发送到该目的地的数据包都应当被丢弃，并且还应当向应用程序回送一个"目的不可达"消息。

4）处理和转发路由请求

当一个节点收到一条 RREQ 消息时，它首先创建一个到前一跳节点的路由，或者更新原来已有的，但序列号不对的到上一跳的路由。然后检查它在 PATH_DIS-COVERY_TIME 时间内是否收到过具有相同 Originator IP Address 和 RREQ ID 的

RREQ 消息。如果已经接收过了,那么这个节点就会丢弃这个 RREQ,不作任何操作。这一节的余下部分将讨论对没有丢弃的 RREQ 请求该如何处理。

首先,该节点会将 RREQ 消息内的跳数加 1,表明该 RREQ 又跳过了一个中间节点。然后该节点会搜索到发起节点 IP 地址的反向路由,使用的是最长前缀匹配法。如果有必要,这条路由会被创建,或者用 RREQ 消息内的 Originator Sequence Number 来更新。当该节点接收到一条 RREP 需要回传到发起节点时,这条路由就会被用到(RREP 消息送达的目的如果和 RREQ 消息内的 Originator IP Address 一样,则说明这条 RREP 消息是对该 RREQ 的回复,于是在接收 RREQ 时创建的反向路由就可以被用到了)。当反向路由被创建或更新时,将对它执行以下操作。

(1) RREQ 消息内的 Originator Sequence Number(发起节点序列号)会被用来和反向路由里对应的目的节点序列号比较,如果比已经在路由表里的那个大,那么就会被复制到路由表里面。

(2) 路由表项里"序列号有效"一栏会被设置为"有效"。

(3) 反向路由表项里的"下一跳"将被设置为传递 RREQ 给本节点的那个相邻节点(这个地址就是 RREQ 数据包 IP 头内的源 IP 地址,且大多数情况下它并不等于 RREQ 消息内的发起节点地址)。

(4) 反向路由表项里"跳数"直接从 RREQ 消息内的"跳数"复制而来。

如果一个节点不生成 RREP 消息,并且接收到的 RREQ 包 IP 头里的 TTL 大于 1,那么这个节点就将更新这条 RREQ 消息并且在它的每个网络接口上向 255.255.255.255 广播这个 RREQ 消息。对 RREQ 做的更新是:IP 头内 TTL 或者跳数限制将被减 1,RREQ 消息内的"跳数"则将被加 1,用于对新的一跳计数。最后,Destination Sequence Number 这一栏将被设置为 RREQ 消息内对应值和节点本身维护的目的节点序列号之间的大者。但是,转发节点一定不能修改它维护的目的节点序列号,即使接收到的 RREQ 消息内的这个序列号比当前维护的值要大也不行。

反之,如果一个节点生成 RREP 消息,那么它就会丢弃掉 RREQ。注意,如果中间节点对送往特定目的节点的 RREQ 的每一次传递都作出回复的话,可能会导致目的节点收不到任何路由发现信息。在这种情况下,目的节点不会从 RREQ 消息上获得通往发起节点的路由。而这可能会导致目的节点发起一个到发起节点的路由发现过程(例如,如果发起节点试图和目的节点建立一个 TCP 连接的情况)。为了使目的节点也能得到返回发起节点的路由,不管是出于什么原因,只要觉得目的节点需要一条返回路由,发起节点就应当将 RREQ 消息内的"Gratuitous RREP"标志位(G)置位。如果一个中间节点为响应一条带"G"标志的 RREQ 而向发起节点回复了一个 RREP,那么它也必须免费向目的节点送出一条 RREP 消息。

5) 生成路由回复

一个节点在下面两种情况下会生成一条路由回复消息:

(1) 它自己就是目标节点。

(2) 它到目的节点有一条有效路由,且路由表项内的目的节点序列号有效并且不小于 RREQ 消息内的目的节点序列号(以 32 位有符号数的格式进行比较),且 RREQ 内的"仅目的节点回复"标志位(D)未被置位。当生成一条 RREP 消息时,节点会将 RREQ 消息内的目的节点 IP 地址和发起节点序列号复制到 RREP 的相应区域内。

一旦被创建,RREP 消息就将被送往通向发起节点的下一跳节点,这个节点由路由表里通向发起节点的路由表项给出。当 RREP 被转发回发起节点时,它里面的"跳数"每一跳都会加 1,这样,当 RREP 到达发起节点时,这个跳数应当和发起节点到目的节点的跳数一致。

(1) 目标节点路由回复的生成。

如果路由的生成节点就是目标节点,且 RREQ 包中的序列号等于递增值,该节点必须让自身的序列号加 1。否则,目标节点不会在生成 RREP 包以前改变它的序列号。目标节点把它的序列号(可能是新增加过的)放到 RREP 的序列号段中,并在 RREP 的跳数段中置 0。

(2) 中继节点路由回复的生成。

如果生成 RREP 的节点不是目的节点,而是从发端到目的节点路径上的一个中间跳点,它将复制它所知的目的节点的序列号到 RREP 的目的节点字段。

中继节点通过把最后跳过的节点(从收到 RREQ 中 IP 报头源 IP 地址段中可得到)加入了前向路由表项的先驱表,更新了前向路由表项——目的 IP 地址的入口。中继节点为逆推路由表项通过把向目的节点的下一跳放入先驱表更新了 RREQ 发生节点的路由表项——RREQ 消息数据中起源 IP 地址字段的项。

中继节点放置它到目的节点(用跳数在路由表中标识)的跳数到 RREP 中的 Count 字段。RREP 的 Lifetime 字段是在路由表项中由满期时间减去当前时间得到的。

(3) 生成未被要求的路由回复。

当一个节点收到一个 RREQ 且收到 RREP 回复之后,它会丢弃掉这个 RREQ。如果这个 RREQ 的 G 标识位被置位,且中间节点向发起节点返回一个 RREP 的话,它必须也要单播一个未被要求的 RREP 到目的节点。

6) 接收和转发路由回复

当一个节点收到 RREP 信息,它将搜索(使用最长前缀匹配)到前一跳的路由。如若需要,将为前一跳建立起一个没有有效序列号的路由。然后考虑到新的跳跃通过此中继节点,该节点在 RREP 中的跳数值加 1。这个增加后的值称作"新跳数"。然后如果到目的节点的前向路由不存在,则建立此路由。否则,该节点将消息中的目的序列号与它在 RREP 中为目的 IP 所存储的目的节点序列号相比较。经比较,存在的条目被更新只有下列几种情况:

(1) 路由表中的序列号在路由表向中被标识为无效;

(2) RREP 中的目的序列号大于目的序列号在此节点的副本且已知值是有效的;

(3) 序列号是相同的,但路由标示为无效;

(4) 序列号是相同的,且新的跳数小于路由表项中的跳数。

若到目的节点的路由表项被创造或更新,将发生下面的操作:

① 此路由被标识为活动;

② 此目标序列号被标识为有效;

③ 路由表项中的下一跳被指定为在收到的 RREP 的 IP 头的源 IP 地址段所指出的节点;

④ 跳数被更新;

⑤ 路由过期时间被设置为当前时间加上 RREP 信息中的生命期;

⑥ 目的序列号取 RREP 中的目的序列号。

当前节点可以随后使用这个路由来发送数据包到目的节点。如果当前节点不是源 IP 地址在 RREP 消息中标识的节点,且一个前向路由如上所述被创建或更新,这个节点征询它的路由表项,以使源节点为 RREP 包决定下一跳,然后使用路由表项中的信息向源节点发送 RREP 包。如果一个节点通过以上链接转发一个可能出错或是单向的 RREP,这个节点应该将"A"标志位置位以指示此 RREP 包的接收者送回一个 RREP-ACK 包确认已接收到该包。

当任何节点发送了一个 RREP,符合目的节点的先驱表中加入下一跳节点以被更新,其 RREP 被转发。此外,在(逆向)路由的每个用来转发 RREP 包的节点上将其生命期改为(existing life time)的最大值。最后,向目的节点的下一跳的先驱表被更新,使其包含朝向源节点的下一跳。

7) 对单向连接的操作

很有可能的是,RREP 传输会失败,特别是如果 RREQ 传输触发 RREP 通过了一个单向链接。如果没有从同样的已知路由产生的其他 RREP 试图到达生成 RREQ 信息的源节点,源节点将在超时后重新尝试发现路由。然而,同样的情景很可能重复而没有任何改善,经历了再三重复也没有路由被发现。即使发起节点和目的节点之间的双向路由确实存在,这也很可能发生,除非采取纠正行动。采用广播传输 RREQ 的链路层将无法检测到存在这种单向链路。在导航星间链路按需距离矢量路由协议中,任何节点只对第一个带有相同 RREQ ID 的 RREQ 包起作用并忽略其他随后的 RREQ 包。我们设想,例如,第一个 RREQ 沿着一条有一个或多个单向链接的路径到达。一个随后的 RREQ 可能通过一个双向路径(假设存在这样的路径)到达,但它会被忽略。

要避免这个问题,当一个节点检测到它传送的 RREP 失败,它将把失效 RREP 的下一跳记入"黑名单"设置。这些失败可以不通过链路层或者网络层的承认。节点将无视所有在其黑名单设置中发送的 RREQ。节点在 BLACKLIST_TIMEOUT 时间后将从黑名单设置中被移除,这个时间应设置为执行允许数量的路由请求重新尝试的时间上限。

RREP 的链接目前是双向的,不需要实际依赖于特定 RREP 被确认。但是,这种保证通常不能指望永远有效。

8)HELLO 消息

一个节点可以通过广播本地 HELLO 消息提供连接信息。如果一个节点是主动路由的一部分,它应该只使用 HELLO 信息。每经过 HELLO_INTERVAL 毫秒,节点检查它在过去的 HELLO_INTERVAL 是否发出了一个广播(例如,一个 RREQ 包或适当的第 2 层信息)。如果还没有,它可能播出一个 TTL = 1 的 RREP 信息,称为 HELLO 信息,其 RREP 信息字段设置包括:目的 IP 地址、此节点的 IP 地址、目的序列号、此节点最新的序列号、跳数 0、生命期 ALLOWED_HELLO_LOSS * HELLO_INTERVAL。

一个节点可以通过监听邻近节点的包确定连接。如果在过去的 DELETE_PERIOD,它从邻近节点收到了一个 HELLO 信息,然后这个邻近节点超过 ALLOWED_HELLO_LOSS * HELLO_INTERVAL 毫秒都没有收到任何包(HELLO 信息或其他数据包),这个节点应该断定它与此邻近节点的链接已断开。

每当一个节点从邻近节点收到一个 HELLO 消息,该节点应该确保它与此临近节点有一条活动的路由,如果有必要则创建一条。如果一个路由已经存在,那么这条路由的生命期应该增加,如果必要,路由的生命期应该至少为 ALLOWED_HELLO_LOSS * HELLO_INTERVAL。这条通往邻近节点的路线,如果存在,必须包含 HELLO 信息中最新的目的序列号。当前节点现在可以开始使用这条路线转发数据包。没有被其他活动路径使用的由 HELLO 信息创建的路线将拥有一个空的先驱表,且如果邻近节点移走或超时时不会触发 RRER 信息。

9)维护本地连接

每一个转发消息的节点都应该对其与活跃的下一跳节点(也就是在最近的 ACTIVE_ROUTE_TIMEOUT 时间内下一跳/前驱节点曾经从转发消息的节点发送/接收过数据包的节点)的连接保持持续的跟踪,也应该对在最近的 ALLOWED_HELLO_LOSS * HELLO_INTERVAL 时间内曾经发送过 HELLO 消息的邻居卫星节点进行跟踪。通过使用一个或多个可用连接或者网络层的机制,节点可以维护关于其与这些活动下一跳节点之间连接的准确信息。这些机制将在下面说明。

(1)任何合适的链接层的通知,比如 802.11 提供的通知,都可以用来检测连接状态,每次向下一跳活动节点发送一个数据包。比如,在达到尝试重发的最大数目之后,缺少链接层的 ACK 消息,或者在发送 RTS 消息后没有收到 CTS 消息等,这些情况都能够指示出到下一跳连接的缺失。

(2)如果层-2(layer-2)通知不可用,当下一跳被期望应该使用监听信道尝试发送数据来转发数据包时,应该使用被动通知。如果在 NEXT_HOP_WAIT 毫秒内或者

下一跳就是目的节点(因此也就不会转发数据包)没有检测到发送数据包的话,下面方法之一就应该被用来检测连接状态:

① 从下一跳节点接收任何数据包(包括 HELLO 消息)。
② 向下一跳节点发送 RREQ 单播消息,询问到下一跳的路由。
③ 向下一跳节点单播 ICMP Echo 请求消息。

如果到下一跳的连接不能被以上任何方法所检测到,那么转发数据包的节点就应该假设连接已经丢失。

10) 路由错误,路由超时和路由删除

一般来说,路由错误和连接中断处理需要以下步骤:

(1) 将现有路由无效化;
(2) 列出受影响的目的节点;
(3) 如果有的话,判断哪些邻居卫星节点可能会受到影响;
(4) 对这些邻居卫星节点发出适当的 RERR 消息。

路由错误消息或许要么被广播(如果存在多个前驱节点),要么被单播(如果只存在一个前驱节点),要么被反复地单播到所有的前驱节点(如果广播不可用)。即使 RERR 消息被重复地单播到几个前驱节点时,RERR 消息也会被认为是一个单独的控制消息,这个控制消息的目的在以下的文字中有所描述。有了这样的理解之后,一个节点就不应该每秒生成超过 RERR_RATELIMIT 数量的 RERR 消息。在三种情况下,节点会初始化对于 RERR 消息的处理:

①当传送数据(和尝试路由修复未果)时,如果在节点的路由表中,节点检测到某个活动路由上的下一跳发生了连接中断;②如果节点接收到了一个数据包,其目的地是要到本节点没有活动路由而且也没有修复(如果使用了本地修复);③如果节点从邻居卫星节点接收到了一个或多个活动路由的 RERR 消息。

对于情况①,节点首先列出一个不可达目的节点的列表,这个列表包括不可达的邻居卫星节点和本地路由表中使用这些不可达节点作为下一跳的其他目的节点。在这种情况下,如果子网路由被新发现为不可达,则子网的 IP 目的地址的形式就是在路由表项中的子网前缀后面附加一些零。这是很明确的,因为我们知道前驱节点拥有与那个子网前缀长度兼容的路由表信息。

对于情况②,只有一个目的节点是不可达的,也就是数据包不能被传送到的那个节点。

对于情况③,列表应该由 RERR 消息中的那些目的节点组成,对于这些目的节点,在本地路由表中都存在一个对应的表项,这些路由表项都以接收到的 RERR 消息的发送者作为下一跳。列表中的某些不可达节点可以被作为邻居卫星节点来使用,因此也就必须发送一个(新的)RERR 消息。RERR 消息应该包含的目的节点是创建的不可达目的节点的列表的一部分,也应该有一个非空的前驱列表。

应该接收 RERR 消息的邻居卫星节点都是在前驱列表之中的,这个前驱列表是新创建的 RERR 消息中不可达目的节点之一所创建的。如果只有一个需要接收 RERR 消息的邻居卫星节点,在这种情况下,RERR 消息应该向那个邻居卫星节点单播。否则,很典型地,RERR 消息会被发送到本地广播地址(目的节点 IP = = 255.255.255.255,TTL = =1),而不可达目的节点和它们对应的目的节点序列数则会包含在数据包里。RERR 包中的 DestCount 域显示的是数据包中不可达目的节点的数目。

在发送 RERR 消息之前,在路由表中要做某些更新,这些更新可能会影响到不可达节点的目的节点序列数。对于每一个目的节点,对应的路由表项应该按如下更新:

(1) 这个路由表项的目的节点序列数,如果其存在并可用,对于以上情况①和②,要增 1;对于情况③则要从接收到的 RERR 消息中复制。

(2) 通过标记路由表项为无效,路由表项被设置为无效了。

(3) LifeTime 域被更新为当前时间加上 DELETE_PERIOD。在此时间之前,此表项不应该被删除。

注意:路由表中的 LifeTime 域扮演着两个角色——对于活动的路由来说,它是超时时间;对于无效路由来说,它是删除时间。如果接收到了一个无效路由的数据包,LifeTime 域就被更新为当前时间加上 DELETE_PERIOD。

11) 本地修复

当一个活动路由中发生了连接中断时,如果目的节点距离不超过 MAX_REPAIR_TTL 跳数的话,发生中断位置的上游节点可能会选择在本地将其修复。为了修复连接中断,节点会增加到目的节点的序列数,然后广播一个到目的节点的 RREQ 消息。这条 RREQ 消息的 TTL 域应该被初始化设置为以下的值:

max(MIN_REPAIR_TTL, 0.5 * #hops) + LOCAL_ADD_TTL

这里#hops 是到目前不可发送的包的发出者(生成者)的跳数。因此,本地修复的尝试对于生成节点常常是不可见的,而且总会有 TTL > = MIN_REPAIR_TTL + LOCAL_ADD_TTL。初始化修复了的节点然后要等待发现时期(discovery period)这么长时间以接收响应 RREQ 消息的 RREP 消息。在本地修复期间数据包应该被缓存。在发现时期的结束,如果修复节点还没有接收到关于此目的节点的 RREP(或者其他创建或者更新路由的控制消息)消息,它就会向目标节点发出一个 RERR 消息。

另一方面,如果在发现时期内,节点接收到了一个或者更多 RREP 消息(或者其他朝向所需目的节点的创建或更新路由的控制消息),它首先用新路由的跳数与到目的节点的不可用的路由表项的跳数相比较。如果到目的节点的新路由的跳数比以前所知道的路由的跳数大,则节点应该发出一个到目的节点的 RERR 消息,而且 N 位要设置为 1。然后它就会更新其到此目的节点的路由表项。

接收到带有 N 标记被设置了的 RERR 消息的节点,一定不能删除到那个目的节点的路由。如果 RERR 消息是从此路由上下一跳节点所传来的,而且如果到目的节点的路由上有一个或多个前驱节点的话，唯一要采取的操作应该是重新发出这条消息。当生成消息的节点接收到了带有 N 位被设置为 1 的 RERR 消息时，如果此消息是从到目的节点路由上的下一跳发过来的话，则当前节点可能会选择重置路由发现请求。路由中的本地节点修复有时会导致到目的节点的路径长度增加。

　　本地修复连接很可能会增加能够到达目的节点的数据包的数量，因为当 RERR 消息在到生成消息的节点的路上时，数据包不会被扔掉。在本地修复连接中断以后，向生成消息的节点发送 RERR 消息，会允许生成消息的节点发现一个到目的节点的新路由，这个新路由如果以当前节点的位置来说是更好的。丢失连接的上游节点会尝试立即执行本地修复，这个本地修复是仅仅朝向数据包前进方向上的那个目标节点而进行的。其他使用同一连接的路由必须被标记为不可达，但是处理本地修复的节点可能会把每个这种新丢失的路由标记为本地可修复的；当路由超时的时候，这个路由表中的本地修复标志必须被重置。

　　在超时发生之前，当去往其他目的节点的包到达时，这些其他路由将会按照需要被修复。因此，这些路由是按需修复的；如果对于某条路由的数据包没有到达，那么路由就不会被修复。另外一种方法是，视本地网络拥塞状况，节点可能对其他路由开始进行本地修复的处理，而不等候新的数据包的到达。通过提前修复已经由于连接丢失而中断的路由，这些路由上接收到的数据包将不会受到修复路由所带来的延迟的影响，而能够被立即转发。然而，在数据包到达之前就修复路由可能会有风险，即修复了再也不使用的路由。因此，基于网络中的本地流量和是否正发生网络拥塞，节点可能会选择在数据包接手之前提前修复路由；否则，它会等候到有数据包接收到时，再开始路由的修复。

参考文献

[1] Glenn Research Center. A breif survey of media access control, data link layer, and protocol technologies for lunar surface communication: report of Thomas M. Wallett. [R]. Cleveland, Ohio: NASA, Glenn Research Center, 2009.

[2] 周建华, 杨龙. 考虑波束限制的改进导航星座星间链路方案[J]. 中国科学, 2011, 41(5): 575-580.

[3] LI X B, WANG Y K, CHEN J Y. Time delay compensation of IIR notch filters for CW interference suppression in GNSS[C]//Proceedings of 2013 IEEE 11th International Conference on Electronics Mearurement and Instruments, Beijing, 2013: 106-109.

[4] BHASIN B, KUL, HACKENBERG W, et al. Luna relay satelltie network for space exploration: Architecture technologies and challenges[C]//24th AIAA International Communications Satellite Systems Conference (ICSSC), San Diego, California, June 11-14, 2006.

[5] 杨霞, 李建成. Walker 星座星间链路分析[J]. 大地测量与地球动力学, 2012, 32(2): 113-147.

[6] 杜保洋,任智,刘艳伟,等. LEO 卫星网络路由协议研究[J]. 广东通信技术,2013,11(11):72-76.

[7] 田斌,梁俊,余江明. 低轨道卫星网络中的路由技术[J]. 信息技术,2010,2010(13):6-8.

[8] 汤绍勋. 基于 GEO/LEO 双层组网结构的星座网络抗毁路由算法及仿真研究[D]. 长沙:国防科学技术大学,2006.

[9] 钟涛. 适应北斗全球卫星导航网络拓扑结构的路由算法研究[D]. 长沙:国防科学科技大学,2015.

[10] 王京林. 基于 IP 的卫星星座网络中路由与移动性管理技术研究[D]. 北京:清华大学,2009.

[11] 陈忠贵. 基于星间链路的导航卫星星座自主运行关键技术研究[D]. 长沙:国防科学技术大学,2012.

[12] 刘俊,王九龙,石军. CCSDS SCPS 网络层与传输层协议分析与仿真验证[J]. 中国空间科学技术,2009,2009(6):59-64.

[13] 丁锐. SCPS-TP 协议在空间通信中的研究与仿真[D]. 成都:电子科技大学,2011.

[14] TSAI K, MA R P. DARTING: a cost-effective routing alternative for large space-based dynamic-topology networks[C]//Proceedings of MILCOM'95, 1995: 682-686.

[15] KAPLAN E. HEGARTY H. Understanding GPS: principles and applications [M]. 2nd ed. London: Artech House Inc.,2006.

[16] 吴光耀. 星间链路高效组网与网络传输协议研究[D]. 长沙:国防科学技术大学,2014.

[17] 刘亚琼,杨旭海. GPS 星间链路及其数据的模拟方法研究[J]. 时间频率学报,2010,33(1):126-131.

[18] 王秉钧,王少勇. 卫星通信系统[M]. 北京:机械工业出版社,2004.

[19] 杨宁虎,陈力. 卫星导航系统星间链路分析[J]. 全球定位系统,2007(2):17-20.

[20] KNOBLOCK E, KONANGI V K, WALLETT T. Comparison of SAFE and FTP for the south pole TDRS relay system[C]//18th AIAA International Communications Satellite Systems Conference, Oakland, CA, Apr. 13, 2000.

[21] VERGADOS J, SGORA A, VERGADOS D, et al. Fair TDMA scheduling in wireless multihop networks[J]. Telecommun Syst, 2010, 50(3):1-18.

[22] 吕海寰,蔡剑明,甘仲民,等. 卫星通信系统[M]. 北京:人民邮电出版社,1996.

[23] 李赞,张乃通. 卫星移动通信系统星间链路设计[J]. 光通信技术,2000, 24(3):231-235.

[24] 王晓海. 国外空间激光通信系统技术最新进展[J]. 现代电信科技,2006(3):41-45.

[25] MURTHY S, GARCIA-LUNA-ACEVES J J. An efficient routing protocol for wireless networks [J]. Mobile Networks and Applications,1996,1(2):183-197.

[26] WANG Z, CROWCROFT J. Shortest path first with emergency exits[J]. ACM SIGCOMM Computer Communication Review,1990,20(4):166-176.

[27] 刘刚. 非静止轨道卫星通信系统组网关键技术研究[D]. 成都:电子科技大学,2003.

[28] LüDERS R D. Satellite networks for continuous zonal coverage[J]. American Rocket Society Journal, 1961, 2(31):179-184.

[29] Lloyd W. Internetworking with satellite constellations[D]. Guildford: University of Surrey, 2001.

[30] 吴廷勇. 非静止轨道卫星星座设计和星际链路研究[D]. 成都:电子科技大学,2008.

第8章 导航星间链路标校与测试评估

8.1 星间链路精密时延测量与标校

8.1.1 精密时延测量与标校技术概述

星间链路的首要功能需求是满足导航星座的星间和星地精密定轨与时间同步。实现星间精密测距和时间同步是决定导航星间链路最终实现水平的关键技术之一。星间精密测距和时间同步的精度与自主定轨精度直接相关,星间链路载荷设备是星间精密测距和通信技术的具体实现,由数字基带平台、精密测距与通信算法软件、路由控制软件、接收/发射通道组成,承载着星间链路组网测量通信等主要功能,是星间链路的核心智能单元。

当星间链路使用双向无线电测距方法完成精密测距与时间同步时,由于星间链路载荷设备的变频器、功放、低噪放等设备都是非线性相位系统(色散信道),扩频信号经过这些非理想传输信道时会产生群延时波动和相位畸变。同时在实际系统中存在多址干扰、阻抗失配、温度漂移、时钟初相不确定等误差因素,会造成设备固有时延,即时延零值的变化。星间链路载荷设备时延零值的变化和通带内群时延的波动均会包含在伪码测距的测量值之中,影响伪码测距系统根据伪码测距值估计信号传播真实距离的准确性。由设备时延引入的误差是双向无线电测距系统中的最大误差来源,若不加控制,则此项误差可能达到数纳秒(ns)量级。因此,测距与时间同步的精度极大程度上受制于对星间链路载荷设备时延零值和群时延波动的精确测量与标校。定轨和时间同步的精度决定了星间链路建设的成败,星间链路载荷设备时延精密测量和标校的关键技术是影响星间、星地联合定轨和时间同步的关键因素,也是导航星间链路有别于其他星间链路设计所必须突破的一项核心技术。这对于提高星间链路信号测量精度,真正实现星间链路高精度定轨与时间同步目标,推动我国卫星导航工程建设具有重要理论意义和工程应用价值。

随着现代测量和通信对时间精度要求的提高,信号在系统中的传输时延已逐渐成为系统设计中不可忽略的重要误差因素。设备的时延测量与标校技术在卫星测控、导航定位、移动通信、信息网络等领域的重要性日益增加,因此在国内外各相关领域都进行了广泛的研究。时延的概念、估计理论和设备时延特性是时延测量和标校技术的基础和前提。文献[1]和文献[2]对相位时延、包络时延和群时延等基本概念及其物理意义作了详细的介绍,并分析了时延失真的线性、抛物线模型和时延波动,成为本章研究的主要理论根据及支撑。文献[3]从系统的相频特性整体出发,基于相频特性的泰勒级数展开给出了群时延的新定义,将零阶、一阶和二阶泰勒级数分别定义为群时延零值、线性群时延和抛物线群时延,基于新定义提出的群时延测量方法达到了 0.01ns 的测量精度。文献[4]和文献[5]介绍了信道时延估计的建模方法,对最大似然估计器、匹配滤波估计器、早迟码估计器等时延估计器的性能和精度进行了分析。文献[6]研究了变频器信道的群时延特性,对变频信道的主要部分,如放大电路、滤波器和混频器的群时延特性进行了具体分析,指出窄带滤波器的参数变化是变频信道群时延特性的主要影响因素。

目前应用最多的一类时延测量方法是静态法,也即搭建静态连接的测量测试系统,通过仪器设备对时延进行精确测量。在时延静态测量技术的研究方面,Agilent、Anritsu 等精密测量仪器公司引领着先进测量技术的潮流。文献[2]总结并归纳了时延测量的基本原理和方法,分析了利用相位计、示波器、时间间隔测量仪、矢量信号分析仪和网络分析仪等各种测试仪器测量时延特性的方法,得出矢量网络分析仪是精度最高的时延测量仪器,对线性网络时延测量的最佳不确定度可达到 0.005ns。基于矢量网络分析仪的时延测量具有高精度、频率和动态范围宽、连接灵活等优势,应用广泛、测量方案众多,文献[7-8]分别介绍了三混频器法、Golden 混频器法和矢量混频器校准(VMC)法三种测量方案。其中三混频器法简单易行但由于连接误差不易消除而精度较低;Golden 混频器法要求采用一个基准混频器作为时延参考,同时要求矢网具有频率偏置测量能力;VMC 技术同样采用了校准混频器,且可以大大减小群时延测量结果的波动。

时延测量方法研究的另一个方向是动态测量法,这类方法是根据信号时延估计原理,将载波调制后通过被测器件,在输出端对信号进行解调后通过与参考信号比相来估计时延。随着导航接收机技术应用的深入,传统的静态测量方法已逐渐不适应设备时延实时、在线精确测量的需求,而动态方法则能够满足这方面的应用需求。文献[9]分析了传统的矢量网络分析仪法在测量精度和分辨率上的固有矛盾,提出了基于扩频接收机和信号相关等两种技术的时延测量方法,通过实验分析比对验证了两种方法的可行性,并指出扩频接收机技术具有相对高的精度及更大的发展空间。文献[10]讨论了连续波转发器设备绝对时延(即时延零值)的测量技术,重点研究了利用测量副载波调制边带侧音相位来完成设备时延零值测量的技术原理,给出了适用于各种形式应答机的距离零值通用测量方法,并分析了测量方法误差。

在时延标校技术方面,国内在卫星测控地面站的设备时延零值标校方面有较多的研究。文献[11,12]对星地侧音测距系统测距零值校准技术进行了研究,提出采用天线近场/口面场无线校零的方法对测距系统的测距零值进行校准,这种方法将地面站星间链路载荷设备与校准天线相连接,形成自发自收的闭环测试系统,然后根据接收机测量结果对测试系统的零值逐段标校,最终得到收发设备的零值。文献[13]对星间链路双向单程测量中的收发设备零值标校问题进行了研究,提出在系统整体零值标定的方法。将两台星间链路载荷设备有线或无线对接,进行一轮双向测量,对测量结果消除电缆线误差等影响后,根据伪距和钟差相对测量的公式,即可计算出两台星间链路载荷设备的整体时延零值,系统零值标定的不确定度优于 0.47ns。

国外对卫星双向时间频率传递(TWSTFT)中的时延零值标校技术的研究比较深入。文献[14]介绍了 TWSTFT 的测量原理,设计了收发设备时延零值在线精密校正系统,通过一收一发两次测量消去对称的时延项,得到收发设备的时延零值,并分析了温度对时延标校的影响以及 70MHz 中频的群时延误差。文献[15]对 TWSTFT 台站设计了专门的时延零值标校单元,实现了收发设备时延零值的实时、在线校正。系统工作于(45±3)℃,时延波动峰峰值在 800ps 内,3 天内的时延标准差小于 100ps。以上时延标校技术对星间链路载荷设备时延标校的研究起到了很好的借鉴作用,表明了时延零值闭环自校方法的可行性和实用性。

8.1.2 精密时延的定义和概念

当信号通过某一传输系统或某一网络时,其输出信号相对于输入信号总会产生滞后时间,这就是时延。假设系统或网络的时延是非色散的,那么系统的时延为一常数。然而几乎所有的信号传输系统(真空除外)都是有色散的,其时延不是常数,它随信号频率变化,时延与信号频率的关系称为系统的时延特性。由于系统的时延具有色散性,使得一个系统或网络不能笼统地用一个时延术语或时延特性来描述,而是需要用不同的时延术语和时延特性来描述同一个网络和系统,如相位时延、群时延、包络时延等[16]。

1) 相位时延

一个线性网络(信道)的传递函数可以写为

$$H(\omega) = A(\omega)\exp[j\varphi(\omega)] \quad (8.1)$$

式中:$A(\omega)$ 为线性网络的幅频特性;$\varphi(\omega)$ 为线性网络的相频特性;ω 为信号的角频率。

单一正弦信号通过线性网络后总会产生相位滞后,对应于相位滞后的时间即相位时延,表示为波的相移对角频率之比,即

$$\tau_P = \frac{\varphi(\omega_c)}{\omega_c} \quad (8.2)$$

式中:$\varphi(\omega_c)$ 为波的相移;ω_c 为波的角频率。由于相位测量具有 2π 模糊性,所以相位时延并不是正弦波在网络中传播的实际时间。相位时延在网络相频特性曲线上的几何意义如图 8.1(a)所示。

2) 包络时延

如果通过网络的信号不是简单的正弦波,而是经过一群频率(例如声波或视频)调制后的已调波,那么包络产生的失真称为包络失真,所产生的时延称为包络时延。

如果调制频率为 Ω，载波频率为 ω_c，调制后在载频左右形成上边频 $\omega_c+\Omega$ 和下边频 $\omega_c-\Omega$，这三个频率成分通过网络产生的相移分别为 $\varphi(\omega_c)$、$\varphi(\omega_c+\Omega)$ 和 $\varphi(\omega_c-\Omega)$，则根据相移与角频率之比的关系，得到包络时延的公式

$$\tau_e = \frac{\varphi(\omega_c+\Omega)-\varphi(\omega_c-\Omega)}{(\omega_c+\Omega)-(\omega_c-\Omega)} = \frac{\varphi(\omega_c+\Omega)-\varphi(\omega_c-\Omega)}{2\Omega} \tag{8.3}$$

包络时延在网络相频特性曲线上的几何意义如图 8.1(b) 所示。

3) 群时延

群时延特性定义为线性系统或准线性系统的相位频率特性对角频率的导数，即

$$\tau_g(\omega) = -\frac{1}{2\pi}\frac{\mathrm{d}\varphi(\omega)}{\mathrm{d}\omega} \tag{8.4}$$

式中：$\varphi(\omega)$ 为系统的相位频率特性；$\tau_g(\omega)$ 为系统的群时延(ns)。

"群"有两层含义。一方面指传输信号必须是群信号。所谓群信号是由频率彼此非常接近的许多频率分量按一定方式或规律组成的复杂信号或波群，例如用基带信号对高频载波进行调制产生的各种已调信号(如 AM、FM、PM)就是群信号。另一方面群是指系统时延必须是波群整体的时延，而不是其中某一个频率分量的相时延，也不是各分量的相时延平均值。群时延具有信号传播意义上的时延含义，在这一点上群时延与相时延有着本质的区别。群时延在网络相频特性曲线上的几何意义[17]如图 8.1(c) 所示。

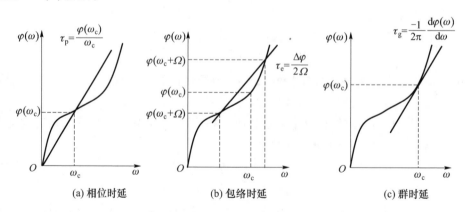

(a) 相位时延 (b) 包络时延 (c) 群时延

图 8.1 相位时延、包络时延、群时延的几何意义

群时延特性的物理意义是表示以某一频率为中心的无限窄的频带中的一群正弦信号合成波中所包含的调制信号通过系统所需的传播时间，即它们的合成信号的包络所产生的时延。

对于一个传输系统来说，在信号频带内，除了必须保持幅频特性为常数 K 外，还

必须保持群时延特性为常数,即相频特性的斜率为一常数,否则,经传输后会产生波形失真,从而产生码间干扰。

群时延本身的大小决定了系统和网络对信号的传播时延,同时也与信号传输失真有密切关系,是系统的各种时延特性中最重要的一种时延特性。因此数字通信中常用群时延来描述系统的时延特性。当数字信号中各频谱分量通过系统的时延相同($\tau_g(\omega) = \tau_0$,τ_0 为常数),则该系统输出各频谱分量之和所得到的输出波形是不失真的,只是产生了时延 τ_0。

卫星信道中的群时延特性一般主要有三种[17]:①线性群时延(ns/MHz);②抛物线群时延(ns/MHz^2);③群时延波动(ns)。假设测得群时延特性曲线如图 8.2 所示,那么这三类特性在群时延曲线上的含义解释如下:

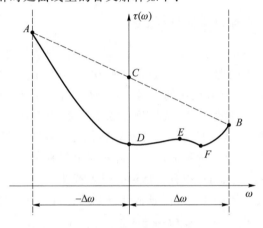

图 8.2　群时延特性曲线

设中心频点为 $\omega = 0$,群时延特性曲线的两个端点的频率分别为 $-\Delta\omega$ 和 $\Delta\omega$,且对应频率 $-\Delta\omega$ 的群时延为 A,对应频率为 $\Delta\omega$ 的群时延为 B,对应频率为 0 的群时延为 D,然后连接 A、B 两点作一直线,该直线在 $\omega = 0$ 时为 C,那么该群时延特性曲线的线性时延失真(LDD)为

$$\text{LDD} = \frac{A - B}{\Delta\omega}\pi \quad (\text{ns/MHz}) \tag{8.5}$$

即 LDD 为 A、B 两点直线的斜率,当斜率为正时 LDD 为正,斜率为负时 LDD 为负。抛物线时延失真(PDD)为

$$\text{PDD} = \frac{C - D}{\Delta\omega^2}\pi \quad (\text{ns/MHz}^2) \tag{8.6}$$

时延失真波动为

$$E - F \quad (\text{ns}) \tag{8.7}$$

通过群时延特性曲线的泰勒级数展开可以得到线性和抛物线群时延的意义。设图 8.2 中群时延特性曲线的泰勒级数前三项近似表达式为

$$\tau(\omega) = \tau_0 + \tau_1\omega + \tau_2\omega^2 \tag{8.8}$$

式中:τ_0、τ_1、τ_2分别为泰勒级数的零次项、一次项、二次项系数。

分别将$\omega = -\Delta\omega, \omega = \Delta\omega, \omega = 0$代入式(8.5)、式(8.6)、式(8.8),得

$$|\tau_1| = \frac{A-B}{\Delta\omega}\pi = |\text{LDD}| \tag{8.9}$$

$$\tau_2 = \frac{C-D}{\Delta\omega^2}\pi^2 = \text{PDD} \tag{8.10}$$

可见,线性时延失真相当于时延特性曲线泰勒级数展开式中的一次项系数,抛物线时延失真相当于时延特性曲线泰勒级数展开式的二次项系数。当然,上述结论只有当群时延特性曲线$\tau(\omega)$的泰勒级数展开式中三次以上各项均可以忽略时才是准确的。

8.1.3 精密时延测量估计模型

星间链路载荷设备信道中的时延估计量是影响伪码测距精度的一个重要估计量。一般可以用带噪声的伪码信号通过等效的滤波器来对其进行建模,如图8.3所示[18]。图中:$s(t)$为来自接收天线的伪码信号;$n(t)$为加性高斯白噪声;将收发信机的信道结构等效为一个冲激响应为$h(t)$的滤波器。为分析方便,假定星间链路载荷设备信道为高斯信道,则其时延特性估计问题转化为白噪声背景下高斯信道中单参量的信号估计问题[17]。通过时延估计器对经过星间链路载荷设备信道后输出信号$x(t)$的时延τ进行估计,从而可以分析信道的时延特性。

下面分析基于最大似然准则的时延估计器原理、估计性能和指标。

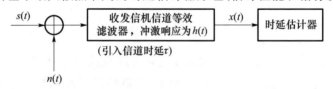

图8.3 星间链路载荷设备信道时延估计模型框图

假定$s(t)$经过星间链路载荷设备信道后引入了信道时延τ,表示为$s(t-\tau)$。则输出信号$x(t)$可表示为

$$x(t) = s(t-\tau) + n(t) \quad 0 \leqslant t \leqslant T \tag{8.11}$$

式中:$n(t)$为功率谱密度为$N_0/2$的白色高斯噪声;T为观测周期长度。

用基于最大似然准则对时延τ进行估计,似然函数为

$$p(x|\tau) = \left(\frac{1}{\sqrt{2\pi\sigma_n^2}}\right)^T \exp\left\{-\frac{\int_0^T [x(t)-s(t-\tau)^2]dt}{2\sigma_n^2}\right\} =$$

$$F \cdot \exp\left\{\frac{-1}{N_0}\int_0^T [x(t)-s(t-\tau)^2]dt\right\} \tag{8.12}$$

式中:σ_n^2 为噪声的方差。对数似然函数为

$$p(x\mid\tau) = \ln F - \frac{1}{N_0}\int_0^T [x(t) - s(t-\tau)^2]\mathrm{d}t \tag{8.13}$$

对 τ 求导,得

$$\frac{\partial}{\partial\tau}\ln p(x\mid\tau) = \frac{2}{N_0}\int_0^T [x(t) - s(t-\tau)]\frac{\partial s(t-\tau)}{\partial\tau}\mathrm{d}t \tag{8.14}$$

于是 τ 的极大似然估计量 $\hat{\tau}_{ML}$ 是下面方程的解:

$$\int_0^T [x(t) - x(t-\tau)]\frac{\partial s(t-\tau)}{\partial\tau}\mathrm{d}t \bigg|_{\tau=\hat{\tau}_{ML}} = 0 \tag{8.15}$$

上式可以写为

$$\int_0^T x(t)\frac{\partial s(t-\tau)}{\partial\tau}\mathrm{d}t - \int_0^T s(t-\tau)\frac{\partial s(t-\tau)}{\partial\tau}\mathrm{d}t = 0 \tag{8.16}$$

令式(8.16)中第二个积分为 I,则

$$I = \frac{1}{2}\frac{\partial}{\partial\tau}\int_0^T s^2(t-\tau)\mathrm{d}t \tag{8.17}$$

而积分 $\int_0^T s^2(t-\tau)\mathrm{d}t$ 等于信号 $s(t-\tau)$ 的能量,为一常数,故 I 恒等于零。于是式(8.16)可化为如下形式:

$$\int_0^T x(t)\frac{\partial s(t-\tau)}{\partial\tau}\mathrm{d}t = 0 \tag{8.18}$$

考虑到

$$\frac{\partial s(t-\tau)}{\partial\tau} = \frac{\partial s(t-\tau)}{\partial t} \tag{8.19}$$

则 $\hat{\tau}_{ML}$ 为下列方程的解:

$$\int_0^T x(t)\frac{\partial s(t-\tau)}{\partial t}\mathrm{d}t = 0 \tag{8.20}$$

从式(8.20)可见,基于极大似然准则的时延估计器,应使接收信号 $x(t)$ 同参考信号的导数 $\partial s(t)/\partial t$ 在积分时间 T 内的相关为零。换言之,就是使接收信号与参考信号在时间 T 内的相关值最大。

下面通过计算时延估计量方差的 Cramer-Rao 限来分析估计的性能。现将式(8.14)对 τ 再求导一次,得

$$\frac{\partial^2}{\partial\tau^2}\ln p(x\mid\tau) = \frac{-2}{N_0}\int_0^T\left[\frac{\partial s(t-\tau)}{\partial\tau}\right]^2\mathrm{d}t + \frac{2}{N_0}\left[x(t) - s(t-\tau)\frac{\partial^2 s(t-\tau)}{\partial\tau^2}\mathrm{d}t\right] \tag{8.21}$$

对式(8.21)求数学期望,由于数学期望是关于 x 的积分运算,而上式第一项与 x 无关,故其期望等于本身;考虑到 $x(t) - s(t-\tau) = n(t)$,而 $n(t)$ 是零均值的,故第二项的数学期望为零,于是

$$E\left\{\frac{\partial^2}{\partial \tau^2}\ln p(x\mid\alpha)\right\} = \frac{-2}{N_0}\int_0^T\left[\frac{\partial s(t-\tau)}{\partial \tau}\right]^2 dt \qquad (8.22)$$

若 $\hat{\tau}_{ML}$ 是无偏估计,则通过 Cramer-Rao 不等式可以确定估计量方差 $\sigma^2_{\hat{\tau}_{ML}}$ 的下限:

$$\sigma^2_{\hat{\tau}_{ML}} \geq \frac{-1}{E\left\{\frac{\partial^2}{\partial \tau^2}\ln p(x\mid\tau)\right\}} = \frac{1}{\frac{2}{N_0}\int_0^T\left[\frac{\partial s(t-\tau)}{\partial \tau}\right]^2 dt} \qquad (8.23)$$

由于是估计下限,不妨令 $\tau = 0$,同时考虑式(8.18),于是

$$\sigma^2_{\hat{\tau}_{ML}} \geq \left\{\frac{2}{N_0}\int_0^T\left[\frac{\partial s(t)}{\partial t}\right]^2 dt\right\}^{-1} \qquad (8.24)$$

已知信号波形 $s(t)$,则时延估计量 $\hat{\tau}$ 的 Cramer-Rao 限由式(8.24)给出。

下面通过傅里叶变换对式(8.24)进行整理,探讨其物理意义。设 $s(t)$ 的傅里叶变换为 $S(\omega)$,则

$$s(t) = \frac{1}{2\pi}\int_{-\infty}^{\infty}S(\omega)e^{j\omega t}d\omega \qquad (8.25)$$

式中:ω 为角频率。由 Parsval 定理得

$$\int_0^T\left[\frac{\partial s(t)}{\partial t}\right]^2 dt = \frac{1}{2\pi}\int_{-\infty}^{\infty}\omega^2|S(j\omega)|^2 d\omega \qquad (8.26)$$

于是由式(8.24)可得估计量方差:

$$\sigma^2_{\hat{\tau}} \geq \left\{\frac{1}{\pi N_0}\int_0^T\omega^2|S(j\omega)|^2 d\omega\right\}^{-1} \qquad (8.27)$$

由于信号能量为

$$E = \int_0^T s^2(t)dt = \frac{1}{2\pi}\int_{-\infty}^{\infty}|S(j\omega)|^2 d\omega \qquad (8.28)$$

代入式(8.27),最后得

$$\sigma^2_{\hat{\tau}} \geq \left(\frac{2E}{N_0}W_s^2\right)^{-1} \qquad (8.29)$$

式中:W_s 为信号带宽的一种量度,以弧度(rad)为单位,称为信号 $s(t)$ 的均方根带宽。时延估计量 $\hat{\tau}$ 的 Cramer-Rao 下限表明,为了减小时延估计的方差,必须提高载噪比 E/N_0 和增加信号带宽 B。

评价与衡量时延估计量准确程度的指标通常有时延估计零值和时延估计精度[17]。时延估计零值描述的是估计量的基线,即时延估计的均值,它代表了信号在系统中传输的绝对时延:

$$\tau_0 = E[\hat{\tau}] \tag{8.30}$$

时延估计精度描述的是估计量的波动程度,即时延估计的不确定度。可以定义为时延估计器输出量的方差:

$$\sigma_\tau^2 \geqslant E[\hat{\tau}^2] \tag{8.31}$$

8.1.4　精密时延特性影响因素分析

上面建立了星间链路载荷设备信道时延的估计模型,并分别按照构成星间链路载荷设备系统的各个设备环节分析了星间链路载荷设备的时延特性。

实际上,星间链路载荷设备在工作过程中,一些部件如电路传输线、模拟滤波器等对工作环境的变化较为敏感,噪声或温度环境的变化将会对这些部件传输时延特性造成一定的影响,从而影响系统的时延特性。下面针对信号传输线和模拟滤波器参数变化两方面的影响因素,分析其对系统时延特性的影响。

8.1.4.1　信号传输线参数变化

当电磁波通过印制电路板(PCB)导线、传输电缆线等信号传输线后,由于电磁波传播介质特性发生了变化,电磁波的传播速度不再是真空中的速度,将随介质特性的变化而变化。

1) PCB传输线的影响

通过相对介电常数为 ε_r、相对磁导率为 μ_r 的 PCB 传输线时,电磁波的传播速度为 $c/\sqrt{\mu_r\varepsilon_r}$。这种模式的信号是无色散信号,其传输时延和频率没有关系,可以用下面的公式计算时延[17]:

$$\tau_{\text{Linel}} = \frac{L\sqrt{\mu_r\varepsilon_r}}{c} \tag{8.32}$$

式中:L 为导线的长度;c 为 PCB 传输线中的光速。

相对介电常数 ε_r、相对磁导率 μ_r 等参数会随着温度、湿度、材料老化等情况变化。例如通过 $\varepsilon_r = 4.7$ 的 FR4 材料制作的传输线时,电磁波传播速度为真空中光速的46%。如果 ε_r 变化20%,将会导致传输时延变化约14%。对于一段20cm长的信号传输线,传输时延变化将是0.14ns,对于精密的时延测量是不能忽略的。

2) 传输电缆线多径的影响

星间链路载荷设备射频通道的射频端采用的信号传输线为射频电缆线,当其存在弯折或是其他导致阻抗不匹配的情况时,其驻波比很难为零。当电缆的驻波比不为零时,信号存在多径反射,该多径反射将导致传输信号的群时延变化。其近似公式为[17]

$$\Delta\tau_g = \frac{L}{ac} \times \frac{\text{VSWR}-1}{\text{VSWR}+1} \times \cos\left(2\pi f_{\text{carry}} \frac{L}{ac}\right) \tag{8.33}$$

式中：$\Delta\tau_g$ 为群延时变化量；L 为电缆线的长度；ac 为电缆线中的光速；VSWR 为电压驻波比（需要从 dB 换算到绝对量）；f_{carry} 为电缆线的载波频率。取 $L = 1\text{m}$，$f_{\text{carry}} = 70\text{MHz}$ 进行仿真分析,可得到传输电缆线驻波比不为零时导致的反射多径对传输信号群时延的影响,如图 8.4 所示。可以看出,1dB 的驻波比能导致 0.16ns 的群时延零值变化。

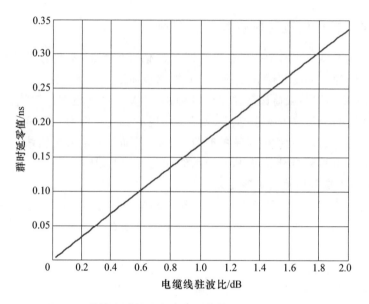

图 8.4　传输电缆线反射多径对传输信号群时延的影响

8.1.4.2　模拟滤波器参数变化

星间链路载荷设备中的模拟滤波器主要包括射频口的带外抑制滤波器、中频镜频滤波器、通道选择滤波器等。滤波器的中心频率越高、阶数越低,信号通过滤波器的群时延就越小。通常射频滤波器的群时延比较小,对温度变化也不敏感;滤波器阶数越高,群时延就越大,对元器件的参数变化也就越敏感。

模拟滤波器的群时延主要集中在中频滤波器,主要原因是其频率比较低。因此,需要关注中频滤波器的群时延特性指标。在滤波器设计软件 FilterSolution 中对滤波器的群时延特性进行仿真分析如下。

图 8.5 所示是一个中心频率为 70MHz、带宽为 20MHz 的三阶切比雪夫 I 型带通滤波器,假设环境温度变化使该滤波器其中一个 402pF 的电容参数改变了 5%（20pF）,则其群时延特性曲线变化如图 8.6 所示。可以看出,滤波器的群时延发生了最大达 11ns 的差值变化。这种变化远远超过了星间链路载荷设备的时延特性指标要求,必须进行相应的校正。

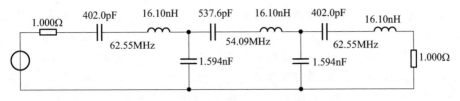

图 8.5　三阶切比雪夫 I 型带通滤波器

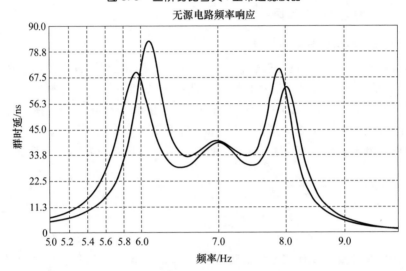

图 8.6　模拟滤波器群时延特性随元器件参数的变化

图 8.7 所示是与上述相同的带通滤波器的幅频特性曲线 $A(\omega)$ 和群时延特性曲线 $\tau_g(\omega)$。可以看出，当幅频特性曲线 $A(\omega)$ 有 1dB 的波动时，$\tau_g(\omega)$ 最大产生了 10ns 的变化，其等效低通形式也会发生完全一样的波动。

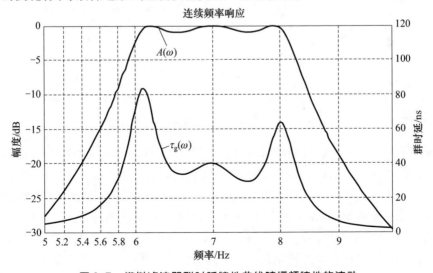

图 8.7　模拟滤波器群时延特性曲线随幅频特性的波动

由图 8.6 可见,模拟滤波器的参数变化将会对后端的时延零值波动和时延估计精度产生很大的影响,但这种影响是可以通过系统设计进行补偿和校正的。减小该影响需要从三个方面入手:一是选择对元器件参数变化不太敏感的滤波器形式;二是控制元器件参数变化范围,尽量减少元器件参数的变化;三是设计闭环自校正系统,当滤波器时延发生变化时,能够检测该变化,并在数字信号处理时进行补偿。

8.1.5 精密时延测量方法

8.1.5.1 矢量网络分析仪法

矢量网络分析仪测量的是被测器件的群时延。其原理是,首先测出被测器件的相频响应特性曲线 $\varphi(\omega)$,然后对相频响应曲线按式(8.34)求导计算出被测器件的群时延特性 $\tau_g(\omega_0)$,其中 $\Delta\omega$ 表示在频率 ω_0 附近的微小变化量即频率孔径。该式的意义是:要测量某一个频率点上的群时延,只需要测量该频率点相邻的两个频点的相移,由此得到相位的斜率,即为该点上的群时延。测量原理如图 8.8 所示。

$$\tau_g(\omega_0) = -\frac{1}{2\pi} \frac{\mathrm{d}\varphi(\omega)}{\mathrm{d}\omega}\bigg|_{\omega=\omega_0} = \lim_{\Delta\omega\to 0} -\frac{1}{2\pi}\frac{\varphi(\omega_0+\Delta\omega)-\varphi(\omega_0)}{\Delta\omega} \approx$$
$$-\frac{1}{2\pi}\frac{\varphi(\omega_0+\Delta\omega)-\varphi(\omega_0)}{\Delta\omega} \tag{8.34}$$

式中:线性相移分量被变换成平均群时延(average group delay),代表信号通过被测件的平均渡越时间的度量;高次相移分量被变换成群时延波动(group delay ripple),代表对平均时延的偏离。

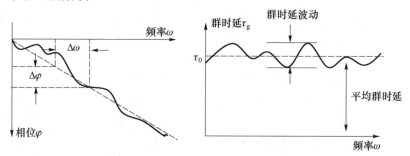

图 8.8　矢量网络分析仪测量群时延原理图

从图 8.8 中的相频特性曲线可见,群时延测量的准确度主要取决于相位测量准确度 $\Delta\varphi$ 和频率孔径 $\Delta\omega$ 的大小。当网络分析仪的相位测量准确度一定时,要提高时延测量准确度就需要考虑孔径大小的选取。孔径越小,群时延测量的分辨率也越高,但更容易受到噪声影响;孔径越大,群时延测量的分辨率越差,但它对噪声起到了平滑作用,对噪声的抑制能力较好。因此在测量中对孔径的选取应与测量分辨率、精度和速度折中进行考虑。通常最小孔径为测量的频率范围/(测量频率点数-1),最大孔径不超过测量频率范围的 20%[19],如式(8.35)所示。

$$\frac{F}{N-1} \leq \Delta \omega \leq \frac{0.5}{\tau_g} \tag{8.35}$$

式中：F 为测量的频率范围；N 为测量的点数；τ_g 为被测器件大致的群时延。

在上、下变频链路的群时延测量中，由于混频器的输入输出频率不相同，所以无法直接做相对相位测量。针对此特点有两种常见的测量方案，一是采用两个混频器串联，分别做上、下变频，从而使输入输出同频。典型的测量方案是三混频器法[7]。另外一种是在并联位置的参考通道上为被测混频器产生一个相位参考信号。理论上应产生无相移的信号，但实际中通常是使用一个混频器来产生相位参考信号，因此要得到被测混频器的参数，必须去除产生相位参考信号的混频器对系统的影响。典型的测量方案是 Agilent 公司的 Golden 混频器技术和矢量混频器校准技术[6]。

1) 三混频器法

该方案采用三个混频器 A、B、C 构成三组混频器对，要求每个混频器对的两个混频器具有互易特性和彼此匹配，即混频器的上变频工作模式和下变频工作模式有相同的变频损耗和群时延。

将三个混频器分别按图 8.9 所示连接，输入第一个混频器的信号进行下变频，混合出的和频信号被低通滤波器滤除，由于每个混频器对共用一个本振源，第二个混频器将输入信号上变频后必然还原为第一个混频器输入信号的频率。这样两个混频器级联后形成一个标准的无频率变换网络。这时通过矢量网络分析仪测得的传递函数（扣除滤波器和测试连接设备的特性）即两个混频器共同的贡献。对三个混频器对分别进行测试，则可以得到三组混频器组合的测量（A - B、B - C、C - A）。令 A_{21}、B_{21}、C_{21} 表示混频器 A、B、C 下变频，A_{12}、B_{12}、C_{12} 表示混频器 A、B、C 上变频。三次测量得到三个方程：

$$\begin{cases} \varphi_{A21} + \varphi_{B12} + \varphi_{TEST} = \varphi_1 \\ \varphi_{B21} + \varphi_{C12} + \varphi_{TEST} = \varphi_2 \\ \varphi_{C21} + \varphi_{A12} + \varphi_{TEST} = \varphi_3 \end{cases} \tag{8.36}$$

式中：φ_1、φ_2、φ_3 分别为三次测得的相频特性；φ_{TEST} 为矢量网络、滤波器及测试连接设备的相频特性。由于工作在同频状态，φ_{TEST} 是可以校正的；由混频器互易特性可知，$\varphi_{i12} = \varphi_{i21}$，$i = A,B,C$。因此式(8.36)可变为

$$\begin{cases} \varphi_{A21} + \varphi_{B12} = \varphi_1 - \varphi_{TEST} \\ \varphi_{A21} + \varphi_{C12} = \varphi_2 - \varphi_{TEST} \\ \varphi_{B12} + \varphi_{C12} = \varphi_3 - \varphi_{TEST} \end{cases} \tag{8.37}$$

从而可以求解出每一个混频器的相频特性。

三混频器法的最大特点是不需要频率偏置通道，测量是在同频状态下进行的，可以用常规的矢量网络分析仪完成测量。同时这种方法也会带来由待测混频器、中频滤波器和校正混频器之间的失配引起的附加误差，因此实际测试中需要使用衰减器

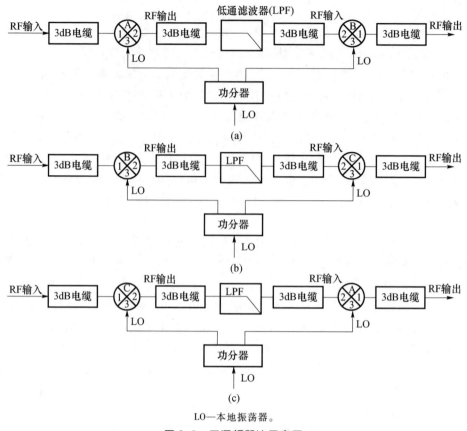

图 8.9 三混频器法示意图

来改善混频器和滤波器之间的匹配。由于附加的误差是由测试的框架结构而不是测试系统造成的,所以无法通过矢量误差校正来消除。

2) Golden 混频器技术

Agilent 公司推出的对混频器进行群时延特性测试的 Golden 混频器技术[8]如图 8.10 所示。所谓的 Golden 混频器是指和被测器件(MUT)类似,且具有良好性能的混频器,要求其所有参数都是已知的。实际上 Golden 混频器起了一个基准的作用。这种情况下的群时延测量是相对 Golden 混频器的参数进行的。将参考混频器接入参考通道中,同时串联一个中频滤波器选择正确的混频成分。所选择的参考混频器频率应能覆盖被测器件的频率范围,但对匹配性能则可以不要求。

Golden 混频器法需要矢量网络分析仪具备频率偏置能力以及需要一个参考混频器,而且这种相位测量非常容易受到系统噪声和系统误差的影响,因此应使用尽可能小的中频带宽。

3) 矢量混频器校准(VMC)技术

为了测量频率变换器件的绝对群时延特性,也就是时延零值,Agilent 公司推出

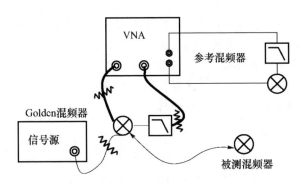

图 8.10　Golden 混频器技术示意图

了新的矢量混频器校准技术[8],它采用校准混频器对基于矢量网络分析仪(VNA)的测试系统进行校准。这种技术的基本需要辅助混频器具备互易的变频损耗以及需要输出滤波器来滤除不要的边带。

通过一系列的校准测试工作,可以得到校准混频器的变频损耗、绝对群时延和输入、输出反射参数,从而修正输入、输出失配的影响。获得标准混频器的准确特性后,混频器的测量与 Golden 混频器法相似,并行产生一个用参考混频器构成的参考变频链路,首先接入标准混频器进行测试系统校准,然后将待测混频器替换标准混频器进行测量。

与三混频器法相比,矢量混频器校准技术更为方便、快捷,而且由于没有像上、下变频测量中失配造成的影响,使用矢量混频器校准技术可以大大减小群时延测量结果的波动。在该方法中,对校准混频器唯一的限制是它必须是互易的,并且混频器输出口必须有滤波器以选择所需的混频分量,其群时延测量方法如图 8.11 所示。

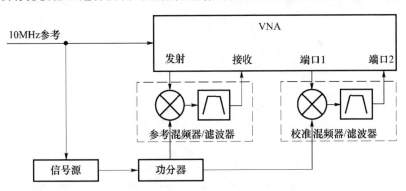

图 8.11　矢量混频器校准技术群时延测量方法

8.1.5.2　扩频调制法

基于扩频技术的群时延测量方法,最初是为解决变频器件的群时延测量难题,建立变频器件群时延测量标准而提出的[9]。它本质上属于时延测量的动态方法,使伪码信号通过接收信道后利用扩频测距的原理对信道的群时延进行测量。与矢量网络分析仪法相比,该技术更具有实时性,适合在线测量星间链路载荷设备信道的整体时延特性。

扩展频谱(spread spectrum)技术是将要发送的信息频谱拓宽到一个很宽的频带上进行发射,接收端利用相关接收的原理将其带宽压缩,恢复成原来的窄带信号。通常的实现方式是将待扩频的信号与一个扩频函数(一般是伪随机编码信号)在时域相乘,来扩展信号的频谱。扩频系统有两个显著特征[20]:

(1)传输带宽远大于被传送的原始信号带宽;

(2)传输带宽主要由扩频函数决定。

设信道容量为 C,信道带宽为 B,信号平均功率为 S,噪声功率为 N,则有

$$C = B\log_2\left(1 + \frac{S}{N}\right) \tag{8.38}$$

即著名的香农定理。由该定理可知:

增加信道容量的方式有两种,一是增加传输信号的带宽;二是增加信噪比 S/N。由于 C 与 B 呈线性关系,而 C 与 S/N 呈对数关系,因此增加 B 比增加 S/N 有效。当信道容量 C 为常数时,带宽 B 与信噪比 S/N 可以互换,即可以通过增加带宽 B 来降低对信噪比 S/N 的要求,也可通过增加信号功率 S 来降低信号的带宽。信道容量与信号带宽成正比,但显然信道容量不能无限地增加。

1) 典型扩频系统

典型的直接序列扩频(DSSS)系统组成框图如图 8.12 所示,它是将基带信号 $d(t)$ 与一个高速的伪码信号 $c(t)$ 进行时域相乘(对二进制序列即为模 2 相加),得到一个扩频码流,然后对此扩频码流进行载波调制后送入信道。设基带信号的码元宽度为 T_d,伪码的码元宽度为 T_c,由于伪码的速率远大于基带信号的速率,即 $T_c \ll T_d$,因而伪码信号的频谱宽度远大于基带信号的频谱宽度。将基带信号与伪码信号进行时域相乘(模 2 加),也就相当于在频域进行频谱卷积,信号的频谱就拓宽了。

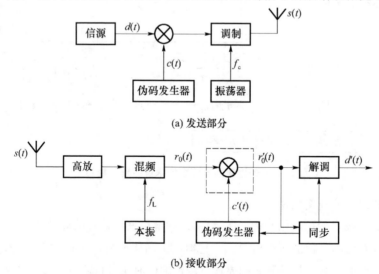

图 8.12 直接序列扩频系统组成框图

在接收端,一般采用外差式接收,接收信号与本振信号经过混频,输出一个中频信号。本地伪码产生器产生一个与发送端相一致的本地伪码,用此本地伪码对混频器的输出信号进行时域相乘,即所谓的相关解扩。对于取值$\{\pm1\}$的二进制信号$c(t)$来说,$c^2(t)=1$。因此经过相关解扩的信号便不再含有伪码成分,信号被恢复成中频调制信号。然后进行解调,恢复出所传送的信息$d(t)$。对于信道中加进来的噪声和干扰来说,由于与伪码不相关,在解扩器的作用下,相当于进行了一次扩频运算,频谱被大大拓宽,带内功率谱密度被大大降低,而解扩后的中频信号带宽较窄,进入中频滤波器的干扰和噪声功率被大大降低,使解调器输入端的信噪比大大提高,从而提高了系统的抗干扰能力。

2) 伪随机序列

扩频系统的扩频运算是通过伪随机(PN)序列来实现的。由于在接收端必须复制一个与发送端相同的随机序列,而纯随机序列是不可复制的,所以工程上所用的均为伪随机序列。一般要求伪随机序列具有如下性质:

(1) 易于产生;
(2) 具有随机性;
(3) 应具有尽可能长的周期,保证抗干扰能力;
(4) 应具有接近高斯白噪声的自相关和互相关特性。

常用的伪随机序列有 m 序列、M 序列、Gold 序列等,其中 m 序列最早应用于扩频通信,是研究和构造其他序列的基础。

m 序列是最长线性移位寄存器序列,是由线性反馈移位寄存器产生的。n 位线性反馈移位寄存器结构如图 8.13 所示。图中 $a_0,a_1,\cdots,a_{n-1}$ 为移位寄存器的状态,$c_0,c_1,\cdots,c_{n-1}$ 为对应的反馈系数,且 $c_1=c_n=1$。m 序列的生成多项式为

$$G(x) = a_0 + a_1 x + a_2 x^2 + \cdots + a_n x^n = \sum_{i=0}^{n} a_i x^i \tag{8.39}$$

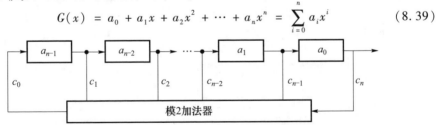

图 8.13 n 位线性反馈移位寄存器结构

伪随机序列在扩频测距中的价值在于它具有接近于白噪声的尖锐的自相关函数,因其是周期序列,故自相关函数也是周期的。设 m 序列的码元宽度为 T_c,幅度取值$\{\pm1\}$,周期 $T=NT_c$,则其自相关函数 $R(\tau)$ 的时域表达式如下,相关波形如图 8.14 所示。

$$R(\tau) = \frac{1}{NT_c} \int_{-T_c/2}^{T_c/2} c(t)c(t+\tau)\mathrm{d}t = \begin{cases} 1 - \dfrac{N+1}{N}\dfrac{|\tau|}{T_c} & |\tau| \leq T_c \\ -\dfrac{1}{N} & |\tau| > T_c \end{cases} \tag{8.40}$$

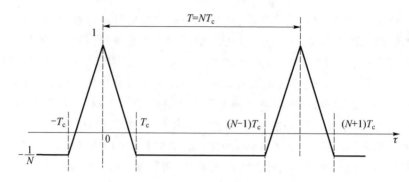

图 8.14 二元 m 序列自相关函数波形

其功率谱密度函数 $P(\omega)$ 为其自相关的傅里叶变换：

$$P(\omega) = \frac{1}{N^2}\delta(\omega) + \frac{N+1}{N}\mathrm{sinc}^2\left(\frac{\omega T_c}{2}\right)\sum_{\substack{k=-\infty \\ k\neq 0}}^{\infty}\delta\left(\omega - \frac{2k\pi}{NT_c}\right) \tag{8.41}$$

图 8.15 所示为长度 10230 的 Gold 码的自相关特性和功率谱密度，可见其具有良好的自相关特性。

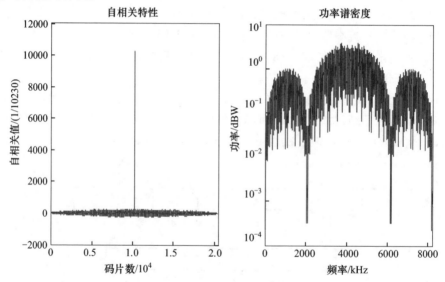

图 8.15 Gold 码的自相关特性和功率谱密度

扩频调制法测量信道的群时延是利用扩频伪距测量的原理，通过估计扩频信号经过被测信道后产生的时延量来获得群时延，其测量原理如图 8.16 所示。

首先利用 PN 码发生器产生伪随机码序列 $c(t)$，经过 BPSK 调制为扩频信号 $b_k c(t)$ 后加入被测信道（星间链路载荷设备变频信道）的输入端，经过被测信道后的输出信号为

$$s(t) = b_k c(t) * h(t - \tau_s) \tag{8.42}$$

式中:$h(t)$为星间链路载荷设备信道的等效低通滤波模型(包括接收通道、发射通道和连接两者的射频线);τ_s表示收发信道的时延之和。

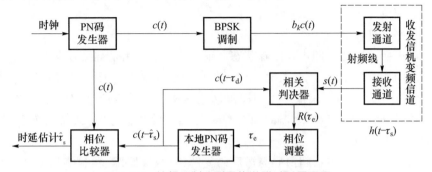

图8.16　扩频调制法测量信道群时延原理图

将本地伪码发生器产生的伪码序列$c(t-\tau_d)$与$s(t)$进行相关运算。这里τ_d是本地伪码的时间位移,也是对信道时延τ_s的估计。相关函数为

$$R(\tau) = b_k R(\tau_s - \tau_d) * h(t) = b_k R(\tau_e) * h(t) \tag{8.43}$$

式中:$\tau_e = \tau_s - \tau_d$为时延估计的误差。

根据τ_e对本地伪码发生器输出的τ_d进行调整,使其不断靠近τ_s。当τ_d与τ_s对齐时,$R(\tau_e) = R(0)$,由伪随机序列的自相关特性可知,相关函数出现峰值,此时本地伪码发生器的输出与$c(t)$进行比相即可得到被测信道时延的估计量$\hat{\tau}_s$。

时延误差的减小通过相位调整来完成,相位调整的过程分为捕获和跟踪两个环节。下面对捕获和跟踪过程分别进行讨论。

(1)捕获过程。

一种常用的捕获方法是滑动相关法[21]。在扩频时延测量系统中,本地码发生器产生的PN码序列$c(t-\tau_d)$和信道输出端PN码序列$s(t)$间的相对滑动并不是通过两组码的速率不同而获得,而是通过接收机时钟周期性地移动一个相位增量而实现的。在接收机将所有可能的相位扫描一遍之后,由于伪随机码良好的自相关特性和互相关特性,相关器的峰值会在本地序列滑动到与接收序列相同的相位时出现,这时即可初步判断捕获成功。滑动相关法的原理框图如图8.17所示。

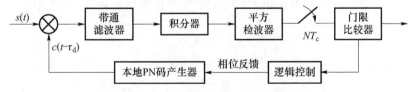

图8.17　滑动相关法原理框图

本地码与接收信号进行相关运算后,通过一个带通滤波器,其带宽近似等于信号扩频之后的带宽,输出信号经过包络平方求能量后,进行周期为$T_d = NT_c$的积分(T_c是基带信息码序列码元长度,N取正整数),然后再将结果与门限值进行比较。如果

达到门限值,则认为完成捕获,可以进入跟踪同步,如果不能达到门限,控制逻辑会调整本地 PN 码产生器来产生新的本地码,继续与接收信号进行相关运算,直到运算结果超过门限值为止。

(2)跟踪过程。

扩频码捕获成功后即进入跟踪状态。跟踪的主要作用是继续减少本地伪码与接收伪码之间的时延误差 τ_e,使之达到时延估计精度的要求。通常采用非相干延迟锁定环(DLL)[20]进行相位跟踪。以相同码偏差的超前和滞后两个相关器输出值之差为驱动信号,调节本地码产生器的输出速率,实现对接收信号中长码的精确跟踪。其原理如图 8.18 所示。

跟踪的流程主要包括超前码与滞后码复解扩、载波跟踪、预检测积分与清零、码鉴相器鉴相、环路滤波及码直接数字式频率合成器(DDS)控制。首先,通过捕获阶段获得的码相位和载波相位信息设置本地的码 DDS 和载波 DDS,产生的超前码与滞后码分别与接收信号 $s(t)$ 进行复乘,完成复解扩。经相干积分后送入鉴相器进行码鉴相。以归一化的超前相关功率减滞后相关功率作为鉴相函数。如果本地码与接收信号中的长码完全对齐,则鉴相器输出为零,如果两者存在偏差,则两相关器的输出不相等,在线性范围内鉴相器误差输出与两相关器的差值成正比,并由此判断本地码与接收信号中长码之间的相位偏移量和偏移方向。鉴相器输出信号经过环路滤波器处理后作为码 DDS 控制信号,调整本地码发生器输出 PN 序列的速率,实现对接收信号中长码的稳定跟踪。

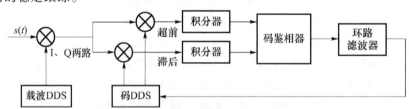

图 8.18 非相干延迟锁定环原理图

可以看出,时延估计的精度直接取决于非相干延迟锁定环的伪码相位跟踪精度,因此该方法的精确度也是由非相干延迟锁定环的精确度来决定的,非相干延迟锁定环时延估计精度公式为[22]

$$\sigma_{\text{DLL}} = \begin{cases} \sqrt{\dfrac{B_n D}{2C/N_0}\left(1 + \dfrac{2}{TC/N_0(2-D)}\right)} & D \geqslant \dfrac{\pi R_c}{B_{\text{fe}}} \\ \sqrt{\dfrac{B_n D}{2C/N_0}\left(\dfrac{1}{B_{\text{fe}} T_c} + \dfrac{B_{\text{fe}} T_c}{\pi - 1}\left(D - \dfrac{1}{B_{\text{fe}} T}\right)^2\right)\left(1 + \dfrac{2}{TC/N_0(2-D)}\right)} & \dfrac{R_c}{B_{\text{fe}}} < D < \dfrac{\pi R_c}{B_{\text{fe}}} \\ \sqrt{\dfrac{B_n}{2C/N_0 B_{\text{fe}} T_c}\left(1 + \dfrac{1}{TC/N_0}\right)} & D \leqslant \dfrac{\pi R_c}{B_{\text{fe}}} \end{cases}$$

(8.44)

式中：B_n 表示载波环路带宽(Hz)；C/N_0 表示载噪比(dBHz)；T 表示预检测积分时间(s)；T_c 表示码片宽度(s)；D 表示延迟相关器码间隔；B_{fe} 为前双边带宽；R_c 为码速率(Mchip/s)。采用码速率为 10.23Mchip/s 的扩频码，在 $B_{fe}=2R_c$ 条件下，环路带宽、预检测积分时间和延迟相关器码间隔等参数对时延估计精度的影响如图 8.19 所示。

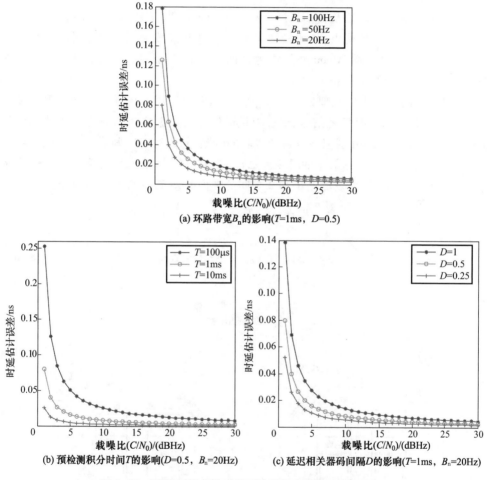

图 8.19 跟踪环路参数对时延估计精度的影响(见彩图)

由图 8.19 可知，在 T_c 与 C/N_0 一定时，可以通过减小环路带宽 B_n 和码间隔 D 或增大预检测积分时间 T 来提高时延的估计精度。当 D 减小时，需要增大 B_{fe} 以保持相关峰在工作区域内的尖锐性，但较宽的 B_{fe} 又容易引入带内干扰，因此 D 的选择受 B_{fe} 的限制，一般要求 $D \geqslant R_c/B_{fe}$。T 的增大减小了由非相干码鉴相器引起的平方损耗项，可以使跟踪性能趋于相干码鉴相器的精度，但受到数据符号速率 R_b 的限制，使得 T 不能够无限制增大。

8.1.6 时延零值标校技术

8.1.6.1 TWSTFT 时延零值校正方法

卫星双向时间频率传递(TWSTFT)技术中采用了专门的时延测量和标定单元来对收发设备的时延零值校正[14-15],为研究星间链路载荷设备的时延零值校正技术提供了很好的借鉴。

卫星双向时间比对法是目前国际上标准的时间同步方法,具有实时性、精度高、受外界环境影响较小等优点,其测量结果于1999年正式成为国际原子时归算的组成部分。近年来,包括美国 Atlantic 公司、德国的 TimeTech 公司、日本的 CRL 公司都成功地研制出了 TWSTFT 设备。

TWSTFT 的基本测量原理如图 8.20 所示,从图中可以看出处于不同地理位置的地面观测站 1 和 2,同时发送信号,通过卫星通信交换数据后送入对方观测站。在测量过程中,每个观测站分别记下发射和接收的时刻,并通过时间间隔计数器记录自身接收发送信号和接收对方信号的时刻差 ΔT_1 和 ΔT_2(时间精度为精确的 1PPS(秒脉冲))。从图中可以得出,观测站 1 和 2 之间的钟面时差 $T_1 - T_2$ 计算式如下:

$$T_1 - T_2 = \frac{1}{2}(\Delta T_1 - \Delta T_2) + \frac{1}{2}\Delta \tau \tag{8.45}$$

式中

$$\Delta \tau = \Delta \tau_{TR} + \Delta \tau_{UD} + \Delta \tau_{SAT} + \Delta \tau_R \tag{8.46}$$

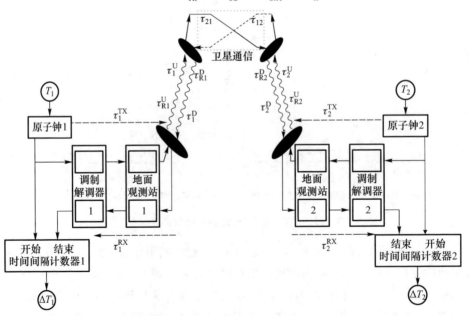

图 8.20 TWSTFT 技术测量原理

$\Delta \tau$ 中的各项时延可以分为:①大气层中的传播路径时延 $\Delta \tau_{UD}$;②卫星对地面相

对位置的变化 $\Delta\tau_{SAT}$；③地球自转引起的时延 $\Delta\tau_R$；④在地面观测站中的发射和接收设备时延 $\Delta\tau_{TR}$，是最主要的误差来源。

$$\Delta\tau_{TR} = [(\tau_1^{TX} - \tau_1^{RX}) - (\tau_2^{TX} - \tau_2^{RX})] \tag{8.47}$$

文献[15]实测了 TWSTFT 站中多个模块的时延数据以及对应不同温度范围的时延数据，并拟合出时延对应温度系数，其中包括低噪声放大器(LNA)、HPA、混频器、滤波器、上变频器以及下变频器。各模块对应的温度系数如表 8.1 所列(测试环境为温度 +5 ~ +45℃，相对湿度 40%)。

表 8.1 TWSTFT 中部分组件时延对应的温度系数

硬件组件	温度系数/(ps/℃)	备注
HPA	−5(±2)	发射路径
LNA + 滤波器	−5 ~ +2(±2)	接收路径
混频器 + 隔离器	−18(±2)	发射路径与接收路径
上变频器	−4 ~ +1(±2)	发射路径
下变频器	+2 ~ +10(±2)	接收路径

同时，文献[15]还实测了整个 TWSTFT 站发射路径与接收路径时延对应的温度系数，其高达 230ps/℃，也就是说温度变化 40℃，同一套 TWSTFT 站测的时延误差将达 8.6ns。

文献[14]详细介绍了美国国家标准与技术研究所(NIST)设计出的一套 TWSTFT 收发设备时延零值测量校正装置，其工作频率在 14.5GHz，是一种绝对时延在线标定方法，其标定结果不受标定设备时延状态的影响。在每一个 TWSTFT 地面观测站中都带有一个时延零值标定单元，如图 8.21 所示，包括发射和接收通道。发射通道输入 70MHz 的信号，经上变频后通过带通滤波器，输出信号的频率带宽为 11.7 ~ 12.2GHz；在接收端接收的信号带宽为 14 ~ 14.5GHz，经低噪声放大通过带通滤波器，经下变频到 70MHz 信号输出。

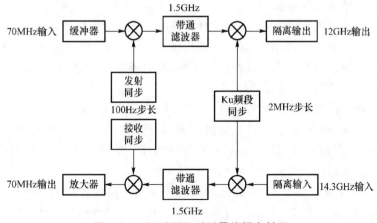

图 8.21 TWSTFT 时延零值标定单元

时延零值标定单元在地面站上安装后,可以对设备时延进行实时、在线的标定。设备框图如图 8.22 所示,它包括以下设备:①发射和接收的时延零值标定单元;②两个 NIST 模块;③一个发射时延计数器;④一个接收时延计数器;⑤一个发射/接收转换模块;⑥70MHz 信号发射和接收传输线;⑦温度控制系统;同时还包括调制解调器、计时器、时钟模块。70MHz 信号的信号传输线的长度为 50m,连接调制解调器和时延零值标定单元。

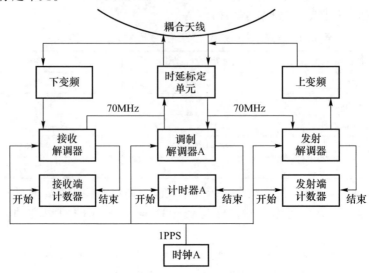

图 8.22　时延零值标定单元实时测量原理框图

时延零值标校原理如下:

(1) 时延标定单元自校。将信号通过调制解调器 A 调制后送到时延标定单元进行上变频,同时计时器 A 开始计数;经天线定向耦合后,接收信号经时延标定单元下变频,送回调制解调器 A 解调,同时触发计时器 A 停止计数。此时计时器 A 的读数为时延标定单元时延零值的 2 倍。

(2) 发射通道时延零值标校。发射信号时,发射端计数器开始计数,信号经发射通道上变频后发射,经天线定向耦合后进行接收,由时延标定单元下变频到 70MHz,送到发射调制器触发发射端计数器停止计数,此时发射端计数器的读数为发射通道与时延标定单元的时延零值之和。

(3) 接收通道时延零值标校。接收信号时,接收端计数器开始计数,信号由时延标定单元上变频,经天线定向耦合后进行接收。接收的信号经接收通道下变频至70MHz,1PPS 时钟经过接收解调器后触发接收端计数器停止计数。此时接收端计数器的读数为接收通道与时延标定单元的时延零值之和。

文献[14]详细介绍了 NIST 提出的另一种采用平衡变频器上下变频的方案,实现了时延零值在线自校正,可以达到 0.3ns 的在线绝对时延测量精度,其采用的方案值得借鉴。其主要方法也是在接收机和发射机上设计了一个附加的精密时延测量校正设备,用来精确测量收发设备的时延零值,其内部结构如图 8.23 所示。TWSTFT 站内部传输路径与接收路径的时延零值标校主要取决于两次连续的测量。

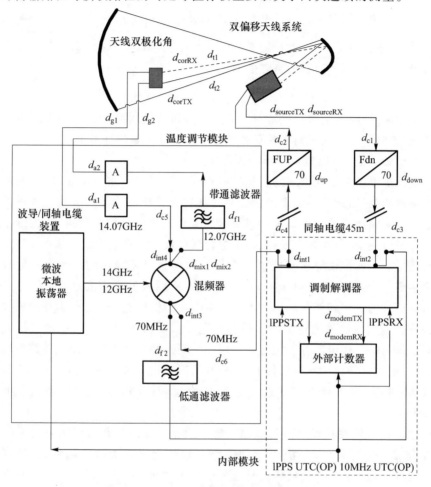

图 8.23 NIST 时延零值在线精密校正系统

第一次测量用来测量接收模式的整路时延:

$$\delta t_1 = \tau_1^{TX} + \mathrm{Cal}_1 \tag{8.48}$$

式中:τ_1^{TX} 为地面站内部的发射设备时延零值,包含调制解调器的发送时延;Cal_1 为调制解调器内部接收时延和卫星模拟时延。

$$\tau_1^{TX} = d_{modemTX} + d_{int1} + d_{c4} + d_{up} + d_{c2} + d_{sourceTX} \tag{8.49}$$

$$\mathrm{Cal}_1 = d_{t1} + d_{corRX} + d_{g1} + d_{a1} + d_{c5} + d_{int4} + d_{mix1} + d_{int3} + d_{f2} + d_{int2} + d_{modemRX} \tag{8.50}$$

第二路测量是用来测量发送模式下的整路时延:

$$\delta t_2 = \tau_1^{RX} + \mathrm{Cal}_2 \tag{8.51}$$

式中:τ_1^{RX}为地面站内部接收设备时延零值,包含调制解调器接收时延;Cal_2为调制解调器内部发送时延和卫星模拟时延。

$$\tau_1^{RX} = d_{modemTX} + d_{int2} + d_{c3} + d_{down} + d_{c1} + d_{sourceRX} \quad (8.52)$$

$$Cal_1 = d_{t2} + d_{corTX} + d_{g2} + d_{a2} + d_{c6} + d_{int3} + d_{mix2} + d_{int4} + d_{f1} + d_{int1} + d_{modemTX} \quad (8.53)$$

则可以得到需测的收发设备时延零值为

$$\tau_1^{TX} - \tau_1^{RX} = \delta t_1 - \delta t_2 - (Cal_1 - Cal_2) \quad (8.54)$$

式中:Cal_1、Cal_2可以利用时间间隔计数器(TIC)和矢量网络分析仪精确测得。需要说明的是,该时延零值在线精密校正系统需要放置在恒温的环境中。

8.1.6.2 星间链路载荷时延特性组成

导航系统卫星根据建链规划表和时隙划分与不同的可视卫星建链,天线波束需不断快速地切换,因此具备波束捷变能力的阵列天线已成为星间链路可实现的重要手段之一。星间链路载荷设备是星间精密测距和通信的具体载荷设备,由链路综合业务处理基带模块、射频收发通道、频率综合器以及天线系统组成。基带模块根据基频与时间生成单元提供导航基准频率f_0以及时间信息完成星间扩频信号处理及算法协议实现,并与卫星综合电子实现数据交互。射频收发通道实现星间链路中频信号与射频信号的频率转换与功率放大。频率综合器根据f_0与f_{REF}产生基带模块的工作时钟f_c以及射频收发通道的本振信号。电源模块通过卫星平台电源转换成星间链路有效载荷的二次电源并分配至各模块。星间链路载荷设备是星间链路的核心单元,承载着星间链路组网测量通信的主要功能,安装在卫星载荷舱内。天线是星间链路信号的对外窗口,安装在卫星载荷舱外,整个星间链路有效载荷设备组成框图如图8.24所示。

星间链路有效载荷设备发射电路时延与接收电路时延是星间测量伪距的重要组成部分。而根据图8.24可知,星间链路有效载荷主要由数字基带、射频收发通道以及天线组成,故将有效载荷的时延分成基带时延、通道时延以及天线时延分开讨论。

1) 数字基带时延分布

星间链路综合业务数字基带模块是集测量、通信、数据交互、接口控制、时间维持于一体的高密度集成模块,信号经过受温度影响时延的硬件部分主要是信号处理器(航天一般采用FPGA)、模数转换器(ADC)、数模转换器(DAC)以及时钟与数据接口芯片。数字基带简化的时延分布模型如图8.25所示。

其中将时钟与数据接口芯片与信号处理器合成为时钟网络布线延迟与输入输出模块(IOB)延迟,因为FPGA程序一旦综合布局布线后,所有时钟与信号传输路径随即确定,故与时钟及数据接口芯片共同构成固定的时钟网络与数据输入输出模块。DAC负责将数字信号转成模拟中频(IF)输入给后端射频发射通道,其输出时延设为τ_{DAC}。ADC负责将射频接收输入的模拟中频信号转换成FPGA处理的数字信号,其

第8章 导航星间链路标校与测试评估

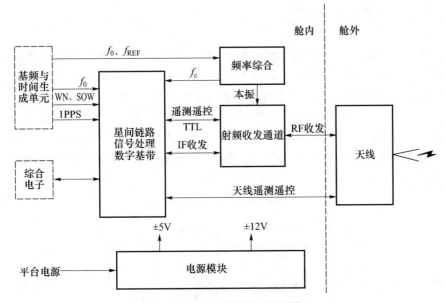

WN—整周计数；SOW—周内秒计数。

图8.24 星间链路有效载荷设备组成框图

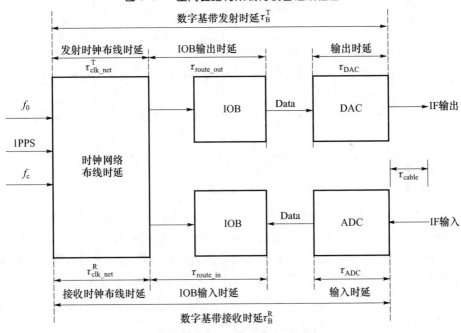

图8.25 数字基带时延分布模型

时延设为 τ_{ADC}。根据图8.25，数字基带的发射时延 τ_B^T 与接收时延 τ_B^R 可表示为

$$\begin{cases} \tau_B^T = \tau_{clk\_net}^T + \tau_{route\_out} + \tau_{DAC} \\ \tau_B^R = \tau_{clk\_net}^R + \tau_{route\_in} + \tau_{ADC} \end{cases} \quad (8.55)$$

其中的符号含义如图 8.25 中所示。

2）射频收发通道时延分布

射频收发通道的核心作用是实现信号放大与频率搬移，即接收通道负责将输入的射频（RF）信号进行滤波、放大以及下变频至中频信号送至数字基带进行信号处理，发射通道负责将数字基带送出的中频信号进行滤波、放大以及上变频至射频信号后送至相控阵天线。射频通道信号经过受温度影响时延的硬件组件主要是带通滤波器（BPF）、混频器（Mixer）、低噪声放大器（LNA）以及高功率放大器（HPA）。其中上下变频根据实际设计可一次混频或二次混频。射频收发通道简化的时延分布模型如图 8.26 所示。

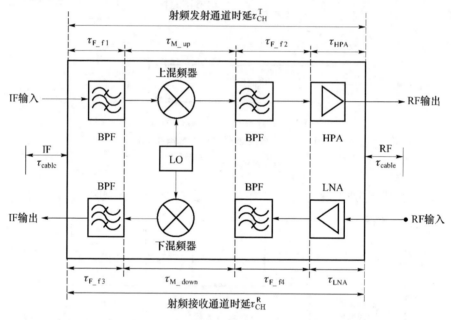

图 8.26　射频收发通道时延分布模型

图 8.26 中 LO 为混频器本振信号，τ_{F_f1} 与 τ_{F_f2} 表示上变频前后两个频点带通滤波器的时延，τ_{F_f3} 与 τ_{F_f4} 表示下变频前后两个频点带通滤波器的时延，τ_{M_up} 为上混频器的时延，τ_{M_down} 为下混频器的时延，τ_{HPA} 表示高功放的时延，τ_{LNA} 表示低噪放的时延。根据图 8.26，射频收发通道的发射时延 τ_{CH}^T 与接收时延 τ_{CH}^R 可表示为

$$\begin{cases} \tau_{CH}^T = \tau_{F\_f1} + \tau_{M\_up} + \tau_{F\_f2} + \tau_{HPA} \\ \tau_{CH}^R = \tau_{F\_f3} + \tau_{M\_down} + \tau_{F\_f4} + \tau_{LNA} \end{cases} \quad (8.56)$$

3）相控阵天线时延分布

相控阵天线（PAA）是实现星间射频信号与电磁波转换的核心部件，在系统发射时，基带信号经过变频通道上变频后，进入相控阵天线馈电网络，经馈电网络分配至每个 T/R 通道，由幅相控制器控制每个单元的幅相，再经功率放大器放大后进入每

个天线阵列单元,在空间上合成不同方位的波束,辐射出微波信号。在系统接收时,天线单元接收到微波信号后经过低噪声放大器放大,再由幅相控制器控制每路信号的幅相,合成后经馈电网络输入射频通道,经过下变频后进入数字基带处理板。相控阵天线的波控子模块接收数字基带模块的各种指令,对每个通道的幅相控制器及电源调制芯片进行控制,完成波束切换、收发切换、待机、自检、自校等功能,但信号本身不经过波控子模块。信号经过受温度影响时延的硬件组件主要为馈电网络、TR 组件以及辐射阵列单元。有源相控阵天线时延分布模型如图 8.27 所示。

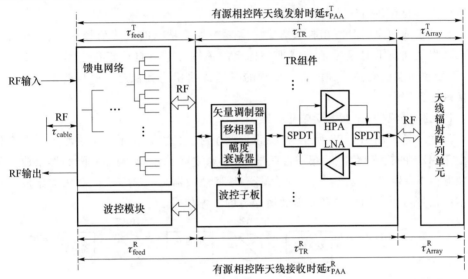

图 8.27 有源相控阵天线时延分布模型

图 8.27 中,τ_{feed}^T、τ_{feed}^R 分别代表馈电网络信号发射与接收时的传输时延,τ_{TR}^T、τ_{TR}^R 分别代表收发组件信号发射与接收时的传输时延,τ_{Array}^T、τ_{Array}^R 分别代表辐射阵列单元信号发射与接收时的传输时延,SPDT 代表单刀双掷开关。根据图 8.27 有源相控阵天线的发射时延 τ_{PAA}^T 与接收时延 τ_{Array}^R 可表示为

$$\begin{cases} \tau_{\text{PAA}}^T = \tau_{\text{feed}}^T + \tau_{\text{TR}}^T + \tau_{\text{Array}}^T \\ \tau_{\text{PAA}}^R = \tau_{\text{feed}}^R + \tau_{\text{TR}}^R + \tau_{\text{Array}}^R \end{cases} \tag{8.57}$$

根据数字基带、射频收发通道、相控阵天线的时延模型以及式(8.55)、式(8.56)和式(8.57),整个星间链路载荷电路发射时延 τ^T 和接收时延 τ^R 可表示为

$$\begin{cases} \tau^T = \tau_B^T + \tau_{\text{CH}}^T + \tau_{\text{PAA}}^T + \tau_{\text{cable}}^T = \\ \quad \tau_{\text{clk\_net}}^T + \tau_{\text{route\_out}} + \tau_{\text{DAC}} + \tau_{F\_f1} + \tau_{M\_up} + \tau_{F\_f2} + \tau_{\text{HPA}} + \tau_{\text{feed}}^T + \tau_{\text{TR}}^T + \tau_{\text{Array}}^T + \tau_{\text{cable}}^T \\ \tau^R = \tau_B^R + \tau_{\text{CH}}^R + \tau_{\text{PAA}}^R + \tau_{\text{cable}}^R = \\ \quad \tau_{\text{clc\_net}}^R + \tau_{\text{route\_in}} + \tau_{\text{ADC}} + \tau_{F\_f3} + \tau_{M\_down} + \tau_{F\_f4} + \tau_{\text{LNA}} + \tau_{\text{feed}}^R + \tau_{\text{TR}}^R + \tau_{\text{Array}}^R + \tau_{\text{cable}}^R \end{cases} \tag{8.58}$$

式中:τ_{cable}^{T} 为载荷发射路径上有效连接电缆时延,τ_{cable}^{R} 为接收路径上有效连接电缆时延。

8.1.6.3 星间链路时延零值闭环标校原理

由 TWSTFT 技术的时延零值校正方案可知,时延零值自校正的关键环节是在接收通道和发射通道之间设计一个附加的精密时延校正设备。通过该设备可以在收发通道之间形成闭环回路,分别测出包含该设备时延的接收和发射回路时延,最后通过计算获得接收通道的时延零值和发射通道的时延零值。这就是星间链路载荷设备时延零值闭环自校正方案的基本思想。

自校正通道是时延零值标校方案中需要附加的精密时延零值校正设备,是实现接收和发射通道的时延零值在线准确标定的关键环节。自校正通道是一个集成了上、下变频功能的变频器,其上、下变频的时延特性相同且稳定。该自校正通道有两种实现方案。

1)独立全双工的上下变频器方案

方案一是采用图 8.28 所示方法,设计两个独立的全双工的上下变频器。上变频器由 70MHz 的输入缓冲器、第一混频器、带通滤波器、第二混频器和隔离器组成。下变频器由 RF 频点的隔离器、第一混频器、带通滤波器、第二混频器、放大器组成。两个本振信号可以利用接收和发射通道原有的本振信号。

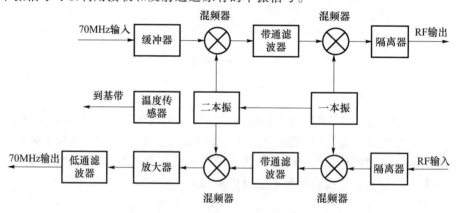

图 8.28 独立全双工的上下变频器方案

独立全双工的两次变频方式可以得到较好的信号质量,但是由于需要两次变频,再加上放大、滤波等部分,上、下变频的时延一致性难以保证。相对而言,整个电路体积偏大,功耗、成本和调试难度也相应增加。尤其是必须通过中频段和射频段的两级滤波器,这对信号的通带平坦度、相位线性度都有影响。

2)半双工的双平衡混频器方案

方案二是采用双平衡混频器的方案,如图 8.29 所示。上、下变频共用一个混频器,以半双工方式实现上、下变频。采用该方案可以简化本振的设计,但不能利用接收和发射通道本来有的本振信号,需要给出一个单独的本振信号。

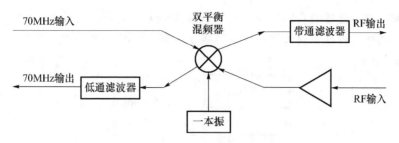

图 8.29 半双工的双平衡混频器方案

双平衡混频器主要由二极管桥和平衡-不平衡变换器(巴仑)组成,其电路原理图如图 8.30 所示[23]。四个特性相同的混频二极管按同一个极性顺序连接成环形桥路。信号和本振通过变压器耦合,将不平衡的输入变换为平衡输出加到二极管桥的对角线上。中频信号由信号巴仑的平衡端(即变压器次级)中点引出。本振巴仑平衡端的中点接地。

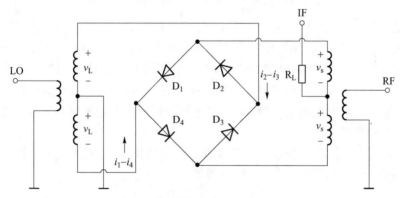

图 8.30 双平衡混频器电路原理图

图 8.30 中:v_s 为信号巴仑的平衡端电压,在上变频时 $v_s = V_{sm}\cos\omega_{RF}t$,下变频时 $v_s = V_{sm}\cos\omega_{RF}t$;$v_L = V_{Lm}\cos\omega_L t$ 为本振信号电压;R_L 为中频负载电阻。在 v_L 正半周期间,D_2 和 D_3 管导通;在 v_L 负半周期间,D_1 和 D_4 管导通。设 $i_1 \sim i_4$ 分别为通过 $D_1 \sim D_4$ 的电流,R_D 为二极管导通内阻,且 $R_D \ll R_L$。则上、下变频过程中通过 R_L 的总电流分别为

$$i_0 = (i_1 - i_4) - (i_2 - i_3) = -\frac{2V_{sm}\cos\omega_{IF}t}{2R_L + R_D}\left[\frac{4}{\pi}\cos\omega_L t - \frac{4}{3\pi}\cos 3\omega_L t + \cdots\right] \quad (8.59)$$

$$i_0 = (i_1 - i_4) - (i_2 - i_3) = -\frac{2V_{sm}\cos\omega_{RF}t}{2R_L + R_D}\left[\frac{4}{\pi}\cos\omega_L t - \frac{4}{3\pi}\cos 3\omega_L t + \cdots\right] \quad (8.60)$$

由于双平衡混频器具有宽带高隔离、中频直流耦合及信号电压极性失真对称等优点,而且上、下变频过程中信号经过的器件完全一致,因此采用半双工的双平衡混频器设计方案可以很好地保证自校正通道的上、下变频时延一致性。

星间链路时延零值自闭环校正方法借鉴 TWSTFT 时延标定技术,增加时延部件校准发射通道与校准发射天线以及校准接收通道与校准接收天线。其系统总体架构如图 8.31 所示。

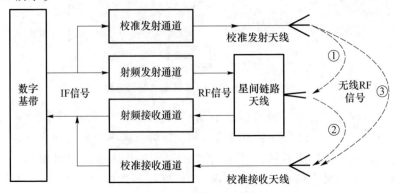

图 8.31 自闭环校正系统总体架构图(见彩图)

设星间链路载荷电路发射时延为 τ^T,接收时延为 τ^R,校准发射通路时延(含校准发射通道、校准发射天线以及校准天线与相控阵天线之间的空间路径)为 τ_{cal}^T,校准接收通路时延(含校准接收通道、校准接收天线以及校准天线与相控阵天线之间的空间路径)为 τ_{cal}^R。信道的时延测量是利用扩频伪距测量原理,通过估计扩频信号经过闭环回路产生的时延量来获得时延,其中被测信道的时延涵盖在闭环回路中[24]。时延自闭环过程分为三步。

第一步:当信号正常接收时,信号经校准发射通路,再通过 ISL 载荷接收路径形成闭环回路。实测伪距时延值 ρ_{cr},得方程式

$$\rho_{cr} = \tau^R + \tau_{cal}^T \tag{8.61}$$

第二步:当信号正常发射时,信号经载荷发射路径,再通过校准接收通路形成闭环回路。实测伪距时延值 ρ_{tc},得方程式

$$\rho_{tc} = \tau^T + \tau_{cal}^R \tag{8.62}$$

第三步:当信号为校准发射与校准接收时,信号经校准发射通路,再通过校准接收通路形成闭环回路。实测伪距时延值 ρ_{cc},得方程式

$$\rho_{cc} = \tau_{cal}^T + \tau_{cal}^R \tag{8.63}$$

三次闭环测试,得到三个方程式,由于校准通路的 τ_{cal}^T 与 τ_{cal}^R 可通过地面预设计,保证 $\tau_{cal}^T = \tau_{cal}^R$。则通过式(8.61)、式(8.62)与式(8.63)可解算得出 ISL 发射路径时延 τ^T 与接收路径时延 τ^R,然后与基准温度下的发射路径时延 τ_c^T 与接收路径时延 τ_c^R 对比求差,得出发射路径时延与接收路径时延的校正量 $\Delta\tau^T$ 与 $\Delta\tau^R$,即

$$\begin{cases} \Delta\tau^R = \tau_c^T - \tau^T \\ \Delta\tau^T = \tau_c^R - \tau^R \end{cases} \tag{8.64}$$

这就是时延零值自闭环校正方法实现的基本原理。

一是正常接收闭环,由数字基带产生中频扩频信号,经校准发射通道上变频,再由校准发射天线辐射出无线 RF 信号,相控阵天线接收无线 RF 信号,经 ISL 射频接收通道下变频值至 IF 信号,然后数字基带接收并处理 IF 信号从而完成闭环时延测试。其时延测试路径如图 8.32 所示。

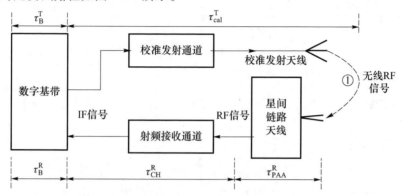

图 8.32　校准发射通路与 ISL 载荷接收路径闭环时延测试路径

根据图 8.32,数字基带的时延测试结果 ρ_{cr} 可表示为

$$\rho_{cr} = \tau_B^R + \tau_{CH}^R + \tau_{PAA}^R + \tau_{cable}^R + \tau_{cal}^T + \tau_B^T = \tau^R + \tau_{cal}^T + \tau_B^T \tag{8.65}$$

二是正常发射闭环,由数字基带产生中频扩频信号,经 ISL 射频发射通道上变频,再由相控阵天线辐射出无线 RF 信号,校准接收天线接收无线 RF 信号,经校准接收通道下变频值至 IF 信号,然后数字基带接收并处理 IF 信号从而完成闭环时延测试。其时延测试路径如图 8.33 所示。

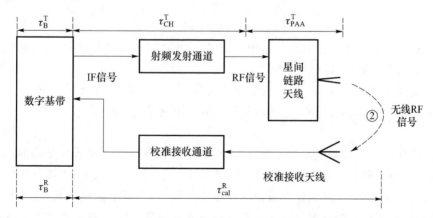

图 8.33　ISL 载荷发射路径与校准接收通路闭环时延测试路径

根据图 8.33,数字基带的时延测试结果 ρ_{tc} 可表示为

$$\rho_{tc} = \tau_B^T + \tau_{CH}^T + \tau_{PAA}^T + \tau_{cable}^T + \tau_{cal}^R + \tau_B^R = \tau^T + \tau_{cal}^R + \tau_B^R \tag{8.66}$$

三是校准自闭环,由数字基带产生中频扩频信号,经校准发射通道上变频,再由校准发射天线辐射出无线 RF 信号,校准接收天线接收无线 RF 信号,经校准接收通道下变频值至 IF 信号,然后数字基带接收并处理 IF 信号从而完成闭环时延测试。其时延测试路径如图 8.34 所示。

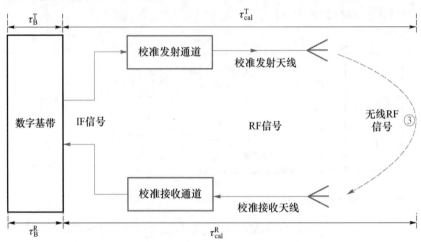

图 8.34　校准发射通路与校准接收通路闭环时延测试路径

根据图 8.34,数字基带的时延测试结果 ρ_{cc} 可表示为

$$\rho_{cc} = \tau_{cal}^T + \tau_B^T + \tau_{cal}^R + \tau_B^R \tag{8.67}$$

将式(8.65)、式(8.66)和式(8.67)合并,得

$$\begin{cases} \rho_{cr} = \tau^R + \tau_{cal}^T + \tau_B^T \\ \rho_{tc} = \tau^T + \tau_{cal}^R + \tau_B^R \\ \rho_{cc} = \tau_{cal}^T + \tau_B^T + \tau_{cal}^R + \tau_B^R \end{cases} \tag{8.68}$$

根据时延自闭环校正方法的原理与实现,从校正误差、资源占用与设计复杂度两个方面对该方法进行效能评估。

要实现方程式(8.68)中 ISL 发射路径时延 τ^T 与接收路径时延 τ^R 的解算,需满足两个条件:一是将 $\tau_{cal}^T + \tau_B^T$ 和 $\tau_{cal}^R + \tau_B^R$ 分别看成一个变量,二是满足

$$\tau_{cal}^T + \tau_B^T = \tau_{cal}^R + \tau_B^R \tag{8.69}$$

而闭环校正方法的误差主要来自式(8.69),根据 8.1.6.2 中数字基带时延分布以及式(8.64),基带发射时延 τ_B^T 与基带接收时延 τ_B^R 在温变情况下,无法保证时延变化一致。同样,由于校准组件含有非线性相位单元,校准发射通道时延 τ_{cal}^T 与校准接收通路时延 τ_{cal}^R 在温变情况下也无法保证时延变化一致。设 τ_B^T 与 τ_B^R 的时延变化差为 $\Delta\tau_B$,τ_{cal}^T 与 τ_{cal}^R 的时延变化差为 $\Delta\tau_{cal}$,则

$$\Delta\tau_B + \Delta\tau_{cal} = \tau_{cal}^T - \tau_{cal}^R + \tau_B^T - \tau_B^R \tag{8.70}$$

结合式(8.68),解算 τ^T 与 τ^R,得

$$\begin{cases} \tau^T = \rho_{tc} - \dfrac{\rho_{cc}}{2} + \dfrac{\Delta\tau_B + \Delta\tau_{cal}}{2} \\ \tau^R = \rho_{cr} - \dfrac{\rho_{cc}}{2} + \dfrac{\Delta\tau_B + \Delta\tau_{cal}}{2} \end{cases} \qquad (8.71)$$

再根据式(8.64),可得出发射路径时延的校正量 $\Delta\tau^T$ 将减小 $\Delta\tau_B + \Delta\tau_{cal}/2$,接收路径时延 $\Delta\tau^R$ 的校正量将增加 $\Delta\tau_B + \Delta\tau_{cal}/2$。

8.2 星间链路测量仿真与验证

8.2.1 星间链路测量仿真与验证概述

星间链路的关键要素在于测量体制和拓扑分析。空间卫星的星座构型复杂,不同测量体制下的链路拓扑结构不同,星间观测并不是在任意两颗星之间进行,而需要根据测量体制及星间可见性分析设计星间观测链路规划,在规划时间段内实现指定卫星之间的星间观测和通信。综上所述,星间观测数据及卫星与标校站之间的观测数据是实现卫星自主定轨、系统时间同步的基础观测量,对卫星导航系统功能、性能验证及卫星定轨、系统时间同步方法的验证具有重要意义。

卫星导航系统在设计研制过程中缺少实测数据,得到的实测数据中又包含各种复杂误差,不便于对某个性能或指标进行单项测试。同时,卫星导航系统是一个巨大、复杂的系统,在真实环境下进行试验验证具有不可控性及不可重复性,因此,为完成对卫星导航系统功能、性能的测试以及卫星定轨、时间同步方法正确性/合理性的验证,构建一个近乎真实的、具有高精度星间链路-地观测数据仿真功能的卫星导航仿真系统是非常必要的。对星间链路-地观测数据产生、发射、传播到接收的整个过程进行分析可知,为完成星间链路-地观测数据的高精度仿真,必须建立高精度的空间段、环境段及地面段仿真模型。同时,在仿真星间链路观测数据时,还需考虑星间测距及通信的约束条件,根据不同的星间测量体制,确定星间链路拓扑结构,设计规划星间测距通信链路,为工程应用提供参考,提高星间链路双向测距与通信的可实施性和可靠性。

8.2.2 高精度空间段仿真

高精度空间段仿真主要包括对星座轨道和卫星钟差的高精度仿真。导航卫星轨道高度较高,它们所受的作用力除考虑二体引力外,还要考虑地球非球形摄动、太阳光压摄动、大气阻力摄动、相对论效应摄动、地球潮汐摄动、喷气推力等[25],这些作用力计算的准确度和精度是高精度轨道仿真的关键。卫星设备以本地时钟的钟面时作为发射和接收测距信号的计量基准时刻,因此观测数据中不可避免地包含了时钟钟差。

8.2.2.1 高精度轨道仿真

卫星轨道计算模型主要包括轨道力模型和积分器模型,完成卫星在惯性坐标系

中位置、速度的计算。卫星在地心惯性坐标系中的动力学方程为

$$\frac{d^2\boldsymbol{r}}{dt} = -\frac{GM\boldsymbol{r}}{r^3} + \boldsymbol{a} \tag{8.72}$$

式中：$\boldsymbol{r}$ 为 t 时刻卫星在地心惯性坐标系中的位置，$r = |\boldsymbol{r}|$；GM 相乘为地心引力常数。式子右端两项分别为中心引力加速度、各项摄动加速度之和，其中中心引力加速度为运动方程的主项。

所有卫星取以下相同的几何物理属性，质量 1000kg，面质比 $0.002\text{m}^2/\text{kg}$，太阳光压反射系数 0.136，大气阻力系数 2.0，计算各摄动力的摄动量级（摄动量级为摄动力和二体引力的比值，无量纲），所得结果如表 8.2 所列。根据摄动力量级的大小给定卫星轨道动力学方程中摄动力的选取标准，当摄动力量级低于设定值时，卫星在轨道计算过程中不考虑该项摄动力。

表 8.2　几种典型轨道卫星的摄动力量级

卫星类型 摄动因素	GEO	IGSO	MEO
地球非球形摄动	3.68×10^{-5}	4.00×10^{-5}	9.27×10^{-5}
太阳引力摄动	1.05×10^{-6}	7.42×10^{-6}	2.96×10^{-6}
月球引力摄动	2.20×10^{-5}	2.10×10^{-5}	5.73×10^{-6}
太阳光压摄动	4.49×10^{-8}	4.49×10^{-8}	1.93×10^{-8}
固体潮汐摄动	3.19×10^{-10}	1.69×10^{-10}	4.01×10^{-10}
相对论效应摄动	3.17×10^{-10}	3.17×10^{-10}	4.82×10^{-10}
大气阻力摄动	5.04×10^{-21}	5.42×10^{-15}	7.20×10^{-15}

采用数值积分，给定积分初始条件，对式(8.72)进行积分即可得到卫星任意时刻在 ECI 坐标系中的位置和速度。该方法实施方便，对摄动力的数目、类型没有限制。在卫星轨道计算中，常用积分器有龙格－库塔（RKF）7(8)积分器、Adams-Cowell 积分器、KSG(Krogh-Shampine-Gordon)积分器和 Adams-Bashforth-Moulton 积分器。其中，RKF7(8)为单步法积分器，其余积分器皆为多步法积分器。

8.2.2.2　高精度钟差仿真

钟差模型用于计算设备时钟相对于系统时的偏移[26]。原子钟的特性包含系统性特征和随机性特征[27-28]，因此可建立钟差的系统性模型和随机性模型。通常情况下，原子钟的时间偏差 $x(t)$ 可以描述为

$$x(t) = a_0 + a_1 t + a_2 t^2 + \varepsilon_x t \tag{8.73}$$

式中：a_0、a_1、a_2 为原子钟的确定性时间分量，分别表示钟差、钟漂、钟速；$\varepsilon_x t$ 为原子钟时间偏差的随机变化分量。

1）系统性特征

原子钟的系统变化部分可用一个确定性的函数模型来描述，变化分量主要由

a_0、a_1、a_2 三部分组成。原子钟根据其特性采用不同的形式表示系统变化分量。石英晶体振荡器随着运行时间老化,频率变化受到影响,系统变化分量采用 a_0、a_1、a_2 的二次多项式表示;氢钟、铯钟的线性频漂不明显,一般采用 a_0、a_1 组成的一阶多项式来描述其系统变化分量。

2)随机性特征

原子钟的随机变化部分只能从统计意义上进行分析,国际上普遍采用五种独立的能量谱噪声叠加来描述随机变化分量。式(8.73)中时间偏差的随机变化分量为

$$\varepsilon_x t = \sum_{\alpha=-2}^{2} z_\alpha(t) \tag{8.74}$$

式中:$z_\alpha(t)(\alpha=-2,-1,0,1,2)$ 分别表示五种独立噪声过程,依次为调频随机游走噪声、调频闪变噪声、调频白噪声、调相闪变噪声和调相白噪声[27]。

原子钟的随机变化分量由它们的功率谱密度函数得到

$$S_x(f) = \sum_{\alpha=-2}^{2} h_\alpha f^\alpha \quad 0 \leq f \leq f_h \tag{8.75}$$

式中:f 为边带频率;h_α 为噪声指数为 α 的能量谱噪声强度系数。

8.2.3 星间链路观测数据流程

GNSS 卫星信号在产生、发射、传播和接收的过程中均受到不同种类误差的影响。除第2章介绍的时钟钟差、电离层延迟、对流层延迟及多路径效应外,还受到地球自转、相对论效应、天线相位中心偏移等误差的影响。

美国的 GPS、俄罗斯的 GLONASS、欧盟的 Galileo 系统以及中国的北斗卫星导航系统的卫星属于中轨或高轨卫星,卫星高度均高于20000km,而对流层的高度为地面至距地面40km的高空,电离层的高度为至地面60~2000km,且为保证星间链路间测量数据的高精度,星间链路观测数据在传播过程中不受电离层、对流层的影响,即仿真时电离层、对流层误差模型的模型开关均为关闭。

卫星的本地时钟由于精度限制,其钟面时和系统时之间存在一定误差,在系统仿真时,需要对卫星的钟面时进行修正;天线相位中心偏移误差属于接收机误差,与设备本身有关,不可消除;卫星导航系统中的卫星之间存在相对运动,由此,相对论效应引起的观测误差也不可避免,系统误差也时刻存在,不可避免。因此,星间链路观测数据仿真过程中,需考虑天线相位中心偏移、相对论效应及系统随机误差引起的伪距误差。

接收机采用相关测量的方法获得对卫星的伪距观测数据,由于从接收机的界面只能得到测量数据的接收时刻,而不知道信号自卫星发播的星钟时刻,因此在仿真星间链路观测数据时只能根据测量信号的接收时刻,反向计算卫星发播信号的星钟时

刻。星间链路数据通信如图 8.35 所示。

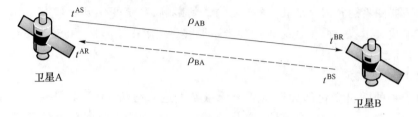

图 8.35　星间链路数据通信示意图

星间链路观测数据主要是星间链路伪距数据。由伪随机码测距原理及星间链路观测数据误差影响分析可知,观测伪距 ρ 的表达式为

$$\rho = \rho_0 + c\delta t + \delta\rho_{rel} + \delta\rho_{off} + \delta\rho_{ran} \tag{8.76}$$

式中:ρ_0 为卫星 A、B 之间的几何距离;$c\delta t = c(\delta t^A - \delta t^B)$ 为卫星 A、B 之间的钟差等效距离,其中 δt^A 为卫星 A 的钟差,δt^B 为卫星 B 的钟差;$\delta\rho_{rel}$ 为卫星 A、B 之间相对运动引起的相对论效应误差;$\delta\rho_{off}$ 为天线相位中心偏移误差;$\delta\rho_{ran}$ 为系统随机误差。

相对论效应、天线相位中心偏移等影响星间链路观测数据生成的误差分量均有较成熟的数学模型,根据这些数学模型可计算得到相对论效应误差、天线相位中心偏移误差等。假设卫星 B 的接收机在接收机钟面时 t_{BS} 时刻获得卫星 A 的发射信号,由于卫星 B 接收机的本地时钟与导航系统标准时系统存在钟差 δt^B,因此接收机获得测量数据的标准系统时为

$$t^B = t^{BR} + \delta t^B \tag{8.77}$$

信号在空间中传播存在时延消耗 τ,卫星 A 发播测距信号的标准系统时为

$$t = t^B - \tau \tag{8.78}$$

卫星 A 的钟面时和标准系统时之间的关系为

$$t = t^{AS} - \delta t^A \tag{8.79}$$

此时可获得卫星 A 在 t 时刻的位置 $(X^A(t), Y^A(t), Z^A(t))$,信号从卫星 A 到卫星 B 在空间中的传播时延消耗 τ 的计算式(8.80)为

$$\begin{cases} \rho_0(t) = \sqrt{(X^A(t) - X^B(t^B))^2 + (Y^A(t) - Y^B(t^B))^2 + (Z^A(t) - Z^B(t^B))^2} \\ \tau = \dfrac{\rho_0 + \delta\rho_{rel} + \delta\rho_{off} + \delta\rho_{ran}}{c} \end{cases}$$

$$\tag{8.80}$$

式中:$X^A(t)$、$Y^A(t)$、$Z^A(t)$ 和 $X^B(t^B)$、$Y^B(t^B)$、$Z^B(t^B)$ 分别为 t 时刻和 t^B 时刻卫星 A、B 在地心惯性坐标系中的位置,由式(8.78)和式(8.80)可知,为获得信号在空间传

播的时延消耗 τ，必须采用迭代法才能求解。

迭代初始时设卫星 A 发播测距信号的标准系统时 t 与卫星 B 接收测量数据的标准系统时 t^B 相等，即

$$t_0 = t^B \tag{8.81}$$

以后每次迭代按以下顺序进行：

（1）计算卫星 A 在发播时刻 t_i 的 ECI 位置 $(X^A(t_i), Y^A(t_i), Z^A(t_i))$。

（2）根据各误差分量模型，计算卫星 A、B 之间的信号传播路径长。

$$\rho'_{AB} = \rho_0(t_i) + \delta\rho_{rel} + \delta\rho_{off} \tag{8.82}$$

（3）计算卫星 A、B 之间的信号传播时延。

$$\tau_i = \frac{\rho_{AB}}{c} \tag{8.83}$$

（4）更新卫星 A 信号发播时刻并进行钟差改正，得到卫星 A 发播信号的标准系统时 t_i。

$$t_i = t_0 - \tau_i \tag{8.84}$$

当满足式(8.85)时，停止迭代，得到卫星 A 的信号发播时刻和此时的伪距 ρ'_{AB}。

$$t_i - t_{i-1} < \varepsilon \tag{8.85}$$

式中：ε 为迭代收敛阈值，由所需精度决定。

（5）根据系统误差模型计算卫星 A、B 之间的观测伪距 ρ_{AB}。

$$\rho_{AB} = \rho'_{AB} + \delta\rho_{ran} \tag{8.86}$$

卫星 A、B 之间的观测伪距仿真流程如图 8.36 所示。

8.2.4 星间链路观测数据闭合验证

当空间卫星在长时间得不到地面监控系统支持时，利用星间链路双向测距，经星载处理器滤波处理后不断修正卫星上的长期预报星历和时钟参数，维持高精度的导航定位的空间基准。根据该方法，根据星间观测量对给定的卫星的概略位置进行改正，将改正值和卫星位置的理论值对比，即可完成对星间链路观测数据的闭合验证。

8.2.4.1 卫星自主定轨原理

利用星间链路观测数据可实现卫星自主定轨，即根据某个历元时刻目标星的多组星间链路观测数据建立该星的观测方程，结合其状态方程利用扩展卡尔曼滤波器（EKF）进行处理，得到卫星当前时刻位置的修正量。根据该修正量对目标星的概略位置进行修正，得到目标星的精确位置。

由目标星的概略位置和发射星的位置，得到星间链路的几何距离为

$$\rho_0 = \sqrt{(S[1]-U[1])^2 + (S[2]-U[2])^2 + (S[3]-U[3])^2} \tag{8.87}$$

式中：$U[1]$、$U[2]$、$U[3]$ 为目标星的 ECI 坐标；$S[1]$、$S[2]$、$S[3]$ 为发射星的 ECI 坐标。

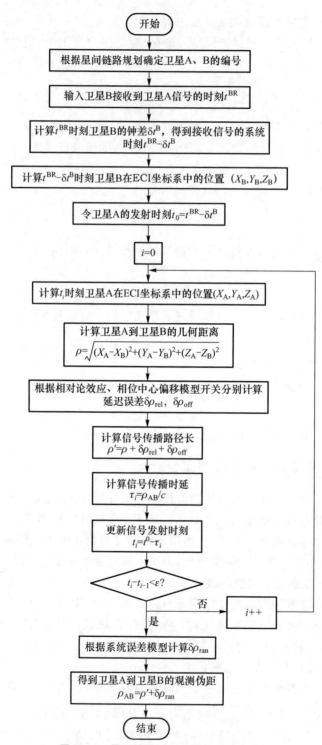

图 8.36 星间链路观测伪距仿真流程图

根据式(8.87)建立测量模型,公式如下:

$$\rho = \rho_0 + \delta\rho \tag{8.88}$$

式中:$\delta\rho$ 为观测噪声。

将式(8.72)、式(8.88)分别线性化,建立导航卫星动力学定轨的离散模型。

$$\begin{cases} \Delta X_k = \Phi_{k,k-1}\Delta X_{k-1} + W_k \\ L_k = A_k \Delta X_k + V_k \end{cases} \tag{8.89}$$

式中:ΔX_k 为卫星在 k 时刻的系统状态;L_k 为 k 时刻的测量值;$\Phi_{k,k-1}$ 为系统参数;W_k、V_k 分别为过程噪声和测量噪声。

根据 EKF 对式(8.89)进行解算,得到 k 时刻卫星位置的改进量 ΔX_k,然后根据式(8.90)计算得到导航卫星在 k 时刻的 ECI 精确位置。

$$U'_k = U_k + \Delta X_k \tag{8.90}$$

式中:U'_k 为 k 时刻卫星的 ECI 精确坐标;U_k 为 k 时刻卫星的概略 ECI 坐标。

8.2.4.2 星间链路观测数据仿真验证

在星间链路观测数据仿真的基础上,以 1 号卫星为目标星,根据星间链路可见性条件,实时选取 1 号星的至少 3 颗可见卫星,对 1 号卫星进行自主定轨。1 号卫星的初始概略信息(ECI 坐标)为(16983331.4247804m,-20353686.4413478m,-0.0015585m,1700.4500490m/s,1400.3843344m/s,3179.6078039m/s),仿真时间段为 2014 年 10 月 1 号 12:00:00—2014 年 10 月 2 号 12:00:00,卫星自主定轨结果及定轨误差如图 8.37 所示。

由图 8.37 可知,卫星自主定轨解算结果和实时位置的变化趋势一致,在卫星自主定轨刚开始时,ECI 坐标系中 X、Y、Z 三个方向上的误差较大,随着时间的推进,误差逐渐减小并趋于平滑,此时,定轨结果稳定,在三个方向上的误差小于 5m,达到卫星定轨的精度要求。该方法不仅可以对星间链路观测伪距的正确性进行验证,同时也说明了利用星间链路观测数据如何实现卫星自主定轨。

8.2.4.3 星间观测数据与 STK 软件仿真对比

STK(Satellite Tool Kit)软件是美国 AGI(Analytical Graphics Incorporation)公司开发的商品化分析软件,具有强大的分析能力和访问计算能力(包括陆、海、空、天任务分析,易于理解的图形和文本的全面数据报告,友好的用户界面及可视化场景)。STK 软件在航天工业领域中处于领先地位,可以仿真航天任务周期的全过程,包括方案设计、制造、发射、运行、应用等。同时,STK 具有二维可视化模块、领先的三维可视化模块及报表输出功能,将仿真结果进行直观的界面显示或存储。STK 软件主界面如图 8.38 所示。

STK 软件能够实时或根据模拟时间显示或分析陆地、海洋、高空、空间载体。具体实现内容如下:

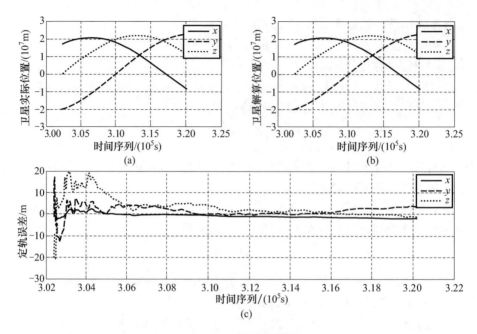

图 8.37 卫星定轨解算

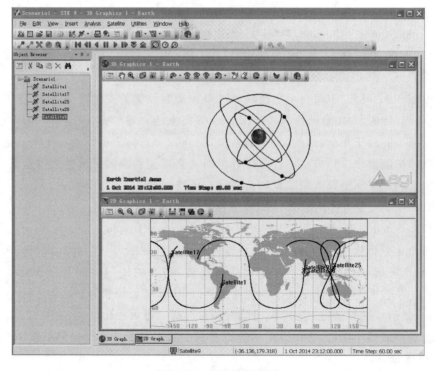

图 8.38 STK 软件界面

（1）用户可以通过传播算法或外部输入建立载体实时位置和轨道模型。

（2）基于动态位置和轨道,用户可建立载体上传感器、计算器及其他有效载荷的特征模型。在此基础上,STK 软件可以确定目标载体和其他载体的空间关系。

（3）STK 软件也可建立多级载体之间的关系模型或载体的周边环境模型。

（4）STK 软件能够根据约束条件矩阵（例如有效载荷容量,用户算法）及空间环境影响（如传感器可见性或通信链路受到的光影响和天气影响）评估载体之间数据的正确性。

STK 软件可以对卫星星座、卫星位置、卫星姿态、星间可见性及星间观测数据等进行仿真。采用 STK 软件仿真星间链路观测数据。STK 软件系统起始时刻、仿真步长及星间观测数据输出间隔与星间链路观测数据仿真设置相同,同时根据卫星导航仿真系统卫星星座仿真的轨道配置参数、卫星摄动力影响因素及其参数对 STK 软件中卫星的对应参数进行设置。

卫星 1(MEO) 与卫星 4(MEO) 的轨道、星间观测的三维显示及二维平面显示如图 8.39 所示。

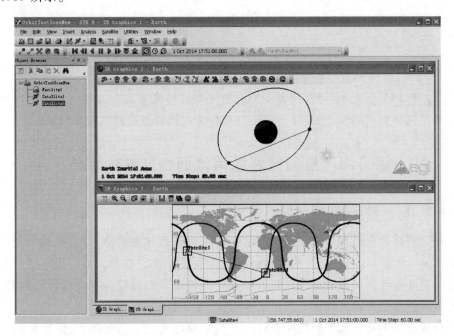

图 8.39　STK 软件仿真星间链路观测数据显示图

使用 STK 软件中 ACCESSTOOL 工具对卫星 1 与卫星 4 的空间关系进行分析,得到 2014 年 12 月 1 号 12:00:00 至 2014 年 12 月 2 号 12:00:00 内卫星 4 对卫星 1 的观测数据文件报表。将卫星导航仿真系统中星间链路高精度仿真数据和 STK 软件仿真数据进行差值对比,分析结果如图 8.40 所示。

由图 8.40 可知,仿真的星间链路观测数据与 STK 软件相同设置下的仿真数据

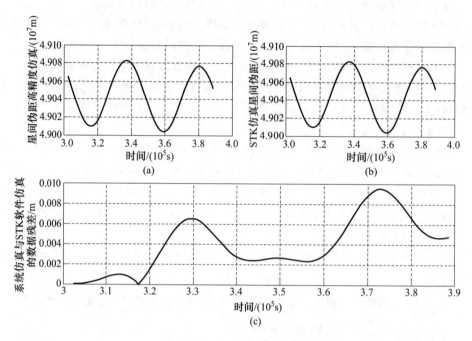

图 8.40 仿真结果对比图

的变化趋势和量值基本一致,两者一天内的残差在厘米量级。说明仿真的星间链路观测数据正确并达到精度要求,可用于卫星自主定轨和星间时间同步解算。

8.3 星间链路载荷地面性能测试评估

8.3.1 测量通信性能测试评估

星间链路载荷设备承载着星间链路组网测量通信等主要功能,是星间精密测距和通信技术的具体实现平台,是星间链路系统的核心组成部分。由于星间链路载荷设备的功能与性能是否满足设计要求对星间链路建设的成败具有决定性的影响,为保证星间链路载荷设备能够稳定正常地运行,有必要在其发射在轨运行之前,对星间链路载荷设备的功能和性能指标进行全方位的地面测试。通过测试,使得星间链路载荷设备不满足技术条件的性能、不完善的功能、不匹配的电气性能以及设计缺陷都得到暴露,以便及时改进,从而确保星间链路载荷设备技术的合格性,为星间链路系统成功建设提供有力保障。

星间链路载荷设备地面测试系统是实现星间链路载荷设备功能与性能指标地面测试的专用测试系统。为了确保星间链路载荷设备在轨运行时其功能与性能指标都满足设计要求,必须具备专用的测试系统对其进行全方位的合格性检测。

星间链路载荷设备地面测试系统要完成捕获概率、捕获时间、测距建立时间等性能指标的测试,测试系统向星间链路载荷设备发送开始双向测距指令,启动双向测距功能的同时开始计时,直到测试系统检测到星间链路载荷设备输出不同的遥测锁定指示后停止计时,多次测量后并进行相关的统计运算,便能够测试出相关的性能指标。因此,测试系统不仅要具备模拟星间链路载荷设备外围接口的功能,同时还要具备精确的计时功能。

星间链路载荷设备地面测试系统要完成测距精度、时延不确定度、测距时刻准确度等性能指标的测试,测试系统向星间链路载荷设备发送开始双向测距指令,启动双向测距功能,星间链路载荷设备将测得的伪距值传给测试系统。在经过足够多次数的测试后,测试系统针对不同的测试指标,对伪距值进行不同的数据处理方式。因此,测试系统不仅要能够产生特定的测试激励信号,能够让星间链路载荷设备解调出伪距值,同时还要具备解调解扩星间链路载荷设备发射信号的功能,从而得到自身测得的伪距值。

星间链路载荷设备地面测试系统要完成误码率的测试,测试系统首先产生一段随机序列,并将其调制到双向测距信号上,测试系统向星间链路载荷设备发送开始双向测距指令,启动双向测距功能,星间链路载荷设备将解调出的数据信息传给测试系统。按照前面介绍的测试方法,便可测出星间链路载荷设备的误码率。因此,测试系统需要具备数据统计功能,可通过设计专门的软件来对数据进行运算处理。

星间链路载荷设备抗干扰能力的测试是在不同测试条件下完成的,因此,星间链路载荷设备地面测试系统需要具备配置不同测试场景的功能,提供星间链路载荷设备所需的各种测试条件。

为了实现星间链路载荷设备的整机测试,测试系统除了需要具有模拟星间链路载荷设备数据接口的功能,能够给星间链路载荷设备配置工作所需的各种参数外,还要具备与星间链路载荷设备信号接口相匹配的能力,能够给星间链路载荷设备提供测试所需的中频或射频信号,以及接收星间链路载荷设备发出的信号。例如,在外场测试星间链路载荷设备时,星间链路载荷设备是通过相控阵天线来收发信号,因此测试系统必须具备通过天线收发射频信号的功能。而在实验室测试星间链路载荷设备数字基带时,为了排除变频通道造成的影响,测试系统应该具备与星间链路载荷设备中频接口直接对接的能力,并能够通过中频接口直接收发中频测试信号。测试接口是测试系统与星间链路载荷设备实现互联互通的基本物理媒介,明确星间链路载荷设备的接口特征,为测试系统的接口设计提供了前提条件。

星间链路载荷设备工作性能参数包括测距精度、误码率、捕获时间、捕获概率、虚警概率、测距建立时间、测距精度、开关机时延一致性、测距时刻准确度和抗干扰能力等,其中测距精度与误码率是核心测试指标。

(1)测距精度测试。

利用星间链路载荷设备测得的伪距数据,准确、合理地评价出星间链路载荷设备测距精度的结果,是测距精度评价方法的首要任务。而数据统计方法的合理性,则直接关系到测试结果的正确性。

为了得到星间链路载荷设备的伪距值,首先应该把测试系统与星间链路载荷设备信号收发端用标准长度的电缆线相连,然后由测试系统向星间链路载荷设备下达双向测距指令,同时给星间链路载荷设备发送测试信号。星间链路载荷设备接收到信号以后进行解扩、解调,并对数据进行解算,提取伪距信息。测试系统得到星间链路载荷设备的伪距值后,进行相关的数据统计运算,即可得到测距精度的结果。

本书直接用伪距测量值的标准差,即随机误差,来表示星间链路载荷设备的测距精度。假设星间链路载荷设备测得的 n 次伪距测量结果分别为 $l_1, l_2, \cdots, l_n$,则测距精度表示为

$$Dl = \sqrt{\frac{1}{n-1} \sum_{i=1}^{n} (l_i - El)^2} \quad (8.91)$$

式中:El 为样本均值。

在对星间链路载荷设备测距精度进行等精度直接测量时,为了得到合理的测量结果,应按照误差理论的方法对测量结果进行数据处理。假设根据上面公式测得 m 次星间链路载荷设备测量伪距精度分别为 $x_1, x_2, \cdots, x_m$,首先求得测量列的算术平均值 $\bar{x}$ 为

$$\bar{x} = \frac{\sum_{i=1}^{m} x_i}{m} \quad (8.92)$$

并求出测得值的残余误差 $\bar{v}_i = x_i - \bar{x}$,根据残余误差和校核规则,用随机误差的对称性进行校核,其计算方法为判断 $\left| \sum_{i=1}^{m} v_i \right|$ 是否约为零。

其次根据残余误差观察法,判断系统误差。如果计数残差符号正负数基本一致,并且无明显的规则变化,则可以判断该测量列无系统误差存在。若利用马利科夫判据判断系统误差,则其公式为

$$\Delta = \sum_{i=1}^{m/2} v_i - \sum_{i=1+m/2}^{m} v_i \quad (8.93)$$

如果 Δ 值较小,也可判断该测量列无系统误差存在。

接着采用 3σ 判别准则,判断测试结果中是否含有粗大误差,若发现测量列中存在粗大误差,则将粗大误差的测得值剔除,然后重新检验,直到测得值中皆不包含粗大误差为止。然后可由贝塞尔公式求得测量标准差的估计量

$$\sigma = \sqrt{\frac{\sum_{i=1}^{m} v_i}{m-1}} = \sqrt{\frac{\sum_{i=1}^{m} (x_i - \bar{x})^2}{m-1}} \quad (8.94)$$

则可得算术平均值的标准差

$$\sigma_x = \frac{\sigma}{\sqrt{n}} \tag{8.95}$$

在测量次数较少的情况下,算术平均值的极限误差可按 t 分布计算,其表达式为 $\delta_{\lim x} = \pm t_a \sigma_x$,其中 t_a 可通过查表获得。最后星间链路载荷设备测距精度的最终测量结果为 $L = \bar{x} + \delta_{\lim x}$。

(2)误码率测试。

通信的实质是进行数据传输,其目的是尽快、尽可能精确地把数据比特流通过传输媒介。因此,在星间链路载荷设备性能测试中,两个最基本的测量工作是关于数据传输速率和数据到达目的地后的完整性,而误码率就是数据完整性的首要测量项目。

误码率作为星间链路载荷设备性能测试中的一个重要指标,指的是错误接收的码元数在传输总码元数中所占的比例,更确切地说,误码率是码元在传输系统中被传错的概率。误码率 P_e 可表示为

$$P_e = \frac{e}{n} \tag{8.96}$$

式中:e 为传输过程中发生错误的码元数;n 为传输过程中总的接收码元数。

导航卫星间的通信是通过星间链路载荷设备解调扩频信号中的导航电文实现的,误码率就是为了考察星间链路载荷设备接收导航电文的正确性。测试误码率的方法为:将扩频信号中的导航电文改成以某种已知形式排列的比特流,并将其从星间链路载荷设备的输入端输入,然后检测其输出的比特流,将输出比特流与已知的输入比特流进行对比,可检测到发生差错的位数。将发生差错的位数除以总的传输位数,即可得出误码率。不同顺序的比特流经过传输系统,可能会产生不同数量的比特误差,从而得到不同的误码率测试结果,因此把特定码型与误码率规格和测试结果联系起来非常重要。计算真实的误码率需要在试验时传输比特数或测量时间趋于无穷大,所以实际测得的误码率只是一个理论估计值,测量精度取决于测试时间或传输的比特数。要使测量结果足够精确,必须持续足够长的测试时间或传输足够多的比特数。实践证明,验证误码率在很多场合下不需要精确测量,通常只要求验证在一定条件下优于某一规定标准值。

利用统计置信水平估计误码率的方法可以在测量精度和测试时间之间进行折中考虑。在误码率估计中,统计置信水平 CL 是指真实误码率优于规定标准的概率,其数学表达式为

$$CL = P[P_e \leqslant P_h | e, n] \tag{8.97}$$

式中:P_h 为星间链路载荷设备误码率,根据星间链路载荷设备测试细则规定,P_h 的取值大小为 10^{-7}。利用统计学中的二次分布函数和泊松定理,可从上式推出

$$nP_h = -\ln(1-CL) + \ln\left(\sum_{e=0}^{N} \frac{nP_h}{e!}\right) \qquad (8.98)$$

当 CL、P_h、N 都选定以后,便可根据上式求出测试误码率是需要输入的最少数据比特数 n。同时若知道码速率值 R,便可求得测试所需最低时间 $t = n/R$。一般来说,置信水平 CL 的常规取值为 90%、95% 和 99%。

(3) 捕获时间。

捕获时间是指从星间链路载荷设备接收到信号开始,到其输出捕获成功后的锁定遥测指示为止所用的时间,是用来衡量通信成功率与数据的有效性指标。

(4) 捕获概率。

捕获概率是指对星间链路载荷设备进行多次测试,其中捕获时间小于指标要求的次数除以总的捕获次数的比率。而星间链路载荷设备如果在没有接收到信号、在仅接收噪声和干扰的情况下,在一定的时间内,星间链路载荷设备仍有捕获锁定遥测指示输出,这种情况便称为虚警。用虚警次数除以总的测试次数,即得到虚警概率。

(5) 测距建立时间。

测距建立时间是指星间链路载荷设备从接收信号到输出第一个有效伪距值的时间。

(6) 开关机时延一致性。

开关机时延一致性的测试是用来确定星间链路载荷设备的开关机时延抖动。待星间链路载荷设备工作稳定 1min 后,统计其 5min 内测得的有效测距值的均值。然后断电 1min 后,重新启动星间链路载荷设备并统计其测得的有效测距值的均值,记录均值的最大值和最小值,两者之差即为时延不确定度。

(7) 测距时刻准确度。

测距时刻准确度是指星间链路载荷设备在一定速度运行状态下,统计其 10min 内测得的有效测距值,并求相邻两个原始测距值的差值,得到一个差值序列,然后对该序列求出均值。判定该差值序列的均值是否合格,需根据设定的速度来确定。

(8) 抗干扰能力。

抗干扰能力是指星间链路载荷设备在各种干扰环境下,其各项工作性能指标均满足设计要求的能力。星间链路载荷设备由于实际所面临的空间环境非常复杂,为了保证其在轨运行时工作正常,必须对其进行抗干扰能力的测试。

8.3.2 网络协议栈性能测试评估

网络协议是网络或者系统中各种通信实体之间相互交换信息所遵守的一套规则,是构建网络的基石。在星间链路的构建中,星间链路网络中卫星之间相互交换信息数据所遵守的规则即星间链路网络协议栈。星间链路网络协议栈的应用领域较为特殊,它是在传统的网络协议栈的基础上,针对星间链路往返时延大、链路不连续,卫星数据处理、存储能力不高等特点而重新设计的。星间链路网络协议栈由链路层、网络层、传输层等一系列网络协议组成,反映了星间链路的数据流和信令流等要素,保证整网正常稳定地运作。

8.3.2.1 网络协议栈测试概述

网络协议通常是用自然文本进行描述的,由于开发人员对于自然文本的理解存在差异且在协议实现的过程中会由于某些非形式化因素引入一些错误,致使协议实现是否完全符合协议标准不能确定,也不能保证两个或者多个协议实现之间能够准确无误地进行通信。因此便出现了协议测试,它是对协议实现的一种有效判别方法,所有的网络协议在投入使用前必须进行协议测试。由于测试行为在时间和空间上是有限的,因此对协议实现进行无限测试是不现实的;测试不可能保证协议实现的绝对正确,只能表明其"存在错误"而不能证明"不存在错误",只能尽量去涵盖协议实现的内容[29]。协议测试是在软件测试的基础上发展起来的。按照对被测软件控制观察方式划分,软件测试分为黑盒测试、白盒测试及灰盒测试。而协议测试属于黑盒测试,测试人员不需要清楚协议实现内部的逻辑与结构,只需依据协议标准,通过控制观察协议实现呈现的外部行为与外部特征来对被测协议实现进行判定,这样的测试结果更加有可信度。

按照协议测试的目的来划分,协议测试可分为一致性测试、互操作性测试、性能测试以及健壮性测试。一致性测试是各种测试中最先出现的,其理论与各种测试方式也是最成熟的,同时也是协议测试中最基本的内容,是其他三种测试的基础。一致性测试是一种功能测试,通过试验去发现协议实现在功能与逻辑上是否符合协议标准;满足协议实现的一致性需要同时满足静态一致性与动态一致性。一致性测试主要涵盖以下几部分内容[30]。①基本互联测试:验证测试系统能够建立互通,实现数据的传输;主要测试的是协议的基本特性,以确定一致性测试环境能够搭建,测试执行能够实施。②能力测试:用来测试一致性的一些静态要求以及协议实现一致性描述上所提供的能力。③行为测试:在被测对象具备的能力范围内,执行尽可能多的动态测试用例,尽量涵盖协议所包含的全部内容。④一致性分解测试:这一类测试主要针对的是某些具有特殊要求的被测对象。

互操作性测试是为了检测协议的不同实现之间的互通并正常工作的能力,它是对协议一致性测试的一种补充。上面提到协议一般采用自然文本进行描述,因此各个实现者对于协议的描述存在理解差异,造成协议实现间存在不同。这样如果只是进行一致性测试并不能完全保证不同的协议实现之间能够进行正常通信,这就要求将协议实现的设备或者系统放到实际的互连环境中进行测试,这种测试就是"互操作性测试",主要目的是检测实现了协议的不同系统或者设备之间的互连及正常工作的能力。

性能测试是用实验的方法来观测协议实现的性能指标,如响应时间、传输延迟、传输率等。健壮性测试是为了检测协议实现系统或者设备在恶劣环境下的运行能力,如信道阻断、系统断电、人为注入误码等。表8.3所列为各类协议测试比较。

表8.3 各类协议测试比较

测试类别	一致性测试	互操作性测试	性能测试	健壮性测试
测试内容	协议实现与协议标准是否一致	协议实现间互连互操作	协议实现的性能参数	协议实现在异常情况下运行
对象数目	一个	两个及以上	一个	一个

协议一致性的满足需要同时满足静态一致性与动态一致性,因此协议一致性测试包括了静态测试与动态测试。①静态测试:不运行协议实现,仅通过对协议功能需求、协议实现设计说明等做分析,对协议实现的语法、结构与接口做检查等来判断协议实现的正确性,并为测试用例的设计提供指导。②动态测试:动态测试是一致性测试的主体部分,动态测试过程需要搭建出测试环境,根据测试目的生成测试用例集,运行协议实现与测试程序,执行测试用例,最后根据测试记录结果判定测试结果,给出测试报告。图8.41是动态测试的流程。

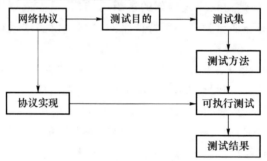

图8.41 动态测试流程

通常情况下,动态一致性测试采用黑盒测试,通过控制监测输入输出来得到测试执行结果,并将测试结果与预期执行结果进行比较以判断协议实现是否具备一致性[31]。一致性测试连接模型如图8.42所示。

测试由一个能够完全控制被测对象和拥有观察被测对象所有通信的专门测试系统控制。从测试执行的角度来看,测试系统会向被测对象发送一系列的测试数据作为输入,激发被测功能,被测对象收到后按照协议进行一系列处理后返回响应数据作为输出,测试系统监测数据输出,作为测试结果判定的数据来源。测试结果一般分为三种:①通过,表示被测对象输出与预期结果中代表"通过"的输出一致;②失败,表示被测对象输出与预期结果中代表"失败"的输出一致;③无结果,表示被测对象输出与预期结果中的任意项均不符合。

在互操作性测试中,采用的最多的方法就是选择已经经过认可的设备来对需要测试的设备进行测试。互操作性测试是基于用户需求的,由用户控制并观察测试结果,主要关注的是设备功能而非协议细节。互操作性测试连接模型如图8.43所示。

图 8.42　一致性测试连接模型　　　图 8.43　互操作性测试连接模型

互操作性测试建立在一致性测试的基础上,其主要测试流程与一致性测试非常相似:首先搭建起测试环境,确定测试目的,然后生成测试用例集,运行协议实现执行测试用例以及最后判断测试结果给出报告。虽然互操作性测试与一致性测试非常相似,但是还是有一些区别的,最主要的就是协议实现的个数,这就需要多个搭载了协议实现的被测系统。一致性测试只需要对一个被测系统进行测试,而互操作性测试需要对两个或者更多的被测系统进行测试。

对于性能测试,主要是在事后通过对通信数据以及记录的试验时间节点进行分析计算得出结果。它的目标是在测试条件变化时,测试系统各项性能指标的变化。而健壮性测试时在试验进行的过程中加入各种异常的因素,同样地通过被测对象反馈的数据或者做出的响应得到测试结果。

图 8.44 所示为常规协议栈测试组成。

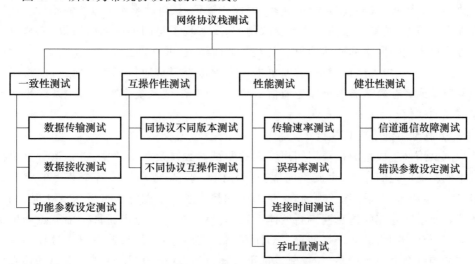

图 8.44　常规协议栈测试组成

8.3.2.2　星间链路网络协议栈测试

星间链路网络协议栈测试是专门针对星间链路网络协议而进行的测试,既具备常规协议测试的一般性,又具备星间链路自身的特殊性。为有效进行星间链路网络协议栈测试,星间链路网络协议栈地面测试采用基于虚拟网的网络测试技术。基于虚拟网的网络测试技术的一个典型代表就是美国空间和海战系统司令总部

(SPAWAR)开发的数据链路通道(DLGW)系统。该系统为多数据链路和战斗系统提供了战术数据信息链路(TADIL),并包含了主机系统、远程终端和模拟设备的工具,实现场景数据的传输分发,并为用户群体提供了专用的接口和工具。它的实现是通过配置模拟数据链路终端、虚拟终端、数据传输链路仿真。DLGW 系统中各系统在一个虚拟的网络中通信,实现虚拟主机配置接口完成链路信息交换,可以在没有真实终端的情况实现;当然终端既可以是虚拟的也可以是真实的,只需配备同样的且适用的接口控制文件[31]。

星间链路网络协议栈测试环境包含如下主要组成部分。

1) 星间虚拟网络模拟

星间虚拟网络模拟技术是协议栈测试系统的核心关键技术。通过用户设置的参数,星间虚拟网络模拟是指构建一个虚拟的卫星网络运行环境,选择参与测试星地节点的数量和拓扑关系。此技术是测试系统提供逼真测试仿真环境的基础。由于关注的对象是网络协议栈,在星间虚拟网络的基础上可以实现星间链路业务数据模拟、卫星节点星间载荷信息解析和网络协议栈等功能。

星间链路网络工作于纯虚拟的软件仿真环境,模拟除被测对象以外的所有其他星地节点,每个星地节点均是一个软件虚拟的网络节点,具有完整的输入输出控制逻辑,实现传输层、网络层、链路层的网络协议,物理层由星间数据交互仿真完成,其传输速率远高于星间链路实际传输速率,因此传输延迟、抖动影响可以忽略不计。在这个虚拟环境中,被测对象的形式不受限制,只要实现了星间链路网络协议,能够以某种方式接入虚拟网络的通信即可。若是在地面测试,可以自己设计被测对象,采用网络、总线等方式接入虚拟网络,若要更进一步地接近卫星通信真实环境,可以将研发中的卫星或者在轨试验卫星作为通信对象,通过在测试系统中加入射频系统来实现与卫星的通信。

2) 测试用例生成与执行

测试用例生成指的是根据用户输入的测试参数以及原始数据,得到执行这个测试用例所需的控制命令,生成星间虚拟网络的场景,生成场景中各个节点的测试数据,实时生成星间链路建链规划表、路由表和接入表。当网络模型发送变化时,测试系统就要生成相应的仿真网络新的体系结构,然后再实时地更新每一个节点的虚拟路由表及整个网络的建链规划表。即使在测试实验过程中,只要用户通过界面发送相应的控制命令进行调整,任意节点都可以随时加入或者退出,而其他节点的仿真仍然在正常进行,任何对虚拟网络结构做出的改变都不需要暂停或者重新启动测试过程。本书重点关注对象是网络协议,更主要的还是侧重于数据传输方面,关键就是生成测试数据以及对星间数据的传输作秩序与时隙上的规划。测试用例的执行是指系统按照用户预设的测试步骤以及每个步骤的执行时刻去执行测试用例。

3) 星间通信数据生成

星间链路的信息传输主要包括支持地面运控与测控业务信息的星间中继。运控业务利用星间数据进行数据传输分为两种情况:上行注入及分发中继、星上观测中继以及下行传输。测控业务信息利用星间链路进行传输主要分为两种情况:遥控信息注入和中继分发;遥测信息中继和下传。

根据建链规划表和路由表,需在测试系统中生成参与测试的星间链路网络节点的测控、运控、测量等各类业务数据,各类数据还遵循相关业务格式和时间特性。这些数据既可以是虚拟卫星节点用的,也可以配置给被测对象用,在测试进行时预先存储到相应的存储区域以供传输。

4)星间通信数据传输

星间链路数据交互完成测试系统与被测对象之间的数据传输,数据交互实现了星间虚拟网络在数据、状态、协议栈等参数和内存的同步更新与传输。数据交互方式由被测对象决定:在地面上,我们拟采用数据总线或者地面无线的通信方式;若是与在轨试验卫星通信则可以采用射频通信。

5)星间链路协议栈模拟

在虚拟环境中的每个星地节点均分配了和真实卫星相同的资源并执行同样的功能。各星地节点根据网络层、链路层与传输层协议正确解析建链规划表、路由表,遵循数据传输的时间节拍,正确处理接收的通信数据,对数据进行解包、转发、应答、本地到达等处理。并且测试系统可以仿真所有星地节点的通信数据处理。

6)星间通信数据监测与解析

数据的传输过程中进行数据监测,实时记录测试状态与测试数据,作为事后分析的数据来源;数据传输结束之后,根据数据传输、处理的结果分析协议栈的测试结果。即利用数据来分析网络协议栈的设计功能实现以及它的一致性、互操作性、协议性能及健壮性。

由于协议测试包含两个层面的需求,星间链路协议栈测试项目也从两个层面进行分析。

(1)协议栈本身的测试项目。这类测试的目的是验证协议标准是否完全满足星间链路所需的各项功能。因此这类测试的重点放在测试完备性上,需要对所有的功能进行遍历以达到100%的覆盖率。这类测试项目是协议测试最基础也是最重要的部分,按照对网络协议栈进行有效完备测试的宗旨来拟定。它的部分测试项目如表8.4所列。

表8.4 星间链路协议栈部分测试项目

项目名称	综合说明
生成测试数据	(1)能够生成各类星间通信所需的测试数据以及卫星内部的各项控制命令数据; (2)所有数据符合相关业务格式、数据优先级、时间特性等属性
遵循时间节拍	(1)节点间的建链时隙,前后向链路间的切换符合时间节拍; (2)数据的生成、传输时刻按照时间节拍进行

(续)

项目名称	综合说明
遵循建链规律	(1) 识别判断自身及建链对象的节点号; (2) 能够按照建链规划表实行建链; (3) 能够正确执行路由表,实现信息中继
数据可靠传输	(1) 能够进行数据的正常收发,不产生误码; (2) 能够正确执行数据传输直发与转发应答机制; (3) 能够按照数据的优先级进行传输; (4) 能够正确执行数据传输的重传机制; (5) 能够实现数据传输的流量控制; (6) 能够实现数据传输的差错处理

(2) 协议实现的测试项目。相较于常规网络协议栈,星间链路网络协议栈既有继承也有改动。下面在常规网络协议测试的基础上,结合星间链路网络协议栈的特殊性,拟定了协议实现测试项目的组成,如图 8.45 所示。

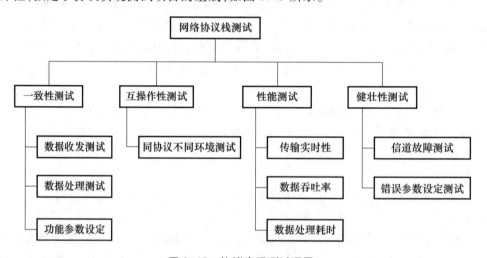

图 8.45 协议实现测试项目

参考文献

[1] 李德儒. 群时延测量技术[M]. 北京:电子工业出版社,1990.
[2] 黄坤超. 时延测试方法研究[D]. 重庆:电子科技大学,2007.
[3] 朱祥维,李垣陵,雍少为,等. 群时延的新概念、测量方法及其应用[J]. 电子学报,2008,36(9):1819-1823.
[4] 张明友,吕明. 信号检测与估计 [M]. 2 版. 北京:电子工业出版社,2005.
[5] 许晓勇. 卫星导航接收机高精度建模、分析及优化设计研究[D]. 长沙:国防科学技术大学,2008.

［6］ 江涛．变频信道群时延特性研究［D］．南京：南京理工大学,2006.

［7］ 邸帅,张国华,冯克明．频率变换器件群时延测量方法的探讨与分析［J］．宇航计测技术．2007, 27(1):1-6.

［8］ DUNSMORE J. Novel method for vector mixer characterization and mixer test system vector error correction［C］//IEEE MTT-S Digest, June 2-7, Seattle Washington, 2002.

［9］ 沙海．卫星导航系统传输信道的群时延测量方法研究与应用［D］．长沙：国防科学技术大学,2009.

［10］ 胡建平,黄成芳．设备时延测量的新方法［J］．电讯技术,2003(3):67-70.

［11］ 赵业福．比相测距系统的天、地零值校准（上）［J］．飞行器测控学报,2001,20(1):27-35.

［12］ 赵业福．比相测距系统的天、地零值校准（下）［J］．飞行器测控学报,2001,20(2):22-28.

［13］ 钟兴旺,陈豪．双向单程距离与时差测量系统及零值标定方法［J］．电子测量与仪器学报. 2009,23(4):13-17.

［14］ MERCK P, ACHKAR J. Design of a Ku band delay difference calibration device for TWSTFT station［J］. IEEE Transactions on Instrumentation and Measurement,2005,2(54):814-818.

［15］ ASCARRUNZ F G, JEFFERTS S R, PARKER T E. A delag calibration system for two-way satellite time and frequency transfer［C］//IEEE International Frequency Control Symposium, May 29-29, 1998, Pasadena, CA, USA, 2002.

［16］ 朱旭东．系统绝对群时延测量的研究［J］．现代雷达,2006,28(11):75-80.

［17］ 刘娜．无线电被动定位中时间延迟估计方法的研究［D］．辽宁：大连理工大学,2006.

［18］ KONG J A. 电磁波理论［M］．吴季,等译．北京：电子工业出版社,2003.

［19］ OPPENHEIM A V. WILISKY A S, HAMID N S. Signal & Systems(Second Edition)［M］．北京：清华大学出版社,1999.

［20］ 何世彪,谭晓衡．扩频技术及其实现［M］．北京：电子工业出版社,2007.

［21］ 陈星．统一扩频测控体制捕获技术的研究［D］．长沙：国防科学技术大学. 2010.

［22］ KAPLAN E D, HEGARTY C J. Understanding GPS: principles and applications［M］. London: Artech House, 2006.

［23］ 王薇．二极管双平衡混频器电路分析［J］．长江大学学报(自然科学版).2004,1(4):28-29.

［24］ 徐志乾．导航星座星间链路收发信机时延测量与标校技术研究［D］．长沙：国防科学技术大学,2009.

［25］ 郗晓宁,王威,等．近地航天器轨道基础［M］．长沙：国防科学技术大学出版社,2003.

［26］ 胡小平．自主导航理论与应用［M］．长沙：国防科学技术大学出版社,2002.

［27］ SESIA I. Metrological characterization of clock and time scales in satellite applications［D］. Turin: Politecnico of Turin, 2008.

［28］ CERNIGLIARO A. Metrological characterization of clocks in space and GPS/Galileo interoperability: tools and study, master of science thesis［D］. Turin:Politecnico of Turin, 2008.

［29］ 黄岸平．无线安全协议测试方法研究与系统设计［D］．西安：电子科技大学,2008.

［30］ 张玉军．移动 IPv6 协议测试研究与实践［D］．北京：中国科学院,2006.

［31］ 杜文凤,王博文．基于嵌入式的实时通信协议栈研究与设计［J］．嵌入式技术,2013(2):26-28.

第9章 导航星间链路测量与通信应用

9.1 自主导航与时间同步应用

星座自主导航,是指卫星导航系统在地面运控系统不能正常工作时,通过星座自主运行管理、星间/星地测量与数据交换以及卫星自主数据处理,实现导航电文自主更新,维持基本导航定位服务的过程。

自主导航对保证卫星导航系统稳定运行具有重要意义。按照目前卫星导航系统常态运行模式,如果地面运控系统不能定期更新导航星历,则卫星只能依靠预报星历维持导航定位服务,而依照现有的轨道动力学模型及卫星钟技术水平,预报星历精度水平大约为:预报60天,URE大于500m,对应的用户定位精度达到千米级[1]。因此,完全基于星历预报不能保证用户导航定位精度,利用独立的测量和数据处理更新导航电文参数是保障系统导航定位服务能力的必然需要,而基于星间链路的自主导航技术是卫星导航系统的必然选择,图9.1为基于星间链路的导航卫星自主运行算法流程图。

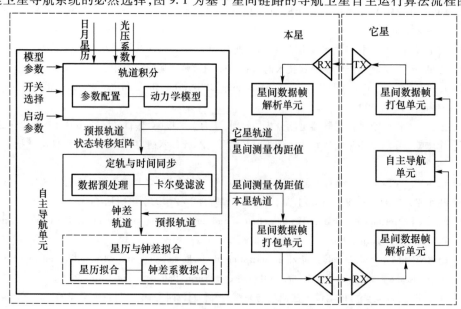

图9.1 基于星间链路的导航卫星自主运行算法流程图

自主导航功能由卫星系统和地面支持站共同实现。卫星系统包括卫星平台、卫星载荷、卫星自主运行分系统等,是实现自主导航星间测量、数据传输和数据处理等功能的主体。地面支持站由具备星地测量和数据传输功能的地面设施组成，是自主导航功能正常运行的地面辅助站[2]。在卫星导航系统常规运行模式下，需要地面运控系统、地面测控系统为自主导航功能实现预先提供辅助数据。

自主导航可分为有地面站支持自主导航和完全星座自主导航两种运行模式。后一种自主导航模式是前一种模式在缺少星地链路时的一种特例。

9.2 星地星间精密联合定轨应用

导航星间链路的建设为联合星间星地观测的卫星精密定轨和星间星地时间同步带来了极大的便利。联合定轨，是指对具备星间相对观测的卫星星座或组合，联合星间和星地的各类观测数据，通过合理的数据处理方法，同时估计所有卫星的轨道及相关参数的过程。联合定轨中"联合"一词主要体现在两方面：一是多类数据的联合；二是多个定轨对象的联合，即同时对多个定轨对象进行定轨。本质上来讲，联合定轨与传统的地面观测定轨并无实质性的区别，但由于联合定轨引入了天基测控系统，观测数量和观测几何都得以极大提升，且动力学参数也可以在定轨中估计改善，故定轨的效能相比也有较大提升。

9.2.1 联合定轨基本原理

卫星的轨道确定，其最简单而直接的定义就是：根据对卫星的一系列跟踪测量数据 $Y(t_i)(i=1,2,\cdots,k)$，用合理的数学方法解算其在某一历元 t_0 时刻的运动状态量 X_0。所谓 t_0 时刻的运动状态量 X_0，就是在选定的时空参考系中，卫星在 t_0 时刻的位置和速度 r、v 等动力学参数或轨道六根数 σ_0。在卫星定轨中，所常用的时空系统为地球时（TT）和 J2000 ECI 坐标系。由于卫星轨道确定中会受到一些与动力学相关的动力学参数或测量上的一些测量几何参数的影响，这些参数往往也会在卫星定轨中作为待估参数与卫星轨道参数一起进行估计。基于星间链路的星间星地联合定轨，就是在收集一段时间的星间观测和星地观测数据之后，结合轨道动力学模型，利用合理估计方法，得到卫星在某历元时刻的轨道和相关参数，该定轨结果可以实现对这段时间内的所有观测数据最佳拟合，并能够满足一定精度要求下的轨道预报。引入星间观测的优势在于：极大提升地面观测能力，短时间内获取所有卫星的大量观测数据，实现高精度定轨。星间星地联合观测示意图如图 9.2 所示。

用位置矢量 r 和速度矢量 v 表示卫星在空间的轨道，用 X 和 Y 分别表示卫星的状态量和观测量。状态量 X 包括卫星的轨道参数和其他模型参数 β（如轨道动力学参数和测量模型参数）。

$$X = \begin{pmatrix} r \\ v \\ \beta \end{pmatrix} \tag{9.1}$$

式中：$v = \dot{r}$；其他模型参数 β 包括影响卫星轨道的各个力模型参数、测站坐标的几何参数及卫星的星体参数等有待改进的部分，而那些认为可靠的力模型参数和几何参数一般视为确定的常数而不在其内。状态量 X 为 m 维的列矢量，$m \geq 6$。

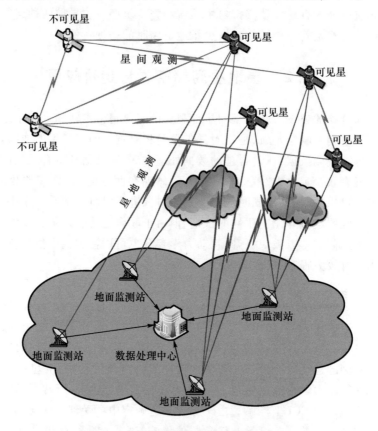

图 9.2　星间星地联合观测示意图（见彩图）

观测量 Y 为与卫星运动相关的观测量。就目前的测量技术而言，这些观测量包括光学或射电测角资料、雷达和激光测距资料、多普勒测速资料以及天基测量资料等。观测量 Y 为 n 维列矢量，$n > 1$（如测距和测角 $(\rho, \delta)^{\mathrm{T}}$，$n = 2$）。

观测量 Y 与卫星状态量 X 相关，可表达为状态量 X 函数值的形式，即

$$Y = Y(X, t) \tag{9.2}$$

此即测量方程，其中观测时刻 t 的状态量 $X(t)$ 满足下列状态、微分方程：

$$\begin{cases} \dot{X} = F(X, t) \\ t_0, X(t_0) = X_0 \end{cases} \tag{9.3}$$

式（9.3）描述的是一个常微分方程初值问题，相应的解为状态方程，即

$$X(t) = X(t_0, X_0; t) \tag{9.4}$$

状态转移矩阵为

$$\boldsymbol{\Phi}(t_0,t) = \left(\frac{\partial \boldsymbol{X}}{\partial \boldsymbol{X}_0}\right) \quad (9.5)$$

状态转移矩阵为 $m \times m$ 维的方阵。状态转移矩阵的建立,是动力学定轨中的一个重要环节,它将一系列观测量从动力学的角度联系起来,从而得出历元 t_0 时刻待定轨卫星的状态量 $\boldsymbol{X}_0$。在解得 $\boldsymbol{X}_0$ 后,也可以通过状态转移矩阵和轨道动力学积分得到后续历元时刻的卫星状态,实现卫星"未来"时刻轨道的预报。

9.2.2 联合定轨算法及流程

9.2.2.1 观测方程线性化

根据观测方程,每次测量可以得到以下测量关系式:

$$\boldsymbol{Y}_\mathrm{O} = h(\boldsymbol{X},t) + \boldsymbol{V} \quad (9.6)$$

式中:$\boldsymbol{Y}_\mathrm{O}$ 为观测量的实际观测值;$h(\boldsymbol{X},t)$ 为 t 时刻观测量的理论值;$\boldsymbol{V}$ 为测量噪声。

因为卫星初始历元 t_0 的卫星状态量 $\boldsymbol{X}_0$ 的准确值未知,故对应的 $\boldsymbol{X}(t)$ 也无法获得真值。若给定待估状态量 $\boldsymbol{X}_0$ 的近似值,记为参考状态量 $\boldsymbol{X}_0^*$,相应的 $\boldsymbol{X}(t)$ 记为 $\boldsymbol{X}^*(t)$,则有

$$\boldsymbol{X}^*(t) = \boldsymbol{X}(t_0,\boldsymbol{X}_0^*;t) \quad (9.7)$$

将测量关系公式(9.6)在参考状态量 $\boldsymbol{X}_0^*$ 处进行泰勒展开,并舍弃高次项 $O(\Delta \boldsymbol{X}_0^2)$,可将其线性化,从而得到定轨的基本方程(条件方程):

$$\boldsymbol{L} = \boldsymbol{H}\Delta\boldsymbol{X}_0 + \boldsymbol{V} \quad (9.8)$$

式中

$$\begin{cases} \boldsymbol{L} = \boldsymbol{Y}_\mathrm{O} - \boldsymbol{Y}_\mathrm{C} \\ \boldsymbol{Y}_\mathrm{C} = h(\boldsymbol{X}^*(t),t) \\ \Delta \boldsymbol{X}_0 = \boldsymbol{X}_0 - \boldsymbol{X}_0^* \\ \boldsymbol{H} = \left(\left(\dfrac{\partial \boldsymbol{Y}}{\partial \boldsymbol{X}}\right)\left(\dfrac{\partial \boldsymbol{X}}{\partial \boldsymbol{X}_0}\right)\right)_{\boldsymbol{X}_0^*} \end{cases} \quad (9.9)$$

$\boldsymbol{Y}_\mathrm{O}$、$\boldsymbol{Y}_\mathrm{C}$ 分别为观测量的实际测量值和理论计算值;$\boldsymbol{L}$ 为 $\boldsymbol{Y}_\mathrm{O}$、$\boldsymbol{Y}_\mathrm{C}$ 两者的残差;$\boldsymbol{V}$ 为测量误差;$\Delta \boldsymbol{X}_0$ 即待估参数状态量 $\boldsymbol{X}_0$ 的修正值;$\boldsymbol{H}$ 中 $\partial \boldsymbol{Y}/\partial \boldsymbol{X}$ 为测量矩阵 $\boldsymbol{H}_X$;$\partial \boldsymbol{X}/\partial \boldsymbol{X}_0$ 即式(9.5)所表示的状态转移矩阵 $\boldsymbol{\Phi}(t_0,t)$。

卫星精密定轨就是在上述线性化的条件方程的基础上进行,通过迭代的方式解决线性化带来的问题。迭代过程中由大量观测数据 $\boldsymbol{Y}_j(j=1,2,\cdots,k)$ 和合理的估计方法求解上述条件方程,以解得待估状态量的修正值 $\Delta\hat{\boldsymbol{X}}_0$,从而给出历元 t_0 时刻的状态量 $\boldsymbol{X}_0 = \hat{\boldsymbol{X}}_0 = \boldsymbol{X}_0^* + \Delta\hat{\boldsymbol{X}}_0$。再利用得到的修正后的初始状态量重复上述迭代过程,

得到符合一定收敛条件的最终估计值。

9.2.2.2　最小二乘定轨估计方法

在得到含有测量误差的观测数据 Y_0 和条件方程式(9.8)后,要通过合理的估计方法,在一定估计准则下得到最优估计 $\Delta \hat{X}_0$。人们在实践中根据经验和不同的需要,提出了多种估计准则:最小方差准则、极大似然准则、最小二乘准则等,每种估计准则都有对应的估计方法,如最小方差估计、极大似然估计、最小二乘估计等。在精密定轨应用中,比较常用的一种估计方法是最小二乘估计。

最小二乘估计是一种经典的估计方法,它估计的目的是使得残差的平方和最小。所以,根据最小二乘法定轨问题可以定义为:对一组观测量 Y_0,求解合适的 X_0^{lsq},使得残差平方和(损耗函数)最小,即使得下式取值最小:

$$J(X_0) = (Y_0 - h(X_0))^T (Y_0 - h(X_0)) \tag{9.10}$$

根据 9.2.2.1 小节中线性化的结果,可以将损耗函数表示成

$$J(\Delta X_0) = (L - H \Delta X_0)^T (L - H \Delta X_0) \tag{9.11}$$

此时最小二乘定轨问题便简化为寻找 ΔX_0^{lsq},使得上述损耗函数值最小。此时满足

$$\left. \frac{\partial J}{\partial \Delta X_0} \right|_{\Delta X_0 = \Delta X_0^{lsq}} = 0 \tag{9.12}$$

利用等式

$$\frac{\partial a^T b}{\partial c} = a^T \frac{\partial b}{\partial c} + b^T \frac{\partial a}{\partial c} \tag{9.13}$$

可以得到线性最小二乘问题的一般解为

$$\Delta X_0^{lsq} = (H^T H)^{-1} (H^T L) \tag{9.14}$$

矩阵 $H^T H$ 是一个 $m \times m$ 维的(m 为待估参数的维数)对称方阵,也称为法方程矩阵。

考虑到在实际观测中,不同的观测数据尤其是不同类型的观测数据(如伪距测距和载波相位测距)的精度不同,在最小二乘中应该对观测数据进行加权处理。假设观测数据的权阵为 W,相应的加权最小二乘解为

$$\Delta X_0^{lsq} = (H^T W H)^{-1} (H^T W L) \tag{9.15}$$

一般地,在确定最小二乘轨道前,除了需要待估状态 X_0 的近似状态量 X_0^{apr} 外,还需要该状态量的一些精度信息。假设对于观测序列 $Y_1, Y_2, \cdots, Y_k$,对应 t_0 时刻的状态量 X_0(待估量)有先验值 X_0^{apr},并知道该先验值的误差方差阵 P_0^{apr}(其逆矩阵又称为先验权或信息矩阵,表示为 Λ),在此情况下具有先验信息的加权最小二乘解为

$$\begin{cases} \Delta X_0^{\text{lsq}} = ((P_0^{\text{apr}})^{-1} + H^T W H)^{-1} ((P_0^{\text{apr}})^{-1} \Delta X_0^{\text{apr}} + H^T W L) \\ P_0 = ((P_0^{\text{apr}})^{-1} + H^T W H)^{-1} \end{cases} \qquad (9.16)$$

9.2.3 联合定轨策略及流程

当前,定轨策略主要有两大类:一类是事后批处理,另一类为实时序贯处理。目前普遍采用批处理的算法进行导航星座联合定轨。批处理算法是最小二乘估计的经典算法。所谓批处理,就是利用所有的观测数据同时进行参数的估计,计算某历元待估参数的估计值。具体到本章,就是利用所有观测量 Y_0,将这些观测量全部参与最小二乘估计,得到待估状态量 X_0 的参考值 X_0^{apr} 的改进量的估计值 ΔX_0^{lsq}。批处理算法的流程如图9.3所示:

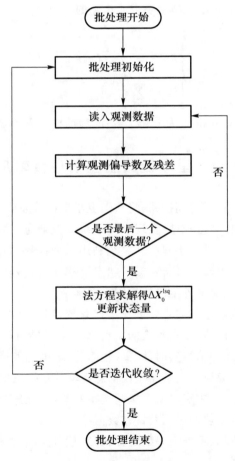

图9.3 批处理算法流程

从批处理定轨算法流程可以看到,定轨计算是一个迭代的过程,这是由于非线性测量方程线性化所导致的。每次迭代解算的结果作为下一次迭代计算的参考值:

$$\hat{X}_0^j = \hat{X}_0^{j-1} + \Delta X_0^{\text{lsq}(j)} \tag{9.17}$$

式中：$\hat{X}_0^{j-1}$ 为第 $j-1$ 次迭代得到的定轨结果，$j = 1, 2, \cdots, N$。迭代收敛的判断准则通常有以下两种取法：

（1）卫星位置矢量最新估值的方差小于预先指定的判据 $\text{POS}_{\min}$，即

$$(\sigma_x^2 + \sigma_y^2 + \sigma_z^2) < \text{POS}_{\min} \tag{9.18}$$

式中：σ_x、σ_y、σ_z 分别为第 j 次迭代所得卫星位置分量的方差。可由估值协方差矩阵的对角线元素得到。

（2）前后两次迭代的观测残差的均方根值满足

$$|\text{RMS}^j - \text{RMS}^{j-1}| < \varepsilon \tag{9.19}$$

式中：ε 为根据测量误差和定轨精度要求所指定的一个小量；RMS 为观测残差的均方根，有

$$\begin{cases} \text{RMS} = \sqrt{U/(k \times m)} \\ U = \sum_{l=1}^{k} (y_l^T W_l y_l) \end{cases} \tag{9.20}$$

式中：U 为加权的残差平方和；k 为采样次数；m 为前面提到的观测量 Y_0 的维数。

9.3 星间链路星座信息传输应用

北斗卫星导航系统通过星间链路，将整网卫星星历分发到全星座，将全星座观测数据、关键业务数据回传至主控站，实现全球系统导航业务正常运行，以确保实现全球系统服务性能实现[3]。北斗卫星导航系统利用星间链路，可实现全球全星座测控指令、遥测状态信息中继分发和回传，提升状态监视实时性能，在应对突发故障情况时可以发挥优势，以提高对境外卫星的控制管理水平。

星间链路用于星座信息传输主要进行运控系统信息上注回传、测控系统遥控遥测等信息的星间分发和回传，重点解决的是地面可见卫星与境外不可见卫星之间的信息传输问题，考虑到遥控信息实时性要求较高，要求可见卫星与不可见卫星间建链的跳数应尽可能少。导航星间链路星座信息传输的数据主要分三类需求：

（1）星间交换数据：自主定轨所需星间交换的测量和协方差，以及星座自主运行时星间需要交换的自主定轨的星历及钟差数据等。

（2）境内到境外数据：境外卫星的遥控指令、境外卫星的星间链路管理数据；境外卫星的运控业务数据。

（3）境外到境内数据：境外卫星的遥测数据（含平台和载荷）；境外星间测量数据、境外卫星自主定轨结果等。

利用星间链路开展不可视卫星的遥控业务，要求所有遥控指令和数据，均能够通

过星间链路,准实时、安全、可靠到达任意不可视卫星,并执行。利用星间链路支持不可视卫星遥控应保证近实时提供不可视卫星上行遥控信息的接收情况,采用差错控制技术,确保遥控信息的安全性和可靠性[4]。通过星间中转的指令和数据,目的卫星必须按地面发送顺序执行,当注入数据被分割成为多个数据包由地面发送时,要求提供多个数据包的接收和执行情况,要求卫星有将多包数据恢复为原始注入数据并提供执行情况的能力。

利用星间链路接收不可视卫星遥测,要求通过星间传输的遥测数据其数据类型、安全性、可靠性基本与星地之间直接遥测相同,利用星间链路开展不可视卫星的遥测业务,主要用于监视和判断平台健康的遥测信息均能够通过星间中转,近实时下传地面。用于监视和判断平台健康的遥测信息均能够通过星间中转,近实时下传地面。用于表征遥控指令接收和执行情况的信息均能够通过星间中转,近实时下传地面,下传遥测信息应包括遥控数据在每个节点星传输时指令的接收和转发情况信息。

参考文献

[1] 李济生. 人造卫星精密轨道确定[M]. 北京:解放军出版社,1995.
[2] Navstar GPS Joint Program Office. IS-GPS-200F: navstar GPS space segment/navigation use interfaces[EB/OL]. 2012[2018-10-28]. http://www.gps.gov/.
[3] PARK S, CHOI I, LEE S, et al. A novel GPS initial synchronization scheme using decomposed differential matched filter[C]//Proceedings of ION NTM, San Diego, CA, 2002:28-32.
[4] SCHMID A, NEUBAUER A. Performance evaluation of differential correlation for single shot measurement positioning[C]//Proceedings of ION GNSS, Long Beach, CA, 2004:1998-2009.

缩 略 语

ACK	Acknowledgement	确认
ACM	Approximate Conditional Mean	渐进条件均值
ADC	Analog to Digital Converter	模数转换器
AGC	Automatic Gain Control	自动增益控制
AJ	Anti-Jamming	抗干扰
AltBOC	Alternate Binary Offset Carrier	交替二进制偏移载波
AOD	Age of Data	数据龄期
AOS	Advanced on-Orbit System	高级在轨系统
APD	Avalanche Photodiode	雪崩光电二极管
APK	Amplitude Phase Joint Keying	振幅相位联合键控
AQM	Active Queue Management	主动队列管理
ARP	Antenna Reference Point	天线参考点
ARQ	Automatic Repeat for Request	检错重发
ASI	Agenzia Spaziale Italiana	意大利空间局
ASK	Amplitude Shift Keying	振幅键控
ATM	Asynchronous Transfer Mode	异步转移模式
AWGN	Additive White Gaussian Noise	加性高斯白噪声
BDP	Bandwidth Time Delay Product	高带宽时延积
BDS	BeiDou Navigation Satellite System	北斗卫星导航系统
BER	Bite Error Rate	误码率
BMDO	Ballistic Missile Defense Organization	美国弹道导弹防御组织
BNSC	British National Space Centre	英国国家空间研究中心
BOC	Binary Offset Carrier	二进制偏移载波
BP	Belief Propagation	置信传播
BPF	Band Pass Filter	带通滤波器

BPSK	Binary Phase-Shift Keying	二进制相移键控
BWI	Bandlimited White Interference	带限白噪声干扰
CANDOS	Communication and Navigation Demonstration on Shuttle	航天飞机的通信和导航演示
CBOC	Complex Binary Offset Carrier	复合二进制偏移载波
CC	Convolutional Coding	卷积编码
CCD	Charge Coupled Device	电荷耦合元件
CCSDS	Consultative Committee for Space Data Systems	空间数据系统咨询委员会
CDMA	Code Division Multiple Access	码分多址
CFDP	CCSDS File Delivery Protocol	CCSDS 文件传输协议
CGR	Contact Graph Routing	连接图路由
CNES	Centre National d'Etudes Spatiales	法国国家太空研究中心
CNSA	China National Space Administration	中国国家航天局
COR-PSK	Correlative Phase Shift Keying	相关相移键控
COS	Conventional on-Orbit System	常规在轨系统
COSMOS	the Consortium of Organizations for Strong Motion Observation Systems	强震观测系统组织联盟
CP-FSK	Continuous Phase Frequency Shift Keying	连续相位频移键控
CPN	Customer Premises Network	用户驻地网
CPS	Code Parallel Search	码并行搜索
CPU	Central Processing Unit	中央处理器
CRC	Cyclic Redundancy Check	循环冗余校验
CSA	Canadian Space Agency	加拿大空间局
CTDU	Crosslink Transponder and Data Unit	星间链路应答机数据单元
CVCDU	Coded Virtual Channel Protocol Data Unit	编码虚拟信道协议数据单元
DAC	Digital to Analog Converter	数模转换器
DARPA	Defense Advanced Research Projects Agency	美国国防高级研究计划局
DCM	Digital Clock Manager	数字时钟管理模块
DCT	Discrete Cosine Transform	离散余弦变换
DDS	Direct Digital Synthesizer	直接数字式频率合成器
DFT	Discrete Fourier Transform	离散傅里叶变换

DFVLR	Deutsche Forschungs-und Versuchsanstalt fr Luft-und Raumfahrt	德国航空航天研究院
DLCI	Data Link Connection Identifier	数据链路连接标识
DLGW	Data Link Gate Way	数据链路通道
DLL	Delay Lock Loop	延迟锁定环
DLR	Deutsches Zentrum für Luft-und Raumfahrt	德国宇航中心
DNS	Domain Name System	域名系统
DOP	Dilution of Precision	精度衰减因子
DOWR	Dual One-Way Ranging	双单向测距
DPSK	Differential Phase Shift Keying	差分相移键控
DRA	Distributed Routing Algorithm	分布式路由算法
DSDV	Destination Sequenced Distance Vector	距离矢量路由
DSN	Deep Space Network	深空探测网
DSR	Dynamic Source Routing	动态源路由
DSSS	Direct Sequence Spread Spectrum	直接序列扩频
DTN	Delay Tolerant Networks	时延容忍网络
ECEF	Earth Centered Earth Fixed	地心地固（坐标系）
ECI	Earth Centered Inertial	地心惯性（坐标系）
ECN	Explicit Congestion Notification	显式拥塞通知
EDRS	European Data Relay Satellite	欧洲数据中继卫星（系统）
EGNOS	European Geostationary Navigation Overlay Service	欧洲静地轨道卫星导航重叠服务
EGP	Exterior Gateway Protocol	外部网关协议
EHF	Extremely High Frequency	极高频
EIRP	Equivalent Isotropic Radiated Power	等效全向辐射功率
EKF	Extended Kalman Filter	扩展卡尔曼滤波器
ESA	European Space Agency	欧洲空间局
FDMA	Frequency Division Multiple Access	频分多址
FEC	Forward Error Correction	前向纠错
FFT	Fast Fourier Transformation	快速傅里叶变换
FHRP	Footprint Handover Rerouting Protocol	覆盖域切换重路由协议

FLL	Frequency Locked Loop	锁频环
FNBW	First Nulls Beam Width	第一零点波束宽度
FP	File Protocol	文件协议
FPA	Fine Pointing Assembly	精定位装置
FPGA	Field-Programmable Gate Array	现场可编程门阵列
FPS	Frequency Parallel Search	频率并行搜索
FSK	Frequency Shift Keying	频移键控
FSM	Fast Steering Mirror	精瞄控制镜
FTP	File Transfer Protocol	文件传输协议
GAGAN	GPS-Aided GEO Augmented Navigation	GPS辅助型地球静止轨道卫星增强导航
GDIN	Global Defense Information Network	全球国防信息网
GE	General Electric	通用电子
GEO	Geostationary Earth Orbit	地球静止轨道
GII	Global Information Infrastructure	全球信息基础设施
GLOMO	Global Mobile Information Systems Program	全球移动信息系统计划
GLONASS	Global Navigation Satellite System	（俄罗斯）全球卫星导航系统
GM-FSK	Gaussian Minimum Frequency Shift Keying	高斯最小频移键控
GNSS	Global Navigation Satellite System	全球卫星导航系统
GPS	Global Positioning System	全球定位系统
GPU	Graphics Processing Unit	图形处理器
GSA	German Space Agency	德国航天局
HDLC	High-Level Data Link Control	高级数据链路控制
HEC	Hybrid Error Correction	混合纠错
Hi-DSN	High-Throughput Distributed Spacecraft Network	高吞吐量分布式航天器网络
HPA	High-Power Amplifier	高功率放大器
HPBW	Half-Power Beam Width	半功率波束宽度
HTTP	Hyper Text Transfer Protocol	超文本传输协议
IEEE	Institute of Electrical and Electronics Engineers	电气与电子工程师协会
IF	Intermediate Frequency	中频
IFFT	Inverse Fast Fourier Transform	快速傅里叶逆变换

IGP	Interior Gateway Protocol	内部网关协议
IGS	International GNSS Service	国际 GNSS 服务
IGSO	Inclined Geosynchronous Orbit	倾斜地球同步轨道
IIR	Infinite Impulse Response	无限长冲激响应
IJF-OQPSK	Intersymbol-Interference and Jitter Free Offset-Keyed QPSK	无码间串扰、无颤动的交错四相相移键控
INPE	Instituto Nacional de Pesquisas Espaciais	巴西空间研究院
INS	Inertial Navigation System	惯性导航系统
IOB	Input/Output Buffer	输入输出模块
ION	Institute of Navigation	导航学会
IP	Internet Protocol	互联网协议
IPE	IP Extension	IP 延伸
IRIS	Internet Routing In Space	太空互联网路由器
IRNSS	Indian Regional Navigation Satellite System	印度区域卫星导航系统
ISL	Inter-Satellite Link	星间链路
ISM	Industrial Scientific Medical	工业、科学与医学
ISO	International Organization for Standardization	国际标准化组织
ISR	Interference to Signal Ratio	干信比
ISS	International Space Station	国际空间站
ITT	International Telephone and Telegraph	国际电话电报
ITU	International Telecommunication Union	国际电信联盟
JPL	Jet Propulsion Laboratory	喷气推进实验室
JPO	Joint Program Office	计划联合办公室
KSA	Ku-Band Single Access Service	Ku 频段单址业务
LAAS	Local Area Augmentation System	局域增强系统
LAN	Local Area Network	局域网
LD	Laser Disc	激光影碟
LDD	Linear Delay Distortion	线性时延失真
LDP	Logical Data Path	逻辑数据路径
LDPC	Low Density Parity Check(Code)	低密度奇偶校验(码)
LEO	Low Earth Orbit	低地球轨道

LITE	Laser Intersatellite Transmission Experiment	激光卫星间传输实验
LLC	Logical Link Control	逻辑链路控制
LMS	Least Mean Square	最小均方
LNA	Low Noise Amplifier	低噪声放大器
LPF	Low Pass Filter	低通滤波器
LQG	Linear Quadratic Gaussian	线性二次高斯
LSA	Link-State Advertisement	链路状态通告
LT	Lapped Transform	重叠变换
LUCE	Laser Utilizing Communications Equipment	激光通信设备
MAC	Medium Access Control	媒体访问控制
MAP	Multiplexer Access Point	复用器接入点
MBOC	Multiplexed Binary Offset Carrier	复用二进制偏移载波
MEO	Medium Earth Orbit	中圆地球轨道
MPR	Multi-Point Relay	多点中继
MSAS	Multi-Functional Satellite Augmentation System	多功能卫星(星基)增强系统
MSI	Matched Spectrum Interference	匹配谱干扰
MSK	Minimum Shift Keying	最小频移键控
MSS	Maximum Segment Size	最大报文长度
MTU	Maximum Transmission Unit	最大传输单元
MUT	Memory Under Test	被测器件
NACK	Negative Acknowledge	负确认
NAK	Negative Acknowledgment	否定性确认
NASA	National Aeronautics and Space Administration	美国国家航空航天局
NASDA	National Space Development Agency	日本国家空间局
NBI	Narrow Band Interference	窄带干扰
NCE	Network Communication Element	网络通信单元
NCO	Numerically Controlled Oscillator	数字控制振荡器
NDGPS	Nationwide Differential GPS	国家差分 GPS
NEC	Nippon Electric Co. LTD	日本电气股份有限公司
NIST	National Institute of Standards and Technology	美国国家标准与技术研究所
NP	Network Layer Protocol	网络层协议

NRZ	Non-Return to Zero	不归零码
NSF	National Science Foundation	(美国)自然科学基金会
OCD	Optical Communication Demonstrator	激光通信演示
ODV	On-Demand Distance Vector Routing	按需距离矢量路由(算法)
OFDM	Orthogonal Frequency Division Multiplexing	正交频分多路复用
OGS	Optical Ground Station	光学地面站
OICETS	Optical Inter-Orbit Communications Engineering Test Satellite	低轨光学星间通信工程测试卫星
OLSR	Optimal Link State Routing	最佳链路状态路由
OOK	On-Off Keying	开关键控
OQPSK	Offset Quadrature Phase Shift Keying	偏移四相相移键控
OSI	Open Systems Interconnection	开放系统互连
PAA	Phased Array Antenna	相控阵天线
PCB	Printed Circuit Board	印制电路板
PCO	Phase Center Offset	相位中心偏移
PCS	Personal Communication Service	个人通信业务
PCV	Phase Center Variation	相位中心变化
PDD	Parabolic Delay Distortion	抛物线时延失真
PDOP	Position Dilution of Precision	位置精度衰减因子
PDU	Protocol Data Unit	协议数据单元
PEP	Performance Enhancing Protocol	性能增强协议
PFA	Prime Factor Algorithm	素因子算法
PI	Proportional and Integral	比例和积分
PLL	Phase Lock Loop	锁相环
PN	Pseudo Noise	伪随机
PNT	Positioning, Navigation and Timing	定位、导航与授时
PPM	Pulse Position Modulation	脉冲位置调制
PPP	Precise Point Positioning	精密单点定位
PPS	Pulses Per Second	秒脉冲
PR	Perfect Reconstruction	完全重构
PRP	Parallel Redundancy Protocol	平行冗余协议

PS	Parallel Search	并行搜索
PSK	Phase Shift Keying	相移键控
PSN	Packet Sequence Number	分组序列号
PVN	Package Version Number	包版本号
PVT	Position, Velocity and Time	位置、速度和时间
QC	Quasi Cyclic	准循环
QPR	Quadrature Partial Response	正交部分响应
QPSK	Quadrature Phase Shift Keying	四相相移键控
QZSS	Quasi-Zenith Satellite System	准天顶卫星系统
RAIM	Receiver Autonomous Integrity Monitoring	接收机自主完好性监测
RCA	Russian Space Agency	俄罗斯空间局
RDSS	Radio Determination Satellite Service	卫星无线电测定业务
RERR	Route Error	路由错误
RF	Radio Frequency	射频
RFDU	Radio Frequency Data Unit	射频数据单元
RIP	Routing Information Protocol	路由信息协议
RKF	Runge-Kutta-Fehlberg	龙格-库塔
RM	Reference Model	参考模型
RMS	Root Mean Square	均方根
RNSS	Radio Navigation Satellite Service	卫星无线电导航业务
RREP	Route Reply	路由应答
RREQ	Route Request	路由请求
RS	Reed-Solomon	里德-所罗门
RT	Remote Terminal	远程终端
RTK	Real Time Kinematic	实时动态
RTT	Round-Trip Time	往返时延
SACK	Selective Acknowledgment	选择确认
SAIM	Satellite Autonomous Integrity Monitoring	卫星自主完好性监测
SCAWG	Space Communication Architecture Working Group	空间通信体系工作组
SCaN	Space Communications and Navigation	空间通信导航计划

SCMP	SCPS Control Message Protocol	SCPS 控制消息协议
SCPS	Space Communication Protocol Specification	空间通信协议规范
SDCM	System of Differential Correction and Monitoring	差分校正和监测系统
SDLP	Space Data Link Protocol	空间数据链路协议
SDMA	Space Division Multiple Access	空分多址
SDU	Service Data Unit	业务数据单元
SFCG	Space Frequency Coordination Group	空间频率协调组
SFDU	Standard Formatted Data Units	地面数据交换标准格式
SHF	Super High Frequency	超高频
SILEX	Semiconductor Laser Inter-satellite Link Experiment	半导体激光卫星间链路实验
SLS	Spatial Link Subnet	空间链路子网
SMA	S-Band Multiple Access Service	S 频段多址业务
SNACK	Selective Negative Acknowledgment	选择性否定确认
SNMP	Simple Network Management Protocol	简单网络管理协议
SOW	Second of Week	周内秒计数
SP	Security Protocol	安全协议
SPA	Space Protocols Architectures	空间数据通信协议
SPAWAR	Space and Naval Warfare Systems Command	空间和海战系统司令总部
SPDT	Single-Pole Double-Throw	单刀双掷开关
SPF	Shortest Path First	最短路径优先
SPP	Space Packet Protocol	空间分组协议
SROIL	Short Range Optical Inter-Satellite Link	短程光学星间链路
SS	Serial Search	串行搜索
SSA	S-Band Single Access Service	S 频段单址业务
SSD	Space Systems Division	空间系统部
ST	Subband Transformation	子带变换
STDMA	Space and Time Division Multiple Access	时分空分多址接入
STK	Satellite Tool Kit	卫星工具套件
STRV	Space Technology Research Vehicle	空间技术研究卫星
T/TCP	TCP for Transaction	业务传输控制协议

TADIL	Tactical Digital Information Link	战术数据信息链路
TC	Telecommand	遥控
	Toplogy control	拓扑控制
TCP	Transmission Control Protocol	传输控制协议
TDMA	Time Division Multiple Access	时分多址
TDRS	Tracking and Data Relay Satellite	跟踪与数据中继卫星
TDRSS	Tracking and Data Relay Satellite System	跟踪与数据中继卫星系统
TELENET	Telecommunication Network	远程登录
TFM	Tamed Frequency Modulation	平滑调频
TIC	Time Interval Counter	时间间隔计数器
TM	Telemetry	遥测
TMBOC	Time-Multiplexed Binary Offset Carrier	时分复用二进制偏移载波
TP	Transport Protocol	传输协议
TPC	Turbo Product Code	Turbo 乘积码
TT	Terrestrial Time	地球时
TT&C	Telemetry, Track and Command	遥测、跟踪和指挥
TTL	Time to Live	生存时间值
TWSTFT	Two-Way Satellite Time and Frequency Transfer	卫星双向时间频率传递
TWTA	Traveling Wave Tube Amplifier	行波管放大器
UDL	Up and Down Link	上下行链路
UDP	User Datagram Protocol	用户数据报协议
UHF	Ultra High Frequency	特高频
UOQPSK	Unbalanced Offset Quadrature Phase Shift Keying	非平衡偏移四相相移键控
UQPSK	Unbalanced Quadrature Phase Shift Keying	非平衡四相相移键控
URE	User Ranging Error	用户测距误差
UTC	Coordinated Universal Time	协调世界时
VCA	Virtual Channel Access	虚拟信道访问
VCDU	Virtual Channel Protocol Data Unit	虚拟信道协议数据单元
VCLC	Virtual Channel Link Control	虚拟信道链路控制
VCP	Virtual Channel Package	虚拟信道包
VMC	Vector Mixer Calibration	矢量混频器校准

VNA	Vector Network Analyzer	矢量网络分析仪
VPN	Virtual Private Network	虚拟专用网络
VSWR	Voltage Standing Wave Ratio	电压驻波比
WAAS	Wide Area Augmentation System	广域增强系统
WAN	Wide Area Network	广域网
WFTA	Winograd Fast Fourier Transform Algorithm	Winograd 快速傅里叶变换算法
WINDS	Wideband Internetworking Engineering Test and Demonstration Satellite	宽带联网工程与演示卫星
WING	Wireless Internet Gateways	无线互联网网关
WN	Week Number	整周计数
WPT	Wavelet Packet Transform	小波包变换
WRP	Wireless Routing Protocol	无线路由协议